普通高等教育能源动力类系列教材

制冷原理与应用

第 2 版

主　编　王志远　盛　伟

参　编　张　超　王海峰　刘　斌

　　　　邹同华　马爱华　朱崎峰

主　审　申　江

U0255824

机械工业出版社

本书从制冷的基本热力学原理出发，系统地介绍了人工制冷的基本方法、制冷剂热力性质，尤其是新制冷剂的研究应用以及压缩式制冷和吸收式制冷的原理，指明了吸收式制冷装置小型化的趋势和新方法、制冷循环热力计算的方法以及应用传热学理论阐明制冷系统热交换器的结构特点和计算方法。在制冷设备部分从实际应用出发，对节流装置以及制冷辅助设备的基本工作原理和结构进行了介绍，同时对热力膨胀阀、电子膨胀阀、毛细管使用中应注意的问题和故障解决方法以及系统管道和保温的选择进行了较为详尽的叙述。

书中每个章节的编写都体现了与实践的紧密结合，并且特别用了一章以实际例子对制冷空调系统应用及整体设计进行了介绍。本书每章后附思考题与习题，便于读者加深对每章知识的理解。

本书可作为高等院校能源与动力工程专业和建筑环境与设备工程专业本科生教材，也可作为相关专业和工程技术人员的参考书。

图书在版编目（CIP）数据

制冷原理与应用/王志远，盛伟主编. —2 版. —北京：机械工业出版社，2019.1（2025.1重印）

普通高等教育能源动力类系列教材

ISBN 978-7-111-61302-2

Ⅰ.①制… Ⅱ.①王… ②盛… Ⅲ.①制冷-理论-高等学校-教材 Ⅳ.①TB61

中国版本图书馆 CIP 数据核字（2018）第 248632 号

机械工业出版社（北京市百万庄大街 22 号　邮政编码 100037）
策划编辑：蔡开颖　责任编辑：蔡开颖　程足芬　王玉鑫
责任校对：王　延　封面设计：张　静
责任印制：常天培
固安县铭成印刷有限公司印刷
2025 年 1 月第 2 版第 5 次印刷
184mm×260mm·20.75 印张·513 千字
标准书号：ISBN 978-7-111-61302-2
定价：54.80 元

电话服务　　　　　　　　网络服务
客服电话：010-88361066　机 工 官 网：www.cmpbook.com
　　　　　010-88379833　机 工 官 博：weibo.com/cmp1952
　　　　　010-68326294　金 书 网：www.golden-book.com
封底无防伪标均为盗版　　机工教育服务网：www.cmpedu.com

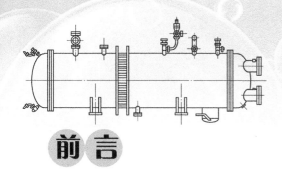

前言

进入 21 世纪以来，随着国民经济的持续增长，能源与动力工程行业进入空前的快速发展时期，成为当前国民经济快速发展中的朝阳行业，其中制冷空调行业发展更快，每年平均市场增长率在 20% 以上。与此相适应，作为高层次人才培养的高等教育也得到了长足发展。据不完全统计，迄今全国开办能源与动力工程专业制冷空调技术方向的高等院校就已近 200 所。21 世纪的中国正在从制冷、空调工业生产大国逐步走向生产强国，这更加需要强有力的技术和人才作支撑。

从国内现有的反映制冷原理与设备的教材来看，近几年已获得广泛应用的制冷技术和设备在其中未能充分展现或只是简单提及，一些新技术急需补充；部分教材均是根据原制冷与低温技术专业的设置编写的，不能满足现今宽口径、广就业的需求。

与现有有关制冷原理方面的教材相比，本书在重视培养扎实的理论知识的同时，重点介绍应用面最广的普冷，省去了关于低温的很多内容，使教材更简洁。因此介绍压缩式制冷和溴化锂吸收式制冷原理的篇幅较大，并且更加注重实际应用。书中各章节的编写体现了与实践的紧密结合，并且特别用了一章以实际例子对制冷空调系统应用及整体设计进行介绍。在编写中注重培养学生的综合实践应用能力，力求内容通俗易懂。本书每章后附思考题与习题，便于读者加深对每章知识的理解。考虑到能源与动力工程大专业的需要，本书还涉及部分热电冷联产方面的内容。

本书由河南科技大学王志远教授、河南理工大学盛伟副教授担任主编。全书共 8 章，绪论和第 6 章由王志远教授编写，第 1 章由河南理工大学朱崎峰副教授编写，第 2、3 章由中原工学院张超教授编写，第 4 章由天津商业大学刘斌教授编写，第 5 章由郑州大学王海峰副教授编写，第 7 章由河南理工大学盛伟副教授编写，第 8 章除 8.4.1 小节由天津商业大学邹同华教授编写外，其余部分由河南科技大学马爱华副教授编写。

本书由天津市重点学科动力工程及工程热物理学科带头人、天津商业大学申江教授担任主审。非常感谢申江教授在百忙之中审稿！

本书可作为能源与动力工程专业和建筑环境与设备工程专业本科生教材，也可作为大中专院校相关专业和工程技术人员的参考书。书中引入了较多新内容，由于编者水平有限，不足之处恳请读者批评指正，以便修改完善，非常感谢！

编　者

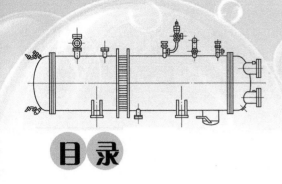

目 录

前言
绪论 ……………………………………… 1
第1章 人工制冷的基本方法 ……………… 6
　1.1 制冷的热力学原理 …………………… 6
　1.2 液体汽化制冷方法 …………………… 10
　1.3 气体的节流效应和绝热膨胀制冷 …… 15
　1.4 其他制冷方法 ……………………… 19
　　思考题与习题 ………………………… 27
第2章 制冷剂 …………………………… 28
　2.1 概述 ………………………………… 28
　2.2 制冷剂的分类及命名 ……………… 29
　2.3 制冷剂的主要性质及选用原则 …… 34
　2.4 常用制冷剂 ………………………… 41
　2.5 新型制冷剂 ………………………… 47
　2.6 载冷剂和蓄冷剂 …………………… 49
　　思考题与习题 ………………………… 52
第3章 单级蒸气压缩式制冷循环 ………… 53
　3.1 单级蒸气压缩式制冷的理论循环 …… 53
　3.2 单级蒸气压缩式制冷的实际循环 …… 59
　3.3 单级蒸气压缩式制冷循环性能的影响
　　　因素及工况 ……………………… 70
　　思考题与习题 ………………………… 73
第4章 双级压缩和复叠式压缩制冷
　　　循环 ……………………………… 75
　4.1 双级压缩制冷循环 ………………… 75
　4.2 双级压缩制冷循环的热力计算及工况
　　　变化的影响 ……………………… 81

4.3 复叠式压缩制冷循环 ……………… 96
　　思考题与习题 ………………………… 104
第5章 溴化锂吸收式制冷循环 ………… 105
　5.1 吸收式制冷的基本原理 …………… 105
　5.2 吸收式制冷机的溶液热力学基础 … 106
　5.3 溴化锂吸收式制冷机 ……………… 117
　5.4 双效溴化锂吸收式制冷机 ………… 140
　5.5 三效和多效溴化锂吸收式制冷
　　　循环 ……………………………… 143
　5.6 吸收式制冷机的小型化 …………… 145
　5.7 吸收式热泵 ………………………… 148
　　思考题与习题 ………………………… 151
第6章 制冷系统热交换器 ……………… 154
　6.1 热交换器的传热过程及其计算 …… 154
　6.2 冷凝器的结构形式 ………………… 173
　6.3 冷凝器的设计计算 ………………… 185
　6.4 蒸发器的结构形式 ………………… 190
　6.5 蒸发器的设计计算 ………………… 201
　6.6 其他辅助热交换器 ………………… 210
　　思考题与习题 ………………………… 214
第7章 制冷系统辅助设备 ……………… 215
　7.1 节流装置 …………………………… 215
　7.2 润滑油的分离和收集设备 ………… 231
　7.3 制冷剂的分离和储存设备 ………… 239
　7.4 制冷剂的净化设备 ………………… 239
　7.5 制冷装置的其他辅助设备 ………… 243
　　思考题与习题 ………………………… 249

第8章　制冷空调系统设计与应用 ⋯⋯ 251

8.1　制冷负荷的计算 ⋯⋯⋯⋯⋯⋯ 251

8.2　水系统设计 ⋯⋯⋯⋯⋯⋯⋯ 257

8.3　制冷机组和机房设计 ⋯⋯⋯ 267

8.4　设计实例 ⋯⋯⋯⋯⋯⋯⋯⋯ 275

思考题与习题 ⋯⋯⋯⋯⋯⋯⋯⋯ 300

附录 ⋯⋯⋯⋯⋯⋯⋯⋯⋯⋯⋯⋯⋯ 302

附录A　NH_3（R717）饱和液体及蒸气的
热力性质 ⋯⋯⋯⋯⋯⋯⋯ 302

附录B　CO_2（R744）饱和液体及蒸气的
热力性质 ⋯⋯⋯⋯⋯⋯⋯ 303

附录C　丙烷（R290）饱和液体及蒸气的
热力性质 ⋯⋯⋯⋯⋯⋯⋯ 304

附录D　丁烷（R600）饱和液体及蒸气的
热力性质 ⋯⋯⋯⋯⋯⋯⋯ 305

附录E　丁烷（R600a）饱和液体及蒸气的
热力性质 ⋯⋯⋯⋯⋯⋯⋯ 307

附录F　R123饱和液体及蒸气的热力
性质 ⋯⋯⋯⋯⋯⋯⋯⋯⋯ 308

附录G　R134a饱和液体及蒸气的热力

性质 ⋯⋯⋯⋯⋯⋯⋯⋯⋯ 309

附录H　R22饱和液体及蒸气的热力
性质 ⋯⋯⋯⋯⋯⋯⋯⋯⋯ 310

附录I　R407C饱和液体及蒸气的热力
性质 ⋯⋯⋯⋯⋯⋯⋯⋯⋯ 311

附录J　R410A饱和液体及蒸气的热力
性质 ⋯⋯⋯⋯⋯⋯⋯⋯⋯ 312

附录K　NH_3（R717）的压焓图 ⋯⋯ 313

附录L　CO_2（R744）的压焓图 ⋯⋯ 314

附录M　丙烷（R290）的压焓图 ⋯ 315

附录N　丁烷（R600）的压焓图 ⋯ 316

附录O　R600a的压焓图 ⋯⋯⋯⋯ 317

附录P　R123的压焓图 ⋯⋯⋯⋯⋯ 318

附录Q　R134a的压焓图 ⋯⋯⋯⋯ 319

附录R　R22的压焓图 ⋯⋯⋯⋯⋯ 320

附录S　R407C的压焓图 ⋯⋯⋯⋯ 321

附录T　R410A的压焓图 ⋯⋯⋯⋯ 322

附录U　溴化锂水溶液的$p\text{-}t$图 ⋯⋯⋯ 323

参考文献 ⋯⋯⋯⋯⋯⋯⋯⋯⋯⋯ 324

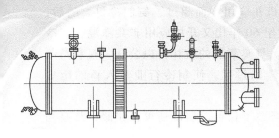

绪　　论

制冷就是采用一定的方法，在一定的时间和空间内，使某一物体或空间达到比周围环境介质更低的温度，并维持在给定的温度范围内。为了使某一物体或空间达到或维持一定的低温，就必须采用一定的技术手段和方法，连续不断地取出物体或空间内的热量，所采用的技术称为制冷技术。随着制冷技术的提高，制冷的温度范围又扩展到环境温度以上。

通常将从环境介质或物体中吸取热量，并将其转移给高于环境温度的加热对象的过程，称为热泵供热。对于从环境介质中吸取热量而向高温处排出热量的制冷系统，可交替或同时实现制冷与供热两种功能的机器称为制冷与供热热泵。从能量利用的观点来看，这是一种有效利用能量的方法，既利用了冷量，又利用了热量。制冷循环和热泵循环的原理和计算方法是相似的。

按照温度范围将 120K 以上的制冷系统称为普通制冷，而从 120K 以下到 0K 的制冷系统称为低温制冷。普通制冷与低温制冷所采用的工质、机器设备以及制冷原理差别很大，但是也有交叉之处。

本书主要讨论普通制冷的范畴。

1. 制冷技术的发展史

人工制冷技术是从 19 世纪中叶开始发展的。1834 年美国发明家波尔金斯（Jacob Perkins）首次造出了以乙醚在封闭循环中膨胀制冷的蒸气压缩式制冷机，并申请了英国专利（No. 6662），这是后来蒸气压缩式制冷机的雏形。空气制冷机的发明比蒸气压缩式制冷机稍晚。1844 年美国人戈里（John Gorrie）用空气封闭循环的制冷机为患者建立了一座空调站，这是世界上第一台制冷和空调用的空气制冷机。

1858 年美国人尼斯取得了冷库设计的第一个美国专利，从此商用食品冷藏事业开始发展。1859 年法国人卡列（Ferdinand Carré）设计制造了第一台氨水吸收式制冷机。1910 年左右，马利斯·莱兰克（Maurice Lehlanc）发明了蒸汽喷射式制冷机。其中压缩式制冷机发展得最快。1872 年美国人波义耳（Boyle）发明氨压缩机，1874 年德国人林德（Linde）建造了第一台氨制冷机后，氨压缩式制冷机获得了广泛应用。

随着制冷机形式的不断发展，制冷剂的种类也逐渐增多，从早期的空气、二氧化碳、乙醚到氯甲烷、二氧化硫、氨等。1929 年发现了具有无毒、不燃烧性质的氟利昂制冷剂后，使得压缩式制冷机发展更快，并且氟利昂制冷机在应用方面超过了氨制冷机。随后，于20世纪50年代开始使用共沸混合制冷剂，20世纪60年代又开始应用非共沸混合制冷剂。进入20世纪80年代，CFC问题的出现以及对大气臭氧层的破坏得以公认，氟利昂制冷剂的替代技术和以HFC为主体向天然制冷剂发展的过程，使制冷行业步入新的历史阶段。

20世纪以后制冷有了更大的发展。利用逆向循环，不仅可以制冷还可以供暖，热泵列入制冷范畴，将制冷的温度范围扩展到环境温度以上；另一方面，新的降温方法扩大了低温范围，并进入了超低温领域，现在低温制冷温度已达到mK级。

2. 制冷在国民经济和人民生活中的地位及应用

制冷技术在国民经济各部门中都有应用。在人类生产活动中，越来越多地利用制冷与低温技术来保证生产的进行和产品质量的要求；人类日常生活中，越来越多地食用冷却、冻结和冷藏的食品，人为制造舒适环境以保障人身健康和提高工作效率；特别是现代科学技术和国防技术，对低温技术提出了越来越迫切的要求。制冷主要应用在如下几个方面：

（1）商业及人民生活　在人民生活中，家用冰箱、空调器的应用日益增多，近年来增长速度很快，平均每年以大于20%的速度递增，发展前景非常乐观。尤其是户式中央空调的应用更是如雨后春笋般地蓬勃发展起来。

制冷技术在商业上的应用主要是对易腐食品（如鱼、肉、蛋、蔬菜、水果等）进行冷加工、冷藏及冷藏运输，以减少生产和分配中的食品损耗，保证各个季节市场的合理销售。现代化的食品工业，对于易腐食品，从生产到销售已形成一条完整的冷链。所采用的制冷装置有冻结设备、冷库、冷藏列车、冷藏船、冷藏汽车及冷藏集装箱等。另外，还有供食品零售的商用陈列柜；用于饭店和旅馆制冰的制冰机，大型工业制冰机则用于食品加工厂和化工厂，家用冰箱也可用来制取少量冰块；把制冷剂或冷冻盐水的输送管理在沙或木屑中，然后在上面泼上水使之冻结，就可构成人工溜冰场。

（2）中央空调工程　降温和空气调节在工矿企业、住宅和公共场所的应用也愈来愈广。

空气调节对国民经济各部门的发展和对人民物质文化生活水平的提高有着重要的作用。这不仅意味着受控的空气环境对各种工业生产过程的稳定运行和保证产品的质量有重要作用，而且对提高劳动生产率、保护人体健康、创造舒适的工作和生活环境有重要意义。工业生产中的精密机械和仪器制造业及精密计量室要求高精度的恒温恒湿；电子工业要求高洁净度的空调；纺织业则要求保证湿度的空调，在现代化的纺织厂中，需要采用空调来防止织品的柔软度和强度发生变化或产生静电。同时，在民用及公共建筑中，随着改革开放、旅游业的蓬勃发展，装有空调机的宾馆、酒店、商店、图书馆、会堂、医院、展览馆、游乐场所日益增多。此外，在运输工具如汽车、火车、飞机和轮船中，也安装有各种类型的空调设备。空气调节技术包括制冷、供暖、通风和除尘，其中制冷降温是空气调节的一项关键技术。

（3）化学工业　除食品工业和空调工程外，化学工业也是一个主要的耗冷部门。很多化学反应都需要冷源，冷却反应器、传热设备和搅拌机等，所涉及的冷源温度范围相当宽。而且随着化学工业的不断发展，制冷量越来越大，温度越来越低。生产合成橡胶、合成汽油、氯、芒硝和塑料，石油加工和精炼，以及焦炉煤气的冷却等，都需要在各种不同的温度条件下，消耗几千千瓦的制冷量。只有采用低温技术，才能从气体混合物中经济地提取碳氢化合物、氢气和一氧化碳，这些都是生产塑料、合成纤维、化肥和溶剂的原料。化学工业中除了生产厂房和储藏室的空气调节需用冷外，冷还用于如下目的：

1）控制化学过程的反应速度。

2）盐从溶液中结晶析出。

3）分离气体混合物和液体混合物。

4）借蒸汽凝结法提纯气体。

5）海水淡化。

6）气体液化。

（4）工业生产和建筑工程　工业生产过程和建筑工业中所用的制冷装置容量都比较大，对温度的要求也不同，有的生产过程只需 0℃ 以上就可以了，有的生产过程需要很低的温度。以下列举这一领域中应用人工制冷的部分情况。

1）金属切削加工用乳液和油冷却。在车刀和钻头等刀具上产生的热量，通过工件、刀具本身和切削液导走。如果在切削加工钢和非铁金属场合，把作为冷却剂的液体冷却至 0℃ 左右，可以把刀具寿命提高到 100%。钢的淬火在快速冷却至 -70～-100℃ 的过程中，切削刀具的材料由于被冷却而发生残留奥氏体的再结晶现象，因而改善了切削性能。

2）冷缩。把轴颈冷却至 -80℃ 或更低，然后插入工件孔内，加热至室温时，轴颈膨胀，与工件牢固地连接在一起。这种方法与热套法一样可靠，并可避免配合面处发生氧化。这相当于用膨胀配合代替压力配合。

3）钢和灰铸铁的人工时效。钢和灰铸铁的自然时效过程长达几年，利用低温技术，可以把这一过程缩短至很少的几天时间。在钢铁和铸造工业中，采用冷冻除湿送风技术，利用制冷机先将空气除湿，然后再送入高炉或冲天炉，保证冶炼及铸件质量。

4）在建筑工程以及矿井、隧道的施工方面。如在地下水位很高的地区或沼泽地带施工时，水会给建筑施工带来很大困难，甚至使施工无法进行。可用人工制冷来冻结土壤，造成一道冰冻的围墙，就可防止浸水。由于冻土有相当大的抗压强度，如在 -9℃ 时为 12.74MPa，故对挖掘矿井、隧道和建设地下工程是很适用的。另外，如修筑船坞、水闸、加固拱门桥梁时均可采用人工制冷来冻结土壤。对于一些地下工程，往往还要应用制冷的方法进行空调除湿，以便控制室内空气的湿度。

在建造工程中，多年来国内外一直是用掘井冻结法开发新的矿床、煤层和其他的地下资源，或为大型建筑物打基础，以便简化含水地层的挖掘过程。

5）混凝土冷却。在建造大型混凝土建筑物（例如拦水坝）的过程中，因产生凝固热而在建筑物内部明显出现温升。温升大小取决于水泥成分，一般每千克水泥凝固热为 250～500kJ，从而造成高达 20～30℃ 的内部温升，由于这个温升可以使混凝土内因热膨胀而产生很大的预应力。如果建筑物壁厚为 30m，那么经过若干年后，这种预应力才能渐渐消退。倘若不在建筑物内采取人工散热措施，预应力就会影响其坚固程度。为此，要以一定的间隔在混凝土内埋入足够数量的管子，然后通以 0℃ 的冷水，这些管子同时还可用作钢筋。

此外，在混凝土混合之前，最好先把添加料和水冷却至 0℃，这样固化后的温度不超过 20℃，此时产生的预应力还不及无冷却情况下建造墙体时的一半。

若混凝土的比热容为 0.8kJ/(kg·K)，密度为 2600kg/m³，为了把 1m³ 的混凝土降温 30℃，需耗冷量 62400kJ。

（5）制冷在农业中的应用　在农业方面，使用化肥是粮、棉增产的重要措施，1kg 化肥可增产 3kg 左右粮食，而化肥生产中需要应用制冷。一个年产量 5000t 的合成氨厂，约需 232.6kW 标准制冷量。实现农业现代化要搞科学种田，如培育耐寒品种、微生物除虫、良种精卵的保存、人造雨雪、模拟阳光的日光型植物生长箱育秧等都需要应用人工制冷。而在保存鲜活的农作物产品如水果蔬菜或优良种子时，往往采用气调性冷藏库。

（6）核工业及其他 制冷技术用来控制核反应堆的反应速度，吸收核反应过程放出的热量。在航天和国防工业中，航空仪表、火箭、导弹中的控制仪器，以及航空发动机，都需要在模拟高、低温条件下进行性能试验。在高寒地区使用的汽车、拖拉机、坦克、常规武器、铁路车辆、建筑机械等，也都需要在模拟寒冷气候条件下的低温试验室里进行试验。为此就需要建造各种类型的低温试验室，其所要求的蒸发温度一般比较低，大约在 -40~-90℃ 范围。此外，有些科学试验要求建立人工气候室以模拟高温、高湿、低温、低湿及高空环境。这类宇宙空间特殊环境的创造和控制，对军事和宇航事业的发展具有重要作用。

医药卫生部门的冷冻手术，如心脏、外科、肿瘤、白内障、扁桃腺的切除手术，皮肤和眼球的移植手术及低温麻醉等，均需要制冷技术。医药工业中，还利用真空冷冻干燥技术保存如疫苗、菌种、毒种、血液制品等热敏性物质，以及制作各种动植物标本，低温干燥保存用于动物异种移植或同种移植的皮层、角膜、骨骼、主动脉、心瓣膜等组织。

此外，在微电子技术、光纤通信、能源、新型原材料、宇宙开发、生物工程技术这些尖端科学领域中，制冷技术也有重要的应用。

3. 制冷技术的理论基础及发展动向

在制冷技术中，实现热量转移的主要理论基础是工程热力学、工程流体力学、工程传热学。利用工程热力学可研究能量及其相互转换规律，特别是利用热力学第二定律可研究热能与机械能之间相互转换的方向和程度。目前，普遍采用的蒸气压缩式制冷方法，就是在机械能的作用下，通过制冷剂从低温热源吸取热量，连同机械能转化的热量，一起送往高温热源，即环境介质。利用工程流体力学可研究制冷循环过程中的各种流体（水、空气、制冷剂、载冷剂）流动过程中的阻力和流型。利用工程传热学可研究制冷过程热量的传递和转移，制冷剂经过压缩、冷凝、节流、蒸发都会产生一定的热量，在连续循环的过程中制冷剂会发生相变，实现热量的传递。因此，从事制冷与空调技术的人员应注意在以上三门学科中打下扎实的基础。

传统的科学技术主要研究如何加大和加快对自然的索取，各种现代化建设离不开大量的能源供应，也避免不了对环境的污染。原因是多方面的，重要的原因是热力学第二定律不为多数人所理解和认识。大部分人只局限在热能利用中用热力学第二定律，在社会发展中便不会利用。在面临能源日益短缺、匮乏的同时，将热力学第二定律、熵增原理应用于社会发展，是科学家、教育家的重要历史使命。

当前一个急需注意的问题是：国际上绿色发展风起云涌。蒙特利尔议定书和京都议定书对制冷空调业影响深远，对科研方向和人才培养也起着关键的作用。对制冷空调业影响重大的有制冷剂的替代，如欧盟已决定在 2008 年完全终止人工合成制冷剂的使用，对家电产品实行报废回收机制。

制冷空调业的高速发展，为制冷空调的学科建设提供了广阔的空间。制冷专业的学生，在学习热力学定律的基础上，要掌握更全面的综合科学知识，建立绿色观念、掌握绿色知识，做出绿色创新，生产绿色产品，学习绿色管理理论，建设一个低熵产率发展型社会。

此外，计算机辅助设计（CAD）与计算机辅助制造（CAM）在制冷机械制造行业的应用、制冷空调机组的机电一体化、制冷系统的微型计算机运行管理，使得制冷技术成为各基础学科的综合与延伸，也给制冷与空调行业人员带来新的机遇和挑战。

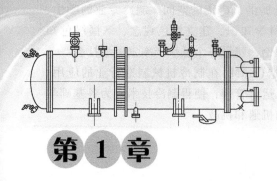

第 1 章

人工制冷的基本方法

人工制冷是指借助于制冷装置，以消耗机械能或电磁能、热能、太阳能等形式的能量为代价，把热量从低温系统向高温系统转移而得到低温，并维持这个低温。为了保持或获得低温，必须从冷物体或冷空间把热量带走。制冷装置是以消耗能量为代价来实现这一效果的设备。为了使制冷装置能够连续运行，必须把热量排向外部热源，这个外部热源通常就是大气，称为环境。因此，制冷装置是一部逆向工作的热机，已被广泛应用于工业、生活及医药卫生领域。本章将依据热力学的基本理论，在回顾热力学中有关制冷基本原理的基础上，分节阐述人工制冷的基本方法。

1.1 制冷的热力学原理

1.1.1 理想制冷循环——逆向卡诺循环

1824 年法国青年工程师卡诺描述了一个循环即卡诺循环，它是一个工作在热源之间，由两个等温过程和两个绝热过程所组成的可逆循环。当循环逆向进行时称为逆向卡诺循环。图 1-1 描述了一个无温差传热的逆向卡诺循环。在图 1-1a 中，单位质量工质从低温热源吸取热量 q_2，同时消耗功 w_0，并向高温热源输送热量 q_1。图 1-1b 为逆向卡诺循环的 T-s 图，T 为热力学温度，s 为比熵。1-2 为等温吸

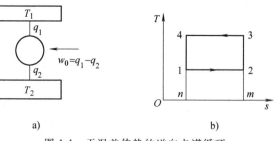

图 1-1　无温差传热的逆向卡诺循环

热过程，2-3 为等熵压缩过程，3-4 为等温放热过程，4-1 为等熵膨胀过程。高温热源（例如环境介质）的温度为 T_1，低温热源（即被冷却对象）的温度为 T_2，它们分别与制冷剂放热时的温度 T_k 和吸热时的温度 T_0 相等。

现对图 1-1b 中的循环 1-2-3-4-1 过程进行分析。单位质量制冷剂向高温热源放出的热量为

$$q_1 = T_1(s_m - s_n) \tag{1-1}$$

在 T-s 图上以面积 m-3-4-n-m 表示。

在 1-2 的过程中，单位质量制冷剂从被冷却的对象所吸取的热量为

$$q_2 = T_2(s_m - s_n) \tag{1-2}$$

在 T-s 图上以面积 m-2-1-n 表示。

由热力学第一定律可知，单位质量制冷剂所消耗的循环功 w_0 等于 $q_1 - q_2$，在 T-s 图上以面积 1-2-3-4 表示。

以上假定制冷剂与热源、冷源进行热交换时为无温差传热，这意味着热交换器的面积需要无限大，显然这不切合实际。实际上，制冷剂在放热过程中，它的温度 T_k 总是高于高温热源的温度 T_1；在吸热过程中，它的温度 T_0 总是低于被冷却对象的温度 T_2。具有恒定温差传热的逆向卡诺循环（称为有温差传热的逆向卡诺循环）如图 1-2 所示，循环过程线用 1′2′3′4′1′ 表示。

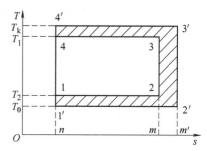

图 1-2 有温差传热的逆向卡诺循环

假定循环的制冷量与无温差传热时的制冷量相等，即面积 12mn = 面积 1′2′m′n。具有温差传热时，循环所消耗的功 w_0' 等于面积 1′2′3′4′，比无温差传热时多消耗功 $\Delta w = w_0' - w_0$（用图中阴影线面积表示）。

1.1.2 理想制冷循环的性能指标

热力学关心的是能量转换的经济性，即花费一定的补偿能，可以收到多少制冷效果（制冷量）。为此，对于机械或电驱动方式的制冷机引入制冷系数 ε 来衡量。

$$\varepsilon = \frac{q_2}{w_0} \tag{1-3}$$

式中，q_2 为单位质量制冷剂从被冷却对象所吸取的热量；w_0 为单位质量制冷剂所消耗的循环功。

由式（1-1）、式（1-2）、式（1-3）可知

$$\varepsilon = \frac{q_2}{w_0} = \frac{q_2}{q_1 - q_2} = \frac{T_2(s_m - s_n)}{(T_1 - T_2)(s_m - s_n)} = \frac{T_2}{(T_1 - T_2)} \tag{1-4}$$

单位质量制冷剂从被冷却的对象所吸取的热量 q_2 应等于其所产生的单位质量制冷量 q_0，从式（1-3）可知制冷系数 ε 是指产生单位质量制冷量 q_0 与单位质量制冷剂所消耗的循环功 w_0 之比。可见，制冷系数越大表示消耗较少的功就能产生较大的制冷效果，因此，制冷系数应越大越好。

从式（1-4）可以知道，理想情况下，制冷系数 ε 只与两工作热源的温度有关系。随着温度 T_2 的增大和 T_1 的减小，制冷系数 ε 将增大。

逆向卡诺循环的耗功量也可通过式（1-4）计算，卡诺制冷机耗功量

$$w_0 = \frac{q_2}{\varepsilon} = q_2 \frac{T_1 - T_2}{T_2} \tag{1-5}$$

由式（1-5）可见，耗功量与 q_2 及 $T_1 - T_2$ 成正比关系，而与 T_2 成反比关系。故如没有必

要，可不使 T_2 过低以造成过多的耗功量。

对于有温差传热的逆向卡诺循环的制冷系数为

$$\varepsilon' = \frac{q_0}{w_0'} < \frac{q_0}{w_0} = \varepsilon \qquad (1\text{-}6)$$

由此可见，无温差传热的逆向卡诺循环是具有恒温热源时的理想循环，在给定的相同温度条件下，它具有最大的制冷系数。

实际制冷循环中，制冷剂在流动或状态变化过程中，因摩擦、扰动及内部不平衡等因素而引起一定的能量损失，在热交换器中，因存在传热温差而引起传热损失。因而，这时的制冷循环是一个不可逆循环，其不可逆程度用热力完善度来衡量。工作于相同温度区间的不可逆循环的实际制冷系数 ε'，与可逆循环的制冷系数 ε 的比值，称为该不可逆循环的热力完善度，用 η 表示，即

$$\eta = \frac{\varepsilon'}{\varepsilon} \qquad (1\text{-}7)$$

η 值越接近于1，说明实际循环越接近可逆循环，不可逆损失越小，经济性越好。

应当指出，制冷系数 ε 只是从热力学第一定律，即能量转换的数量角度反映循环的经济性，在数值上它可以小于1、等于1或大于1；热力完善度 η 同时考虑了能量转换的数量关系和实际循环中的不可逆程度的影响，在数值上它始终小于1。当比较两个制冷循环的经济性时，如果两者的 T_k、T_0 相同，则采用 ε 和 η 比较是等价的；如果两者的 T_k、T_0 不相同，只有采用 η 加以比较才是有意义的。

对于通过输入热量制冷的制冷机，其经济性是以热力系数作为评价指标的。热力系数是指获得的制冷量与单位时间消耗的热量之比，用 ζ 表示。

图1-3所示为以热能直接驱动的制冷循环原理图，实际上为三热源循环。

热量 q_1 取自低温的温度为 T_1 的被冷却对象，q_k 是来自高温蒸气、燃烧气体或其他热源的热量，q_2 是系统在 T_2 温度下（通常是环境温度）放出的热量。

按热力学第一定律，有

$$q_2 = q_k + q_1 \qquad (1\text{-}8)$$

对于可逆制冷机，按热力学第二定律，在一个循环中熵增为零，即

$$\frac{q_2}{T_2} = \frac{q_k}{T_k} + \frac{q_1}{T_1} \qquad (1\text{-}9)$$

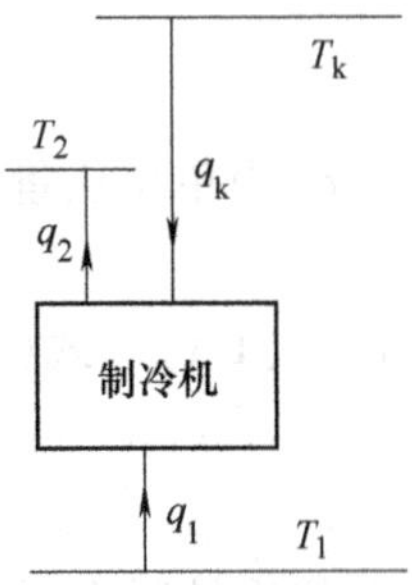

图1-3 以热能直接驱动的制冷循环原理图

从上述两个公式可以得到热力系数 ζ 为

$$\zeta = \frac{q_1}{q_k} = \left(\frac{T_1}{T_2 - T_1}\right)\left(\frac{T_k - T_2}{T_k}\right) = \varepsilon \eta_{TC} \qquad (1\text{-}10)$$

式中，ε 为制冷系数；η_{TC} 为卡诺循环的热效率。

式（1-10）表明，通过输入热量制冷的可逆制冷机，其热力系数等于工作在 T_2、T_1 之间的逆向卡诺循环制冷机的制冷系数 ε 与工作在 T_k、T_2 之间的正向卡诺循环的热效率 $\frac{T_k - T_2}{T_k}$ 的乘积，由于 $\frac{T_k - T_2}{T_k}$ 总小于1，即 η_{TC} 总小于1，因此，ζ 总是小于 ε。由此可见，直接

将机械或电驱动方式的制冷机制冷系数与以热能驱动的制冷机的热力系数进行比较是不合理的。从式（1-10）还可以看出，以热能驱动的制冷机的热力系数随着加热热源温度 T_k 和被冷却对象的温度 T_l 的升高而增加。

制冷机在实际工作中，被冷却对象和环境介质的温度往往是随着热交换过程的进行而变化的。1894 年苏黎世工程师洛伦兹（H. Lorenz）针对一侧为冷冻盐水（冷源），另一侧为冷却水（热源）的制冷机提出了变温热条件下的理想循环——劳伦兹循环，它由两个绝热过程和两个多变过程组成，如图 1-4 所示。

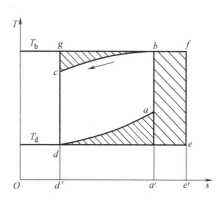

图 1-4　变温热源时的逆向可逆循环

图 1-4 表示的循环即为高温热源和低温热源温度变化时的情况，循环为 a-b-c-d-a；制冷量为面积 a-d-d'-a'-a。

如要用一个由两个定温过程和两个绝热过程组成的逆卡诺循环代替劳伦兹循环，则制冷剂向高温热源的放热过程为 b-g，温度为 T_b；制冷剂从低温热源的吸热过程为 d-e，温度为 T_d；要获取与劳伦兹循环 a-b-c-d-a 相同的制冷量，则需进行循环 e-f-g-d-e。

将劳伦兹循环 a-b-c-d-a 与逆卡诺循环 e-f-g-d-e 对比可知：劳伦兹循环的制冷量面积为 a-d-d'-a'-a，功耗面积为 a-b-c-d-a；逆卡诺循环的制冷量面积为 e-d-d'-a'-e'，功耗面积为 e-f-g-d-e。

因此，在热源温度变化的条件下，由两个和热源之间无温差的热交换过程及两个等熵过程组成的逆向可逆循环是消耗功最小的循环，即制冷系数最高的循环。

热源温度变化的劳伦兹循环的热力完善度可以表示成

$$\eta = \frac{\varepsilon}{\varepsilon_L} \tag{1-11}$$

式中，ε 为理论制冷循环的制冷系数；ε_L 为劳伦兹循环的制冷系数。

劳伦兹循环制冷系数可分解成无数个微元循环进行计算，如图 1-5 所示。

图 1-5 中整个循环的制冷系数可表示为

$$\varepsilon_i = \frac{q_0}{q_k - q_0} = \frac{\int_d^a T_{0i} \mathrm{d}s}{\int_c^b T_i \mathrm{d}s - \int_d^a T_{0i} \mathrm{d}s} = \frac{T_{0m}}{T_m - T_{0m}} \tag{1-12}$$

式中，T_m 及 T_{0m} 分别为制冷剂吸热时低温热源的平均温度和放热时高温热源的平均温度。

T_m、T_{0m} 为热力学意义上的平均温度，不是算术平均温度。所以劳伦兹循环的制冷系数等于一个以放热平均温度 T_m 和以吸热平均温度 T_{0m} 为高、低温热源的逆向卡诺循环的制冷系数。

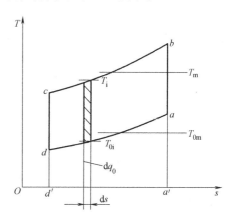

图 1-5　用微元循环来分析劳伦兹循环

劳伦兹循环也是一个理想的可逆的循环，但比逆卡诺循环考虑得较为实际些。它排除了逆卡诺循环中的第一个假定的约束，即在两个热交换过程中，它容许两种外部流体（即热源和冷源）的温度随着热交换的过程而变化。这样比较接近工程实际。但是，正因为它是一个理想的可逆循环，所以仍和逆卡诺循环一样，在放热和吸热两个热交换过程中，制冷剂和外部流体（即热源或冷源）之间同样不容许存在传热热阻。在两个热交换过程中，制冷剂的温度必须随着外部流体温度的变化而变化，而且制冷剂的温度与外部流体的温度必须随时保持相等。至于制冷剂的膨胀、压缩过程的假设则与逆卡诺循环也是相同的。

1.2 液体汽化制冷方法

在工程热力学的学习中，已经知道汽化热的概念。当液体处在密闭容器中时，若容器内除了液体及液体本身的蒸气外不存在任何其他气体，那么液体和蒸气在某一压力下将达到平衡，这种状态称为饱和状态。此时容器中的压力称为饱和压力；温度称为饱和温度。饱和压力随温度的升高而升高。如果将一部分饱和蒸气从容器中抽出，液体就必然要再汽化一部分蒸气来维持平衡。由饱和液体等压加热为干饱和蒸气的汽化过程中，温度保持不变，比体积随蒸气的增多而迅速增大。汽化过程中所加入的热量用来转变蒸气分子的位能以及体积增加对外做出的膨胀功，但气、液分子的平均动能不变，温度不变。在这一过程中所增加的热量称为汽化热。液体汽化时，需要吸收热量，液体所吸收的热量来自被冷却对象，因而使被冷却对象变冷，或者使它维持在环境温度以下的某一温度。液体汽化制冷就是建立在这一基本原理之上的。

在设计实际的液体汽化制冷装置中，为了使上述过程得以连续进行，必须想办法不断地从容器中抽走蒸气，再不断地将液体补充进去。而如果能够通过一定的方法把蒸气抽出，并使它凝结成液体后再回到容器中，就能满足这一要求。若容器中的蒸气自然流出，直接凝结为液体，则需要冷却介质具有的温度比液体蒸发的温度还要低，这种冷却介质显然无法寻觅，人们希望蒸气的冷凝过程在常温下实现。因此，需要将蒸气的压力提高到常温下的饱和压力。这样，制冷工质将在低温、低压下蒸发，产生制冷效应，又在常温、高压下冷凝并向环境温度的冷却介质排放出热量。

从上述分析可以看出，在实际应用中液体汽化制冷的特征是：利用制冷剂液体在汽化时（蒸发时）产生的吸热效应，达到制冷目的。液体蒸发制冷构成循环的四个基本过程为：

1）制冷剂液体在低压（低温）下蒸发，成为低压蒸气。
2）将该低压蒸气提高压力成为高压蒸气。
3）将高压蒸气冷凝，使之成为高压液体。
4）高压液体降低压力重新变为低压液体，返回到过程1完成循环。

上述四个过程中，过程1是制冷剂从低温热源吸收热量的过程；过程3是制冷剂向高温热源排放热量的过程；过程2是循环的能量补偿过程。能量补偿的方式有多种，所使用的补偿能量形式相应的也有所不同。根据这种能量补偿方式和形式的不同，利用液体汽化制冷的基本原理，可以生产出蒸气压缩式制冷机、蒸气吸收式制冷机、蒸汽喷射式制冷机和吸附式制冷机等，而前两种制冷机应用尤为普遍，是目前普通制冷应用的最基本形式，也是本书介绍的重点。

1.2.1　蒸气压缩式制冷

在普通制冷温度范围内，蒸气压缩式制冷是占主导地位的制冷方式，它属于液体蒸发制冷。

蒸气压缩式制冷循环原理图如图1-6所示。

系统由压缩机、冷凝器、膨胀阀、蒸发器等四个基本设备组成，用管道将其连成一个封闭系统。其工作过程是工质在蒸发器内与被冷却对象发生热量交换，吸收被冷却对象的热量并汽化，产生的低压蒸气被压缩机吸入，经压缩后以高压排出。压缩过程需要消耗能量。压缩机排出的高温高压气态工质在冷凝器内被常温冷却介质（水或空气）冷却，凝结成高压液体。高压液体流经膨胀阀时节流，变成低压、低温湿蒸气，进入蒸发器，其中的低压液体在蒸发器中再次汽化制冷，如此循环不已。

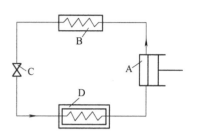

图1-6　蒸气压缩式制冷循环原理图
A—压缩机　　B—冷凝器
C—膨胀阀　　D—蒸发器

在实际的单级蒸气压缩式制冷装置中，除有上述四个基本设备外，还有一些诸如油分离器、干燥过滤器等辅助设备。这些辅助设备是为了提高装置运行的经济性和保证操作安全而设置的，对制冷循环的分析没有本质的影响。

蒸气压缩式制冷技术被广泛应用于空调器、冰箱、冷藏室、冷库中，应用领域几乎涉及各个行业，因此应用极其广泛，属于常规制冷方式。但目前其采用的制冷剂主要还是对臭氧层有一定破坏作用的氟利昂物质，这需要制冷工作者进一步探寻绿色环保的新型制冷剂。

1.2.2　蒸气吸收式制冷

液体汽化制冷时，要达到连续制冷效果，需要不断地吸走汽化产生的蒸气。吸走蒸气的方法很多。在蒸气压缩式制冷循环中，是利用了压缩机来吸气的。还可以利用某种物质来吸收蒸气，例如水蒸气可以迅速地被浓硫酸吸收。将一只盛水的容器和一只盛浓硫酸的容器共置于一个球形罐内，然后用真空泵将罐内空气抽除，不久在水的表面会形成一层冰。这是由于浓硫酸吸收水蒸气，使水不断汽化，汽化时从剩余的水中吸取汽化热所致。图1-7所示为吸收式制冷的基本原理图。

在这一过程中，水称为制冷剂；浓硫酸称为吸收剂。应用浓硫酸和水制冷的系统称为硫酸水溶液吸收式制冷机。由于硫酸具有强腐蚀性及其他一些缺点，这种系统已被淘汰。

利用吸收式制冷的基本原理，可以设计出吸收式制冷机，吸收式制冷机的基本循环原理图如图1-8所示。如果它与蒸气压缩式制冷系统相比较，不难看出，图中的冷凝器、节流阀、蒸发器的作用与压缩式制冷系统中的相应部件相同（一一对应）。而图中的动力部分[由图中点画线包围的管道、设备（吸收器、发生器、溶液泵、热交换器和溶液回路）组成]则相当于压缩式制冷系统中压缩机的作用。

以氨水吸收式制冷基本循环过程为例，简述其制冷的基本过程。吸收器中充有氨水稀溶液，用它吸收氨蒸气。溶液吸收氨的过程是放热过程。因此，吸收器必须被冷却，否则随着温度的升高，吸收器将丧失吸收能力。吸收器中形成的氨水浓溶液用溶液泵提高压力送入发生器，在发生器中浓溶液被加热至沸腾。产生的蒸气先经过精馏，得到几乎是纯氨的蒸气，

图1-7　吸收式制冷的基本原理图

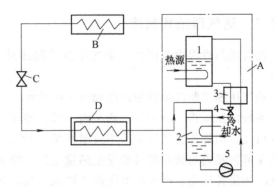

图1-8　吸收式制冷机的基本循环原理图

A—动力部分　B—冷凝器　C—节流阀　D—蒸发器

1—发生器　2—吸收器　3—热交换器　4—节流阀　5—溶液泵

然后进入冷凝器。在发生器中形成的稀溶液通过热交换器返回吸收器。为了保持发生器和吸收器之间的压力差，在两者的连接管道上安装了节流阀。

吸收式制冷机和蒸气压缩式制冷机都是利用制冷机的汽化热来制取冷量的，两者的主要区别在于前者依靠消耗热能来补偿实现制冷，后者则通过消耗机械能作为补偿实现制冷。吸收式制冷机利用溶液在一定条件下能析出低沸点组分的蒸气，在另一条件下能强烈吸收低沸点组分的蒸气这一特性来完成制冷循环。目前，吸收式制冷机中多采用二元溶液作为工质，习惯上称低沸点组分为制冷剂，高沸点组分为吸收剂。

随着对吸收式制冷技术研究的深入，对吸收式制冷机中的制冷剂-吸收剂工质对的研究也日益受到重视，表1-1列出了一些可用的吸收式制冷机的工质对。

表1-1　吸收式制冷机的工质对

吸 收 剂	制 冷 剂	吸 收 剂	制 冷 剂
水 H_2O	氨 NH_3	硝酸锂氨 $LiNO_3 \cdot xNH_3$	氨 NH_3
溴化锂 $LiBr$	水 H_2O	溴化锂 $LiBr$	甲醇 CH_3OH
硫酸 H_2SO_4	水 H_2O	水 H_2O	胩胺 CH_3NH_2
乙二醇 $C_2H_2(OH)_2$	胩胺 CH_3NH_2		

目前虽然可用的工质对很多，但实际应用的并不多，获得广泛应用的只有氨水溶液和溴化锂水溶液两种。氨水溶液多用于低温系统。溴化锂水溶液用于溴化锂吸收式制冷机，生产的冷水可供集中式空气调节使用，或者是提供生产工艺需要的冷却用水。

吸收式制冷最突出的优点是可以直接利用各种热能来驱动，除了可以利用燃料燃烧的高势能外，还可利用生产过程和自然界中大量存在的低势能，如低压蒸气、热水、烟道气等工业余热以及太阳能、地热能等自然界热量。此外，在吸收式制冷机中除了溶液泵外再无别的运动部件，大多数设备属于容器和热交换器类型，制造、维修方便，无噪声。

1.2.3　蒸汽喷射式制冷

与吸收式制冷系统相类似，蒸汽喷射式制冷系统也是依靠消耗热能而工作的，但蒸汽喷射式制冷系统只用单一物质为工质。其基本原理是：利用高温高压的工作蒸汽在扩压管中产生局部真空，从而为制冷剂液体的汽化创造了低压条件，基本制冷原理也是靠液体的蒸发并吸收汽化热来实现的。

图 1-9 所示为蒸汽喷射式制冷系统的原理图，系统的主要设备包括：喷射器、冷凝器、蒸发器、节流阀和锅炉等。

锅炉 E 提供的参数为 p_1、T_1 的高压高温蒸汽，称为工作蒸汽。工作蒸汽被送入喷射器 A（由喷嘴 a、混合室 b 及扩压管 c 组成），在喷嘴中绝热膨胀，达到很低的压力 p_o（例如，蒸发温度为 5℃时，相应的压力为 0.889kPa）并获得很大的流速（可达 800~1000m/s）。在蒸发器中由于制取制冷量 Q_0 而产生的蒸汽便被吸入喷射器的混合室中，与工作蒸汽混合一同流入扩压管中。在扩压管中由于流速降低而使压力提高到 p_k（例如，当冷凝温度为 35℃时，相应的压力是 5.74kPa），然后进入冷凝器 B 中冷凝成液体，并向环境介质放出放热量 Q_k。由冷凝器引

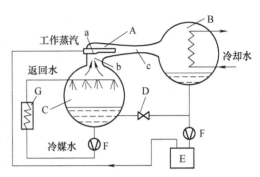

图 1-9　蒸汽喷射式制冷系统的原理图
A—喷射器　B—冷凝器　C—蒸发器　D—节流阀
E—锅炉　F—水泵　G—热交换器

出的凝结水分为两路：一路经节流阀 D 节流降压到蒸发压力 p_o 后，进入蒸发器 C 中制取冷量，而另一路则经水泵 F 被送入锅炉中。蒸发器中制取的冷媒水经冷媒水泵送到热交换器（需要降温的设备用户）后返回蒸发器喷淋雾化，以继续蒸发形成低温冷媒水，于是便完成了整个工作循环。

蒸汽喷射式制冷机的工作过程也可以表示在 T-s 图上，如图 1-10 所示。图中实线表示的是理想循环。7-8 是工作蒸汽在喷嘴中的膨胀过程，8-2′和 1-2′是两部分蒸汽的混合过程，2′-2 是在扩压管中的升压过程，2-3 是冷凝器中的冷凝过程。此后冷凝水分成两个部分，一部分节流后进入蒸发器中制冷，在图上用 3-4-1 表示；另一部分用水泵打入锅炉中又蒸发成工作蒸汽，用 3-5-6-7 表示。

从以上的分析可知，蒸汽喷射式制冷循环由两部分组成：一部分是正向循环 7-8-2′-2-3-5-6-7，另一部分是逆向循环 1-2′-2-3-4-1。在正向循环中蒸汽要对外做功，它表现为在喷嘴中使蒸汽加速，因而具有较大的动能。这一部分外功正好用于逆向循环中蒸汽的压缩，在蒸汽喷射式制冷机中，按正向循环工作的喷射器起着压缩机的作用，故称为喷射式压缩机。

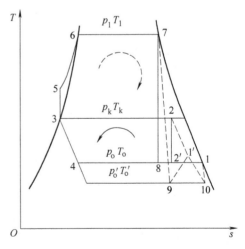

图 1-10　蒸汽喷射式制冷系统的 T-s 图

在实际情况下，蒸汽喷射式制冷机的工作过程与理想过程有较大差别，实际过程在图 1-10 中用虚线表示。为了要使蒸发器中的蒸汽能自动流入混合室，喷嘴出口的压力 p_o' 将低于蒸发压力 p_o。同时，工作蒸汽在喷嘴中的膨胀过程不是等熵的，而具有一定的能量损失。因此，实际膨胀过程是 9-1′和 10-1′的混合，终了状态点为 1′。在扩压管中，因具有能量损

失，压缩过程不是等熵的，而是沿 1′-2 进行，2-3 是实际的冷凝过程。以后的其他过程则实际与理论循环是一致的。

蒸汽喷射式制冷机只用单一物质为工质，可以是水，也可以是氨、R123、R134a、R600a 等。但到目前为止，只有以水为工质的蒸汽喷射式制冷机得到实际应用。蒸汽喷射式制冷机的设备结构简单、金属耗量少、造价低廉、运行可靠性高、使用寿命长，一般都不需要备用设备。同时，它的操作简便，维修工作量、管理人员和管理费用都比较少。由于消耗电能很少，故对于缺电的地区尤其适用，特别是当工厂企业有价廉的蒸汽可以利用时，就显得更为经济。由于水具有汽化热大、无毒、价廉等优越性，因此蒸汽喷射式制冷机都用水作为工质，也可以节省在制冷工质方面的费用。蒸汽喷射式制冷机的缺点主要是喷嘴加工精度要求高，制冷效率较低，工作蒸汽消耗量较大；又由于以水作为工质，所制取的低温必须在 0℃ 以上，故蒸汽喷射式制冷机目前只用于空调装置或用来制备某些工艺过程需要的冷媒水；而且温度越低时经济性越差。由于溴化锂吸收式制冷机的热效率高，对加热蒸汽的品质要求低，因此在空调系统中，蒸汽喷射式制冷机已逐渐被溴化锂吸收式制冷机所取代。

1.2.4 吸附式制冷

吸附式制冷系统是以热能为驱动的能量转换系统。其基本原理是：一定的固体吸附剂对某种制冷剂气体具有吸附作用。吸附能力随吸附剂温度的不同而不同。周期性地冷却和加热吸附剂，使之交替吸附和解吸。解吸时，释放出制冷剂气体，并使之凝结为液体；吸附时，制冷剂液体蒸发，从而产生制冷作用。由于该制冷过程也是利用了制冷剂液体的汽化（蒸发）形成，所以，也属于液体汽化制冷方法。这里的制冷剂指的是被吸附的物质，而具有吸附作用的物质称为吸附剂。显然，在一定条件下，吸附剂的表面积越大，它的吸附能力就越强。为了提高吸附剂的吸附能力，必须尽可能地增大吸附剂的表面积，所以那些具有多孔的或吸附式细粉状的物质，如活性炭、硅胶、分子筛等，都是很好的吸附剂。

图 1-11 所示为吸附式制冷系统的原理图，主要设备包括：吸附剂密封箱、冷凝器、蒸发器。它采用固体微孔物质作为吸附剂，整个系统是完全封闭的。吸附剂密封箱 A 内充装吸附剂，当它被加热时，已被吸附剂吸附的制冷剂获得能量，克服吸附剂的吸引力，从吸附剂表面脱出（解吸附），系统内压力逐渐升高，使左边的单向阀 D 关闭，蒸发器内的制冷剂蒸气将不能进入吸附剂密封箱。此时，因吸附剂密封箱 A 内的压力仍低于冷凝器 B 内的压力，右边单向阀 E 继续保持关闭状态。随着解吸附的继续进行，当吸附剂密封箱内的压力达到与环境温度所对应的饱和蒸气压力时，右边单向阀 E 打开，制冷剂气体进入冷凝器中冷凝，放出的热量通过冷凝器 B 由冷却介质（水或空气）带走，冷凝下来的液体进入蒸发

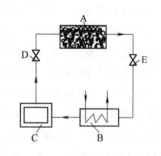

图 1-11 吸附式制冷系统的原理图
A—吸附剂密封箱 B—冷凝器
C—蒸发器 D、E—单向阀

器 C。当停止对制冷剂加热时，关闭右边单向阀 E，通过环境空气的对流作用，吸附剂开始冷却，因而它的吸附能力又逐步提高，左边的单向阀 D 打开，开始吸附蒸发器 C 中产生的制冷剂蒸气并使系统呈低压状态，使液体制冷剂在低压下不断汽化。制冷剂在低压（低温）下汽化时，吸收被冷却空间的热量，达到制冷的目的。吸附了大量制冷剂的吸附剂，为下一次加热

解吸附创造了条件。解吸附-吸附循环便是如此周而复始地进行，并间歇地进行着制冷过程。

与其他制冷系统一样，吸附式制冷系统内不允许存在任何像空气等不凝性气体。因此，吸附剂装入吸附剂密封箱后，用管道将吸附剂密封箱、冷凝器、蒸发器连在一起，充入一定量的制冷剂如水等，然后整个系统必须排气、抽空，最后加以密封。用表面多孔的物质作为吸附剂时，使用前必须进行活化处理，去除吸附剂内的吸附水分和其他气体及杂质，提高其吸附能力。吸附剂的活化处理，可用加热解吸附或降压解吸附来实现。

吸附式制冷技术能否得到广泛的工业应用很大程度上取决于所选用的吸附对（吸附剂-制冷剂）。目前，可作为吸附对的物质有很多。在制冷与空调方面已进行过实验研究的有沸石（分子筛）-水、硅胶-水、氯化钙-水、氯化钙-氨、氯化钙-甲醇、活性炭-甲醇等。甲醇的凝固点低（-98℃），适合于具有冷冻室的吸附式家用冰箱中使用，但甲醇的汽化热仅为水的50%。

吸附式制冷可利用低品位能源驱动，如太阳能、余热能等。利用吸附式制冷系统原理可以制作沸石太阳能制冷装置、太阳能硅胶-水吸附式、活性炭-甲醇渔船用物理吸附式制冰机等。吸附式制冷系统的优点是不耗电、无任何运动部件、系统简单、没有噪声、无污染、几乎不需维修、寿命长、安全可靠、投资回收期短、对大气臭氧层无破坏作用等。另外，还可利用吸附剂吸附制冷剂时所放出的吸附热，提供家庭用热水和冬季采暖用热源。缺点是循环属于间歇性的，热力状态不断地发生变化，难以实现自动化运行；对能量的储存也比较困难，特别是太阳能吸附式制冷系统，太阳能的波动会进一步影响到系统的循环特性。

1.3 气体的节流效应和绝热膨胀制冷

为了获得制冷效应，必须使制冷机能制取比低温热源更低的温度，并连续不断地从被冷却物体吸收热量。在上一节中，介绍了采用液体汽化来获得制冷效应的方法，其基本原理是利用了液体在低温下蒸发，吸收汽化热，从而起到降低周围环境温度的作用。在这一节里，将了解到高压气体经绝热膨胀也可达到较低的温度，当膨胀后的低压气体吸收周围环境热量时，也可获得冷量。气体绝热膨胀的特性随所使用的设备不同而有很大差别，一般有三种方式。第一种方式是使气体经节流阀膨胀（通常称为节流），此时不对外输出功率，因而气体的温降就比较小，产生的制冷量也比较小，但采用的系统结构比较简单，也便于调节气体流量。第二种方式是使高压气体经膨胀机（活塞式或透平式）膨胀，这时膨胀机对外输出功率，因而气体的温降比较大，复热时产生的制冷量也比较大；但使用膨胀机时，其系统结构比较复杂。这一膨胀方式在一般的气体制冷机中均有采用。应该说明的是，在某些状态下一些气体节流后并不一定降温，因此，在进入节流膨胀阀之前，气体的温度一定要处在该气体节流后能降温的状态。另外还有一种方式是绝热放气制冷，这种制冷方式在低温制冷机中大量使用，而在普通制冷中很少使用，这里不再讨论。

1.3.1 气体的节流效应

在管路中流动的流体经过截面突然缩小的阀门或孔口时，由于局部的阻力，流体压力显著下降，这一过程称为节流。在节流过程中，若流体与外界没有热量交换，称为绝热节流。因气体流经阀门或孔口时流速大，时间短，几乎来不及与外界进行热量交换，因此可以近似看作是绝热过程。如果再忽略动能和势能变化，并假定节流前后流体的焓值分别为 h_1、h_2，则根据能量守恒原则可以得到 $h_1 = h_2$，即通过阀门或孔口时比焓值不变。但由于在该阀门或孔口中存在着摩擦阻力损耗，所以它是一个不可逆过程，节流后熵必定增加。

　　理想气体的焓仅是温度的函数，所以气体节流时，温度保持不变，而实际气体的焓是温度和压力的函数，节流后温度一般会发生变化，这一现象称为节流温度效应，也叫作焦耳-汤姆逊（Joule-Thomson）效应。节流后流体温度升高，称为节流热效应；温度降低，称为节流冷效应；节流前后温度相等，称为节流零效应。

　　图1-12给出了实际气体等焓膨胀的 T-p 图。图中实线表示等焓线，虚线为各等焓过程零效应的连线，称为转化曲线。μ_h 表示等焓下温度随压力改变的效应，称为焦耳-汤姆逊效应，或称为微分节流效应。

$$\mu_h = \left(\frac{\partial T}{\partial p}\right)_h \qquad (1\text{-}13)$$

　　图1-12中等焓线的斜率即等于焦耳-汤姆逊效应系数 μ_h。节流后温度升高时，$\mu_h < 0$；节流后温度降低时，$\mu_h > 0$；在转化曲线上，$\mu_h = 0$。

　　应用热力学基本关系式，也可以推导出

$$\mu_h = \frac{T\left(\dfrac{\partial v}{\partial T}\right)_p - v}{c_p} \qquad (1\text{-}14)$$

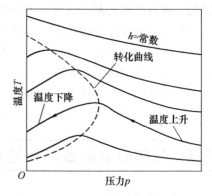

图1-12　实际气体等焓膨胀的 T-p 图

由式（1-14）可知：

当 $T\left(\dfrac{\partial v}{\partial T}\right)_p > v$ 时，$\mu_h > 0$，气体节流后温度降低；

当 $T\left(\dfrac{\partial v}{\partial T}\right)_p = v$ 时，$\mu_h = 0$，气体节流后温度不变；

当 $T\left(\dfrac{\partial v}{\partial T}\right)_p < v$ 时，$\mu_h < 0$，气体节流后温度升高。

　　焦耳-汤姆逊效应系数 μ_h 的符号取决于 $T\left(\dfrac{\partial v}{\partial T}\right)_p$ 与 v 的差值，而该差值与气体的种类和其所处的状态有关系。

　　实际气体 μ_h 的表达式，也可以通过实验来建立，例如对于空气和氧，在 $p < 15 \times 10^3 \mathrm{kPa}$ 时，有

$$\mu_h = (a_0 - b_0 p)\left(\frac{273}{T}\right)^2 \qquad (1\text{-}15)$$

式中，a_0、b_0 为实验常数，空气的 $a_0 = 2.73 \times 10^{-3}$，$b_0 = 0.085 \times 10^{-6}$，氧的 $a_0 = 3.19 \times 10^{-3}$，$b_0 = 0.884 \times 10^{-6}$。

　　利用气体的节流效应可以生产出低温制冷机。一种简单的封闭式节流制冷机是林德-汉普森制冷机，其热力循环系统图和 T-s 图如图1-13所示。系统由压缩机、回热热交换器、节流阀、蒸发器和连接管道组成。制冷工质在压缩机 A 中由低压 p_1 压缩到高压 p_2，然后在回热热交换器 B 中冷却至状态3，再经节流阀 C 降温降压至状态4，然后进入蒸发器 D 中，吸收被冷却对象的热量后返回压缩机。可用节流阀控制蒸发压力来调节蒸发器温度。在理想状态下，

状态 1 压缩至状态 2 为等温过程，状态 2 到状态 3 以及状态 5 到状态 1 为等压换热过程。

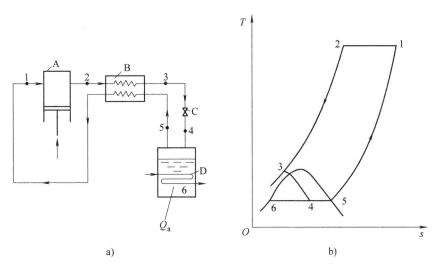

图 1-13　林德-汉普森制冷机

a）热力循环系统图　b）T-s 图

A—压缩机　B—回热热交换器　C—节流阀　D—蒸发器

为取得更低的温度，可采用具有附加冷却系统的节流制冷机，即预冷型林德-汉普森制冷机。典型的预冷型林德-汉普森制冷机的系统及 T-s 图如图 1-14 所示。更低的温度可用多

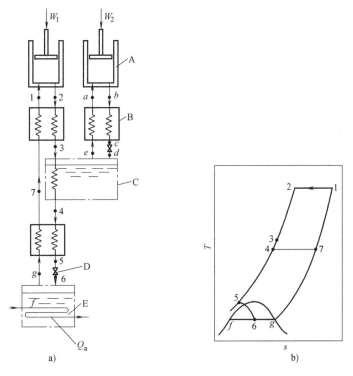

图 1-14　预冷型林德-汉普森制冷机的系统及 T-s 图

A—压缩机　B—回热热交换器　C—预冷浴　D—节流阀　E—蒸发器

级节流制冷机来实现。单级系统通常用来制取温度高于 77K 的低温，二级系统用于获得20~35K 的低温，三级系统用于获得低于 20K 直至液氮温度或稍低于液氮温度的低温。目前，节流制冷机在提高效率和可取性方面有了重大进展。

节流制冷机的优点是没有运动部件，冷端没有压力波动，振动非常小。

1.3.2　绝热膨胀制冷

高压气体通过膨胀机绝热膨胀时，对外输出功率，同时气体的温度降低。最理想的情况是可逆绝热膨胀，即等熵膨胀。气体等熵膨胀中温度随压力的微小变化而变化的关系可表示为

$$\mu_s = \left(\frac{\partial T}{\partial p} \right)_s \qquad (1\text{-}16)$$

式中，μ_s 为微分等熵效应系数。

应用热力学基本关系式，也可以推导出

$$\mu_s = \left(\frac{\partial T}{\partial p} \right)_s = \frac{T}{c_p} \left(\frac{\partial v}{\partial T} \right)_p \qquad (1\text{-}17)$$

由式(1-17)可知，对于气体膨胀总有 $\frac{\partial v}{\partial T} > 0$，从而有 $\mu_s > 0$，因此气体等熵膨胀时，温度总是降低的，产生冷效应。

对于理想气体

$$\Delta T_s = T_1 - T_2 = T_1 \left[1 - \left(\frac{p_2}{p_1} \right)^{\frac{\kappa-1}{\kappa}} \right] \qquad (1\text{-}18)$$

式中，κ 为气体的等熵指数。

从式(1-18)可以看出，等熵膨胀过程的温差，不但随着膨胀压力比 p_2/p_1 的增大而增大，而且还随着初温 T_1 的提高而增大。因此，为了增大等熵膨胀的温降，可以提高初温和增大膨胀比。

在实践上，可以利用气体的膨胀制冷来生产低温制冷机，最常见的是空气膨胀制冷机，所采用的工质主要是空气。此外根据使用目的不同，工质也可以采用 CO_2、O_2、N_2、He 或者其他理想气体。

早期出现的定压循环空气制冷机(图 1-15)，其定压循环由两个等压过程和两个等熵过

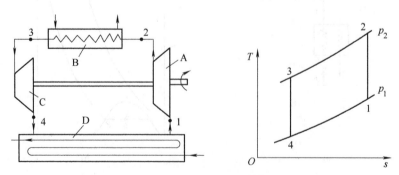

图 1-15　定压循环空气制冷机系统及其 $T\text{-}s$ 图

A—压缩机　B—空气冷却器　C—膨胀机　D—制冷室

程组成。从压缩机 A 排出状态为 2 的高温高压气体进入空气冷却器 B，在定压 p_2 下被冷却到温度 T_3，然后进入膨胀机 C，等熵膨胀到制冷室 D 的压力 p_1，同时，温度降到 T_4，成为低温低压冷气流。冷气流进入制冷室，使被冷却对象降温，而空气本身因吸收了热量，温度回升到 T_1，这个过程是在低压 p_1 下的等压吸热过程。离开制冷室的状态为 1 的空气被压缩机吸入，经等熵压缩后，达到状态 2，从而完成一个循环。

循环中，各状态点参数之间的关系如下

$$T_2 = T_1 \left(\frac{p_2}{p_1} \right)^{\frac{\kappa-1}{\kappa}} = T_1 \rho \tag{1-19}$$

$$T_3 = T_4 \left(\frac{p_2}{p_1} \right)^{\frac{\kappa-1}{\kappa}} = T_4 \rho \tag{1-20}$$

其中，记 $\rho = \left(\dfrac{p_2}{p_1} \right)^{\frac{\kappa-1}{\kappa}}$。

每千克空气在制冷室中的吸热量 q_0（kJ/kg）为

$$q_0 = h_1 - h_4 = c_p (T_1 - T_4) \tag{1-21}$$

循环中消耗的比功 w_0（kJ/kg）为

$$w_0 = (h_2 - h_1) - (h_3 - h_4) = c_p [(T_2 - T_1) - (T_3 - T_4)] = c_p (\rho - 1)(T_1 - T_4) \tag{1-22}$$

制冷系数为

$$\varepsilon = \frac{q_0}{w_0} = (\rho - 1)^{-1} \tag{1-23}$$

从式（1-23）可以看出，循环的经济性与压力比 p_2/p_1 有关，压力比越高，制冷系数越低。

空气膨胀制冷机曾经作为船用制冷的主要方法持续了近 20 年，后来逐渐被蒸气压缩式制冷机所取代。现在空气膨胀制冷机主要用于飞机机舱的冷却。

在原理上更先进的空气制冷循环是等容回热循环，即斯特林（Sterling）循环。斯特林循环由苏格兰人 Robert Stirling 于 1816 年发明，并制成了斯特林热气机。第一台斯特林循环制冷机在 1864 年前后建成，真正用于商业化是在 20 世纪 50 年代，由荷兰菲利浦（Philips）公司按此循环研制成制冷机，所以又称为菲利浦制冷机。菲利浦制冷机基本循环原理图如图 1-16 所示。

菲利浦公司生产的斯特林循环制冷机被成功地应用到气体液化分离系统中，它还可以用于电子部件的微型冷却系统。

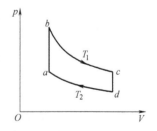

图 1-16　菲利浦制冷机
基本循环原理图

1.4　其他制冷方法

1.4.1　热电制冷

热电制冷是一种以温差电现象为基础的制冷方法。它利用珀尔帖效应原理达到制冷目的，即在两种不同金属组成的闭合线路中，通以直流电流，会产生一个结点热、另一个结点冷的现象，称为温差电现象。半导体材料所产生的温差电现象较其他金属要显著得多，一般热电制冷都采用半导体材料，所以也称为半导体制冷。珀尔帖效应的基本原理如图 1-17 所示。

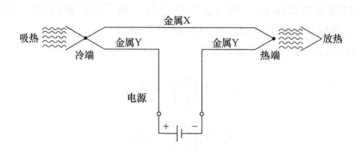

图 1-17　珀尔帖效应的基本原理

在珀尔帖以前，赛贝克于 1821 年发现，对两种不同导体的结点加热时，会产生电动势。珀尔帖和赛贝克的发现，构成了热电制冷的基础。

热电制冷器的基本单元是半导体电偶。组成电偶的材料一个是 N 型半导体(电子型)，另一个是 P 型半导体(空穴型)，用它们作热电制冷的材料是由于其珀尔帖效应比普通的金属电偶强得多，能够在冷结点处表现出明显的制冷作用。当通以直流电流 I 时(图 1-18)，P 型半导体内载流子(空穴)和 N 型半导体内载流子(电子)在外电场作用下产生运动。由于载流子(空穴和电子)在半导体内和金属片具有的势能不一样，势必在金属片与半导体接头处发生能量的传递及转换。因为空穴在 P 型半导体内具有的势能高于空穴在金属片内的势能，所以在外电场作用下，当空穴通过结点 2 时，就要从金属片 c 中吸取一部分热量，以提高自身的势能，才能进入 P 型半导体内。这样，结点 2 处就冷却下来。当空穴过结点 1 时，空穴将多余的一部分势能传递给结点 1 而进入金属片 a，因

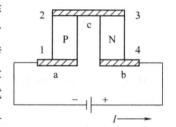

图 1-18　热电偶对

此，结点 1 处就会发热。同理，电子在 N 型半导体内的势能大于在金属片中的势能，在外电场作用下，当电子通过结点 3 时，就要从金属片 c 中吸取一部分热量转换成自身的势能，才能进入 N 型半导体内。这样结点 3 处就冷却下来。当电子运动到达结点 4 时，电子将自身多余的一部分势能传给结点 4 而进入金属片 b，因此结点 4 处就会发热。这就是电偶对制冷与发热的基本原理。如果将电源极性互换，则电偶对的制冷端与发热端也随之互换。

一对热电偶对的制冷量是很小的。为了获得较大的制冷量可以将很多热电偶对串联成热电堆，称为单级热电堆。单级热电堆在通常情况下能得到大约 50℃ 的温差。为了达到更低的冷端温度，可用串联、并联及串并联的方法组成多级热电堆。以图 1-19 所示的三级复叠式热电堆为例，第一级热电堆的冷端贴在第二级热电堆的热端面，使第二级热电堆的热端温度降低，从而在第二级热电堆的冷端处产生更低的温度。第二级热电堆的冷端贴在第三级热电堆的热端上，使第三级热电堆冷端处的温度进一步降低，达到很低的温度。各级热电堆之间有极薄的电绝缘层，因为此绝缘层既要保证级与级之间的电绝缘，又要使级与级之间有良好的热传导，所以称为导热的电绝缘层。在多级复叠式热电堆中，下面一级热电堆的制冷量应等于上面一级热电堆的散热量，以达到热平衡。多级复叠式热电堆运转时，总的效应是最

上面一级热电堆制冷，最下面一级热电堆向周围环境放热。

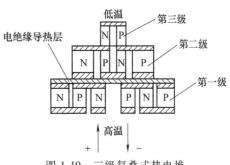

图 1-19 三级复叠式热电堆

由于热电制冷是通过电子或空穴在运动中直接传递能量来达到制冷目的的，这使得它与现行的通过制冷剂来传递能量的压缩式或吸收式制冷相比在结构上有着明显的独特之处。目前已经研制的热电制冷系统具有以下特点：

1）不使用制冷剂，所以没有相应的泄漏和环境污染问题，清洁卫生。

2）结构简单，体积紧凑，系统中无任何机械运动部分，因而噪声小，无磨损，寿命长，具有高度的可靠性和良好的维修性。

3）冷却速度和制冷温度可以通过改变工作电流的大小任意调节，灵活性很大，有较高的控制精度。

4）操作具有可逆性，可以通过改变工作电流的方向来达到冷热端互换的目的，又可供热，适用性较广。

5）由于受热电材料的限制，目前在大制冷量的情况下，热电制冷和蒸气压缩制冷相比，效率太低。但是它的效率与制冷量大小无关，因此，当制冷量在 mW 级以下、温差小于 50℃ 时，热电制冷的效率要高于蒸气压缩制冷。

由于热电制冷具有以上特点，在一些有特殊需要的场合（比如小冷量、小体积），可以起着其他制冷方式所无法替代的作用。

热电制冷技术主要在小功率、小型化、性能可靠性和控制精度要求较高的范围内应用。广泛应用于医疗卫生、电子器材的低温维持、军工、工业应用等领域。在医疗卫生方面，用多级热电制冷可制成小型低温冰箱，供医院冷藏药物、菌苗和血浆等；对高烧病人进行局部或全身快速降温；对病人在手术时降低体温，以减慢代谢进程；在外科手术中，实施冷冻麻醉；利用多级热电元件制成低温医疗器具，可用于治疗各种皮肤病以及白内障摘除手术，疗效显著。在电子器材方面，对温度反应敏感、使用条件严格的电子元件、器材，可以用热电制冷器使它们维持低温或恒温的工作条件，以提高其综合性能。目前最大的热电制冷器是核潜艇上使用的空调装置。另外，在卫星站、宇航服中也采用了热电制冷。基于热电制冷原理，还可以制造出半导体制冷片。图 1-20 所示为目前市场上有售的半导体制冷片实物图。利用半导体制冷片可以很方便地制造出方便郊游使用的手提式半导体冰箱、用于饮水机的制冷桶以及用于工业测试和分析仪器中的制冷器等。

图 1-20 半导体制冷片实物图

1.4.2 磁制冷

不同的磁介质产生的附加磁场情况不同，附加磁场与原磁场方向相同的磁介质为顺磁体（如铁、锰）；附加磁场与原磁场方向相反的磁介质为抗磁体（如铋、氢等）。磁制冷是利用顺磁性物质的磁热效应来完成磁制冷循环的。熵 S 是系统无序性的量度，当系统经历的过程绝热时，系统的熵变为 0。对磁介质来说，影响其熵变的主要因素有两个：一是磁介质本身的

温度 T，二是施于磁介质的外磁场 B。因此，可以将磁介质的熵 S 看成是由两部分组成：一部分受温度的影响，称为热熵，用 S_T 表示；另一部分受磁场 B 的影响，称为磁化熵，用 S_B 表示，于是系统的熵 $S = S_T + S_B$。当介质绝热磁化时，介质的磁场由 0 绝热增至某一数值，介质内的分子磁矩的排列将由混乱无序到趋于与磁场 B 同向平行排列，即系统的磁化熵（无序性）减少了，$\Delta S_B < 0$。又因绝热变化时，系统的熵变为 0，即

$$S = \Delta S_T + \Delta S_B = 0 \tag{1-24}$$

故必有

$$\Delta S_T > 0$$

这表明绝热磁化会使磁介质分子热运动剧烈程度增加，温度升高。当绝热去磁时，即在绝热条件下，使介质的磁场迅速下降为 0 时，介质中的分子磁矩平行于外磁场的方向的排列状态便不能维持，而又将逐步恢复到磁化前的混乱状态，即无序性增加，S_B 变大（$\Delta S_B > 0$）。由于 $\Delta S = 0$，故 $\Delta S_T < 0$，即受热运动影响的无序性减少，介质的温度降低。可见，绝热去磁可以使磁介质的温度降低。根据这种原理来获得低温的方法称为绝热去磁制冷法，通常又简称磁制冷。磁制冷的基本过程是，用循环把磁制冷工质的去磁吸热过程和磁化放热过程连接起来，从而在一端吸热，在另一端放热。目前应用得最多的是卡诺型磁性制冷循环，常用于低温磁制冷，磁材料（制冷工质）采用稀土顺磁盐。

卡诺型磁性制冷循环如图 1-21 所示，它由四个基本过程组成。

1-2 为等温磁化（排放热量）；

2-3 为绝热去磁（温度降低）；

3-4 为等温去磁（吸收热量制冷）；

4-1 为绝热磁化（温度升高）。

磁制冷材料是用于磁制冷系统的具有磁热效应的物质。磁制冷材料是磁制冷机的核心部分，即一般称谓的制冷剂或制冷工质。目前，低温区（特别是 20K 以下）磁制冷的研究已比较成熟，早已实用化，已成为低温制冷的一个重要方法。高温区磁制冷还处于实验研究开发阶段，特别是

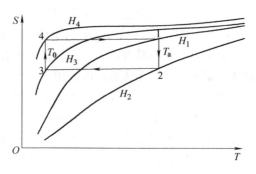

图 1-21 卡诺型磁性制冷循环

80K 至室温磁制冷的研究是当前磁制冷研究的热点。磁制冷所用的制冷材料基本都是以稀土金属为主要组元的合金或化合物，尤其是室温磁制冷几乎全是采用稀土金属 Gd 或 Gd 基合金。低温磁制冷所使用的磁制冷材料主要是稀土石榴石 $Gd_3Ga_5O_{12}$（GGG）和 $Dy_3Al_5O_{12}$（DAG）单晶。使用 GGG 或 DAG 等材料做成的低温磁制冷机属于卡诺磁制冷循环型，起始制冷温度分别为 16K 和 20K。

1933 年吉奥柯（W. F. Giauque）和麦克尔道格（D. P. Mc Dougall）利用磁热效应进行了绝热磁冷却。1976 年布朗（G. V. Brown）成功地完成了磁制冷试验并首先采用金属 Gd 作为磁制冷工质，在 7T 磁场下实现了室温磁制冷，但由于采用超导磁场，因此无法进行商品化。布朗的成功实验，激发了人们对磁性材料作为制冷工质的新型制冷方式的研究。20 世纪 80 年代，虽然人们对磁制冷工质开展了大量的研究工作，但这些磁性材料的磁熵变均比 Gd 小。1996 年，有人采用 $RMnO_3$ 钙钛矿化合物，获得了磁熵变大于 Gd 的突破。1997 年有报道 $Gd_5(Si_2Ge_2)$ 化合物的磁熵变可比 Gd 高一倍，高温磁制冷正一步步往实用化方向迈进。据报道，1997 年美国已研制成以 Gd 为磁制冷工质的磁制冷机。最近的研究表明，如将磁制冷

工质纳米化，可有望用来拓宽制冷的温度区间。

磁制冷发展的趋势是由低温向高温发展，20世纪30年代利用顺磁盐作为磁制冷工质，采用绝热去磁方式成功地获得 mK 量级的低温。20世纪80年代采用 GGG 型的顺磁性石榴石化合物成功地应用于 1.5~15K 的磁制冷。20世纪90年代用磁性 Fe 离子取代部分非磁性 Gd 离子，由于 Fe 离子与 Gd 离子间存在超交换作用，使局域磁矩有序化，构成磁性的纳米团簇，当温度大于 15K 时其磁熵变高于 GGG，从而成为 15~30K 温区最佳的磁制冷工质。

目前，磁制冷材料、技术和装置的研究开发，美国和日本居领先水平，这些发达国家都把磁制冷技术的研究开发列为本世纪初的重点攻关项目，投入了大量资金、人力和物力，竞争极为激烈，都想抢先占领这一高新技术领域。

1.4.3 涡流管制冷

1931年，法国工程师兰克（Ranque）发现旋风分离器中旋转的空气流具有低温，于是他在1933年发明了一种装置，可以使压缩气体产生涡流并能将气流分为冷、热两部分，其中冷气流用来制冷，该装置称为涡流管，又叫兰克管，这种制冷方法称为涡流管制冷。涡流管装置的结构简图如图1-22所示。

压缩气体通过喷嘴1沿切线方向进入涡管2，形成强烈的环流，产生不均匀的温度场。靠近涡流室中心的气体温度比进气温度低，而外围的气体温度升高。冷气体经孔板5、喷嘴6和狭缝扩压管7，由右侧排出，其占总气体的比例为 μ。剩余部分的气体（$1-\mu$），经过另一喷嘴4及叶片式扩压管3，由左侧排出。根据试验，当高压气体的温度为室温时，冷气流的最低温度可达 -50℃ 左右，热气流的最高温度可达 130℃ 左右，因此涡流管也被称为"冷热管"。涡流管的热端装

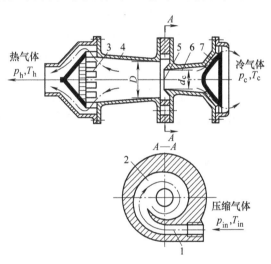

图 1-22 涡流管装置的结构简图

1、4、6—喷嘴 2—涡管 3—叶片式

扩压管 5—孔板 7—狭缝扩压管

有控制阀，用来改变热端的气体压力，从而达到调节冷热两部分气流的流量比，以及改变冷热端温度的目的。

苏联的梅蒂尼（Metenin）给出了涡流管设计的经验公式

$$D \approx 3.57 A_{in}^{1/2} \tag{1-25}$$

$$d_c \approx 0.5D \tag{1-26}$$

$$l_h \approx (3 \sim 3.5)D \tag{1-27}$$

$$l_c \approx (3 \sim 3.5)d_c \tag{1-28}$$

式中，A_{in} 为进气喷嘴的喉管面积（mm^2）；l_c 与 l_h 分别为冷热扩压器长度（mm）。

膨胀比（p_{in}/p_c）的变化范围在 2~8 之间，它对涡流管的温度效率影响并不显著。膨胀比若继续增大，则系统的性能将下降。

图1-23所示为涡流管内部工作过程的 T-s 图，图中点4为气体压缩前的状态。

1）4-5 为工作气体的等熵压缩过程。

2）5-1 为压缩气体的等压冷却过程。点 1 表示的是高压气体进入喷嘴前的状态，在理想条件下绝热膨胀到 p_2 压力，随之温度降低到 T_s，即点 2_a 的状态，点 2 表示的是涡流管流出的冷气流状态，其温度为 T_c。点 3 表示的是分离出的热气流状态，其温度为 T_h。

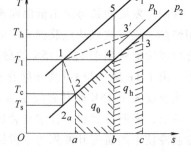

图 1-23　涡流管内部工作过程的 T-s 图

3）1-2 和 1-3 为冷、热气流的分离过程。

4）3-3′为热气流经流量控制阀的节流过程，节流前后的比焓值不变。

由于整个工作过程中，气流在喷嘴中不可能作等熵膨胀，涡流室内外气体之间的动能交换存在一定的损失，以及涡流室内存在的向心热传递过程，使气流在 1-2 过程偏离绝热膨胀过程，造成涡流管分离出来的冷气流温度 T_c 总高于绝热膨胀条件下的冷气流温度 T_s。

涡流管具有结构简单、操作方便、运行安全可靠、造价便宜、易维护等优点，同时又具有制冷、制热、分离、抽真空等多方面的功能。涡流管以它独特的性能吸引了众多的学者进行探讨。世界上许多国家特别是法国、德国、加拿大、俄罗斯、日本、美国、丹麦、荷兰、英国等发达国家的科研机构、大学和许多公司对涡流管进行了大量的试验研究和理论方面的研究工作。涡流管在许多工业部门得到应用，并有一些从事生产涡流管的专门厂家，如美国的 Vortec 公司、Exxair 公司和 Transonic 公司等。因此，涡流管应用十分广泛，主要范围有以下几个方面：

（1）工业方面　小型空调，轴承冷却，工具冷却，便携式制冷器等。

（2）生物医学方面　生物冷冻等。

（3）科研方面　热电偶的冷结点恒温，温度计的测定，材料测试，热膨胀测试等。

（4）航空方面　空气调节，电子设备的冷却，除冰等。

（5）化学处理方面　天然气的冷却、分离、加热或冷却过程等。

目前世界上已投入应用的涡流管的种类极多，实际应用远远不止上述各例，更广泛的应用有待于进一步的研究与实践。

1.4.4　热声制冷

热声制冷的概念是美国 LOS Alamo 国家实验室的 J. C. Wheatley 等人在 20 世纪 80 年代提出的。简单地说，热声制冷就是利用热声效应的制冷技术。热声效应是热与声之间相互转换的现象。从声学角度看，它是由于处于声场中的固体介质与振荡流体之间的相互作用，使距固体壁面一定范围内沿着（或逆着）声传播方向产生热流，并在这个区域内产生或者吸收声功的现象。按能量转换方向的不同，热声效应可分为两类：一是用热来产生声，即热驱动的声振荡；二是用声来产生热，即声驱动的热量传输。只要具备一定的条件，热声效应在行波声场、驻波声场以及两者结合的声场中都能发生。

利用热声效应原理可以生产出热声制冷机，其基本工作原理如图 1-24 所示。在谐振管的热端输入声波（驻波），声功率 W 可由扬声器、热声发动机或其他方法提供。谐振管内的气体受到声压作用，产生绝热压缩和膨胀。处于热声板叠 2 左端的气团受到驻波的压缩，温度升高，于是向热声板叠放热；在热声板叠的右端，由于驻波低压相的绝热膨胀，气团的温度低于热声板叠温度，气团从热声板叠吸热。这样在声波的每一个循环中，气团将热量从热声板叠的右端向左端传递，使两端的温差增大。结果，单位时间热量从冷端热交换器 3 输送到热端热交换器 1，释放出热量 Q_h。由热力学第一定律可知，制冷量 $Q_0 = Q_h - W$。

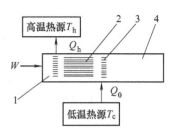

图 1-24　热声制冷机的基本原理

1—热端热交换器　2—热声板叠

3—冷端热交换器　4—谐振管

热声制冷是一种利用声能产生制冷效应的新型制冷技术，其最大的优点是可以采用无公害工质氮气、氦气等惰性气体作为制冷介质，这与制冷技术中禁用 CFCs 和 HCFCs 的要求相一致，是一种完全环保的新型制冷技术，因而受到国际制冷界的高度重视。最近 20 年中，热声现象在制冷领域的应用成了一大研究热点，美国、欧洲、日本以及中国等国家都在大力研究之中。这是由于热声制冷机具有结构简单、振动部件少和运行寿命长等优点，可望在航天技术、国防军工等高新技术领域获得应用，也可用于天然气液化等新能源开发。然而，长期以来，国际热声研究等普遍采用依赖于具有本征热力学不可逆的驻波循环工作模式，其热效率一直难以与经过上百年发展的氟利昂蒸气压缩节流制冷技术相比。目前，国际上采用驻波循环工作模式的热声制冷，在 0℃ 和空调制冷工况下的 COP（性能系数）最好结果分别接近 1.5 和 2.0，而传统的蒸气压缩节流制冷技术则在 3.0 以上。

1.4.5　激光制冷

激光制冷又称为反斯托克斯荧光制冷（Anti-Stokes Florescent Cooling），最早是由 P. Pringsheim 于 1929 年提出的。众所周知，物体的原子总是在做无规则运动，这实际上就是表示物体温度高低的热运动，即原子运动越激烈，物体温度越高；反之，温度就越低。所以，只要降低原子运动速度，就能降低物体温度。激光制冷的原理就是利用大量光子阻碍原子运动，使其减速，从而降低物体的温度，产生制冷效应。

反斯托克斯效应是一种特殊的散射效应，其散射荧光光子波长比入射光子波长短。由于光子能量公式 $E = h\nu = hc/\lambda$（其中 h 为普朗克常数，ν 为频率，c 为光速，λ 为波长），由于 hc 为常数，光子能量与波长成反比，因此在反斯托克斯效应中，散射荧光光子能量高于入射光子能量。以反斯托克斯效应为原理的激光制冷正是利用散射与入射光子的能量差来实现制冷效应的。其过程可以简单理解为：用低能量的激光光子激发发光介质，发光介质散射出高能量的光子，将发光介质中的原有能量带出介质外，从而产生制冷效应。与传统的制冷方式相比，激光起到了提供制冷动力的作用，而散射出的反斯托克斯荧光是带走热量的载体。下面以一种简单的能级结构模型来介绍激光制冷的基本原理，假定某种原子具有图 1-25 所示的特殊的能级结构：基态包括两个基态多重态 1 和 2，激发态包括两个激发态多重态 3 和 4，并且基态与激发态间的能量间距相对较大，而同在基态或激发态的多重态间的能量间距比基态与激发态间能量间距小一个数量级以上。根据能量劈裂原理，能量间距较大的基态与激发态间的多声子弛豫速率很小，布局再分布时间较长，辐射跃迁的量子效应接近 100%；而多重态间的相对较小的能量间距不足以造成粒子跃迁，并且多重态能级之间的布局再分布速率非常快，这使得多重态平衡受扰动后能够很快恢复平衡。

图 1-25 所示能量循环过程包括：光子激发（1）、声子吸热（2）、退激发（3）和再吸

热（4）。吸收入射激光光子的激发过程（1）使原子的能量状态从基态的顶层能级2跃迁到激发态的底层能级3，处于能级3能量状态的原子增多，破坏了激发多重态3和4的平衡，为了恢复平衡，部分处于能级3状态的原子以声子形式吸收光学介质的热量向能级4状态转移，形成吸热过程（2）；处于激发态多重态4能量状态的原子通过退激发过程（3）放出荧光光子跃迁回基态多重态1能量状态，使得基态多重态能级1能量状态相对能极2具有过多的原子，为了恢复平衡，部分处于能级1状态的

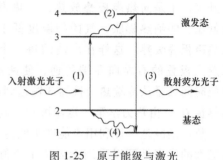

图1-25　原子能级与激光
制冷循环分析图

原子同样也以声子形式从光学介质吸热而向能级2状态转移，形成吸热过程（4）。吸热过程（2）和（4）就是激光制冷直接产生制冷效应的过程。

关于激光制冷的可行性问题可以这样来理解：将发光介质和入射激光、散射荧光化为系统研究对象，激光制冷过程中发光介质的热量被带走，温度降低，其熵值必然减小，但入射激光的熵很小，散射荧光的熵很大，则入射激光到散射荧光的熵增量很大，并且大于发光介质熵的减少量，因而整个激光制冷过程是熵增过程，符合热力学第二定律。实际上，激光制冷是通过牺牲激光的单色性、相干性和方向性来换取制冷效应的。

为了实现激光制冷，采用的发光介质内部的荧光中心应具有合理的能级结构，即基态与激发态的能量间距较大，而基态和激发态中的多重态间的能量间距较小。前者用于确保基态与激发态间跃迁的量子效应接近100%，从而抑制无辐射弛豫引起的热效应，使其足够小而不至掩盖制冷效应；后者保证多重态在平衡受扰动时能以声子形式吸热迅速恢复平衡。另外，发光介质应具有极高的纯净度，以免杂质引起无辐射弛豫寄生热。在外部，入射激光应具有适当的波长，以满足原子能量状态从基态顶层向激发态底层跃迁的能量要求。

激光制冷的制冷量与制冷系数很容易从能量平衡角度分析获得。激光制冷的制冷量应等于入射激光与散射荧光的能量差，而其制冷系数应为制冷量与入射激光能量之比。在辐射跃迁量子效应为100%的理想情况下，制冷功率P_{cool}和制冷系数COP可用波长为自变量表示为

$$P_{cool}(\lambda) = P_{abs}(\lambda)(\lambda - \lambda_F)/\lambda_F \tag{1-29}$$

$$COP = P_{cool}(\lambda)/P_{abs}(\lambda) = [P_{abs}(\lambda)(\lambda - \lambda_F)/\lambda_F]/P_{abs}(\lambda) = (\lambda - \lambda_F)/\lambda_F \tag{1-30}$$

式中，P_{abs}为吸收激光光子而得到的泵功率；λ为入射激光波长；λ_F为散射荧光平均波长。原子能级结构即使如图1-25所示的那么简单，退激发时能级跃迁也存在3-1、3-2、4-1、4-2四种可能，所放出的荧光相应具有四种可能波长。实际的能级结构比图1-25所示要复杂得多，因而退激发时放出的荧光存在一定的光谱分布，λ_F就是依据一定的荧光光谱而确定的平均波长。

由式（1-29）和式（1-30）可知，提高入射激光波长（由于光子能量与波长成反比，即相应于降低入射光子能量），降低散射荧光波长（即提高散射光子能量）将有利于增大制冷功率P_{cool}和制冷系数COP。但这就同时要求基态的顶层能级靠近激发态的底层能级，并且退激发的平均能级跃迁增大，势必造成基态顶层与激发态底层的能量间距缩小，而基态和激发态中的多重态间能量间距增大。前者将引起基态与激发态间的跃迁量子效应下降，无辐射弛豫的热效应会严重消耗甚至完全掩盖制冷量，而后者会降低多重态的平均速率，使多重

态通过声子形式吸热恢复平衡的过程难以发生。可见，激光制冷的制冷量和制冷系数不可能通过改变入射激光和散射荧光的波长而无限提高，入射激光和散射荧光应当存在最佳波长。

激光制冷的温度受到基态顶层能级原子数的限制。随着温度的降低，处于基态顶层能级能量状态的原子数会减小，当其减少到一定数量后，其吸收激光光子而被泵送到激发态的概率几乎为零，则吸收激光光子而得到的泵功率 P_{abs} 趋于零，制冷功率也就趋于零。由此可见，激光制冷存在极限制冷温度。

由于激光制冷机具有体积小、重量轻、无振动和噪声、无电磁影响、可靠性高、寿命长等优点，在现代军工、空间技术、微电子技术、光计算和存储等领域具有广阔的应用前景。但与传统机械式低温制冷机相比，激光制冷的发展还处在初始阶段，还存在很多不足，如制冷功率低、制冷系数小、制造成本高等。为了进一步提高激光制冷的性能，研究工作还需在以下几个方面做出努力：

1）深化激光制冷的机理研究，为整机性能的优化工作提供方向性指导。

2）从强化反斯托克斯效应角度出发，寻找具有更适合能级结构的原子（或离子、基团）作为制冷元件的荧光中心，以提高激光制冷循环的制冷量和制冷系数。

3）发展激光技术，为激光制冷提供满足特定波长要求的高功率、高效率、低成本的激光发生器。

4）优化光路设计，提高入射激光的利用率，同时便于反斯托克斯散射荧光的溢出。

5）进一步提高发光介质的纯净度，从而减少杂质引起的无辐射弛豫寄生热对制冷量的消耗。

6）改进绝热系统，减少处于室温的部件向制冷元件的漏热。

7）优化整体结构设计，减少整机体积和重量。

思考题与习题

1-1　简述常用的人工制冷方法和制冷系统。

1-2　区别并理解制冷系数、热力完善度、热力系数的概念。

1-3　简述液体汽化制冷的基本特征和过程。

1-4　蒸气压缩式制冷中，制冷是如何产生的？

1-5　什么是蒸汽喷射系数？简述蒸汽喷射式制冷的基本原理。

1-6　简述蒸气吸收式制冷、吸附式制冷的基本原理。

1-7　气体节流后温度会降低吗？解释焦耳-汤姆逊效应。

1-8　气体膨胀后温度会降低吗？解释微分等熵效应。

1-9　简述热电制冷、绝热去磁制冷、热声制冷、激光制冷的基本原理。

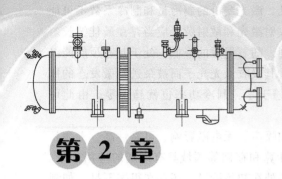

第 2 章

制 冷 剂

2.1 概述

制冷剂又称为制冷工质，它是在制冷系统中不断循环流动，并通过自身热力状态的变化以实现制冷的工作物质。通常所说的制冷剂是指液体汽化式制冷剂，它要求在低温下汽化，从被冷却对象中吸收热量；在较高温度下液化，向冷却介质排放热量。只有在工作温度范围内能够汽化和液化的物质才有可能用作制冷剂。

乙醚是最早使用的制冷剂。1834 年，Jacob Perkins 采用乙醚作为制冷剂制造出了蒸气压缩式制冷装置。乙醚易燃易爆，有毒性，标准蒸发温度高（34.5℃）。用乙醚作制冷剂制取低温时，蒸发压力低于大气压，存在因空气渗入制冷系统而引发爆炸的危险。后来二甲基乙醚被用作制冷剂，其标准蒸发温度为−23.6℃，克服了乙醚因标准蒸发温度高而带来的缺陷。1866 年 CO_2 被用作制冷剂，但因其运行压力高、循环 COP 值较低，CO_2 在船用冷藏装置中延续应用了 50 多年之后，在 20 世纪 50 年代被氟利昂类制冷剂所替代。1870 年 NH_3 被用作制冷剂，在大型制冷系统中广泛使用，并延续至今。1874 年 SO_2 也被用作制冷剂，但因其毒性大而在使用近 60 年后逐渐被淘汰。

20 世纪初，少数碳氢化合物也被用作制冷剂，如乙烷、丙烷等。20 世纪 30 年代，氟利昂类制冷剂出现，人类开始从采用天然制冷剂步入了采用合成制冷剂的时代。由于氟利昂类制冷剂具有无毒、无味、无燃烧性、无爆炸性且腐蚀性小、热稳定性和化学稳定性好等优点，逐步成为一种较为理想的、广泛使用的制冷剂，极大地推动了制冷技术的发展。20 世纪 50 年代，出现了共沸混合物制冷剂；20 世纪 60 年代，出现了非共沸混合物制冷剂。20 世纪 80 年代，CFCs 类和 HCFCs 类氟利昂均被发现对臭氧层有着不同程度的破坏作用。为保护臭氧层，1987 年联合国外长会议通过了《关于消耗臭氧层物质的蒙特利尔议定书》，明确提出把 9 种氟利昂列为受控物质，并规定了分阶段减少消费、限制生产直至完全停止生产的时间表。我国已于 1991 年正式宣布加入修订的《蒙特利尔议定书》，并于 1993 年批准了《中国消耗臭氧层物质逐步淘汰国家方案》。HFCs 类氟利昂虽然对臭氧层没有破坏作用，但是 1997 年制定的《京都议定书》将 HFCs 类物质列入了温室气体减排清单。氟利昂类制冷剂的控制使用，给制冷行业带来了巨大的冲击，替代制冷剂的研究已在各国加紧进行。

2.2 制冷剂的分类及命名

2.2.1 制冷剂的分类

制冷剂通常有三种分类方法：按照制冷剂的组成来区分，可以分为单一制冷剂和混合制冷剂（如 R502、R407C 等）；按照制冷剂的化学成分来区分，可以分为无机化合物类制冷剂（如水、氨、CO_2 等）、氟利昂类制冷剂（如 R12、R22 和 R134a 等）和碳氢化合物类制冷剂（如丙烷、异丁烷、乙烯、丙烯等）。

根据制冷剂的标准蒸发温度（所谓的标准蒸发温度，是指在标准大气压力下的蒸发温度，也就是通常所说的沸点），还可以将制冷剂分为高温（低压）制冷剂、中温（中压）制冷剂和低温（高压）制冷剂。表 2-1 中列出了这几类制冷剂的基本性质。

表 2-1 制冷剂的基本性质

制　冷　剂	沸点 t_s	冷凝压力 p_c	常见制冷剂
高温（低压）制冷剂	>0℃	<0.3MPa	R123 等
中温（中压）制冷剂	0~-60℃	0.3~2.0MPa	氨、R22、R134a 等
低温（高压）制冷剂	<-60℃	>2.0MPa	R13、乙烯、R744 等

2.2.2 制冷剂的命名

为了便于制冷剂书写和表达，国际上用统一规定的符号作为制冷剂的简化代号。制冷剂符号由字母 "R" 和它后面的一组数字或字母组成。字母 "R" 表示制冷剂（Refrigerant），后面的字母或数字根据制冷剂的化学组成按一定规则编写的。此种符号表示方法通常在设备铭牌、样本以及使用维护说明书中使用，详细的表示方法在 GB/T 7778—2008《制冷剂编号方法和安全性分类》中已有明确规定，现简述如下：

1. 无机化合物类制冷剂

无机化合物的简化符号表示为 R7XX。XX 是该无机化合物相对分子质量的整数部分或近似整数值。例如：NH_3、空气和 H_2 相对分子质量的整数部分分别为 17、29 和 2，则其简化符号分别表示为 R717、R729 和 R702。为区别相对分子质量整数部分相同的两种或两种以上物质，一般在 XX 后用 A、B、C 等字母予以区别，如 CO_2 和 N_2O，其相对分子质量的整数部分均为 44，则可分别用 R744 和 R744A 表示。表 2-2 中列出了常见几种无机化合物制冷剂的简化符号。

表 2-2 制冷剂的简化符号

制冷剂符号	化　学　名　称	化学分子式	相对分子质量	标准沸点/℃
甲烷系列				
R10	四氯甲烷	CCl_4	153.8	77
R11	三氯一氟甲烷	CCl_3F	137.4	24
R12	三氯二氟甲烷	CCl_2F_2	120.9	-30

（续）

制冷剂符号	化 学 名 称	化学分子式	相对分子质量	标准沸点/℃
甲烷系列				
R12B1	溴氯二氟甲烷	$CBrClF_2$	165.4	-4
R12B2	二溴二氟甲烷	CBr_2F_2	209.8	25
R13	氯三氟甲烷	$CClF_3$	104.5	-81
R13B1	溴三氟甲烷	$CBrF_3$	148.9	-58
R14	四氟甲烷	CF_4	88.0	-128
R20	三氯甲烷	$CHCl_3$	119.4	61
R21	二氯氟甲烷	$CHCl_2F$	102.9	9
R22	氯二氟甲烷	$CHClF_2$	86.5	-41
R22B1	溴二氟甲烷	$CHBrF_2$	130.9	-15
R23	三氟甲烷	CHF_3	70.0	-82
R30	二氯甲烷	CH_2Cl_2	84.9	40
R31	氯氟甲烷	CH_2ClF	68.5	-9
R32	二氟甲烷	CH_2F_2	52.0	-52
R40	氯甲烷	CH_3Cl	50.5	-24
R41	氟甲烷	CH_3F	34.0	-78
R50	甲烷	CH_4	16.0	-161
乙烷系列				
R110	六氯乙烷	CCl_3CCl_3	236.8	185
R111	五氯氟乙烷	CCl_3CCl_2F	220.3	135
R112	1,1,2,2-1,2-二氟乙烷	CCl_2FCCl_2F	203.8	93
R112a	1,1,2,2-2,2-二氟乙烷	CCl_3CClF_2	203.8	91
R113	1,1,2-三氯-1,2,2-三氟乙烷	CCl_2FCClF_2	187.4	48
R113a	1,1,1-三氯-2,2,2-三氟乙烷	CCl_3CF_3	187.4	46
R114	1,2-二氯-1,1,2,2-四氟乙烷	$CClF_2CClF_2$	170.9	4
R114a	1,1-二氯-1,2,2,2-四氟乙烷	CCl_2FCF_3	170.9	3
R114B2	1,2-二溴-1,1,2,2-四氟乙烷	$CBrF_2CBrF_2$	259.9	47
R115	氯五氟乙烷	$CClF_2CF_3$	154.5	-39
R116	六氟乙烷	CF_3CF_3	138.0	-79
R120	五氯乙烷	$CHCl_2CCl_3$	202.3	162
R123	2,2-二氯-1,1,1-三氟乙烷	$CHCl_2CF_3$	153.0	27
R123a	1,2-二氯-1,1,2-三氟乙烷	$CHClFCClF_2$	153.0	28
R124	2-氯-1,1,1,2-四氟乙烷	$CHClFCF_3$	136.5	-12
R124a	1-氯-1,1,2,2-四氟乙烷	$CClF_2CHF_2$	136.5	-10
R125	五氟乙烷	CHF_2CF_3	120.0	-49
R133a	2-氯-1,1,1-三氟乙烷	CH_2ClCF_3	118.5	6

（续）

制冷剂符号	化 学 名 称	化学分子式	相对分子质量	标准沸点/℃
乙烷系列				
R134a	1,1,1,2-四氟乙烷	CH_2FCF_3	102.0	−26
R140a	1,1,1-三氟乙烷	CH_3CCl_3	133.4	74
R141b	1,1-二氯-1-氟代乙烷	CH_3CCl_2F	117.0	32
R142b	1-氯-1,1-二氟乙烷	CH_3CClF_2	100.5	−10
R143a	1,1,1-三氟乙烷	CH_3CF_3	84.0	−47
R150a	1,1-二氯乙烷	CH_3CHCl_2	99.0	57
R152a	1,1-二氟乙烷	CH_3CHF_2	66.0	−25
R160	氯乙烷	CH_3CH_2Cl	64.5	12
R170	乙烷	CH_3CH_3	30.0	−89
丙烷系列				
R216ca	1,3-二氯-1,1,2,2,3,3-六氟丙烷	$CClF_2CF_2CClF_2$	221.0	36
R218	八氟丙烷	$CF_3CF_2CF_3$	188.0	−37
R236fa	1,1,1,3,3,3-六氟乙烷	$CF_3CH_2CF_3$	152.0	−1.4
R245CB	1,1,1,2,2-五氟丙烷	$CF_3CF_2CH_3$	134.0	−18
R245fa	1,1,1,3,3-五氟丙烷	$CHF_2CH_2CF_3$	134.0	15
R290	丙烷	$CH_3CH_2CH_3$	44.0	−42
环状有机化合物				
RC316	1,2-二氯-1,2,3,3,4,4-六氟环丁烷	$C_4Cl_2F_6$	233.0	60
RC317	氯七氟环丁烷	C_4ClF_7	216.5	26
RC318	八氟环丁烷	C_4F_8	200.0	−6
有机化合物				
烃类				
R600	丁烷	$CH_3CH_2CH_2CH_3$	58.1	0
R600a	2-甲基丙烷	$CH(CH_3)_3$	58.1	−12
R601	戊烷	$CH_3CH_2CH_2CH_2CH_3$	72.1	36.1
R601a	异戊烷	$(CH_3)_2CHCH_2CH_3$	72.1	27.8
氧化合物				
R610	乙醚	$C_2H_5OC_2H_5$	74.1	35
R611	甲酸甲酯	$HCOOCH_3$	60.0	32
氮化合物				
R630	甲胺	CH_3NH_2	31.1	−7
R631	乙胺	$C_2H_5NH_2$	45.1	17
无机化合物				
R702	氢	H_2	2	−253
R704	氦	He	4	−269

（续）

制冷剂符号	化 学 名 称	化学分子式	相对分子质量	标准沸点/℃
无机化合物				
R717	氨	NH_3	17.0	-33
R718	水	H_2O	18.0	100
R720	氖	Ne	20.2	-246
R728	氮	N_2	28.1	-196
R729	空气	—	29.0	-194
R732	氧气	O_2	32	-183
R744	二氧化碳	CO_2	44.0	-78
R744A	氧化亚氮	N_2O	44.0	-91
R764	二氧化硫	SO_2	64.1	-10
不饱和有机化合物				
R1112a	1,1-二氯-2,2-二氟乙烯	$CCl_2 = CF_2$	133.0	19
R1113	1-氯-1,2,2-三氟乙烯	$CClF = CF_2$	116.5	-28
R1114	四氟乙烯	$CF_2 = CF_2$	100.0	-76
R1120	三氯乙烯	$CHCl = CCl_2$	131.4	87
R1130	1,2-二氯乙烯	$CHCl = CHCl$	96.9	48
R1132a	1,1-二氟乙烯	$CH_2 = CF_2$	64.0	-82
R1140	1-氯乙烯	$CH_2 = CHCl$	62.5	-14
R1141	1-氟乙烯	$CH_2 = CHF$	46.0	-72
R1150	乙烯	$CH_2 = CH_2$	28.1	-104
R1270	丙烯	$CH_2CH = CH_2$	42.1	-48

2. 氟利昂类制冷剂

氟利昂是饱和碳氢化合物的氟、氯、溴衍生物的总称。根据所要求的沸点，将饱和碳氢化合物中的氢元素全部或部分地用卤素取代，就形成了通常所说的氟利昂类制冷剂。氟利昂的分子通式为 $C_mH_nF_xCl_yBr_z$，其中的 m、n、x、y、z 分别表示该类氟利昂分子中 C、H、F、Cl、Br 原子的数目，该项数值为零时则省去不写。根据分子中各种原子的数目，将它们的简化符号规定为 R(m-1)(n+1)(x)B(z)。如四氟二氯乙烷（$CFCl_2CF_3$），其中的 $m=2$，$n=0$，$x=4$，$z=0$，按符号规定表达为 R114。另外，对于氟利昂类制冷剂中的同分异构体，则根据分子的不对称程度依次加 a、b 等字母以示区别，如 R134a、R152a 等。

根据氟利昂分子中含氯、氟、氢原子的种类的不同，又将氟利昂类制冷剂分为三类：

（1）卤代烃类 符号表示为 CFCs（chloroflourocarbons），是原碳氢化合物中的氢原子被氯、氟原子完全置换后的氯氟衍生物，分子中仅含碳、氟、氯原子，如三氟三氯乙烷 R113（$CF_2ClCFCl_2$）、二氟二氯甲烷 R12（CF_2Cl_2）。

（2）氟烃类 符号表示为 HCFCs（hydrochlorofluorcarbons），是分子中含氢、碳、氟、氯原子的不完全卤代烃，也称为含氢氯氟烃。分子中原有的氢原子被氯、氟原子部分地置换，如二氟一氯甲烷 R22（CHF_2Cl）、一氟二氯甲烷 R21（$CHFCl_2$）。

（3）氢氟烃类 符号表示为 HFCs(halogenated hydrocarbons)，是分子中含氢、氟、碳原子的无氯卤代烃，也称为含氢氟烃。分子中不含氯原子，原有的氢原子被氟原子部分地置换，如四氟乙烷 R134a($C_2H_2F_4$)、二氟乙烷 R152a(CH_3CHF_2)、三氟甲烷 R23(CHF_3)。

基于氟利昂类制冷剂的这种分类方法，美国杜邦(Du Pont)公司提出一种更为直观的符号表示方法：将氟利昂类制冷剂符号中的"R"换成物质分子中的组成元素符号，如 R113 可以表示为 CFC113，R22 可以表示为 HCFC22。这样不仅可以从符号上使物质的元素组成一目了然，还可以根据其分类方便地判别出其对大气臭氧层的破坏程度。

3. 碳氢化合物类制冷剂

甲烷、乙烷以及丙烷的分子通式为 C_mH_{2m+2}，其命名原则与氟利昂类制冷剂相同。环烷烃及其卤代物类制冷剂的符号表示用 RC 开头，链烯烃及其卤代物类制冷剂用 Rl 开头，其后的数字排写规则与氟利昂及烷烃类制冷剂符号表示中数字排写规则相同。例如，八氟环丁烷（C_4F_8）的编写符号为 RC318；乙烯（C_2H_4）的编写符号为 R1150。其他各种有机化合物类制冷剂按 R6XX 序号进行表示，XX 代表的数值并无特殊含义。

乙烷系的同分异构体都具有相同的编号，在编号后面加小写字母来区别。最对称的一种用编号后面不带任何字母来表示；随着同分异构体变得越来越不对称，则附加 a、b、c 等字母。例如，CHF_2-CHF_2 表示为 R134，CF_3-CH_2F 表示为 R134a。丙烷系的同分异构体也都具有相同的编号，通过在后面加上两个小写字母以示区别，第一个字母表示中间碳原子上的取代基（—CCl_2-a，—CClF-b，—CF_2-c，—CClH-d，—CFH-e，—CH_2-f），最对称的同分异构体的第二个字母为 a，按不对称顺序第二个附加字母分别取 b、c 等。常见氟利昂类制冷剂和烷烃类制冷剂的符号表示方法见表 2-2。

4. 共沸混合物制冷剂

共沸混合物制冷剂与单一组分制冷剂相同。在一定的压力下，具有几乎不变的饱和蒸发温度和相同的气、液相成分，即相变时有一个固定的沸点。共沸混合物制冷剂的简化符号为 R5XX。数字 XX 为该制冷剂命名的先后顺序号，从 00 开始。例如，最早应用的共沸混合物制冷剂写作 R500，以后命名的按先后次序分别用 R501、R502……表示。常见共沸混合物制冷剂简化符号见表 2-3。

表 2-3 常见共沸混合物制冷剂简化符号

制冷剂符号	组　　成	共沸点/℃	相对分子质量	标准沸点/℃
R500	R12/R152a(73.8/26.2)[①]	0	99.3	-33
R501	R22/R12(75.0/25.0)	-41	93.1	-41
R502	R22/R115(48.8/51.2)	19	112.0	-45
R503	R23/R13(40.1/59.9)	88	87.5	-88
R504	R32/R115(48.2/51.8)	17	79.2	-57
R505	R12/R31(78.0/22.0)	115	103.5	-33
R506	R31/R114(55.4/44.6)	18	93.7	-12
R507A	R125/R143a(50.0/50.0)	-40	98.8	46.7
R508A	R23/R116(39/61)	-86	100.1	-86
R508B	R23/R116(46/54)	-45.6	95.4	-88.3
R509A	R22/R218(44/56)	0	124.0	-47

① 括号内的数值为相应物质的质量分数(%)，下同。

5. 非共沸混合物制冷剂

非共沸混合物制冷剂没有共沸点。即在定压下相变时，气相和液相的成分不断变化，相变温度也在不断变化。非共沸混合物制冷剂的简化符号为 R4XX。数字 XX 为该制冷剂命名的先后顺序号，从 00 开始。最早命名的为 R400，以后命名的按先后次序分别用 R401、R402 等表示。如果构成非共沸混合物制冷剂的组分相同而质量分数不同时，则分别在最后加上大写英文字母以示区别，例如 R407A、R407B、R407C 等。常见非共沸混合物制冷剂的简化符号见表 2-4。

表 2-4　常见非共沸混合物制冷剂简化符号

制冷剂符号	组　成	制冷剂符号	组　成
R400	R12/R114(90/10)	R409B	R22/R124/R142b(65/25/10)
R401A	R22/R152a/R124(53/13/34)	R410A	R32/R125(50/50)
R401B	R22/R152a/R124(61/11/28)	R410B	R32/R125(45/55)
R401C	R22/R152a/R124(33/15/52)	R411A	R1270/R22/R152a(1.5/87.5/11)
R402A	R125/R290/R22(60/2/38)	R411B	R1270/R22/R152a(3/94/3)
R402B	R125/R290/R22(38/2/60)	R412A	R22/R218/R142b(70/5/25)
R403A	R290/R22/R218(5/75/20)	R413A	R218/R134a/R600a(9/88/3)
R403B	R290/R22/R218(5/56/39)	R414A	R22/R124/R600a/R142b(51/28.5/4/16.5)
R404A	R125/R143a/R134a(44/52/4)	R414B	R22/R124/R600a/R142b(50/39/1.5/9.5)
R405A	R22/R152a/R142b/RC318(45/7/5.5/42.5)	R415A	R22/R152a(82/18)
R406A	R22/R600a/R142b(55/4/41)	R415B	R22/R152a(25/75)
R407A	R32/R125/R134a(20/40/40)	R416A	R134a/R124/R600(59/39.5/1.5)
R407B	R32/R125/R134a(10/70/20)	R417A	R125/R134a/R600(46.6/50/3.4)
R407C	R32/R125/R134a(23/25/52)	R418A	R290/R22/R152a(1.5/96/2.5)
R407D	R32/R125/R134a(15/15/70)	R419A	R125/R134a/R170(77/19/4)
R408A	R125/R143a/R22(7/46/47)	R420A	R134a/R142b(88/12)
R409A	R22/R124/R142b(60/25/15)		

2.3　制冷剂的主要性质及选用原则

2.3.1　制冷剂的主要性质

制冷剂必须具备一定的特性，包括环境友好性、热力性质、迁移性质以及物理化学性质等，现简述如下：

1. 环境友好性

反映制冷剂环境友好性的性能参数有 ODP（Ozone Depletion Potential，臭氧层消耗潜值）、GWP（Global Warming Potential，全球变暖潜值）以及大气寿命（排放到大气层中的制冷剂分解一半所需要的时间，Atmospheric Life）等。制冷剂的 ODP 和 GWP 值通常以 R11 的 ODP 和 GWP 值为基准，即规定 R11 的 ODP 和 GWP 值为 1，其他制冷剂的 ODP 和 GWP

值是相对于 R11 的比较值。GWP 值也可以以 $GWP_{CO_2}=1$ 为基准得出另一套数据。

为全面反映制冷剂对全球变暖造成的影响，人们提出了变暖影响总当量 TEWI（Total Equivalent Warming Impact），该指标综合考虑了制冷剂对全球变暖的直接效应 DE 和制冷机消耗能源而排放的 CO_2 对全球变暖的间接效应 IE。具体关系式如下：

$$\left.\begin{array}{l} \mathrm{TEWI} = DE + IE \\ DE = GWP_{CO_2}(LN+M\alpha) \\ IE = NEb \end{array}\right\} \tag{2-1}$$

式中，GWP_{CO_2} 按 100 年水平计（kg/kg）；L 为制冷剂年泄漏量（kg/a）；N 为制冷机的寿命（a）；M 为制冷剂的充灌量（kg）；α 为制冷机报废时的制冷剂损耗率；E 为制冷机的年耗电量（$kW \cdot h/a$）；b 为 $1kW \cdot h$ 发电量所排放的 CO_2 的量 $[kg/(kW \cdot h)]$。

为综合考虑制冷剂对大气环境的影响，根据美国绿色建筑协会 LEED-NC 标准（2.2 版）和 GB/T 7778—2008《制冷剂编号方法和安全性分类》，可以通过制冷剂的 ODP、GWP 以及大气寿命等数据进行综合评估。当制冷剂对环境的综合影响符合国际认可条件时，则认为是环境友好制冷剂。认可条件如下：

$$\left.\begin{array}{l} \mathrm{LCGWI_d} + \mathrm{LCODI} \times 10^5 \leqslant 100 \\ \mathrm{LCGWI_d} = \left[\mathrm{GWP_r}(\mathrm{L_r Life} + \mathrm{M_r})\mathrm{R_c} \right] / \mathrm{Life} \\ \mathrm{LCODI} = \left[\mathrm{ODP_r}(\mathrm{L_r Life} + \mathrm{M_r})\mathrm{R_c} \right] / \mathrm{Life} \end{array}\right\} \tag{2-2}$$

式中，$\mathrm{LCGWI_d}$ 为寿命周期直接全球变暖潜值指数（Lifecycle Direct Global Warming Index）；LCODI 为寿命周期臭氧层消耗潜值指数（Lifecycle Ozone Depletion Index）；$\mathrm{GWP_r}$ 为制冷剂的全球变暖潜值，lb CO_2/lb 制冷剂；$\mathrm{ODP_r}$ 为制冷剂的臭氧层消耗潜值，lb R11/lb 制冷剂；$\mathrm{L_r}$ 为制冷剂年泄漏量（占制冷剂充注量的百分比，默认值为 2%）；$\mathrm{M_r}$ 为寿命终止时的制冷剂损耗率（占制冷剂充注量的百分比，默认值为 10%）；$\mathrm{R_c}$ 为单位制冷量制冷剂充注量（默认值为 2.5lb/1 冷吨）；Life 为设备寿命（默认值为 10 年）。

上述方法用于低温制冷剂时，$\mathrm{R_c}$ 的默认值需要调高至 8.8，认可条件为

$$\mathrm{LCGWI_d} + \mathrm{LCODI} \times 10^5 \leqslant 352 \tag{2-3}$$

表 2-5 中给出了一些制冷剂的环境友好性。

表 2-5　一些制冷剂的环境友好性

制冷剂	环境友好(是/否)	制冷剂	环境友好(是/否)
R11(CFC11)	否	R124(HCFC124)	否
R12(CFC12)	否	R125(HFC125)	否
R22(HCFC22)	否	R134a(HFC134a)	是
R113(CFC113)	否	R141b(HCFC141b)	否
R114(CFC114)	否	R142b(HCFC142b)	否
R115(CFC115)	否	R143a(HFC143a)	否
R123(HCFC123)	是	R152a(HFC152a)	是

2. 热力性质

制冷剂的热力性质是指其热力学状态参数及其之间的相互关系，即制冷剂在各种状态下

其压力(p)、温度(T)、比体积(v)、比焓(h)以及比熵(s)等参数之间的关系。制冷剂的热力性质是物质本身所固有的，其热力学状态参数可由试验和热力学微分方程式确定。在工程上，这种热力学状态参数通常由热力性质图表查得，也可以根据制冷剂的热力性质数学模型由计算机求得。目前已有专门用于计算制冷剂热物性参数的商业软件，如 NIST 发行的 REF-PROP。

制冷剂的热力性质是其在指定工况下被选用的主要依据。在蒸发温度和冷凝温度已经确定的情况下，制冷系统的蒸发压力、冷凝压力以及排气温度均取决于制冷剂的热力性质。制冷系统的尺寸、效率以及经济性，在一定程度上也与制冷剂的热力性质有关。表2-6中给出了一些制冷剂的热力性质参数，附录中给出了一些制冷剂的热力性质参数表。

表 2-6 制冷剂的热力性质参数

制冷剂	名称	分子式	相对分子质量	标准沸点/℃	凝固温度/℃	临界温度/℃	临界压力/MPa	临界比体积/($10^{-3}\,m^3/kg$)	等熵指数（20℃，103.25kPa）
R717	氨	NH_3	17.03	-33.35	-77.7	132.4	11.52	4.13	1.32
R718	水	H_2O	18.02	100.0	0.0	374.12	21.2	3.0	1.33（0℃）
R744	二氧化碳	CO_2	44.01	-78.52	-56.6	31.0	7.38	2.456	1.295
R11	三氯一氟甲烷	CCl_3F	137.4	23.7	-111.0	198.0	4.37	1.805	1.135
R12	二氯二氟甲烷	CCl_2F_2	120.9	-29.8	-155.0	112.04	4.12	1.793	1.138
R13	氯三氟甲烷	$CClF_3$	104.5	-81.5	-180.0	28.78	3.86	1.721	1.15（10℃）
R14	四氟甲烷	CF_4	88.01	-128.0	-184.0	-45.5	3.75	1.58	1.22（-80℃）
R21	二氯氟甲烷	$CHCl_2F$	102.9	8.90	-135.0	178.5	5.166	1.915	1.12
R22	氯二氟甲烷	$CHClF_2$	86.5	-40.84	-160.0	96.13	4.986	1.905	1.194（10℃）
R23	三氟甲烷	CHF_3	70.0	-82.2	-160.0	25.9	4.68	1.905	1.19（0℃）
R30	二氯甲烷	CH_2Cl_2	84.9	40.7	-96.7	24.5	5.95	2.12	1.18（30℃）
R40	氯甲烷	CH_3Cl	50.5	-23.47	-97.6	143.1	6.68	2.7	1.2（30℃）
R50	甲烷	CH_4	16.0	-161.5	-182.8	-82.5	4.65	6.17	1.31（15.6℃）
R114	1,2-二氯-1,1,2,2-四氟乙烷	$CClF_2CClF_2$	170.9	3.5	-94.0	145.8	3.275	1.715	1.092（10℃）
R115	氯五氟乙烷	$CClF_2CF_3$	154.5	-39	-106.0	80.0	3.24	1.68	1.091（30℃）

（续）

制冷剂	名称	分子式	相对分子质量	标准沸点/℃	凝固温度/℃	临界温度/℃	临界压力/MPa	临界比体积/($10^{-3}m^3/kg$)	等熵指数（20℃，103.25kPa）
R116	六氟乙烷	CF_3CF_3	138.0	−78.2	−100.6	24.3	3.26		
R123	2,2-二氯-1,1,1-三氟乙烷	$CHCl_2CF_3$	152.9	27.9	−107	183.8	3.67	1.818	1.09
R134a	1,1,1,2-四氟乙烷	CH_2FCF_3	102.0	−26.2	−101.0	101.1	4.06	1.942	1.11
R170	乙烷	CH_3CH_3	30.1	−88.6	−183.2	32.1	4.933	4.7	1.18 （15.6℃）
R290	丙烷	$CH_3CH_2CH_3$	44.1	−42.17	−187.1	96.8	4.256	4.46	1.13 （16.5℃）
RC318	八氟环丁烷	C_4F_8	200.0	−5.97	−40.2	115.39	2.783	1.613	1.03 （0℃）
R600	丁烷	$CH_3(CH_2)_2CH_3$	58.1	−0.6	−135.0	153.0	3.53	4.29	1.10 （15.6℃）
R1150	乙烯	$CH_2{=\!=}CH_2$	28.1	−103.7	−169.5	9.5	5.06	4.62	1.22 （15.6℃）
R1270	丙烯	$CH_2CH{=\!=}CH_2$	42.1	−47.7	−185.0	91.4	46.0	4.28	1.15 （15.6℃）
R500		R12/R152a （73.8/26.2）	99.3	−33.3	−158.9	105.5	4.3	2.008	1.27 （30℃）

3. 迁移性质

制冷剂的迁移性质主要是指制冷剂的黏性、导热性等性质。制冷剂的这些性质对制冷系统辅助设备的设计有重要的影响。

黏性反映的是流体内部分子之间发生相对运动时的摩擦阻力。黏性的大小与流体的种类、温度和压力有关。衡量黏性的物理量是动力黏度 $\mu(Pa \cdot s)$ 和运动黏度 $\nu(m^2/s)$。在制冷技术常用的工作压力范围内，制冷剂气体和液体的热导率主要受温度影响，受压力影响很小。气态制冷剂的热导率一般很小，并随温度的升高而增大。过冷液体的热导率近似取相同温度下饱和液体的热导率。

4. 物理化学性质

制冷剂的物理化学性质主要是指制冷剂的安全性、热稳定性、对材料的作用、与水的溶解性以及与润滑油的互溶性等，有时这些因素是考虑选择制冷剂的主要因素。

（1）制冷剂的安全性　制冷剂的安全性分别以毒性和可燃性做出规定。制冷剂毒性按急性和慢性允许暴露量分为 A、B、C 三类。急性危害用致命浓度 LC_{50}（Lethal Concentration，表示物质在空气中的体积浓度，在此浓度下持续暴露 4h 可导致实验动物 50% 死亡）表示，慢性危害用最高允许浓度时间加权平均值 TLV-TWA（Threshold Limit Value-Time Weighted Average，以正常 8h 工作日和 40h 工作周的时间加权平均最高允许浓度，在此条件下，几乎所有工作人员可以反复地每日暴露在其中而无有损健康的影响）表示。A 类

制冷剂的 $LC_{50} \geqslant 0.1\%$、$TLV\text{-}TWA \geqslant 0.04\%$；B 类制冷剂的 $LC_{50} \geqslant 0.1\%$、$TLV\text{-}TWA < 0.04\%$；C 类制冷剂的 $LC_{50} < 0.1\%$、$TLV\text{-}TWA < 0.04\%$。

可燃性按燃烧最小浓度值（Lower Flammability Limit，LFL）和燃烧时产生的热量大小分为 1、2、3 三类。1 表示不可燃，即在 18℃ 和 101kPa 空气环境中无燃烧现象；2 表示有燃烧性，即在 21℃、101kPa 和相对湿度为 50% 的空气环境中，$LFL > 0.1kg/m^3$，且其燃烧产生热量 $< 19000kJ/kg$；3 表示有爆炸性，即在 21℃、101kPa 和相对湿度为 50% 的空气环境中 $LFL \leqslant 0.1kg/m^3$，且其燃烧产生热量 $\geqslant 19000kJ/kg$。LFL 是指在干球温度为 21℃、大气压力为 101kPa、相对湿度为 50% 以及容积为 $0.012m^3$ 的玻璃烧瓶中，采用电火花点燃火柴头作为点燃火源的实验条件下，能够在制冷剂和空气组成的均匀混合物中足以使火焰开始蔓延的制冷剂最小浓度。LFL 通常表示为制冷剂的体积百分比，在 21℃ 和 101kPa 条件下，体积百分比×0.000414×相对分子质量，可得到单位为 kg/m^3 的值。

将制冷剂的毒性和可燃性合在一起，形成了 9 个安全等级，见表 2-7。表 2-8 中给出了一些常见制冷剂的安全等级。

表 2-7　制冷剂安全性分类

可燃性	毒　性		
	低毒性	中毒性	高毒性
不可燃	A1	B1	C1
燃烧性	A2	B2	C2
爆炸性	A3	B3	C3

表 2-8　常见制冷剂的安全等级

制冷剂符号	安 全 等 级	制冷剂符号	安 全 等 级
R10	C1	R134a	A1
R11	A1	R142b	A2
R12	A1	R143a	A2
R13	A1	R152a	A2
R13B1	A1	R218	A1
R14	A1	R290	A3
R21	C1	R600	A3
R22	A1	R600a	A3
R32	A2	R611	B2
R40	C2	R717	B2
R50	A3	R718	A1
R113	A1	R729	A1
R114	A1	R744	A1
R115	A1	R764	B1
R123	B1	R1140	B3
R124	A1	R1150	A3
R125	A1	R1270	A3

（2）制冷剂的热稳定性　制冷剂在制冷系统中循环流动，要求在较高温度下有较好的热稳定性，不产生分解作用。通常，制冷剂的分解温度要大大高于其工作温度，因此在正常运转条件下制冷剂是不会发生分解的。在温度较高又有润滑油、钢铁及铜等存在时，制冷剂长时间使用会发生变质甚至热分解（简称热解）。例如，当温度超过250℃时，氨会分解成氮和氢；当R12与铁、铜等金属接触，在410~430℃时会分解，并生成氢、氟和极毒的光气；当R22与铁相接触，在550℃时开始分解。因此，为了保证制冷剂不发生热解现象，制冷剂工作温度不允许超过其分解温度。比如氨的工作温度不得超过150℃，R22和R502的工作温度不得超过145℃。

（3）制冷剂对材料的作用　在正常情况下，氟利昂类制冷剂对大多数常用金属材料无腐蚀作用，这些金属包括钢、铸铁、铜、锡、铝以及铅等，但对镁、锌和含镁2%以上的铝合金则是例外。当氟利昂中含水时，将水解生成酸性物质，会对金属产生腐蚀作用。氟利昂与润滑油的混合物能够溶解铜，被溶解的铜离子随制冷剂循环流动。当其混合物与钢或铸铁部件接触时，被溶解的铜离子又会析出并沉淀在钢或铸铁部件上，形成一层铜膜，这就是所谓的"镀铜"现象。"镀铜"会破坏轴封的密封性，影响气阀间隙以及气缸与活塞的配合间隙，对制冷系统的运行极为不利。

氟利昂对天然橡胶和树脂等材料是一种良好的有机溶剂，也可以使塑料等高分子化合物变软、膨胀和起泡，即对高分子化合物具有所谓的"膨润作用"。所以氟利昂制冷系统的密封材料和电器绝缘材料不能使用天然橡胶和树脂化合物，应该采用诸如氯丁乙烯、氯丁橡胶以及尼龙等耐氟材料。

碳氢化合物制冷剂对金属无腐蚀作用。氨对钢铁无腐蚀性，对铝、铜或铜合金有轻微的腐蚀性。但若氨中含水时，则对铜和铜合金会产生强烈的腐蚀作用。

（4）制冷剂与水的溶解性　常用的制冷剂中，除氨极易溶于水外，氟利昂和烃类制冷剂都很难溶于水。

对于难溶于水的制冷剂，如果制冷系统中的含水量超过了制冷剂中水的溶解度，则系统中会出现游离态的水。在制冷系统中温度较低的部件上，游离状态的水可能会结冰，进而可能堵塞节流装置或其他狭窄通道，这就是制冷系统常见的"冰堵"现象。

对于溶水性较强的制冷剂，尽管不会发生"冰堵"现象，但制冷剂溶于水后发生水解作用，生成的物质对金属材料有腐蚀作用，如氨。

因此，在制冷系统中必须严格控制含水量，切勿超过标准规定的限制值。制冷剂的溶水性随着温度的变化而发生变化，一般来说，温度越高，制冷剂的溶水量会越大。

（5）制冷剂与润滑油的溶解性　在蒸气压缩式制冷系统中，除离心式制冷机外，制冷剂都要与压缩机润滑油相接触，两者的互溶性对制冷系统的正常工作是一个非常重要的问题。制冷剂与润滑油的溶解性可分为基本不溶解、有限溶解和无限溶解三种情况。

当制冷剂与润滑油基本不溶解时，压缩机内的润滑油不会因溶解制冷剂而影响润滑效果；润滑油在制冷系统中呈游离状态，不会影响制冷系统的蒸发温度，但会黏附在热交换器表面上形成油膜而恶化传热效果。进入制冷系统的润滑油主要积存在高压储液器、中间冷却器、气液分离器以及蒸发器等设备中，与制冷剂液体分层存在，很容易从这些设备中排放出来。

当制冷剂与润滑油为有限溶解时，制冷剂与润滑油的混合物出现明显分层，一层为贫油层，另一层为富油层，其溶解性随温度的变化而变化。一般来说，温度越低，溶解度越小。图 2-1 所示为几种制冷剂与润滑油的溶解曲线，图中曲线下方的区域为有限溶解区，曲线上方为无限溶解区。例如对 R22 而言，图 2-1 中的 A 点在临界曲线之上，此时制冷剂与润滑油是相溶的，不出现分层；但若温度降至 B 点，B 点位于有限溶解区，将会出现分层。过 B 点作水平线与临界曲线有两个交点 B′ 和 B″，它们所对应的横坐标值分别代表了贫油层中的含油量（质量分数，下同）和富油层中的含油量。

此种情况下，压缩机内的润滑油会因溶入了制冷剂而影响润滑效果；进入制冷系统的润滑油，在冷凝器和高压储液器中与制冷剂液体完全互溶，无法分离排放；在满液式蒸发器中，分为贫油和富油两层，也很难分离排放。所以，通常在系统中设置润滑油分离器，此外还需要采用能自动回油的蒸发器。

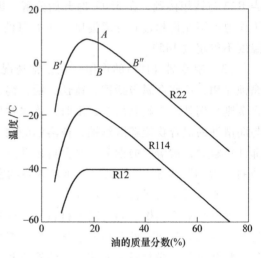

图 2-1　制冷剂与润滑油的溶解曲线

当制冷剂与润滑油为无限溶解时，情况与第二种类型相似。润滑油不会在冷凝器表面形成油膜，但会在蒸发器中积存起来提高蒸发温度，恶化传热效果；无论在蒸发器还是储液器中，润滑油和制冷剂互溶在一起，不能用简单的方法进行分离。所以，在系统中除设置润滑油分离器外，还需采用能自动回油的蒸发器和中间冷却器。

2.3.2　制冷剂的选用原则

制冷剂应具有较好的热力性质、迁移性质以及物理化学性质等，具体要求如下：

（1）环境友好性　制冷剂的臭氧破坏指数 ODP、温室效应指数 GWP 及当量变暖影响指数 TEWI 应尽可能地小，制冷剂对环境的影响符合国际认可条件。

（2）热力性质方面　选择的制冷剂要求在工作温度范围内应有合适的蒸发压力和冷凝压力。蒸发压力不低于大气压力，避免制冷系统的低压部分出现负压；冷凝压力不要过高，以免设备过分笨重；冷凝压力与蒸发压力之比也不宜过大，以免压缩终了的温度过高或使活塞式压缩机的容积效率过低。

选择的制冷剂要求单位质量制冷量 q_0 和单位容积制冷量 q_v 应较大。因为对于总制冷量一定的装置，q_0 大可减少制冷剂的循环量；q_v 大可减少压缩机的输气量，故可缩小压缩机的尺寸，这对大型制冷装置是有意义的；但对于离心式压缩机，尺寸过小会带来制造上的困难，因此应当采用 q_0 和 q_v 稍小的制冷剂。

选择的制冷剂还要求压缩比功 w 和单位容积压缩功 w_v 应尽量小，制冷系统 COP 值高。

等熵压缩的终了温度不能太高，以免润滑条件恶化（润滑油黏性下降、结焦）或制冷剂自身在高温下分解。

（3）迁移性质方面　制冷剂的黏度、密度应尽量小，这样可减少制冷剂在系统中的流动阻力及制冷剂的充注量；热导率大，可以提高热交换设备（如蒸发器、冷凝器、回热器……）的传热系数，减小传热面积，使系统结构紧凑。

（4）物理化学性质方面　制冷剂应无毒、不燃烧、不爆炸、使用安全，化学稳定性和热稳定性好，在蒸发和冷凝的循环变化中不变质，不与润滑油反应，不腐蚀制冷机构件，在压缩终了的高温下不分解。

（5）其他　原料来源充足，制造工艺简单，价格便宜。

当然，完全满足上述要求的制冷剂很难寻觅。各种制冷剂总是在某些方面有其长处，另一些方面又有不足。使用要求、机器容量、使用条件以及机器种类不同，对制冷剂性质要求的考虑侧重面就不同，应按主要要求选择相应的制冷剂。但必须指出，由于环境保护直接关系到人类的生存和发展空间，所以环境指标是选择的硬指标。

2.4　常用制冷剂

2.4.1　无机物制冷剂

1. 水

水（H_2O，R718）是一种常用的高温制冷剂，其标准沸点为100℃，冰点是0℃，只适用于0℃以上的制冷温度。水蒸气的比体积大，同样的质量需要占据更大的体积；标准沸点高，蒸发压力低（5℃时，水的饱和压力仅为0.87kPa），使系统处于高真空状态。所以，水不宜在压缩式制冷系统中使用，只适合在吸收式和蒸汽喷射式冷水机组中作为制冷剂，并且需要配备抽真空装置，及时排除渗入的不凝性气体。

水广泛存在于自然环境中，作为一种自然工质，它无毒、无味、不燃烧、不爆炸、来源广，是安全而便宜的制冷剂。

2. 氨

氨（NH_3，R717）是应用较为广泛的中温制冷剂，其标准蒸发温度为-33.4℃，凝固温度为-77.7℃。其ODP=0，GWP=0，是对环境友善的自然工质。

氨具有较好的热力性质和热物理性质。它在常温和普通低温范围内压力比较适中，单位容积制冷量大，黏度小，流动阻力小，密度小，传热性能好。

氨与水能够以任意比例相互溶解，形成氨水溶液，在普通低温下，水分也不会从溶液中析出而结冰。所以，氨系统可以不设干燥器。但是氨系统内水的质量分数不得超过0.2%。这是因为水分的存在会加剧对锌、铜、青铜及其他铜合金的腐蚀，而且在形成氨水溶液的过程中要放出大量的热，从而使氨水溶液的蒸发温度要比纯氨的蒸发温度高，使制冷量减小。

氨在矿物润滑油中的溶解度很小（溶解度不超过1%）。所以，在氨制冷系统的管道和热交换器内部的传热表面上会积有油膜，影响传热效果。由于氨比矿物润滑油轻，所以润滑油会积存在冷凝器、储液器以及蒸发器的下部，这些部位需要定期放油。

氨的主要缺点是具有较大的毒性，且易燃、易爆。氨蒸气无色，但有强烈的刺激性气味。当氨液飞溅到人的皮肤上会引起肿胀甚至冻伤。在空气中氨蒸气的体积分数达到0.5%~0.6%时，人在其中停留半小时就会中毒；当氨蒸气的体积分数增加到11%~14%时即可点燃（燃烧火焰为黄色）；当氨蒸气的体积分数增加到16%~25%时，则会引起爆炸。因此，出于安全考虑，车间工作区氨蒸气的质量浓度不得超过0.02mg/L。如果制冷系统内部含有空气，高温下氨会分解出游离态的氢，当游离态的氢逐渐在压缩机中积存到一定程度时，遇到空气会引起强烈的爆炸。所以，氨制冷系统中必须设空气分离器，及时排除系统内的空气或其他不凝性气体。

氨的价格低廉，又易于获得，目前广泛应用于蒸发温度在-65℃以上的大型或中型单级、双级活塞式制冷系统中，国内大中型冷库用氨作为制冷剂的比较多。考虑到氨溶液中含有水分时会腐蚀锌、铜、青铜及其他铜合金(除磷青铜外)，在氨制冷系统中不允许使用铜和铜合金(磷青铜除外)材料，只有连杆衬套、密封环等零件才允许使用高锡磷青铜。又因氨蒸气对食品有污染等不良作用，因此在氨冷库中，机房与库房应隔开一定的距离。

3. 二氧化碳

二氧化碳（CO_2，R744）作为制冷剂起源于 19 世纪 70 年代，在氟利昂类制冷剂被广泛应用后，CO_2 被迅速取代。目前由于氟利昂类制冷剂的限制使用，CO_2 又一次引起了人们的重视。

CO_2 作为制冷剂有许多独特的特点：

1）CO_2 安全无毒，不可燃，适应各种常用润滑油以及机械零部件材料。

2）具有与制冷循环和设备相适应的热物理性质，单位容积制冷量相当高（0℃时，单位容积制冷量是 NH_3 的 1.58 倍，是 R22 的 5.12 倍和 R12 的 8.25 倍），运动黏度低（0℃时，CO_2 饱和液体的运动黏度只有 NH_3 的 5.2%、R12 的 23.8%）。

3）CO_2 具备优良的流动和传热特性，可显著减小压缩机与系统的尺寸，使整个系统非常紧凑，而且运行维护也比较简单，具有良好的经济性能。

4）CO_2 制冷循环的压缩比要比常规工质制冷循环低，压缩机的容积效率可维持在较高的水平。

5）CO_2 跨临界循环比常规工质亚临界循环更适合于系统的动态容量调节特性。

目前 CO_2 作为制冷工质的研究主要集中于汽车空调、热泵以及低温冷冻干燥等领域。CO_2 跨临界循环由于排热温度高、气体冷却器的换热性能好，因此比较适合汽车空调这种恶劣的工作环境。除此以外，CO_2 系统在热泵方面的特殊优越性，可以解决电动汽车冬天不能向车厢提供足够热量的问题。

2.4.2 氟利昂类制冷剂

氟利昂类制冷剂从 20 世纪 30 年代出现开始，一直广泛应用于制冷系统中，直至 20 世纪 80 年代，CFCs 类和 HCFCs 类氟利昂均被发现对臭氧层有着不同程度的破坏作用后，该类制冷剂才被逐渐禁止或限制使用。

氟利昂类制冷剂通常具有如下的共性：

1）相对分子质量较大、密度大、流动性差。

2）传热性能较差。

3）等熵指数小，压缩终了温度比较低。

4）对金属材料的腐蚀性很小，但对天然橡胶、树脂、塑料等非金属材料有腐蚀(膨润)作用。

5）溶水性极差。

6）通明火时，氟利昂会分解出对人体有毒害的氟化氢、氯化氢或光气等。

7）价格高，已商品化生产的氟利昂价格远高于其他无机化合物或碳氢化合物制冷剂。

8）无味，渗透性强，使用时极易泄漏，而且不易被觉察。

1. R22

R22（CF_2HCl，二氟一氯甲烷）的沸点为-40.8℃，凝固点为-160℃，能制取-80℃以上的低温，也是较常用的中温制冷剂，是制冷剂R12的过渡性替代物。在相同的蒸发温度和冷凝温度下，R22比R12的压力要高65%左右。R22在常温下的冷凝压力和单位容积制冷量与氨差不多，但比R12要大，压缩终了温度介于氨和R12之间。

R22无色、无味、不燃烧、不爆炸，其毒性比R12稍大，但仍然是安全的制冷剂。它的传热性能与R12差不多，流动性比R12要好。溶水性比R12稍大，但仍然属于不溶于水的物质，水的质量分数仍然限制在0.0025%以内。

R22的化学性质不如R12稳定。它的分子极性比R12大，故对有机物的膨润作用更强。密封材料可采用氯乙醇橡胶，封闭式压缩机中的电动机绕组线圈可采用QF改性缩醛漆包线或QZY聚酯亚胺漆包线。

R22能够部分地与润滑油相互溶解，而且其溶解度随着润滑油的种类及温度而变。R22对金属与非金属的作用与R12相似，其泄漏特性也与R12相似。

R22对大气臭氧层有轻微破坏作用，发达国家将在2020年1月1日完全停止消费，发展中国家将在2040年1月1日完全停止消费。R22能产生温室效应，所以仍在1997年制定的《京都议定书》中被列入了温室气体减排清单。

2. R134a

R134a（CH_2FCF_3，四氟乙烷）被认为是最有可能替代R12的制冷剂，其ODP=0，GWP≈0.27。R134a的标准蒸发温度为-26.5℃，凝固点为-101℃，属于中温制冷剂。

R134a的许多特性与R12相似，无色、无味、无毒、不燃烧、不爆炸。R134a的临界压力比R12略低，温度及液体密度均比R12略小，标准沸点略高于R12，液体、气体的比热容均比R12大，压比要略高于R12；但它的排气温度比R12低，后者对压缩机工作更有利。

与R12相比，R134a的液体及气体的热导率显著高于R12。研究表明，在蒸发器和冷凝器中，R134a的传热系数比R12分别要高35%~40%和25%~35%。R134a的相对分子质量大，流动阻力损失比R12大。

R134a与R12在溶油种类和溶油行为上都有很大差异。R134a的分子极性大，在非极性油中的溶解度极小，能完全溶于多元醇酯类（polyol ester，POE）合成润滑油，但却表现出异常的溶解特征。它有两条溶解临界曲线，使高温区和低温区各存在一个分层区，高温区溶解度随温度升高反而减小。这种特征使系统在较宽温度、压力范围内运行有困难。

R134a的化学稳定性很好，它的溶水性却比R12要强得多。即使制冷系统中有少量水分存在，在润滑油等的一起作用下，会产生酸、CO或CO_2，将对金属产生腐蚀作用，或产生"镀铜"现象。因此R134a对系统的干燥和清洁性要求更高，而且不能使用与R12相同的干燥剂，必须使用与R134a相溶的干燥剂。

R134a对塑料无显著影响，除了对聚苯乙烯稍有影响外，其他的大多可用。和塑料相比，合成橡胶受R134a的影响略大，特别是氟橡胶。

R134a的分子直径比R12小，更容易泄漏。又因为R134a分子中不含有氯原子和它的高稳定性，不能采用传统的电子卤素检漏仪检漏，必须采用专门适合于R134a的检漏仪。目前生产R134a的原料贵，产量小，还要消耗太多的催化剂，所以R134a价格昂贵。

3. R123

R123($C_2HF_3Cl_2$，三氟二氯乙烷）的标准蒸发温度为 27.9℃，凝固温度为 −107℃，属于高温制冷剂。其 ODP = 0.02、GWP = 0.02，曾被用作 R11 的替代制冷剂。R123 对橡胶材料具有比 R11 更大的腐蚀性，故 R123 制冷系统的密封材料必须采用与 R123 不相溶的材料。R123 与润滑油相溶，具有一定的毒性，传热系数较小。由于 R123 与 R11 物化性质、理论循环性能以及压缩机用油等均不相同，因此对于初装为 R11 制冷剂的制冷设备售后维修，如果需要再添加或更换制冷剂，通常不能直接以 R123 替代 R11。

2.4.3 碳氢化合物制冷剂

碳氢化合物的 ODP = 0，GWP 值也几乎可以忽略，一般认为对环境是无害的。碳氢化合物是早期所使用的制冷剂，后来由于可燃性等原因，被氟利昂类制冷剂所取代，仅用于石油化工的制冷装置中。在氟利昂类制冷剂被逐渐限制使用后，又重新得到了使用。碳氢化合物制冷剂几乎适用于常规制冷空调领域（−50～10℃ 范围内）的所有场合，是目前很有应用前景的自然制冷剂。

碳氢化合物具有良好的热物理特性，其共同优点是：凝固点低，与水不起化学反应，不腐蚀金属，溶油性好。碳氢化合物是石油化工流程中的产物，易于获得，价格便宜。共同的缺点是其易燃、易爆。因此，用碳氢化合物作制冷剂的制冷系统，要严格防止系统中有空气渗入，避免爆炸的危险。目前常用的碳氢化合物制冷剂有烷烃类和烯烃类，前者的化学性质很不活泼，后者的性质很活泼，但它们都不溶于水，易溶于有机溶剂中。

1. 丙烷（R290）

丙烷（R290）是较多采用的碳氢化合物，它的标准蒸发温度为 −42.2℃，凝固温度为 −187.1℃，属于中温制冷剂。它与 R22 的热物理性质很相近，是 R22 的潜在替代者。在相同工况下，R290 的密度是 R22 密度的 50%，其饱和液体的比热容却是 R22 的两倍多。因此，在相同的体积流量下，丙烷制冷剂的质量流量比较小，可减少充注量。R290 的动力黏度比 R22 要低 42% 以上，所以 R290 系统的管道阻力比 R22 的要小很多，有利于提高系统的能效比。R290 的热导率比 R22 要大，而且 R290 饱和液体、饱和气体的密度比 R22 要小，这更有利于 R290 两相流介质在热交换器中的均匀分布，因此 R290 系统的换热能力比 R22 系统的高，在相同的换热能力和温差下可以减小换热面积，提高系统紧凑性，降低成本。因此，使用 R290 作为制冷剂有很大的优势。但是，R290 的可燃性使其在制冷空调中很难发挥其优势，在空气中的体积分数达到 2.1%～9.5%、温度达到 470℃ 时即可发生爆炸。

2. 异丁烷（R600a）

异丁烷（R600a）曾在 20 世纪 30 年代左右作为小型制冷装置的制冷剂，它的沸点为 −11.73℃，凝固点为 −160℃，现在被作为 R12 的永久替代制冷剂。R600a 的临界压力比 R12 低，临界温度及临界比体积均比 R12 高，标准沸点高于 R12 约 18℃，饱和蒸气压比 N_2 低。因此，一般情况下，R600a 的压比要高于 R12，且容积制冷量要小于 R12。为了使制冷系统能达到与 R12 相近的制冷性能，R600a 制冷压缩机的排气量及压比要大于 R12。但它的排气温度比 R12 低，这对压缩机工作更有利。

3. 甲烷（R50）和乙烷（R170）

甲烷（R50）的沸点为 −165.6℃，属于低温制冷剂。它与乙烯、丙烷组成三元复叠式制冷系统，可获得-150℃左右的低温，常应用于天然气液化装置。

乙烷（R170）、乙烯（R1150）也属于低温制冷剂，临界温度都很低，常温下无法液化，故限用于复叠式制冷系统的低温部分。

2.4.4 共沸制冷剂

共沸制冷剂属于混合制冷剂，它是由两种或两种以上不同制冷剂按一定比例相互溶解而成的一种混合物。它和单一的物质一样，在一定的压力下能保持恒定的蒸发温度，而且气相和液相始终具有相同的成分。目前，应用的共沸混合制冷剂有 R500、R501、R502、R503、R504、R505、R506、R507A、R508A、R508B、R509A，其组成见表2-3。共沸制冷剂一般有如下特点：

1）共沸制冷剂在一定的蒸发压力下蒸发时，蒸发温度一般比组成它的单组分的蒸发温度低。

2）在一定的蒸发温度下，共沸制冷剂的单位容积制冷量比组成它的单一制冷剂的单位容积制冷量要大。

3）共沸制冷剂的化学稳定性较组成它的单一制冷剂好。

4）在全封闭和半封闭压缩机中，采用共沸制冷剂可使电动机得到更好的冷却，电动机的绕组温升减小。

因而在一定的情况下，采用共沸制冷剂可使能耗减少。例如，R502 在低温范围内（蒸发温度在-60～-30℃之间），其能耗较 R22 低；而在高温范围内（蒸发温度在-10～10℃之间），其能耗较 R22 高。所以，R502 通常用在低温冷藏冷冻中，而 R22 用在空调系统中。

1. R500

R500 是由 R12（质量分数为73.8%）和 R152a（质量分数为26.2%）混合而成的，其沸点为-33.5℃，属于中温制冷剂。通常可代替 R12 用在活塞式制冷机中，其制冷量比 R12 大20%左右。水在其中的溶解度极小，却与润滑油能完全互溶。由于其较高的 ODP 值，目前在发达国家已经被禁止生产和使用。

2. R502

R502 是由 R22（质量分数为48.8%）和 R115（质量分数为51.2%）混合而成的，其沸点为-45.4℃，是性能良好的中温制冷剂。在相同工况下，其制冷量比 R22 高5%～25%，可代替 R22 用于获得低温。

R502 的吸气压力比 R22 高，在相同的吸气温度和压比下 R502 的排气温度比 R22 低10～25℃。R502 的流动性比 R22 好，比热容也比 R22 大。R502 不燃烧、不爆炸、无毒，比较安全。R502 对金属无腐蚀作用，对橡胶和塑料的腐蚀性也比 R22 小。

R502 的溶水性比 R12 大1.5倍，但其溶油性与温度有关。当温度低于82℃时，与润滑油的相溶性差；当温度高于82℃时，与润滑油有较好的溶解性。

由于 R502 具有较高的 ODP 值和 GWP 值，所以目前在发达国家已经被禁止生产和使用。

3. R503

R503 是由 R23（质量分数为40.1%）和 R13（质量分数为59.9%）组成的混合物，其沸点为-87.9℃，低于 R13 和 R23 的沸点。它不燃烧、无毒、无腐蚀性。适用于复叠式制冷机的低温级，制取−70~−85℃的低温，可代替 R13 使用。但由于它有较高的 ODP 值和 GWP 值，目前在发达国家已经被禁止生产和使用。

4. R507

R507 是由 R125（质量分数为 50%）和 R143a（质量分数为 50%）混合而成的，是一种新的制冷剂，是作为 R502 的替代物提出来的。它的沸点为−46.7℃，与 R502 的沸点非常接近。在相同工况下，R507 的制冷系数比 R502 略小，容积制冷量比 R502 略大，压缩机排气温度比 R502 略低，冷凝压力比 R502 略高，压比略高于 R502。由于 R507 制冷剂的制冷量及效率与 R502 非常接近，并且具有优异的传热性和低毒性，因此目前在中低温冷冻领域，R507 是 R502 的更适合替代物。

R507 和 R404A 一样是用于替代 R502 的环保制冷剂，但是 R507 通常能比 R404A 达到更低的温度。R507 适用于中低温的新型商用制冷设备（超市冷冻冷藏柜、冷库、陈列展示柜）、制冰设备、交通运输制冷设备、船用制冷设备或更新设备，适用于所有 R502 可正常运作的环境。

2.4.5 非共沸制冷剂

非共沸制冷剂是由两种或多种不同制冷剂按任意比例混合而成的。它没有共沸点，在等压下蒸发或凝结时，气相和液相的成分不断变化，温度也在不断变化。

图 2-2 所示为非共沸制冷剂的温度-含量（T-ξ）图。由图中可见，在一定的压力下，当溶液加热时，首先到达饱和液体点 A，此时所对应的状态称为泡点，其温度称为泡点温度。若再加热到达点 B，即进入两相区，并分为饱和液体（点 B_l）和饱和蒸气（点 B_g）两部分，其含量分别为 ξ_{B_l} 和 ξ_{B_g}。继续加热到点 C 时，成为饱和蒸气，此时所对应的状态点称为露点，其温度称为露点温度。泡点温度和露点温度的温差称为温度滑移。在露点时，若再加热即成为过热蒸气。通常将泡露点的温度差小于3℃的混合制冷剂称为近共沸混合制冷剂。

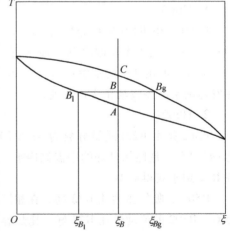

图 2-2 非共沸制冷剂的温度-含量（T-ξ）图

从该过程可以看出，非共沸制冷剂在等压相变时其温度要发生变化，等压蒸发时温度从泡点温度变化到露点温度（温升过程），等压凝结则相反（温降过程）。非共沸制冷剂的这一特性被广泛用在变温热源的温差匹配场合，实现近似的劳伦兹循环，以达到节能的目的。

使用非共沸制冷剂最大的问题是，当制冷装置发生制冷剂泄漏时，系统内的混合物成分发生变化，因此向系统中补充制冷剂时，需通过计算来确定制冷剂中不同成分的充注量。这在一定程度上限制了非共沸制冷剂的应用。

较常见的非共沸制冷剂有 R13/R12、R22/R152、R22/R142b1、R22/R152a/R124、R22/R152/R134a、R22/R114 等。目前已经编号的非共沸制冷剂有 R400、R402、R403、R406 等。

1. R401A 和 R401B

R401A 和 R401B 这两种制冷剂是作为 R12 的替代物提出来的，它们的 ODP 值比 R12 小得多，而且易于获得，价格也比 R134a 和 R600a 便宜得多。R401A 和 R401B 的性能与 R12 也较接近，溶于聚醇类和聚酯类润滑油，曾在美国等国作为 R12 的替代制冷剂得到广泛应用。但随着纯质替代制冷剂 R134a 和 R600a 生产技术的不断成熟，价格的不断降低，这两种非共沸制冷剂逐渐被纯质制冷剂所代替。

2. R404A

R404A 由 R125、R134a 和 R143 混合而成，在常温下为无色气体，在自身压力下为无色透明液体，是新装制冷设备上替代氟利昂 R22 和 R502 的最普遍的工业标准制冷剂（通常为低温冷冻系统）。R404A 最接近于 R502，它适用于所有 R502 可正常运作的环境，并得到全球绝大多数的制冷设备制造商的认可和使用，常应用于冷库、食品冷冻、船用制冷、工业低温制冷、商业低温制冷、交通运输制冷（冷藏车等）、冷冻冷凝机组、超市陈列展示柜等制冷设备。由于 R404A 与 R502 和 R22 的物化性质、理论循环性能以及压缩机用油等均不相同，因此对于初装为 R502 和 R22 制冷剂的制冷设备的售后维修，如果需要再添加或更换制冷剂，仍然只能添加 R502 和 R22，通常不能直接以 R404A 来替代。

3. R407C

R407C 是一种三元非共沸制冷剂（R32/R125/R134a，质量分数比为 23/25/52），它是作为 R22 的替代物而提出的。在标准大气压下，其泡点温度为 $-43.4℃$，露点温度为 $-36.1℃$，与 R22 的沸点较接近。其 ODP = 0，GWP = 1700，与 R22 相同。R407C 不能与润滑油互溶，但能溶解于聚酯类合成润滑油。在空调工况（蒸发温度为 7℃）下，R407C 的单位容积制冷量及制冷系数比 R22 的低 5% 左右。但在低温工况（蒸发温度低于 $-30℃$）下，其制冷系数比 R22 略低，但其单位容积制冷量比 R22 要低 20% 左右。由于 R407C 的泡露点温差较大，在制冷系统中最好使用逆流式热交换器，以充分发挥非共沸制冷剂的优势。R407C 是目前最为简便的替代 R22 的过渡性物质，其缺点是温度滑移过大，系统泄漏时会影响系统性能。

4. R410A

R410A 是霍尼韦尔公司的专利产品，是一种两元混合制冷剂（R32/R125，质量分数比为 50/50），它也是作为 R22 的替代物提出来的。它的泡露点温差为 0.2℃，属于近共沸制冷剂。其 ODP = 0，GWP = 2000，高于 R22。R410A 不溶于矿物性润滑油，但能溶解于聚酯类合成润滑油。在一定的温度下，R410A 的饱和蒸气压比 R22 和 R407C 均要高一些，但它的其他性能比 R407C 的要优越。在空调工况下，R410A 的单位容积制冷量和制冷系数均与 R22 差不多；在低温工况下，它的单位容积制冷量比 R22 高 60% 左右，制冷系数也比 R22 高 5% 左右。值得注意的是，使用 R410A 时不能直接来替换 R22 的制冷系统，必须使用针对 R410A 而专门设计的制冷压缩机。R410A 被认为是 R22 的中长期替代物。

2.5 新型制冷剂

臭氧层的破坏和全球气候变暖是当今全球所面临的两大环境问题。为了防止臭氧层被进一步的破坏，1987 年 9 月缔约国在蒙特利尔制定了《关于消耗臭氧层物质的蒙特利尔议定书》，随后又进行了多次调整和修正，先后通过了《伦敦修正案》（1990 年）、《哥本哈根修正案》（1993 年）、《蒙特利尔议定书》（1997 年）和《北京修正案》（1999 年）。《蒙特利尔议定书》对于 CFCs 和 HCFCs 等物质强制要求限期逐步淘汰，并规定了发达国家和发展中国家的使用期限。

在减少温室气体排放方面，缔约国于 1992 年 5 月在纽约制定了《联合国气候变化框架公约》，1997 年 12 月在日本京都通过了《京都议定书》。在《京都议定书》中，目前使用的 HFCs 制冷剂被列入了温室气体清单，不同国家对此已做出了激烈的反应。在欧洲，有些国家已经在一些制冷空调领域禁止使用 HFCs，并且进一步提议从某些领域逐步淘汰 HFCs。有些国家立法将在 21 世纪 20 年代内严格限制或淘汰使用 R134a 制冷剂，这使得制冷与空调行业在适应淘汰 CFCs 和 HCFCs 类制冷剂、转向使用 HFCs 制冷剂时又必须寻求新的替代物。

目前替代制冷工质主要向两个方向发展：混合工质和自然工质。在现实情况中，往往很难获得一种热力性能优越的单一工质来替代氟利昂类制冷工质，可行的途径是采用二元或多元混合工质，获得与氟利昂类制冷剂性能相近的或更优的制冷工质。自然工质可以作为氟利昂类制冷剂最终的替代物，自然工质的突出特点是 ODP 值为零，GWP 值较小或为零。它一般包括氨、碳氢化合物以及二氧化碳等，作为环保型的制冷工质，其在制冷系统中的应用研究已经在各个方面展开。

2.5.1 DR-2

DR-2 制冷剂是美国杜邦公司（Dupont）开发的一种卤代烃制冷剂。它的 ODP = 0，GWP = 9.4，标准沸点为 33.4℃。它具有低毒性，不可燃，热物性与化学性质较稳定，可与常用的润滑油和塑料兼容并存，用于替代中央空调系统中的 R123。与 R123 制冷系统相比，DR-2 的蒸发压力下降 23.1%，冷凝压力下降 17.5%，压缩机的等熵效率为 0.70。在相同的制冷能力与工作效率下，DR-2 离心压缩机的叶轮外缘速度降低了 1.4%，叶轮转速下降了 13%，压缩机入口声速下降了 4%，叶轮直径增大 13.3%，具有替代 R123 的潜力。

2.5.2 HFO-1234yf

HFO-1234yf 是杜邦公司联合霍尼韦尔（Honeywell）公司开发的一种适用于汽车空调的替代制冷剂。它的 ODP = 0，GWP = 4，标准沸点为 -29℃，毒性小，具有一定的可燃性（但可控），其热力性质与 R134a 相近。2007 年以来，美国汽车工程师协会（SAE）组织对 HFO-1234yf 的安全性和综合性能进行了评估，发现 HFO-1234yf 斜盘压缩机的磨损与 R134a 系统基本相同，SAE 认为该制冷剂将是汽车空调的替代制冷剂之一。此外，HFO-1234yf 也在欧洲通过了装车实验。目前，该公司正在研究 HFO-1234yf 应用在家用空调和冷水机组的可行性。从离心机组的分析结果来看，相比 R134a，叶轮速度低 18%，叶轮直径增大 10%，压缩机耗功增加 4%，体积流量增加 8%。

2.5.3 R32

R32 又称为 HFC32，中文名为二氟甲烷。其标准沸点为 -51.7℃，属于中温制冷剂，无毒，可燃。其 GWP = 675，ODP = 0。相对于 R22 与 R410A 来说，对环境的影响已有大幅降低，有可能成为制冷剂替代技术发展的过渡方案之一。

R32 是制冷剂 R502 的替代品，或者分别与 R134a、R152a 形成混合制冷剂。作为 R22

的替代品，它完全适用于已规格化的压缩机，而且热力学性能比 R22 好 15%，是替代 R22 的重要组成部分。R32 与 R125 混合可生成共沸制冷剂 R410A。

2.5.4 R450A

R450A 是由霍尼韦尔公司开发的，已经应用于大量的制冷和空调设备中。该制冷剂是一种混合物，组分配比是质量分数为 42% 的 R134a 和 58% 的 HFO-1234ze。R450A 不可燃，ODP = 0，GWP ≈ 601。

R450A 被认为是一种理想的替代品，可以广泛用于新产品和系统改造，包括零售食品制冷系统，冷藏/冷冻运输，水冷却器，冷库，工业流程制冷，活塞式、螺杆式和涡旋式冷水机组，离心式冷水机组，家用冰箱和冷柜，以及工业流程空调系统等。另外，它还可以作为自动售货设备系统改造的制冷剂，也可作为 R134a 冷水机组系统的替代品或在 CO_2 复叠系统中作为中温制冷剂，或作为 R404A 的直接充灌替代品，R450A 制冷剂显示出了非常良好的性能。

2.5.5 R1233zd

该制冷剂由霍尼韦尔公司开发，于 2012 年 8 月列入美国新制冷剂替代计划（SNAP），应用于离心式冷水机组。它已经作为 R123 制冷剂的低 GWP 值替代品，并首次用于特灵公司推出的 ECenTraVac 系列产品。该制冷剂还可用于有机朗肯循环和在柔性聚氨酯泡沫中作为发泡剂。

2.6 载冷剂和蓄冷剂

2.6.1 载冷剂

顾名思义，载冷剂就是冷量的载体，俗称为冷媒。载冷剂先在蒸发器与制冷剂发生热交换获得冷量，然后用泵将被冷却了的载冷剂送到各个用冷场所。在用冷场所的冷却设备内，载冷剂吸收被冷却对象的热量使其降温，载冷剂自身温度升高后再返回蒸发器将热量传送给制冷剂。周而复始，载冷剂将制冷循环中供冷的蒸发器与用冷的用户连接起来，起到了在用冷者和产冷者之间传递冷量的作用。载冷剂被用在被冷却对象离蒸发器较远，或者在用冷场所不便于安装蒸发器的场合。

用载冷剂来传递冷量的优点在于：可以将制冷系统集中在机房或者一个很小的范围内，使制冷系统的管道和接头大大减少，便于密封和系统检漏；制冷剂的充注量也大大减少；在大容量集中供冷装置中采用载冷剂可解决冷量的控制和分配问题，便于机组的运行管理；便于安装，生产厂可以直接将制冷系统安装好，用户只需要在现场安装好载冷剂系统即可。

选择载冷剂时，通常需要满足如下要求：在使用温度范围内呈液态，凝固点低，挥发性好；无毒、无刺激性，不易燃，无爆炸危险；对金属腐蚀性小；黏度小，相对密度小，传热性能好，比热容较大；化学稳定性好；价格低廉，易于获得。

常用的载冷剂有水、无机盐水溶液和有机物液体。它们适用于不同的载冷温度，各种载冷剂能够载冷的最低温度受其凝固温度的限制。

1. 水

水的性质稳定，无毒害和腐蚀作用，安全可靠。流动传热性较好，价格低廉，易于获得。不足之处在于其凝固温度为0℃，所以只适用于载冷温度在0℃以上的场合。在集中式空气调节系统中，水是最适宜的载冷剂。机房的冷水机组产出7℃左右的冷水，送到建筑物房间的终端冷却设备中，供房间空调降温使用。或者将冷水直接喷入空气中，实现温度和湿度调节。

2. 无机盐水溶液

无机盐水溶液有较低的凝固温度，常用于中、低温制冷装置中运载冷量。常见的无机盐水溶液载冷剂有氯化钠（NaCl）水溶液、氯化钙（$CaCl_2$）水溶液以及氯化镁（$MgCl_2$）水溶液。

无机盐水溶液的凝固温度取决于无机盐的种类和配制的含量。图2-3所示为无机盐水溶液的凝固曲线图（T-ξ图）。图中描述了无机盐水溶液的状态与温度T和盐含量ξ之间的关系。纵坐标表示无机盐水溶液的温度，横坐标表示无机盐含量，曲线WE为析冰线，EG为析盐线，E点为共晶点。共晶点所对应的温度T_E和含量ξ_E分别被称为共晶温度和共晶含量。当温度降低时，溶液发生相变的情况与初始含量有关。当

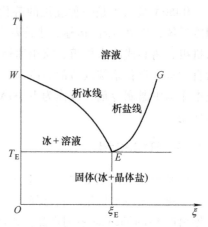

图2-3　无机盐水溶液的凝固曲线图

$\xi<\xi_E$时，溶液降温时首先析出冰；随着ξ的增大，析冰温度降低；直到$\xi=\xi_E$时，达到最低结冰温度T_E。当$\xi>\xi_E$时，溶液降温时首先析出无机盐晶体，析盐温度随无机盐含量的增大而升高。因此，在配制无机盐水溶液载冷剂时，无机盐含量应该不超过其共晶含量。因为无机盐含量高会使耗盐量增大，溶液密度增大，阻力和泵功增大，而且溶液的凝固温度反而升高。无机盐含量的确定，取决于无机盐水溶液的工作温度，一般应使无机盐水溶液的析冰温度比制冷剂的蒸发温度低5~8℃。常见的无机盐水溶液载冷剂氯化钠水溶液和氯化钙水溶液的共晶含量分别为23.1%和29.9%（质量分数），对应的共晶温度分别为-21.2℃和-55℃。

无机盐水溶液在使用过程中，会因为吸收空气中的水分而使无机盐含量逐渐降低，因此应定期测量无机盐含量，必要时补充无机盐，以防无机盐水溶液冻结。无机盐水溶液对金属都有一定的腐蚀性，尤其是略呈酸性且与空气相接触的稀无机盐水溶液对金属的腐蚀性很强。为了延缓对金属的腐蚀，通常在无机盐水溶液中加入一定量的缓蚀剂。常用的缓蚀剂有重铬酸钠（$Na_2Cr_2O_7$）和氢氧化钠（NaOH）。

3. 有机物载冷剂

有机物载冷剂通常包括有机液体载冷剂和有机溶液载冷剂。

常见的有机液体载冷剂有甲醇（CH_3OH）、乙醇（C_2H_6OH）、二氯甲烷（CH_2Cl_2）、三氯乙烯（C_2HCl_3）和其他氟利昂液体。它们的冰点很低（在-100℃左右或更低），如甲醇的冰点为-97℃，乙醇的冰点为-117℃，可以用来得到很低的载冷温度。其特点是密度大、黏度小、比热容小。

常见的有机溶液载冷剂有甲醇水溶液、乙醇水溶液、乙二醇（CH_2OH—CH_2OH）水溶液、

丙二醇（CH_2OH—$CHOH$—CH_3）水溶液和丙三醇（CH_2OH—$CHOH$—CH_2OH）水溶液等。甲醇和乙醇水溶液的密度和比热容均比其纯溶液的高，它们的流动性都比较好。甲醇和乙醇都有挥发性和可燃性，使用中要注意防火。丙三醇水溶液（甘油）是极稳定的化合物，其水溶液对金属无腐蚀，无毒，可以和食品直接接触，是良好的载冷剂。乙二醇水溶液和丙二醇水溶液特性相似，共晶温度在−60℃左右。它们的密度和比热容都较大。溶液黏度高，毒性较小。

除了上述几种主要的载冷剂外，空气也常常作为载冷剂用在冷库及空调中。空气的比热容较小，所需的传热面积较大。

2.6.2 蓄冷剂

蓄冷剂是冷的储蓄者，其作用是在某一时段内将制冷系统产生的冷量储存起来，供冷量用户在另一时段使用。蓄冷剂主要用于电网"移峰填谷"的场合。在夏季，白天电力负荷较高，促使电力负荷达到高峰。为了满足这种电力需求高峰，发电站必须增加装机容量。然而夜间电力负荷需求却急剧下降，形成电力富余，造成发电设备和电力的双重浪费。蓄冷技术的应用能够实现电网电力的"移峰填谷"。即制冷机在夜间电力低谷时段运行，降低蓄冷剂温度，储存冷量；白天用电高峰时段，用储存的冷量来供应全部或部分空调负荷。

另外，当用冷场合与产冷场合的时间、空间发生矛盾时，也可使用蓄冷剂。如中、短途冷藏运输，随车又没有制冷设备，就可以采用蓄冷剂在停车时蓄冷，开车时供冷的方法。

目前常用的蓄冷剂有水、冰和其他相变材料，不同的蓄冷介质具有不同的蓄冷温度和不等的单位容积蓄冷能力。

1. 水

当水作为蓄冷剂时是采用显热式蓄冷。水的比热容为4.184kJ/（kg·K），适用的蓄冷温度为4~6℃，这是空调用制冷冷水机组可适应的温度。

2. 冰

冰蓄冷主要是利用水的相态变化，结冰时吸收冷量，融冰时释放冷量的机理。冰蓄冷的蓄冷温度为0℃，为了使水结冰，制冷机必须提供−3~−7℃的低温介质，这比常规空调用制冷设备提供的温度低得多。在制冷量不变的条件下，蒸发温度降低了，其制冷系数也会降低，这是其不利的地方。但是由于释冷时能够获得1~3℃的低温，空调用户可以实现低温送风，从而可以简化空调系统，节约投资成本和运行成本。

3. 共晶盐

共晶盐（Eutecticsalt）俗称"优态盐"，是由水、无机盐和若干起成核作用和稳定作用的添加剂调配而成的混合物。它作为无机物，无毒，不燃烧，不会发生生物降解，在固-液相变过程中不会膨胀和收缩，其相变温度在0℃以上，相对冰系统制冷机效率较高达30%。虽然迄今为止，共晶盐蓄冷技术由于材料品种单一，价格较高，应用范围受到一定的限制，相关蓄冷介质和技术均有待进一步开发。但是由于其相变潜热比冰小但蓄冷能力比水大，也容易与常规的制冷系统结合，兼有水和冰蓄冷两种系统的优点，同时也克服了二者的一些缺点，因而共晶盐相变蓄冷技术仍然有着良好的应用前景。

日本九州电力公司研究实验室、三菱化工公司储热工程部以及三菱化工公司高级材料研究室联合研制出一种以十水硫酸钠为主要成分的相变蓄冷材料。这种材料是在 Na_2SO_4·

$10H_2O$ 中加入少量 NH_4Cl、NH_4Br 和 $NaCl$，3%（质量分数）的 $Na_2BO_4 \cdot 10H_2O$ 作为成核剂，2%（质量分数）的羧甲基纤维素作为增稠剂形成。该材料融点为 9.5～10℃，凝固点为 8.0℃，融解热为 179kJ/kg。采用该材料作为蓄冷剂，充冷水温度为 3～4℃，可用于现有的常规冷水机组。

思考题与习题

2-1 简述制冷剂的定义及制冷剂的种类和符号表示方法。

2-2 简述选择制冷剂应考虑的因素。

2-3 简述制冷剂与润滑油的相溶性对制冷机的性能会产生哪些影响。

2-4 简述选用氨作为制冷剂时的注意事项。

2-5 选用 R22 作为制冷剂时，在使用中如何保证制冷系统的安全可靠性？

2-6 什么是共沸制冷剂、非共沸制冷剂？简要说明其特性。

2-7 简述载冷剂的定义及其应用场合。

2-8 简述蓄冷剂的定义及其应用场合。

2-9 简述氟利昂类制冷剂被替代的原因及其几种主要氟利昂类制冷剂的替代制冷剂。

2-10 简述替代制冷剂的发展方向。

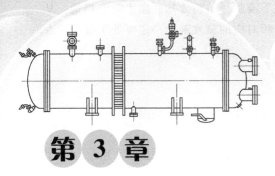

第 3 章

单级蒸气压缩式制冷循环

3.1 单级蒸气压缩式制冷的理论循环

3.1.1 制冷系统与循环过程

  单级蒸气压缩式制冷系统主要由压缩机、冷凝器、膨胀阀和蒸发器四大部件组成，如图 3-1 所示。对制冷剂蒸气只进行一次压缩，称为单级蒸气压缩。整个循环过程主要由压缩过程、冷凝过程、节流过程以及蒸发过程四个过程组成，每个过程在不同的部件中完成，制冷剂在每个过程中的状态又各不相同，具体情况如下。

  （1）压缩过程 整个循环过程中，压缩机起着压缩和输送制冷剂蒸气并造成蒸发器中低压和冷凝器中高压的作用，是整个系统的心脏。制冷循环的压缩过程是在压缩机中完成的：压缩机不断抽吸从蒸发器中产生的低温低压制冷剂蒸气，将它压缩成高温高压的过热蒸气，并输送到冷凝器中。在这个过程中，压缩机需要做功。

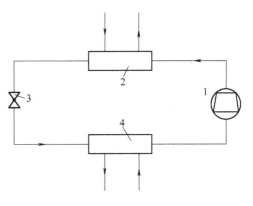

图 3-1 单级蒸气压缩式制冷系统
1—压缩机 2—冷凝器 3—膨胀阀 4—蒸发器

  （2）冷凝过程 冷凝器是制冷系统中输出热量的设备，冷凝过程是在冷凝器中完成的。来自于压缩机的制冷剂过热蒸气在冷凝器中首先被冷却成饱和蒸气，然后再逐渐被冷凝成液体，制冷剂冷却和冷凝时放出的热量传给冷却介质（通常是水或空气）。在冷凝过程中，与冷凝压力相对应的冷凝温度一定要高于冷却介质的温度。

  （3）节流过程 节流过程是在膨胀阀或其他节流元件中完成的，来自于冷凝器的制冷剂液体通过节流元件进入蒸发器。当制冷剂液体经过节流元件时，压力、温度降低，部分液体汽化。所以离开节流元件的制冷剂为低温低压的两相混合物。

  （4）蒸发过程 蒸发器是制冷系统中冷量输出设备，蒸发过程是在蒸发器中完成的。

在蒸发器中，来自节流元件的气液两相混合物在定压下沸腾，从被冷却介质中吸取热量，从而达到制取冷量的目的。在蒸发过程中，与蒸发压力相对应的蒸发温度一定要低于被冷却介质的温度。

3.1.2 压焓图和温熵图

在制冷循环的分析和计算中，通常要用到两种工具，即压焓图和温熵图。

1. 压焓图

压焓图以绝对压力 p(MPa) 为纵坐标，以比焓 h(kJ/kg) 为横坐标，如图 3-2 所示。为了提高低压区域的精度，通常纵坐标取对数坐标。压焓图又称为 p-h 图。

压焓图可以用一点（临界点）、三区（液相区、两相区、气相区）、五态（过冷液体状态、饱和液体状态、饱和蒸气状态、过热蒸气状态、湿蒸气状态）和八线（等压线、等焓线、饱和液体线、饱和蒸气线、等干度线、等熵线、等比体积线、等温线）来概括。

如图 3-2 所示，临界点 K 的左包络线为饱和液体线，线上任意一点代表一个饱和液体状态，对应的干度 $x=0$；临界点 K 的右包络线为饱和蒸气线，线上任意一点代表一个饱和蒸气状态，对应的干度 $x=1$。饱和液体线和饱和蒸气线将整个区域分为三个区：饱和液体线左边的是液相区，该区的液体称为过冷液体；饱和蒸气线右边的是气相区，该区的蒸气称为过热蒸气；由饱和液体线和饱和蒸气线包围的区域为两相区，制冷剂在该区域内处于湿蒸气状态。

等压线为水平线，等焓线为垂直线；等温线在液体区几乎为垂直线，两相区内是水平线，在气相区为向右下方弯曲的倾斜线；等熵线和等比体积线为向右上方弯曲的倾斜线，但等比体积线斜率略小；等干度线只存在于两相区，其方向大致与饱和液体线或饱和蒸气线相近，视干度大小而定。

2. 温熵图

温熵图以温度 T(K) 为纵坐标，以比熵 s(kJ/kg·K) 为横坐标，如图 3-3 所示。温熵图又称为 T-s 图。温熵图同样可以用一点（临界点）、三区（液相区、两相区、气相区）、五态（过冷液体状态、饱和液体状态、饱和蒸气状态、过热蒸气状态、湿蒸气状态）和八线（等压线、等焓线、饱和液体线、饱和蒸气线、等干度线、等熵线、等比体积线、等温线）来概括。

如图 3-3 所示，临界点 K 的左包络线为饱和液体线，线上任意一点代表一个饱和液体状

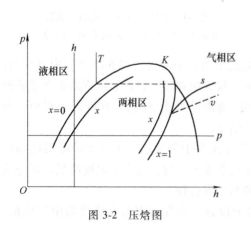

图 3-2　压焓图　　　　　　　　　　图 3-3　温熵图

态，对应的干度$x = 0$；临界点K的右包络线为饱和蒸气线，线上任意一点代表一个饱和蒸气状态，对应的干度$x = 1$。饱和液体线和饱和蒸气线将整个区域分为三个区：饱和液体线左边的是液相区，该区的液体称为过冷液体；饱和蒸气线右边的是气相区，该区的蒸气称为过热蒸气；由饱和液体线和饱和蒸气线包围的区域为两相区，制冷剂在该区域内处于湿蒸气状态。

等温线为水平线，等熵线即为垂直线；等压线在液体区密集于饱和液体线附近，近似可用饱和液体线来代替；等压线在两相区内是水平线，在气相区为向右上方弯曲的倾斜线；等焓线在液相区可以近似用同温度下饱和液体的焓值来代替，在气相区和两相区，等焓线均为向右下方弯曲的倾斜线，但在两相区内曲线的斜率更大；等比体积线为向右上方弯曲的倾斜线；等干度线只存在于两相区，其方向大致与饱和液体线或饱和蒸气线相近，视干度大小而定。

3. 单级蒸气压缩式制冷理论循环在压焓图和温熵图上的表示

理论循环与实际循环是存在偏差的，但由于理论循环可使问题得到简化，便于对理论循环进行分析研究，而且理论循环的各个过程均是实际循环的基础，可作为实际循环的比较标准，因此仍有必要对理论循环加以详细的分析与讨论。对于制冷理论循环，通常作出如下的假设：

1）离开蒸发器和进入压缩机的制冷剂蒸气是处于蒸发压力下的饱和蒸气。

2）离开冷凝器和进入膨胀阀的制冷剂液体是处于冷凝压力下的饱和液体。

3）压缩机的压缩过程为等熵压缩。

4）制冷剂通过膨胀阀的节流过程为等焓过程。

5）制冷剂在蒸发和冷凝过程中为等压过程，且没有传热温差，即制冷剂的冷凝温度等于冷却介质的温度，蒸发温度等于被冷却介质的温度。

6）制冷剂在各设备的连接管道中流动没有流动损失，与外界不发生热量交换。

根据上述假设条件，单级蒸气压缩式制冷理论循环工作过程可清楚地表示在压焓图上，如图3-4所示。制冷理论循环中的各状态点及各个过程如下：

过程线1-2表示等熵压缩过程。来自蒸发器的饱和蒸气（点1）经压缩机压缩，温度由蒸发温度t_0升高至冷凝温度t_k，压力由蒸发压力p_0升高至冷凝压力p_k，制冷剂由饱和蒸气状态变为过热蒸气状态（点2）。

过程线2-3表示制冷剂在冷凝器中的定压冷却（2-2′）和冷凝（2′-3）过程。进入冷凝器的制冷剂过热蒸气（点2）首先将部分热量释放给冷却介质，在等压下冷却成饱和蒸气（点2′）。随后在等压、等温条件下继续放出热量冷凝成饱和液体，直至制冷剂蒸气全部冷凝成饱和液体（点3）。

过程线3-4表示制冷剂在膨胀阀中的节流过程。来自冷凝器的制冷剂饱和液体（点3）经过膨胀阀后，压力由冷凝压力p_k降至蒸发压力p_0，温度由冷凝温度t_k降至蒸发温度t_0，制冷剂也由饱和液体变成湿蒸气状态（点4），节流前后制冷剂的焓值不变。由于节流过程是一个不可逆过程，所以通常用虚线表示3-4过程。

过程线4-1表示制冷剂在蒸发器中的汽化过程。该过程是在等温、等压下进行的，液体制冷剂吸取被冷却介质的热量而不断汽化，制冷剂的状态沿等压线p_0向干度增大的方向变化，直到全部变为饱和蒸气为止。这样，制冷剂的状态又重新回到进入压缩机前的状态点

1，从而完成一个完整的制冷理论循环。

同样单级蒸气压缩式制冷理论循环工作过程可清楚地表示在温熵图上，如图 3-5 所示。

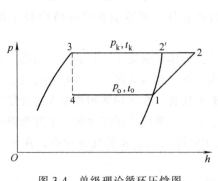

图 3-4 单级理论循环压焓图

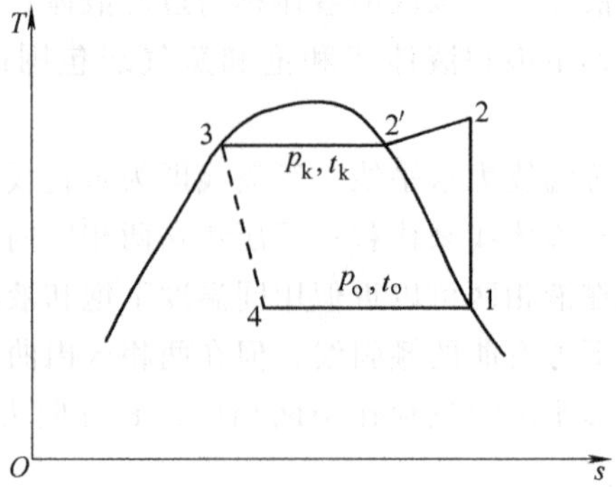

图 3-5 单级理论循环温熵图

3.1.3 单级蒸气压缩式制冷理论循环的性能指标及其热力计算

单级蒸气压缩式制冷理论循环的性能指标有制冷量、单位质量制冷量、单位容积制冷量、理论功率、理论比功、热负荷、单位热负荷、制冷系数、热力完善度等。在进行制冷循环的热力计算之前，首先需要了解系统中各设备功和热量的变化情况，然后再对循环的性能指标进行分析和计算。根据热力学第一定律，忽略位能和动能的变化，稳定流动过程的能量方程可以表示为

$$Q+P=q_m(h_{out}-h_{in}) \tag{3-1}$$

式中，Q 和 P 分别为单位时间内加给系统的热量（kW）和功率（kW）；q_m 是流进或流出该系统的稳定质量流量（kg/s）；h_{out} 和 h_{in} 分别为流体流出系统和流进系统状态点的比焓（kJ/kg）。制冷理论循环中，制冷剂的流动过程可认为是稳定流动过程，且该方程可单独适用于制冷理论循环中的每一个过程。根据图 3-4，各性能指标计算方法如下。

1. 理论功率 P_0（kW）和理论比功 w_0（kJ/kg）

制冷理论循环中压缩过程是等熵过程，忽略单位时间压缩机与外界环境的热量交换，即 $Q=0$。则由式（3-1）可得

$$P_0=q_m(h_2-h_1) \tag{3-2}$$

式中，P_0 为理论功率（kW），表示压缩机压缩循环的制冷剂蒸气所消耗的功率；(h_2-h_1) 为压缩机压缩并输送 1kg 制冷剂所消耗的功（kJ/kg），称为理论比功，用 w_0（kJ/kg）表示；q_m 是制冷剂的质量流量，表示单位时间内循环制冷剂的质量（kg/s）。

2. 热负荷 Q_k（kW）和单位热负荷 q_k（kJ/kg）

制冷理论循环中冷凝过程是等压过程，制冷剂对系统外界不做功，所以 $P=0$。假设单位时间内制冷剂在冷凝器中向外界放出的热量为 Q_k（kW），该热量称为冷凝器的热负荷。那么由式（3-1）可得

$$Q_k=q_m(h_2-h_3) \tag{3-3}$$

式中，(h_2-h_3) 为冷凝器单位热负荷，用符号 q_k（kJ/kg）表示，它表示 1kg 制冷剂蒸气在冷凝器中放出的热量。

3. 单位质量制冷量（单位制冷量）$q_0(\mathrm{kJ/kg})$**和单位容积制冷量** $q_v(\mathrm{kJ/m^3})$

制冷理论循环中蒸发过程也是等压过程，制冷剂对系统外界不做功，所以 $P=0$。假设单位时间内制冷剂在蒸发器中从被冷却物质中吸取的热量为 $Q_0(\mathrm{kW})$，该热量称为制冷量，则由式（3-1）可得

$$Q_0 = q_m(h_1 - h_4) \tag{3-4}$$

式中，$(h_1 - h_4)$ 为单位制冷量，用 $q_0(\mathrm{kJ/kg})$ 表示，它表示 1kg 制冷剂蒸气在蒸发器中从被冷却物质中吸取的热量。

质量流量 q_m 与体积流量 $q_V(\mathrm{m^3/s})$ 有关，即

$$q_V = q_m v \tag{3-5}$$

式中，v 为蒸气的比体积（$\mathrm{m^3/kg}$）。

所以式（3-4）又可表示为

$$Q_0 = \frac{q_{V_1}(h_1 - h_4)}{v_1} \tag{3-6}$$

式中，q_{V_1} 表示压缩机吸气口的体积流量（$\mathrm{m^3/s}$）；$(h_1 - h_4)/v_1$ 称为单位容积制冷量（$\mathrm{kJ/m^3}$），用 q_v 表示，它表示压缩机每吸入 $1\mathrm{m^3}$ 制冷剂蒸气所制取的冷量；v_1 为压缩机进口处制冷剂蒸气的比体积。

4. 制冷系数

在制冷循环中，人们最关注的是系统的经济性，即制取需要的冷量需要消耗多少功率。制冷理论循环的经济性可用制冷系数 ε_0 来表示。

$$\varepsilon_0 = \frac{Q_0}{P_0} = \frac{q_0}{w_0} = \frac{h_1 - h_4}{h_2 - h_1} \tag{3-7}$$

它等于单位时间内制取的冷量与所消耗功率之比。制冷系数越大，制冷循环的经济性越好。

5. 热力完善度 η

由于制冷理论循环中存在节流等不可逆损失，系统的不可逆程度可以用热力完善度 η 来表示，即

$$\eta = \frac{\varepsilon_0}{\varepsilon_c} \tag{3-8}$$

式中，ε_c 为可逆循环的制冷系数，可表示为

$$\varepsilon_c = \frac{T_o}{T_k - T_o} \tag{3-9}$$

此外，制冷理论循环节流过程中制冷剂对系统外界不做功，且与外界没有热量交换，所以 $P=0$，$Q=0$。则由式（3-1）可得

$$h_4 = h_3 \tag{3-10}$$

式中，h_4 为节流后的两相混合物的比焓，可以表示为

$$h_4 = (1 - x_4)h_{fo} + x_4 h_{go} \tag{3-11}$$

式中，x_4 为两相混合物的干度；h_{fo} 和 h_{go} 分别为蒸发压力 p_o 对应下的饱和液体和饱和蒸气的比焓值。

本书附录中给出了一些常用制冷剂的饱和液体及蒸气的热力性质表和相应的压焓图。有关制

冷剂的饱和热力性质可直接查表，过热蒸气的热力性质则从相应的图或过热蒸气性质表中查找。

当利用图或表查制冷剂的热力学状态参数时，必须注意焓和熵的基准问题。英制单位中，往往采用 $-10℃$ 时饱和液体的比焓 $h_f = 0 Btu/lb$（$1 Btu/lb = 2326 J/kg$）、比熵 $s_f = 0 Btu/(lb \cdot °F)$ $[1 Btu/(lb \cdot °F) = 4186.8 J/(kg \cdot K)]$ 作为基准；在工程单位制中，往往采用 $0℃$ 时饱和液体的比焓 $h_f = 100 kcal/kg$（$1 kcal/kg = 4186.8 J/kg$）、比熵 $s_f = 1.0 kcal/(kg \cdot K)$ $[1 kcal/(kg \cdot K) = 4184 J/(kg \cdot K)]$ 作为基准；在国际单位制（SI）中，采用 $0℃$ 时饱和液体的比焓 $h_f = 200 kJ/kg$、比熵 $s_f = 1.0 kJ/(kg \cdot K)$ 作为基准。因为计算用到的是比焓差或比熵差，而不是它们的绝对值，所以如果计算时始终采用同一张图和与图所对应的表，那么基准的选取是无关紧要的。但是如果数据来自不同的表或图，上述的基准问题就变得非常重要了。其次是为了保证比焓差和比熵差有足够的精度，不要过早地舍取数值的尾数，否则计算结果会产生很大的误差。

6. 举例

例 3-1 假定一单级蒸气压缩式制冷理论循环，其蒸发温度 $t_o = -10℃$，冷凝温度 $t_k = 35℃$，制冷剂为 R22，制冷量 $Q_0 = 55 kW$，试对该循环进行热力计算。

解 进行循环的热力计算首先必须知道制冷剂在循环各主要状态点的一些热力状态参数，如比焓、比熵等。这些参数值可根据给定的制冷剂种类、温度、压力等已知条件在相应的热力性质图和表中查到。

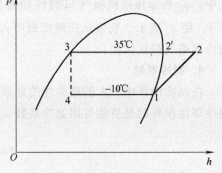

图 3-6 压焓图

本例中的循环在压焓图上的表示如图 3-6 所示。

根据 R22 的热力性质表和压焓图，查出各主要状态点的参数值见下表。

状态点	比焓 $h/(kJ/kg)$	压力 p/MPa	比体积 $v/(m^3/kg)$	状态点	比焓 $h/(kJ/kg)$	压力 p/MPa	比体积 $v/(m^3/kg)$
1	401.14	0.3529	0.0656	3	242.88	1.3497	
2	434.74	1.3497		4	242.88	0.3529	

（1）单位制冷量
$$q_0 = h_1 - h_4 = (401.14 - 242.88) kJ/kg = 158.26 kJ/kg$$

（2）单位容积制冷量
$$q_v = \frac{q_0}{v_1} = \frac{158.26}{0.0656} kJ/m^3 = 2412.5 kJ/m^3$$

（3）制冷剂质量流量
$$q_m = \frac{Q_0}{q_0} = \frac{55}{158.26} kg/s = 0.3475 kg/s$$

（4）理论比功
$$w_0 = h_2 - h_1 = (434.74 - 401.14) kJ/kg = 33.6 kJ/kg$$

（5）理论功率

$$P_0 = q_m w_0 = 0.3475 \times 33.6 \text{kW} = 11.68 \text{kW}$$

（6）体积流量

$$q_V = q_m v_1 = 0.3475 \times 0.0656 \text{m}^3/\text{s} = 0.0228 \text{m}^3/\text{s}$$

（7）制冷系数

$$\varepsilon_0 = \frac{q_0}{w_0} = \frac{158.26}{33.6} = 4.71$$

（8）冷凝器单位热负荷

$$q_k = h_2 - h_3 = (434.74 - 242.88) \text{kJ/kg} = 191.86 \text{kJ/kg}$$

（9）冷凝器热负荷

$$Q_k = q_k q_m = 191.86 \times 0.3475 \text{kW} = 66.67 \text{kW}$$

（10）热力完善度

$$\varepsilon_c = \frac{T_o}{T_k - T_o} = \frac{273.15 - 10}{(273.15 + 35) - (273.15 - 10)} = 5.85$$

$$\eta = \frac{\varepsilon_0}{\varepsilon_c} = \frac{4.71}{5.85} = 0.805$$

3.2 单级蒸气压缩式制冷的实际循环

在对单级蒸气压缩式制冷理论循环进行分析和讨论之前作了一系列的假设，这些假设在实际循环中是不可能实现的。对于单级蒸气压缩式制冷来说，在实际循环中，实际循环与理论循环的差异主要体现在以下几个方面：

1）离开蒸发器和进入压缩机的制冷剂蒸气往往是过热蒸气。

2）离开冷凝器和进入膨胀阀的液体往往是过冷液体。

3）压缩机的压缩过程不是等熵压缩。

4）制冷剂通过膨胀阀的节流过程不完全绝热，节流后比焓值有所增加。

5）在蒸发器和冷凝器处存在传热温差，即制冷剂的冷凝温度高于冷却介质温度，蒸发温度低于被冷却介质的温度。

6）制冷剂在管道及设备内的流动存在阻力损失，并与外界存在热量交换。

3.2.1 液体过冷循环

液体过冷是指液体制冷剂的温度低于同一压力下饱和液体的温度，两者温度之差称为过冷度，具有液体过冷的循环称为液体过冷循环。

液体过冷循环压焓图如图3-7所示。其中 1-2-3-4-1 表示理论循环，1-2-3'-4'-1 表示过冷循环，其中 3-3' 表示液态制冷剂的过冷过程。由图中可以看出，液体过冷循环的单位质量制冷量有所增加，增加量为 $h_4 - h_{4'}$。由于两个循环的比功相同，所以过冷循环的制冷系数必然大于理论循环的制冷系数。对于给定的制冷量 Q_0，液体过冷循环所需要的制冷剂质量流量 q_m 将小于理论循环的质量流量。在两个循环的压缩机吸入状态相同的情况下，液体过冷循环所需要的体积流量 q_V 同样小于理论循环的体积流量，即给定量的制冷剂需要较小容积的压缩机。

从上面的分析可知道，采用液体过冷循环是有利的，而且过冷度越大，对循环越有利。在实际制冷循环中，制冷剂液体离开冷凝器进入节流阀之前往往具有一定的过冷度，过冷度的大小取决于冷凝系统的设计和制冷剂与冷却介质之间的温差。然而仅仅依靠冷凝器本身使液体过冷，获得的过冷度是有一定限度的。如果要求获得更大的过冷度，通常需要在冷凝器后增加额外的热交换设备（过冷器）。采用过冷器会增加额外的投资费用和运行费用，所以采用过冷器在经济上是否有利，要通过系统分析才能知道。此外，在系统内部采用回热器（又称气-液热交换器）也能获得较大的过冷度，这一点将在本章3.2.3节中详细叙述。

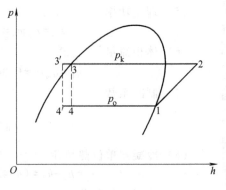

图3-7 液体过冷循环压焓图

3.2.2 蒸气过热循环

蒸气过热是指制冷剂蒸气的温度高于同一压力下饱和蒸气的温度，两者温度之差称为过热度，具有蒸气过热的循环称为蒸气过热循环。

蒸气过热循环压焓图如图3-8所示。其中1-2-3-4-1表示理论循环，1'-2'-3-4-1'表示蒸气过热循环，其中1-1'过程为蒸气过热过程。由蒸发器出来的低压饱和蒸气，在通过吸入管道进入压缩机前从周围环境中吸取热量而过热，但它没有对被冷却介质产生制冷效应，这种过热常称为"无效"过热；如果蒸气的过热发生在蒸发器本身，或者发生在安装于被冷却室内的吸气管道上，从被冷却介质吸取热量而过热，对被冷却介质产生了制冷效应，这种过热常称为"有效"过热。

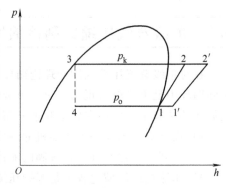

图3-8 蒸气过热循环压焓图

1. "无效"过热

对于"无效"过热循环，由图3-8中可以看出：

1）蒸气过热循环的单位质量制冷量没有变化，压缩机的比功却有所增加，即 $h_{2'}-h_{1'} > h_2-h_1$（因为在蒸气过热区，等熵线越向右越平缓），所以过热循环的制冷系数降低。

2）在给定制冷量 Q_0 下，蒸气过热循环所需的质量流量不变，然而压缩机吸气口的蒸气比体积增大（$v_{1'}>v_1$）了，所以过热循环需要的体积流量增大，即给定量的制冷剂需要更大容积的压缩机。

3）压缩机的排气温度升高，冷凝器的单位热负荷增大。

由此可见，"无效"过热对循环是不利的，所以又称为"有害"过热。而且蒸发温度越低，与环境温度的差值越大，"有害"过热度越大，循环经济性越差。因此，通常采用在吸气管路上敷设保温材料来尽量避免"有害"过热。

2. "有效"过热

对于"有效"过热循环，由图3-8中可以看出：

1）蒸气过热循环的单位质量制冷量增加（$h_{1'}-h_4>h_1-h_4$）了，压缩机的比功也增加了，即 $h_{2'}-h_{1'}>h_2-h_1$，循环制冷系数的变化取决于制冷剂本身的性质。图 3-9 所示为几种制冷剂制冷系数随过热度变化而变化的规律。从图中可以看出，蒸气"有效"过热对制冷剂 R134a、R290、R600a、R502 有益，制冷系数增大，且增大值随过热度的增加而增大；蒸气"有效"过热对制冷剂 R22、R717 不利，制冷系数减小，且减小值随过热度的增加而增大。

2）在给定制冷量 Q_0 下，蒸气过热循环所需的质量流量减小，然而压缩机吸气口的蒸气比体积增大（$v_{1'}>v_1$）了，所以蒸气过热循环需要的体积流量及其单位容积制冷量的变化也取决于制冷剂本身的性质。图 3-10 所示为几种制冷剂单位容积制冷量随过热度变化而变化的规律。从图中可以看出，蒸气"有效"过热对制冷剂 R744、R502、R290 的容积制冷量是有利的，单位容积制冷量增大，且增大值随过热度的增加而增大；蒸气"有效"过热对制冷剂 R22、R717 是不利的，单位容积制冷量减小，且减小值随过热度的增加而增大。

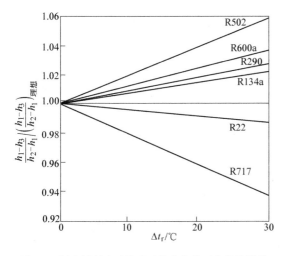

图 3-9　制冷剂制冷系数随过热度变化而变化的规律

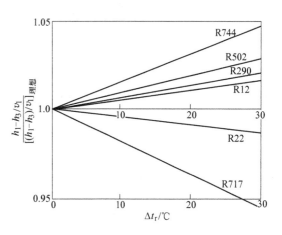

图 3-10　制冷剂单位容积制冷量随过热度变化而变化的规律

总体上来说，虽然蒸气过热对循环有不利的影响，但在实际循环中，为了防止压缩机吸入在蒸发器中未完全汽化的制冷剂液滴，给运行带来危害，并使压缩机的输气量下降，通常希望压缩机吸入的蒸气具有一定的过热度。对于 R717，通常希望有 5~10℃ 的过热度；对于 R22，由于等熵指数小，允许有较大过热度，但是仍然要受最高排气温度这一条件的限制。

3.2.3　回热循环

为了使制冷剂液体过冷和制冷剂蒸气有一定程度的过热，通常在制冷系统中增加一个回热器。回热器又称为气-液热交换器，其作用是使节流前的制冷剂液体与制冷压缩机吸入前的制冷剂蒸气进行热交换，同时实现制冷剂液体过冷和制冷剂蒸气过热的热交换设备。带有回热器的循环称为回热循环。回热循环系统图如图 3-11 所示。

回热循环在压焓图上的表示如图 3-12 所示。其中 1-2-3-4-1 为理论循环，1'-2'-3'-4'-1' 为回热循环，其中 3-3' 和 1-1' 表示在回热器中的回热过程。从图中可以看出，回热循环的单位质量制冷量增加了，但是压缩机的比功也增加了，所以回热循环的制冷系数是增加还是减小与制冷剂的种类有关，这点与蒸气过热循环的情况一致。即对于制冷剂 R502、R290 来说，回热循环的制冷系数及单位容积制冷量均增加；对于制冷剂 R717 和 R22 来说，回热循环的制冷系数及单位容积制冷量均降低。

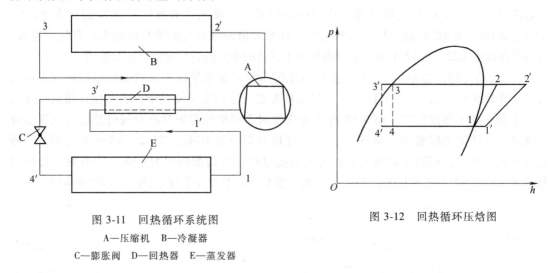

图 3-11　回热循环系统图

A—压缩机　B—冷凝器

C—膨胀阀　D—回热器　E—蒸发器

图 3-12　回热循环压焓图

如果不考虑回热器与外界的热量交换，那么回热器内液体过冷放出的热量应等于蒸气过热吸收的热量，其热平衡关系可表示为

$$h_4 - h_4' = h_1' - h_1$$

也可以写成

$$c_{pl}(t_3 - t_3') = c_{pg}(t_1' - t_1)$$

式中，c_{pl} 为制冷剂液体的比定压热容；c_{pg} 为制冷剂蒸气的比定压热容。

由于制冷剂液体的比定压热容比制冷剂蒸气的比定压热容大，所以回热过程中制冷剂蒸气的温升要大于制冷剂液体的温升，制冷剂液体也不可能被冷却到蒸发温度。

氟利昂制冷系统比较适合采用回热器。因为该系统一般采用直接膨胀供液方式供液，一般不设置气液分离装置。回热循环的过冷可使节流降压后的闪发气体减少，从而使节流阀工作稳定，蒸发器供液均匀。同时回热循环的过热又可使制冷压缩机避免吸入制冷剂液滴，保护制冷压缩机。在低温制冷装置中通常也采用回热器，这是为了避免吸气温度过低使制冷压缩机气缸外壁结霜、润滑调节恶化，同时也是为了减少节流后的闪发气体。

3.2.4　换热及压力损失对循环性能的影响

制冷剂在制冷设备和连接管道中流动，将会由于摩擦阻力或局部阻力产生压降，并且制冷剂还会不可避免地与外部环境进行热交换。下面将详细讨论这些因素对循环性能产生的影响。

1. 吸气管道

吸气管道是指蒸发器出口到压缩机吸气入口之间的管道，通常认为吸气管道中的换热是无效的，它对循环性能的影响在本章 3.2.2 节中已经作过详细的分析。制冷剂压力的降低将会导致压缩机吸气比体积增大，压缩机的压力比增大，单位容积制冷量减小，压缩机比功增大，制冷系数减小。

可以通过降低制冷剂流速的方法来减小阻力，即通过增大管径来减少压力降。但是为了保证润滑油能顺利从蒸发器返回压缩机，制冷剂流速也不能太低。此外，在吸气管道上应尽量减少安装阀门、弯头等阻力部件，以减少吸气管道的局部阻力。

2. 排气管道

排气管道是指压缩机出口到冷凝器入口之间的管道，通常排气温度要高于环境温度，向环境散热不会影响循环系统性能，只会降低冷凝器的单位热负荷。制冷剂在排气管道中的压降将会增加压缩机的排气压力和压缩机的比功，导致制冷系数减小。

3. 冷凝器

在讨论冷凝器和蒸发器中的压降对循环的影响时，必须注意比较条件。假定冷凝器出口制冷剂的压力不变，为了克服制冷剂在冷凝器中的流动阻力，必须提高进冷凝器时制冷剂的压力，必然导致压缩机排气压力升高，压缩比和压缩机消耗的功增大，制冷系数减小。

4. 液体管道

液体管道是指冷凝器出口到节流阀入口之间的管道。如果冷凝温度高于环境空气的温度，热量将由液体制冷剂传给周围空气，产生过冷效应，使制冷量增大；如果冷凝温度低于环境空气温度，则会导致部分液体制冷剂汽化，使制冷量下降。在冷凝器出口液体过冷度不是很大的情况下，管路中的压降会引起部分液体汽化，导致制冷量的降低。引起管路中压降的主要因素，往往并不是由于流体与管壁之间的摩擦，而是由于液体流动高度的变化。因此在系统设计时，要注意冷凝器和节流阀的相对位置，避免因位差而出现制冷剂液体汽化现象。

5. 两相管道

两相管道是指膨胀阀出口到蒸发器入口之间的管道。这段管道中制冷剂的温度通常比环境温度要低，所以热量的传递将使制冷量减少。管道中的压降对性能没有影响，因为对于给定的蒸发温度，制冷剂进入蒸发器之前的压力，必须降到相应的蒸发压力。压力的降低无论是发生在节流机构，还是发生在管路中，是没有什么区别的。但是如果系统中采用液体分配器，管道中阻力的大小将影响到液体制冷剂分配的均匀性，并影响制冷效果。

6. 蒸发器

假定不改变蒸发器出口制冷剂的状态，为了克服制冷剂在蒸发器中的流动阻力，必须提高制冷剂进入蒸发器时的压力，从而提高蒸发过程中的平均蒸发温度，使传热温差减小，使所需的传热面积增大，但对循环的性能没有什么影响。假定不改变蒸发过程中的平均温度，那么蒸发器出口制冷剂的压力会稍有降低，压缩机吸气比体积、压缩比及压缩机比功会增大，制冷系数会减小。

7. 压缩机

理论循环中，假定压缩机的压缩过程为等熵过程。实际上，在压缩的开始阶段，由于气缸壁温度高于吸入的蒸气温度，因而此时气缸壁向蒸气传递热量；当压缩到某一阶段后，蒸气温度升高，当气体温度高于气缸壁温度时，热量又由蒸气向气缸壁传递。因此，整个压缩过程是一个压缩指数（即气体压缩因子，是实际气体性质与理想气体性质偏差的修正值）不断变化的多方过程。另外，由于压缩机气缸中有余隙容积存在，气体经过吸、排气阀及通道处有热量交换及流动阻力，气体通过活塞与气缸壁间隙处会产生泄漏，这些因素都会使压缩机的输气量减少，制冷量下降，消耗的功率增大。

各种损失引起的压缩机输气量的减少可用输气系数 λ 来表示，它在数值上等于压缩机

的实际输气量 $q_{Vs}(m^3/s)$ 与理论输气量 $q_{Vh}(m^3/s)$ 之比，即

$$\lambda = \frac{q_{Vs}}{q_{Vh}} \tag{3-12}$$

其中理论输气量

$$q_{Vh} = \frac{\pi}{4} D^2 SnZ \tag{3-13}$$

式中，D 为气缸直径(m)；S 为活塞行程(m)；n 为压缩机转速(r/s)；Z 为气缸数。

从式(3-13)中可以看出，压缩机的理论输气量由压缩机的结构参数和转速确定，与制冷剂的种类和工作条件无关。

如果输气系数已知，那么压缩机的实际输气量为

$$q_{Vs} = q_{Vh}\lambda \tag{3-14}$$

如果给定冷凝温度和蒸发温度，循环的实际制冷量可由单位容积制冷量 $q_v(kJ/m^3)$ 确定，即

$$Q_0 = q_{Vs}q_v = q_{Vh}\lambda q_v \tag{3-15}$$

压缩机在实际压缩过程中压缩气体所消耗的功称为指示功，单位质量的指示功称为指示比功。理论比功 $w_0(kJ/kg)$ 与指示比功 $w_i(kJ/kg)$ 之比称为指示效率，用 η_i 表示，即

$$\eta_i = \frac{w_0}{w_i} \tag{3-16}$$

此外，为了克服机械摩擦和带动辅助设备，压缩机实际消耗的比功 $w_s(kJ/kg)$ 又比指示比功 w_i 大，两者的比值称为压缩机的机械效率，用 η_m 表示，即

$$\eta_m = \frac{w_i}{w_s} \tag{3-17}$$

所以，压缩机实际消耗的比功

$$w_s = \frac{w_i}{\eta_m} = \frac{w_0}{\eta_i \eta_m} = \frac{w_0}{\eta_k} \tag{3-18}$$

式中，η_k 为压缩机的轴效率。

由上可知，实际循环的制冷系数可以表示为

$$\varepsilon_s = \frac{q_0}{w_s} = \frac{q_0}{\dfrac{w_0}{\eta_k}} = \varepsilon_0 \eta_k \tag{3-19}$$

实际制冷系数又称为性能系数，用 COP 表示。

8. 冷凝与蒸发过程传热温差对循环性能的影响

冷凝器与蒸发器中传热温差的存在，会使循环的制冷系数减小，但并不会改变制冷剂状态变化的本质，只是使实际循环中冷凝压力增高、蒸发压力降低而已。在实际循环中，制冷剂与冷、热源之间的传热温差必须取一个合适的值。因为传热温差太大，制冷循环的效率就会降低；如果传热温差太小，所需的传热设备面积又会增大。

此外，系统中存在的不凝性气体也会对循环性能产生影响。系统中的不凝性气体(如空气等)往往积存在冷凝器上部，它不能通过冷凝器或储液器内的液体部分往下传递。它的存在会减小冷凝器内的传热面积，使冷凝器内的压力增高，从而导致压缩机排气压力提高，压

缩机比功增大，制冷系数减小，所以应及时加以排除。

3.2.5 单级蒸气压缩式制冷实际循环在压焓图上的表示

如果将实际循环偏离理论循环的各种因素综合在一起考虑，实际循环在压焓图上的表示如图 3-13 所示。图中 1-2-3-4-1 表示理论循环，1-1′-2s-2s′-3-3′-4′-1 表示实际循环。4′-1 表示制冷剂在蒸发器中的蒸发和压降过程；1-1′表示蒸气在回热器、吸气管中以及蒸气经过吸气阀时的温升和压降过程；1′-2s 表示压缩机内实际的多方压缩过程；2s-2s′表示排气经过排气阀时的压降过程；2s′-3 表示蒸气经排气管进入冷凝器的冷却、冷凝及压降过程；3-3′表示液体在回热器及液体管道中的降温、降压过程，3′-4′表示节流过程。

图 3-13 只是单级蒸气压缩式制冷实际循环的简单表示。由于实际循环的复杂性，很难直接利用理论模型进行热力分析，因此在实际计算中常常还需要对实际循环作一些简化。具体如下：

1）制冷剂通过膨胀阀的节流过程为绝热等焓过程。

2）制冷剂在蒸发和冷凝过程中为等压过程。

3）制冷剂在各设备连接管道中的流动没有流动损失，与外界不发生热量交换。

这样实际循环在压焓图上的表示可以用图 3-14 表示。图中 6-1 表示制冷剂在蒸发压力下的等压蒸发过程；1-1′表示蒸气在蒸发压力下的过热过程；1′-2′表示压缩机内实际的多方压缩过程；1′-2 表示压缩机的等熵压缩过程；2′-3-4 表示蒸气在冷凝压力下冷却、冷凝的过程；4-5 表示制冷剂在冷凝压力下的过冷过程，5-6 表示制冷剂的等焓节流过程。经过这样的简化后，可以很方便地利用压焓图进行循环的性能指标计算。事实证明，经过如此简化后的实际循环热力计算产生的误差较小。

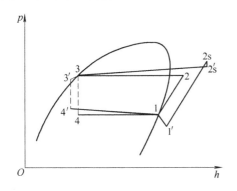

图 3-13 单级蒸气压缩式制
冷实际循环压焓图

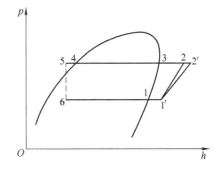

图 3-14 简化的单级蒸气压缩式
制冷实际循环压焓图

3.2.6 单级蒸气压缩式制冷实际循环的热力计算

实际制冷循环的热力计算分为设计性计算和校核性计算两类。设计性计算的目的是根据需要设计制冷系统，按工况要求计算出实际制冷循环的性能指标，即制冷压缩机的理论输气量、轴功率、冷凝器和蒸发器等热交换设备的热负荷等，为设计或选择制冷压缩机、热交换设备提供理论依据。校核性计算的目的是根据已有的制冷压缩机、热交换设备型号，校核它能否满足给定制冷系统的要求。

单级蒸气压缩式实际制冷循环的热力计算步骤如下：

1）根据所需制冷系统的使用性质、场合等，确定制冷剂和制冷循环形式。

2）确定制冷循环的工作参数（工作温度或压力）。循环的冷凝温度和蒸发温度取决于冷却介质和被冷却介质的温度及传热温差。被冷却介质的温度由用户确定，冷却介质的温度是根据当地水源或气象资料来确定的。对于水冷式冷凝器及冷却液体载冷剂的蒸发器，传热温差通常取5℃左右；对空气冷却式冷凝器及冷却空气的蒸发器，传热温差通常取10℃左右；对空调用风冷式蒸发器，传热温差通常取15℃左右。制冷剂的过冷温度取决于所用的冷却水温度及过冷器内的传热温差。压缩机的吸气温度，根据管道中的吸热情况或根据标准中规定的过热度来确定。如果采用回热循环，则应根据回热器中的热量平衡，确定压缩机的吸气温度。上述参数确定后即可进行冷循环的热力计算。

3）根据已确定的工作温度或工作压力及制冷剂种类，画出制冷循环的简化压焓图，查出各主要状态点的有关参数值，计算单位制冷量 q_0、单位容积制冷量 q_v、理论比功 w_0、理论制冷系数 ε_0，这点同理论循环的热力计算相似。

4）如果给定制冷量，在进行制冷压缩机的设计和选配时，则应先计算出制冷剂的质量流量和体积流量。根据给定的压缩机输气系数计算出压缩机的理论输气量，根据压缩机的理论输气量即可进行压缩机的设计或选配。如果给定制冷压缩机进行制冷量的核算，则先计算出制冷压缩机的理论输气量。根据给定的输气系数计算出实际的体积流量和质量流量，进而可计算出循环的制冷量。

5）压缩机功率的计算。首先求出压缩机的理论功率

$$P_0 = q_m w_0 \tag{3-20}$$

然后根据已经确定的压缩机指示效率 η_i 和机械效率 η_m 计算压缩机的指示功率 P_i（kW）和轴功率 P_e（kW），即

$$P_i = \frac{P_0}{\eta_i} \tag{3-21}$$

$$P_e = \frac{P_0}{\eta_k} = \frac{P_0}{\eta_m \eta_i} \tag{3-22}$$

6）实际制冷系数 ε_s 的计算。实际制冷系数可用式（3-19）进行计算。

7）冷凝器热负荷 Q_k（kW）的计算。冷凝器热负荷可采用下式进行计算，即

$$Q_k = Q_0 + P_i = Q_0 + q_m(h_{2s} - h_1)$$

$$h_{2s} = h_1 + \frac{h_2 - h_1}{\eta_i} \tag{3-23}$$

式中，h_{2s} 为压缩机实际排气比焓（kJ/kg）；h_2 为压缩机理论排气比焓（kJ/kg）；h_1 为压缩机吸气状态点的比焓（kJ/kg）。

8）过冷器热负荷 Q_g（kW）的计算。

$$Q_g = q_m(h_4 - h_{4'}) \tag{3-24}$$

式中，h_4 和 $h_{4'}$ 分别为过冷器前后制冷剂液体的比焓（kJ/kg）。

9）回热器热负荷 Q_h（kW）的计算。

$$Q_h = q_m(h_{1'} - h_1) = q_m(h_4 - h_{4'}) \tag{3-25}$$

式中，$h_{1'}$ 和 h_1 分别表示回热器出口、进口处蒸气的比焓（kJ/kg）；h_4 和 $h_{4'}$ 分别表示回热器进口、出口处液体的比焓（kJ/kg）。

例 3-2 某空调用制冷系统，制冷工质为 R22，所需制冷量 Q_0 为 50kW，空调用冷水温度 $t_c = 10℃$，冷却水温度 $t_w = 32℃$，蒸发器端部传热温差取 $\Delta t_o = 5℃$，冷凝器端部传热温差取 $\Delta t_k = 8℃$，试进行制冷循环的热力计算。计算中取液体过冷度 $\Delta t_g = 5℃$，吸气管路有害过热度 $\Delta t_r = 5℃$，压缩机的输气系数 $\lambda = 0.8$，指示效率 $\eta_i = 0.8$。

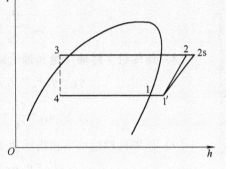

图 3-15 制冷循环的简化压焓图

解 首先绘制制冷循环的简化压焓图，如图 3-15 所示。根据已知条件，压缩机的工作温度为

$$t_k = t_w + \Delta t_k = (32+8)℃ = 40℃$$

$$t_o = t_c - \Delta t_o = (10-5)℃ = 5℃$$

$$t_3 = t_k - \Delta t_g = (40-5)℃ = 35℃$$

$$t_1 = t_o + \Delta t_r = (5+5)℃ = 10℃$$

查 R22 的热力性质图表，得制冷循环各状态点的参数如下表：

状态点	p/MPa	t/℃	h/(kJ/kg)	v/(m³/kg)	状态点	p/MPa	t/℃	h/(kJ/kg)	v/(m³/kg)
1	0.581373	5	406.8		3	1.52798	35	242.85	
1'	0.581373	10	410.58	0.0416	4	0.581373		242.85	
2	1.52798		435.16						

（1）单位制冷量

$$q_0 = h_{1'} - h_4 = (406.8 - 242.85)kJ/kg = 163.95kJ/kg$$

（2）单位容积制冷量

$$q_v = \frac{q_0}{v_{1'}} = \frac{163.95}{0.0416}kJ/m^3 = 3941.11kJ/m^3$$

（3）理论比功

$$w_0 = h_2 - h_{1'} = (435.16 - 410.58)kJ/kg = 24.58kJ/kg$$

（4）指示比功

$$w_i = \frac{w_0}{\eta_i} = \frac{24.58}{0.8}kJ/kg = 30.725kJ/kg$$

因为

$$w_i = h_{2s} - h_{1'}$$

所以

$$h_{2s} = h_{1'} + w_i = (410.58 + 30.725)kJ/kg = 441.305kJ/kg$$

（5）制冷系数

$$\varepsilon_0 = \frac{q_0}{w_0} = \frac{163.95}{24.58} = 6.67$$

$$\varepsilon_i = \frac{q_0}{w_i} = \frac{163.95}{30.725} = 5.34$$

（6）冷凝器单位热负荷

$$q_k = h_{2s} - h_3 = (441.305 - 242.85)kJ/kg = 198.46kJ/kg$$

（7）制冷剂质量流量

$$q_m = \frac{Q_0}{q_0} = \frac{50}{163.95}kg/s = 0.305kg/s$$

（8）压缩机实际输气量和理论输气量

$$q_{Vs} = q_m v_{1'} = 0.305 \times 0.0416 m^3/s = 0.01269 m^3/s$$

$$q_{Vh} = \frac{q_{Vs}}{\lambda} = \frac{0.01269}{0.8}m^3/s = 0.016 m^3/s$$

（9）压缩机理论功率和指示功率

$$P_0 = q_m w_0 = 0.305 \times 24.58 kW = 7.5 kW$$

$$P_i = \frac{P_0}{\eta_i} = \frac{7.5}{0.8}kW = 9.375 kW$$

（10）冷凝器热负荷

$$Q_k = q_k q_m = 198.46 \times 0.305 kW = 60.53 kW$$

（11）热力学完善度

逆卡诺循环制冷系数 $$\varepsilon_c = \frac{T_o}{T_k - T_o} = \frac{273.15 + 5}{(273.15 + 40) - (273.15 + 5)} = 7.95$$

热力学完善度 $$\eta = \frac{\varepsilon_i}{\varepsilon_c} = \frac{5.34}{7.95} = 0.672$$

例 3-3 某单位现有一台 6F10 型制冷压缩机，欲用来配一座小型冷库，库温要求为 $t_c = -10℃$，水冷式冷凝器的冷却水温度 $t_w = 30℃$，试对循环进行热力计算。已知压缩机参数：气缸直径 $D = 100mm$，活塞行程 $S = 70mm$，气缸数 $Z = 6$，转速 $n = 1440r/min$，蒸发器传热温差取 $\Delta t_o = 10℃$，冷凝器传热温差取 $\Delta t_k = 5℃$，制冷工质为 R22，蒸发器出口的过热度 $\Delta t_{r1} = 5℃$，管路过热 $\Delta t_{r2} = 5℃$，液体过冷温度 $t_3 = 32℃$，压缩机的输气系数 $\lambda = 0.6$，指示效率 $\eta_i = 0.65$，机械效率 $\eta_m = 0.9$。

解 首先绘制制冷循环的简化压焓图，如图 3-15 所示。根据已知条件，压缩机的工作温度为

$$t_k = t_w + \Delta t_k = (30 + 5)℃ = 35℃$$

$$t_o = t_c - \Delta t_o = (-10 - 10)℃ = -20℃$$

$$t_1 = t_o + \Delta t_{r1} = (-20 + 5)℃ = -15℃$$

$$t_3 = 32℃$$

$$t_{1'} = t_o + \Delta t_{r1} + \Delta t_{r2} = (-20 + 5 + 5)℃ = -10℃$$

查 R22 的热力性质图表，得各状态点的参数如下表：

状态点	p/MPa	t/℃	h/(kJ/kg)	v/(m³/kg)	状态点	p/MPa	t/℃	h/(kJ/kg)	v/(m³/kg)
1	0.245	−15	400.39		3	1.355	32	239.18	
1′	0.245	−10	403.71	0.0974	4	0.245	−20	239.18	
2	1.355		449.23						

循环特性为

（1）压缩比

$$\pi = \frac{p_k}{p_o} = \frac{p_3}{p_4} = \frac{1.355}{0.245} = 5.53$$

（2）单位制冷量

$$q_0 = h_1 - h_4 = (400.39 - 239.18)\,\text{kJ/kg}$$
$$= 161.21\,\text{kJ/kg}$$

（3）单位容积制冷量

$$q_v = \frac{q_0}{v_{1'}} = \frac{161.21}{0.0974}\,\text{kJ/m}^3 = 1655.13\,\text{kJ/m}^3$$

（4）理论比功

$$w_0 = h_2 - h_{1'} = (449.23 - 403.71)\,\text{kJ/kg} = 45.52\,\text{kJ/kg}$$

（5）指示比功

$$w_i = \frac{w_0}{\eta_i} = \frac{45.52}{0.65}\,\text{kJ/kg} = 70.03\,\text{kJ/kg}$$

（6）制冷系数

$$\varepsilon_0 = \frac{q_0}{w_0} = \frac{161.21}{45.52} = 3.54$$

$$\varepsilon_i = \frac{q_0}{w_i} = \frac{161.21}{70.03} = 2.30$$

压缩机的特性参数为：

（1）理论输气量和实际输气量

$$q_{Vh} = \frac{\pi}{4}D^2 SnZ = \frac{\pi}{4} \times 0.1^2 \times 0.07 \times \frac{1440}{60} \times 6\,\text{m}^3/\text{s} = 0.079\,\text{m}^3/\text{s}$$

$$q_{Vs} = q_{Vh}\lambda = 0.079 \times 0.6\,\text{m}^3/\text{s} = 0.0474\,\text{m}^3/\text{s}$$

（2）制冷剂质量流量

$$q_m = \frac{q_{Vs}}{v_{1'}} = \frac{0.0474}{0.0974}\,\text{kg/s} = 0.4867\,\text{kg/s}$$

（3）制冷机的总制冷量

$$Q_0 = q_m q_0 = 0.4867 \times 161.21\,\text{kW} = 78.46\,\text{kW}$$

（4）压缩机功率

理论功率 $P_0 = q_m w_0 = 0.4867 \times 45.52\,\text{kW} = 22.15\,\text{kW}$

指示功率　$P_i = q_m w_i = 0.4867 \times 70.03 \text{kW} = 34.08 \text{kW}$

轴功率　$P_e = \dfrac{P_i}{\eta_m} = \dfrac{34.08}{0.9} \text{kW} = 37.87 \text{kW}$

（5）冷凝器热负荷

$$h_{2s} = h_{1'} + \frac{h_2 - h_{1'}}{\eta_i} = \left(403.71 + \frac{449.23 - 403.71}{0.65} \right) \text{kJ/kg} = 473.74 \text{kJ/kg}$$

$$q_k = h_{2s} - h_3 = (473.74 - 239.18) \text{kJ/kg} = 234.56 \text{kJ/kg}$$

$$Q_k = q_m q_k = 0.4867 \times 234.56 \text{kW} = 114.16 \text{kW}$$

3.3　单级蒸气压缩式制冷循环性能的影响因素及工况

3.3.1　单级蒸气压缩式制冷循环性能的影响因素

本节主要讨论单级蒸气压缩式制冷循环性能参数 Q_0、P_0、ε_0 的影响因素。由于理论循环可使问题得到简化，而且理论循环的分析结果也适用于实际循环，所以在本节分析时采用理论循环。已知理论循环的制冷量 Q_0、理论功率 P_0、制冷系数 ε_0 可以分别表示为

$$Q_0 = q_{Vh} q_v \tag{3-26}$$

$$P_0 = q_m w_0 = \frac{q_{Vh}}{v_1} w_0 = q_{Vh} w_{0v} \tag{3-27}$$

$$\varepsilon_0 = \frac{Q_0}{P_0} \tag{3-28}$$

式中，w_{0v} 表示压缩机压缩每立方米吸气状态下的蒸气所消耗的理论功，称为比体积功。

从式（3-26）和式（3-27）中可以看出，在已经选定压缩机的情况下，影响制冷量 Q_0 和理论功率 P_0 的主要参数是单位容积制冷量 q_v 和比体积功 w_{0v}。这两个参数又主要是受冷凝温度和蒸发温度的影响，其中受蒸发温度的影响更大。所以本节主要讨论冷凝温度和蒸发温度对循环性能的影响。

1. 冷凝温度对循环性能的影响

在分析冷凝温度对循环性能的影响时，假设蒸发温度保持不变。理论循环在压焓图上的表示如图 3-16 所示。当冷凝温度由 t_k 上升至 t_k' 时，循环由 1-2-3-4-1 变为 1-2'-3'-4'-1。

由图中可以看出，当冷凝温度上升后，循环的单位制冷量 q_0 减小，压缩机吸气口蒸气的比体积 v_1 不变，所以循环的单位容积制冷量 q_v 减小。由式（3-26）可知，循环的制冷量也减小。

由图中还可以看出，当冷凝温度上升时，制冷循环的理论比功 w_0 增大，由于压缩机吸气口蒸气的比体积 v_1 没有变化，所以由式（3-27）可知，循环的比体积功 w_{0v} 和理论功率 P_0 均增大。

由式（3-28）可知，当冷凝温度上升时，制冷循环的制冷量 Q_0 减小、理论功率 P_0 增加，所以循环的制冷系数减小。

2. 蒸发温度对循环性能的影响

在分析蒸发温度对循环性能的影响时，假设冷凝温度保持不变。理论循环在压焓图上的表示如图 3-17 所示。当蒸发温度由 t_0 下降至 t_0' 时，循环由 1-2-3-4-1 变为 1'-2'-3-4'-1'。

由图中可以看出，当蒸发温度下降后，循环的单位制冷量 q_0 减小，压缩机吸气口蒸气的比体积 v_1 增大，所以循环的单位容积制冷量 q_v 减小。由式（3-26）可知，循环的制冷量也减小。

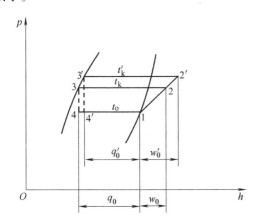

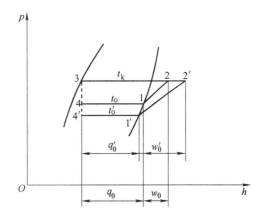

图 3-16 冷凝温度变化时制冷循环的压焓图   图 3-17 蒸发温度变化时制冷循环的压焓图

由图 3-17 中还可以看出，当蒸发温度下降时，制冷循环的理论比功 w_0 增大，由于压缩机吸气口蒸气的比体积 v_1 也增大，所以由式（3-27）无法判断循环的比体积功 w_{0v} 和理论功率 P_0 的变化规律。如果假定制冷剂蒸气为理想蒸气，绝热压缩时比体积功 w_{0v} 可以表示为

$$w_{0v} = \frac{\kappa}{\kappa-1} p_o \left[\left(\frac{p_k}{p_o} \right)^{\frac{\kappa-1}{\kappa}} - 1 \right] \tag{3-29}$$

从上式可以看出，当 $p_o = 0$ 时，比体积功 w_{0v} 为最小值 0。所以随着蒸发温度的降低，比体积功是先增大，后减小的。在实际应用中发现，当压缩机的压缩比 (p_k/p_o) 约为 3 时比体积功达到最大值。所以在制冷系统设计时，尽量避免这种情况出现。

由于制冷循环的制冷系数可以看成是单位质量制冷量与理论比功的比值，所以随着蒸发温度的降低，循环的制冷系数是减小的。

综合上述分析可以知道，当冷凝温度上升或蒸发温度下降时，制冷循环的制冷系数是减小的。反之，循环性能将得到改善。所以在实际应用中，一般会对冷凝温度进行控制，尽量不使它过高；在满足工艺要求的前提下，应尽量保持高的蒸发温度。

3.3.2 制冷机工况

1. 制冷压缩机工况

由上面的分析可以看出，同一制冷压缩机的制冷量、功率随蒸发温度和冷凝温度的变化而变化。使用制冷剂不一样时，情况又有所不同。所以，抛开制冷压缩机的工作条件仅强调其制冷量是没有任何意义的。为了对制冷压缩机的性能加以比较，各国视自己的具体情况对制冷压缩机人为地规定了几种"工况"。根据我国的实际情况，规定了所谓的"名义工况"

"最大压差工况""考核工况""最大轴功率工况"等。

名义工况是为了对不同的制冷压缩机进行性能测试，也为了制冷压缩机的使用者能对不同产品的容量及其他性能指标做出对比和评价而确定的一个共同比较条件。在此工况下，压缩机按规定条件进行试验，测得的性能参数作为性能比较的基准。压缩机出厂时，机器铭牌上标出的制冷量和有关性能参数一般是在名义工况下测得的。不同制冷压缩机的工况由国家标准规定，如国家标准 GB/T 10079—2001《活塞式单级制冷压缩机》规定了活塞式单级制冷压缩机的名义工况，见表 3-1 和表 3-2。表 3-3 和表 3-4 列出了活塞式单级制冷压缩机的最大负荷工况和最大压差工况。国家标准 GB/T 18429—2001《全封闭涡旋式制冷压缩机》规定的全封闭涡旋式制冷压缩机名义工况见表 3-5，国家标准 GB/T 19410—2008《螺杆式制冷压缩机》规定的螺杆式制冷压缩机名义工况见表 3-6。由于离心式制冷压缩机很少单独使用，一般都是以冷水机组的标准出现。

表 3-1　有机制冷剂压缩机名义工况

类　　型	吸入压力饱和温度/℃	排出压力饱和温度/℃	吸入温度/℃	环境温度/℃
高温	7.2	54.4[①]	18.3	35
	7.2	48.9[②]	18.3	35
中温	-6.7	48.9	18.3	35
低温	-31.7	40.6	18.3	35

注：表中工况制冷剂液体的过冷度为0℃。

① 为高冷凝压力工况。

② 为低冷凝压力工况。

表 3-2　无机制冷剂压缩机名义工况

类　　型	吸入压力饱和温度/℃	排出压力饱和温度/℃	吸入温度/℃	制冷剂液体温度/℃	环境温度/℃
中低温	-15	30	-10	25	32

表 3-3　压缩机最大负荷工况

制冷剂	吸入压力饱和温度/℃	排气压力饱和温度/℃	回气温度/℃
有机制冷剂	最高吸入压力饱和温度	最高排气压力饱和温度	18.3
无机制冷剂			13

表 3-4　压缩机最大压差工况

制冷剂	最大压力差/MPa	
	全封闭、半封闭式压缩机	开启式压缩机
有机制冷剂	1.8	1.6
无机制冷剂	1.6	1.6

表 3-5　全封闭涡旋式制冷压缩机名义工况

类型	吸气饱和(蒸发)温度/℃	排气饱和(冷凝)温度/℃	吸气温度/℃	液体温度/℃	环境温度/℃
高温	7.2	54.4	18.3	46.1	35
中温	-6.7	48.9	4.4	48.9	35
低温	-31.7	40.6	4.4	40.6	35

表 3-6 螺杆式制冷压缩机名义工况

类型	吸气饱和(蒸发)温度/℃	排气饱和(冷凝)温度/℃	吸气温度/℃	吸气过热度/℃	过冷度/℃
高温(高冷凝压力)	5	5	20	—	
高温(低冷凝压力)		40		—	
中温(高冷凝压力)	-10	45		10 或 5 (用于 R717)	0
中温(低冷凝压力)		40	—		
低温	-35				

注：吸气温度适用于高温名义工况；吸气过热度适用于中温、低温名义工况

冷水（热泵）机组的名义工况一般根据气候条件和大多数机组的使用条件进行规定。国家标准 GB/T 18430.2—2008《蒸气压缩循环冷水（热泵）机组 第 2 部分：户用及类似用途的冷水（热泵）机组》规定的蒸气压缩循环冷水（热泵）机组名义工况，见表 3-7。

表 3-7 蒸气压缩循环冷水（热泵）机组名义工况

项目	使用侧		热源侧（或放热侧）					
	冷热水		水冷式		风冷式		蒸发冷却方式	
	水流量/[m³/(h·kW)]	出口水温/℃	进口水温/℃	水流量/[m³/(h·kW)]	干球温度/℃	湿球温度/℃	干球温度/℃	湿球温度/℃
制冷	0.172	7	30	0.215	35	—	—	24
热泵制热		45	15	0.134	7	6	—	

2. 制冷工况的转换

实际运行中，制冷压缩机的性能可以直接从制造厂提供的性能曲线中查取。如果没有性能曲线可查，也可根据转速不变时压缩机的理论输气量不变这一条件加以换算。

假设制冷压缩机名义工况下的制冷量为 Q_{0a}，任意工况下的制冷量为 Q_{0b}，则有

$$Q_{0a} = q_{Vh} \lambda_a q_{va}$$

$$Q_{0b} = q_{Vh} \lambda_b q_{vb}$$

$$Q_{0b} = Q_{0a} \frac{\lambda_b q_{vb}}{\lambda_a q_{va}} = K_i Q_{0a}$$

式中，q_{Vh} 为压缩机的理论输气量（m³/s）；λ_a、λ_b 分别为名义工况和任意工况下的输气系数；q_{va}、q_{vb} 分别为名义工况和任意工况下的单位容积制冷量（kJ/m³）；K_i 为压缩机制冷量的换算系数。

所以，可以利用上式进行制冷工况的转换。K_i 与制冷剂种类、压缩机的类型、冷凝温度和蒸发温度等因素有关，在作粗略计算时，K_i 值可查取相关表获得。

思考题与习题

3-1 简述单级蒸气压缩式制冷理论循环的工作过程。

3-2 简述制冷剂压焓图和温熵图的基本内容。

3-3 简述单级蒸气压缩式制冷理论循环性能指标的基本内容。

3-4 简述单级蒸气压缩式制冷实际循环偏离理论循环的主要因素。

3-5 试分析蒸发温度升高、冷凝温度降低时，对制冷循环的影响。

3-6 假定一单级蒸气压缩式制冷理论循环，其蒸发压力 $p_o = 350kPa$，冷凝压力 $p_k = 1350kPa$，制冷工质为 R22，制冷量 $Q_0 = 50kW$，试对该循环进行热力计算。

3-7 某空调用制冷系统，制冷工质为 R134a，所需制冷量 Q_0 为 50kW，空调用冷水温度 $t_c = 10℃$，冷却水温度 $t_w = 32℃$，蒸发器端部传热温差取 $\Delta t_o = 5℃$，冷凝器端部传热温差取 $\Delta t_k = 8℃$，试进行制冷循环的热力计算。计算中取液体过冷度 $\Delta t_g = 5℃$，吸气管路有害过热度 $\Delta t_r = 5℃$，压缩机的输气系数 $\lambda = 0.8$，指示效率 $\eta_i = 0.8$。

3-8 某单位现有一台 6F10 型制冷压缩机，欲用来配一座小型冷库，库温要求为 $t_c = -10℃$，水冷式冷凝器的冷却水温 $t_w = 30℃$，试对制冷循环进行热力计算。已知压缩机参数：气缸直径 $D = 100mm$，行程 $S = 70mm$，气缸数 $Z = 6$，转速 $n = 1440r/min$，蒸发器传热温差取 $\Delta t_o = 10℃$，冷凝器传热温差取 $\Delta t_k = 5℃$，制冷工质为氨，蒸发器出口的过热度为 5℃，管路过热为 5℃，液体过冷温度为 32℃，压缩机的输气系数 $\lambda = 0.6$，指示效率 $\eta_i = 0.65$，机械效率 $\eta_m = 0.9$。

3-9 某空调系统的单位时间热量为 70kW，使用工质为 R22，已知空调所需的冷冻水温度为 7℃，当地冷却水温度为 30℃，试为该空调系统选配制冷机器和设备。

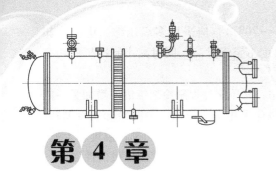

第4章
双级压缩和复叠式压缩制冷循环

4.1 双级压缩制冷循环

4.1.1 采用双级压缩制冷循环的目的及原因

制冷压缩机的工作效率受工作工况的影响。对于蒸气压缩式制冷循环，当制冷剂确定后，其冷凝压力和蒸发压力由系统的冷凝温度和蒸发温度决定，而其能达到的最低蒸发温度又取决于冷凝压力和压缩比，在比较恶劣的条件下单级压缩效率降低，甚至不能达到要求的温度。造成这种现象的原因如下。

1）制冷压缩机制冷量与蒸发温度、冷凝温度密切相关。在一般条件下，采用空气或水作为冷凝介质时，冷凝温度一定，冷凝压力也一定。当冷凝压力一定时，要想达到较低的蒸发温度，则要降低蒸发压力，压缩机的吸气比体积增大。蒸发温度越低，固有的压缩机余隙容积会使实际输气量为零，压缩机的容积系数变为零，压缩机不再吸气，制冷机虽然仍可运行，但制冷量为零，这时压缩机会失去制冷能力。

2）蒸气压缩式制冷循环的最低蒸发温度不仅受到容积系数的限制，同时受到排气温度的限制。较低的蒸发温度和较高的冷凝温度会导致压缩机过高的排气温度。过高的排气温度会使润滑油变稀，润滑条件恶化，而且润滑油在高温和金属的催化作用下，会发生化学反应，生成沉积物和焦炭，润滑油分解后产生的酸会腐蚀电气绝缘材料。

3）蒸发温度的降低会引起制冷机性能的下降。蒸发温度越低，制冷剂经膨胀阀节流后的干度增大，节流损失较大，同时压缩机吸气比体积增大，单位质量理论比功增加，单位质量制冷量和单位体积制冷量均下降，因而降低了制冷循环的制冷系数。

4）蒸发温度越低，冷凝压力与蒸发压力的差值增大，甚至超过压缩机的限定工作条件，压缩机处于危险的工作状态，随时都可能发生事故。

由此可见，由于受到压缩机容积系数、压缩机排气温度、制冷机性能及压缩机力学性能的限制，单级蒸气压缩式制冷循环的蒸发温度不能过低，也就是说压缩机的压缩比不能过大。我国中、小型活塞式制冷压缩机标准规定，单级氨压缩制冷循环的合理使用压缩比不得超过8，氟利昂制冷剂的压缩比不得超过10。

由于上述原因，为了获取较低的蒸发温度（-30～-70℃），应采用多级压缩、中间冷却制冷循环，使压缩机的压缩比适当，压缩机的排气温度不至于过高，同时减小制冷机的功率消耗，改善制冷机的性能。

对于离心式压缩机来说，要保证一定的压缩机效率，其压缩过程制冷剂焓值的增加量不能超过一定的范围，如果焓的增加量超过了这一范围，也应采用多级压缩、中间冷却制冷循环。对于回转式压缩机来说，其容积效率虽然受压缩比的影响不大，但压缩机的排气温度将上升，采用多级压缩、中间冷却制冷循环既可以降低压缩机排气温度，又可以改善制冷机的性能。

4.1.2　双级压缩制冷循环

在双级压缩制冷循环中，制冷剂蒸气分别在高压级、低压级两个气缸中进行压缩。来自蒸发器的低压制冷剂蒸气（压力为蒸发压力）首先被吸入低压级压缩机中进行压缩，经过低压级压缩机压缩后压力提高到某一中间压力时，制冷剂蒸气被排出低压级压缩机，进入一个热交换器进行冷却（也称为中间冷却器），然后再进入高压级压缩机进一步压缩到冷凝压力，随后高压制冷剂蒸气被排入冷凝器进行冷凝。

采用双级压缩制冷循环可以使高压级压缩机和低压级压缩机的压缩比都比较适中，从而使压缩机具有较高的容积效率；另一方面，采用中间冷却可以使高压级压缩机的排气温度不致过高，同时使压缩机的功率消耗减小，改善制冷机的性能。

双级蒸气压缩式制冷循环按照中间冷却方式可以分为中间完全冷却制冷循环和中间不完全冷却制冷循环。

1）中间完全冷却是指从低压级压缩机中排出的制冷剂蒸气在进行中间冷却时完全冷却为中间压力下的饱和蒸气，而后再进入高压级压缩机进行进一步压缩。

2）中间不完全冷却是指从低压级压缩机中排出的制冷剂蒸气在进行中间冷却时未冷却为中间压力下的饱和蒸气，而是以中间压力下的过热蒸气状态进入高压级压缩机进行进一步压缩。

双级蒸气压缩式制冷循环按照制冷剂液体节流方式可以分为一级节流制冷循环和二级节流制冷循环。

1）一级节流是指高压制冷剂液体从冷凝压力经过膨胀阀节流直接降压到蒸发压力。

2）二级节流是指高压制冷剂液体首先由冷凝压力经过膨胀阀节流降压到中间压力，然后再由中间压力经过膨胀阀节流降压到蒸发压力。

一级节流制冷循环的经济性比二级节流制冷循环的经济性差一些，但由于一级节流制冷循环可以利用高压制冷剂液体在节流前其自身的压力实现远程供液或高层供液，所以一级节流制冷循环应用较为广泛。

最基本的双级压缩制冷循环由两台压缩机，两个节流机构，冷凝器、蒸发器和中间冷却器组成。对于大型装置还可以在冷凝器后装设一个水过冷器，如果低压压缩机排气温度过高，可以在其排气管路上设中间水冷却器，这些措施可以提高循环的制冷系数。

1. 一级节流中间完全冷却的双级压缩制冷循环

图4-1所示为一级节流中间完全冷却的双级压缩制冷循环原理图。系统的工作过程如下：从蒸发器 E 出来的低压蒸气（t_0，p_0）被低压级压缩机 D 吸入并压缩到中间压力（p_m），一

级排气进入中间冷却器 C 冷却，在其中被液体制冷剂蒸发冷却，成为中间压力下饱和蒸气，再进入高压级压缩机 A 进一步压缩到冷凝压力（p_k），进入冷凝器 B 冷凝成液体。由冷凝器出来的饱和液体分两路，一路经节流阀 F 节流到中间压力（p_m），进入中间冷却器 C，在其中蒸发冷却低压级压缩机排出的气体和盘管内的高压液体，产生的中间压力下的饱和制冷剂蒸气进入高压级压缩机 A 中；另一路经中间冷却器 C 内盘管得到冷却（高压液体过冷），再经节流阀 G 节流到蒸发压力（p_o），进入蒸发器 E 蒸发制冷，制取冷量。循环就如此周而复始地进行。

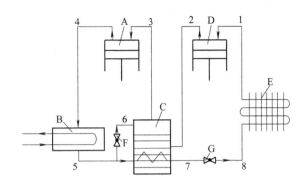

图 4-1 一级节流中间完全冷却的双级
压缩制冷循环原理图

A—高压级压缩机 B—冷凝器 C—中间冷却器
D—低压级压缩机 E—蒸发器 F、G—节流阀

在该制冷循环中制冷剂液体直接从冷凝压力节流到蒸发压力，而且液体在节流以前常用中间压力下的制冷剂液体的蒸发来过冷。

一级节流中间完全冷却的双级压缩制冷循环的压焓图和温熵图如图 4-2a、b 所示。在图中，1-2 为低压制冷剂蒸气在低压级压缩机中的压缩过程，2-3 为从低压级压缩机排出的压力为 p_m 的过热蒸气在中间冷却器中的冷却过程，3-4 为来自中间冷却器压力为 p_m 的制冷剂蒸气在高压级压缩机中的压缩过程，4-5 为从高压级压缩机排出的高压制冷剂蒸气在冷凝器中的冷凝放热过程。此后液体分为两路，5-6 为进入中间冷却器的一部分高压制冷剂液体通过节流阀的节流降压过程，6-3 为这一部分节流后的制冷剂在中间冷却器中的吸热汽化过程，5-7 为另一部分未经节流的高压制冷剂液体在中间冷却器中进一步过冷的过程，7-8 为

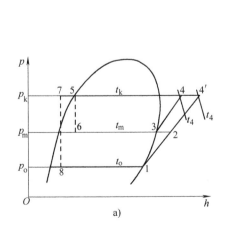

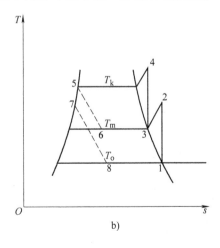

图 4-2 一级节流中间完全冷却的双级压缩制冷循环

a）压焓图 b）温熵图

高压制冷剂过冷液体通过节流阀的节流降压过程，8-1 为节流后的低压低温制冷剂在蒸发器中吸热汽化、制取冷量的过程。

与单级蒸气压缩式制冷循环相比，双级压缩制冷循环除了制冷剂蒸气的压缩过程分成了高压级压缩过程和低压级压缩过程两部分进行外，还增加了中间冷却器和一个节流阀，而且高压级压缩机的流量和低压级压缩机的流量是不同的。低压级压缩机排气冷却时要放出它的过热热量，因而在中间冷却器中要引起中压液体制冷剂的蒸发，使得高压级压缩机的流量增加。

高压级压缩机吸入的为制冷剂饱和蒸气，使高压级压缩机的排气温度不致过高，对等熵指数大的制冷系统比较有利。双级压缩制冷循环也是现代广泛应用的循环之一。

2. 一级节流中间不完全冷却的双级压缩制冷循环

一级节流中间不完全冷却的双级压缩制冷循环的循环过程与一级节流中间完全冷却的双级压缩制冷循环相同，主要区别在于进入高压级压缩机的制冷剂蒸气不是中间压力的饱和蒸气，循环原理图和压焓图如图 4-3 和图 4-4 所示。

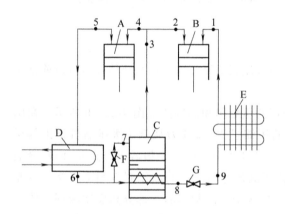

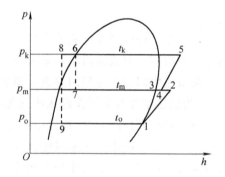

图 4-3　一级节流中间不完全冷却的双
级压缩制冷循环原理图

A—高压级压缩机　B—低压级压缩机　C—中间冷却器

D—冷凝器　E—蒸发器　F、G—节流阀

图 4-4　一级节流中间不完全冷却的
双级压缩制冷循环压焓图

图 4-3 所示为一级节流中间不完全冷却的双级压缩制冷循环的系统原理图。系统的工作过程如下：从蒸发器 E 出来的低压蒸气（t_o，p_o）由低压级压缩机 B 吸入并压缩到中间压力（p_m），与来自中间冷却器的中间压力饱和蒸气混合，成为中间压力下的过热蒸气，再进入高压级压缩机 A 进一步压缩到冷凝压力（p_k），进入冷凝器 D 冷凝成液体。由冷凝器出来的饱和液体分为两路，一路经节流阀 F 节流到中间压力（p_m），进入中间冷却器 C，在其中蒸发冷却低压压缩机排出的气体和盘管内的高压液体，产生的中间压力下的饱和制冷剂蒸气与低压级的排气混合后进入高压级压缩机 A 中；另一路经中间冷却器 C 内盘管得到冷却（高压液体过冷），再经节流阀 G 节流到蒸发压力（p_o），进入蒸发器 E 蒸发制冷，制取冷量。循环就如此周而复始地进行。

图 4-4 上各状态点与图 4-2a 基本相一致（图 4-2a 中没有状态点显示，状态点 4 和饱和点 3 重合，并且为一级节流完全冷却，所以不可能与图 4-4 相一致）。不同点主要是相对于

一级节流中间完全冷却的双级压缩制冷循环而言，一级节流中间不完全冷却的双级压缩制冷循环的低压级排气不再进入中间冷却器，而是与从冷却器流出的中间压力下的制冷剂饱和蒸气在管道中混合成为中间压力下的过热蒸气，进入高压压缩机进行压缩。

为了提高一级节流中间不完全冷却双级压缩制冷循环的制冷循环效率，通常设置回热器，流入蒸发器的高压制冷剂液体在节流以前经过两次过冷，温度较低，节流后干度较小，具有较大的单位制冷量，而且高压液体输送到较远的地方时不会出现汽化现象。

图 4-5 和图 4-6 所示分别为带回热器的一级节流中间不完全冷却双级压缩制冷循环的系统图和压焓图。

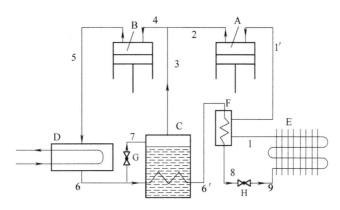

图 4-5　带回热器的一级节流中间不完全冷却双级压缩制冷循环系统图

A—低压级压缩机　B—高压级压缩机　C—中间冷却器　D—冷凝器

E—蒸发器　F—回热器　G、H—节流阀

系统的工作过程如下：从蒸发器 E 出来的低压蒸气（t_o，p_o）先经过回热器 F，冷却来自中间冷却器的中温高压制冷剂液体，后由低压级压缩机 A 吸入并压缩到中间压力（p_m），与来自中间冷却器的中间压力饱和蒸气混合，成为中间压力下的过热蒸气，再进入高压级压缩机 B 进一步压缩到冷凝压力（p_k），进入冷凝器 D 冷凝成液体。由冷凝器出来的饱和液体分两路，一路经节流阀 G 节流到中间压力（p_m），进入中间冷却器 C，在其中蒸发冷却低压压缩机排出的气体和盘管内的高压液体，产生的中间压力下的饱和制冷剂蒸气与低压级的排气混合后进入高压级压缩机 B 中；另一路经中间冷却器

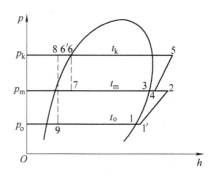

图 4-6　带回热器的一级节流中间不完全冷却双级压缩制冷循环压焓图

C 内盘管冷却（高压液体过冷）得到中温的制冷剂液体，经回热器 F 进一步冷却成为低温的制冷剂液体，再经节流阀 H 节流到蒸发压力（p_o），进入蒸发器 E 蒸发制冷，制取冷量。循环就如此周而复始地进行。

在回热器系统中，回热器的作用是一方面使高压制冷剂液体的过冷度增加，增大制冷量；另一方面也是为了提高低压级压缩机的吸气温度，以免压缩机气缸外表面结霜并改善压缩机的润滑条件。热力膨胀阀可以调节供液量。

3. 二级节流中间不完全冷却的双级压缩制冷循环

图 4-7 和图 4-8 所示分别为二级节流中间不完全冷却的双级压缩制冷循环的原理图和压焓图。

由图 4-7 可见：从蒸发器 E 来的低压蒸气(t_o, p_o)被低压级压缩机 B 吸入并压缩到中间压力(p_m)，与从中间冷却器 C 中产生的饱和蒸气在管路中混合，一同进入高压级压缩机 A 中继续压缩到冷凝压力(p_k)，然后进入冷凝器 D 中冷凝成液体。液体由冷凝器流出经第一节流阀 F 节流到中间压力(p_m)，进入中间冷却器中分成饱和液体和饱和气体两部分。饱和蒸气与低压压缩机排出的气体混合后进入高压级压缩机。饱和液体经第二节流阀 G 节流到蒸发压力(p_o)，流入蒸发器蒸发制冷后再进入低压级压缩机被压缩。循环就这样周而复始地进行。

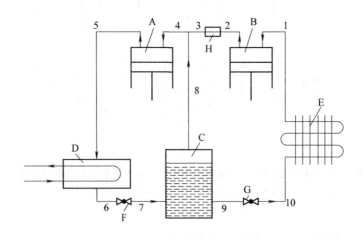

图 4-7　二级节流中间不完全冷却的双级压缩制冷循环的原理图

A—高压级压缩机　B—低压级压缩机　C—中间冷却器　D—冷凝器

E—蒸发器　F、G—节流阀　H—气体冷却器

4. 二级节流中间完全冷却的双级压缩制冷循环

图 4-9 和图 4-10 所示分别为二级节流中间完全冷却的双级压缩制冷循环系统的原理图和压焓图。

从蒸发器 E 出来的低压蒸气（t_o, p_o）由低压级压缩机 D 吸入并压缩到中间压力（p_m），排气进入中间冷却器 C 冷却，在其中被液体制冷剂蒸发冷却，成为中间压力下饱和蒸气，再进高压级压缩机 A 进一步压缩到冷凝压力（p_k），进入冷凝器 B 冷凝成液体。由冷凝器出来的饱和液体经节流阀 F 节流到中间压力（p_m），进入中间冷却器 C；在其中蒸发冷却低压压缩机排出的气体，产生的中间压力下的饱和制冷剂蒸气进入高

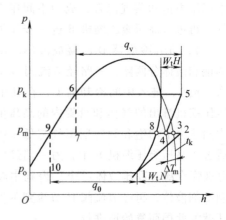

图 4-8　二级节流中间不完全冷却的双级
压缩制冷循环压焓图

压压缩机 A 中，剩下的中间压力（p_m）饱和液体再经节流阀 G 节流到蒸发压力（p_o），进入蒸发器 E 蒸发制冷，制取冷量。循环就如此周而复始地进行。

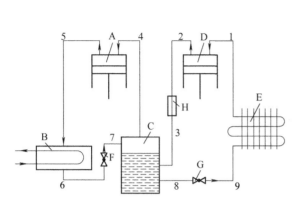

图 4-9　二级节流中间完全冷却的双级
压缩制冷循环系统原理图

A—高压级压缩机　B—冷凝器　C—中间冷却器　D—低压
级压缩机　E—蒸发器　F、G—节流阀　H—气体冷却器

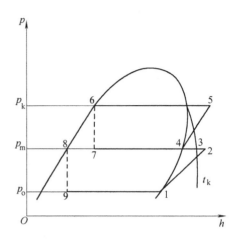

图 4-10　二级节流中间完全冷却的
双级压缩制冷循环系统压焓图

4.2　双级压缩制冷循环的热力计算及工况变化的影响

4.2.1　循环的热力计算

1. 一级节流中间完全冷却的双级压缩制冷循环热力计算

一级节流中间完全冷却的双级压缩制冷循环中的各个状态点如图 4-11 所示。

在双级压缩制冷循环中，制取冷量的是低压部分的蒸发过程 8-1，其单位制冷量 q_0（kJ/kg）按下式计算：

$$q_0 = h_1 - h_8 \tag{4-1}$$

高压制冷剂液体在中间冷却器中进一步过冷，由于冷却盘管内具有端部传热温差 Δt，制冷剂液体过冷后的温度 t_7 不可能达到与中间压力所对应的制冷剂饱和温度 t_6，经中间冷却器过冷后的高压制冷剂液体的温度 t_7 的计算式为

$$t_7 = t_6 + \Delta t \tag{4-2}$$

式中，Δt 为中间冷却器冷却盘管的端部传热温差（℃），为 3~5℃。

设制冷机的制冷量为 Q_0（kW），则低压压缩机的制冷剂质量流量 q_{md}（kg/s）的计算式为

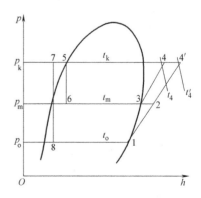

图 4-11　一级节流中间完全冷却的
双级压缩制冷循环中的各
个状态点分布

$$q_{md} = \frac{Q_0}{q_0} = \frac{Q_0}{h_1 - h_8} \tag{4-3}$$

低压级压缩机吸入的制冷剂体积流量 q_{V_d}（$\mathrm{m^3/s}$）为

$$q_{Vd} = q_{md} v_1 = \frac{Q_0 v_1}{h_1 - h_8} \tag{4-4}$$

式中，v_1 为低压级压缩机吸入的制冷剂比体积（$\mathrm{m^3/kg}$）。

低压级压缩机的理论输气量 q_{Vthd}（$\mathrm{m^3/s}$）为

$$q_{Vthd} = \frac{q_{Vd}}{\lambda_d} = \frac{Q_0}{h_1 - h_8} \times \frac{v_1}{\lambda_d} \tag{4-5}$$

式中，λ_d 为低压级压缩机的输气系数，其数值可以按相同增压比的单级压缩机的输气系数的 90% 考虑。

低压级压缩机所消耗的轴功率 P_{ed}（kW）为

$$P_{ed} = \frac{m_d w_{od}}{\eta_{kd}} = \frac{Q_0}{h_1 - h_8} \frac{h_2 - h_1}{\eta_{kd}} \tag{4-6}$$

式中，η_{kd} 为低压级压缩机的绝热效率；w_{od} 为低压级压缩机单位质量气体压缩功（kW/kg）。

高压级压缩机吸入的是饱和蒸气，流量等于低压级压缩机排气在中间冷却器中冷却了的制冷剂蒸气和经节流 5-6 的那部分液体到中间压力 p_m 时闪发气体之和，其质量流量可利用中间冷却器的热平衡关系式求得。

如果中间冷却器外壳具有良好的绝热性能，不考虑中间冷却器与外界的传热，如图 4-12 所示为中间冷却器的热平衡图，则

$$(q_{mg} - q_{md})(h_3 - h_6) = q_{md}(h_2 - h_3) + q_{md}(h_5 - h_7)$$

$$\tag{4-7}$$

由于从 5 点到 6 点的过程是等焓过程，因此有 $h_5 = h_6$，把这个条件代入式（4-7），就可以得到高压级压缩机的制冷剂流量 q_{mg}（kg/s）为

$$q_{mg} = q_{md} \frac{h_2 - h_7}{h_3 - h_6} = \frac{Q_0}{h_1 - h_8} \frac{h_2 - h_7}{h_3 - h_6} \tag{4-8}$$

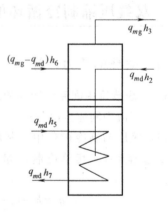

图 4-12 中间冷却器热平衡图

从式（4-8）可以看出高压级压缩机的制冷剂质量流量大于低压级压缩机的制冷剂质量流量；同时也表明低压级压缩机的制冷剂质量流量将随高压制冷剂液体（状态 7）过冷度的增加（h_7 降低）而减少。

高压级压缩机吸入的制冷剂体积流量 q_{V_g}（$\mathrm{m^3/s}$）为

$$q_{Vg} = q_{mg} v_3 = \frac{Q_0}{h_1 - h_8} \frac{h_2 - h_7}{h_3 - h_6} v_3 \tag{4-9}$$

式中，v_3 为高压级吸气的制冷剂比体积（$\mathrm{m^3/kg}$）。

高压级压缩机的理论输气量 q_{Vthg}（$\mathrm{m^3/s}$）为

$$q_{V\text{thg}} = \frac{q_{Vg}}{\lambda_g} = \frac{Q_0}{h_1 - h_8} \frac{h_2 - h_7}{h_3 - h_6} \frac{v_3}{\lambda_g} \tag{4-10}$$

式中，λ_g 为高压级压缩机的输气系数，其数值与相同压缩比的单级压缩机的输气系数相同。

虽然高压级压缩机的质量流量大于低压级压缩机的质量流量，但低压级压缩机的吸气比体积 v_1 远大于高压级压缩机的吸气比体积 v_3，所以低压级压缩机吸入制冷剂蒸气的体积流量 q_{Vd} 总是大于高压级压缩机 q_{Vg} 的体积流量，在通常情况下，低压级压缩机的体积流量为高压级压缩机体积流量的 2~3 倍。

高压级压缩机所消耗的轴功率 P_{eg}（kW）为

$$P_{eg} = \frac{q_{mg} w_{0g}}{\eta_{kg}} = \frac{Q_0}{h_1 - h_8} \frac{h_2 - h_7}{h_3 - h_6} \frac{h_4 - h_3}{\eta_{kg}} \tag{4-11}$$

式中，η_{kg} 为高压级压缩机的绝热效率，w_{0g} 为高压级压缩机单位质量气体压缩功（kW/kg）。

理论循环的制冷系数 ε_0 的计算式为

$$\varepsilon_0 = \frac{Q_0}{q_{md} w_{0d} + q_{mg} w_{0g}} = \frac{Q_0}{\dfrac{Q_0}{h_1 - h_8}(h_2 - h_1) + \dfrac{Q_0}{h_1 - h_8} \dfrac{h_2 - h_7}{h_3 - h_6}(h_4 - h_3)}$$

$$= \frac{h_1 - h_8}{(h_2 - h_1) + \dfrac{h_2 - h_7}{h_3 - h_6}(h_4 - h_3)} \tag{4-12}$$

实际循环的制冷系数 ε 的计算式为

$$\varepsilon = \frac{Q_0}{P_{ed} + P_{eg}} = \frac{h_1 - h_8}{(h_2 - h_1)/\eta_{kd} + \dfrac{h_2 - h_7}{h_3 - h_6}(h_4 - h_3)/\eta_{kg}} \tag{4-13}$$

理论冷凝器热负荷 Q_k（kW）的计算式为

$$Q_k = q_{mg}(h_4 - h_5) \tag{4-14}$$

实际冷凝器热负荷 Q_{ks}（kW）的计算式为

$$Q_{ks} = q_{mg}(h_{4s} - h_5) \tag{4-15}$$

式中，h_{4s} 为高压级压缩机的实际排气比焓（kJ/kg），计算式见式（4-16）。

$$h_{4s} = h_3 + \frac{h_4 - h_3}{\eta_{ig}} \tag{4-16}$$

式中，η_{ig} 为高压级压缩机的指示效率。

以上计算方法适用于设计或选用压缩机时的计算，可以根据计算所得的压缩机理论输气量 $q_{V\text{thd}}$ 和 $q_{V\text{thg}}$ 设计或选用合适的压缩机。根据制冷量和冷凝器热负荷设计或选用合适的蒸发器和冷凝器。对于已有的两级制冷压缩机，可以根据压缩机的理论输气量 $q_{V\text{thd}}$ 和 $q_{V\text{thg}}$ 计算出制冷机的制冷量 Q_0（kW），即

$$Q_0 = \frac{q_{V\text{thd}} \lambda_d}{v_1}(h_1 - h_8) \tag{4-17}$$

2. 一级节流中间不完全冷却的双级压缩制冷循环

一级节流中间不完全冷却的双级压缩制冷循环的压焓图如图 4-13 所示。

按图 4-13 的循环，可以对一级节流中间不完全冷却的双级压缩过程进行计算。在低压级阶段，与一级节流中间完全冷却的双级压缩相似。制取冷量的是低压部分的蒸发过程 9-1，由于 8-9 的过程为等焓过程，所以 $h_8 = h_9$，其单位制冷量 q_0（kJ/kg）按下式计算：

$$q_0 = h_1 - h_9 = h_1 - h_8 \tag{4-18}$$

高压制冷剂液体在中间冷却器中进一步过冷，由于冷却盘管内具有端部传热温差 Δt，制冷剂液体的过冷后的温度 t_8 不可能达到与中间压力所对应的制冷剂饱和温度 t_7，经中间冷却器过冷后的高压制冷剂液体的温度 t_8 的计算式为

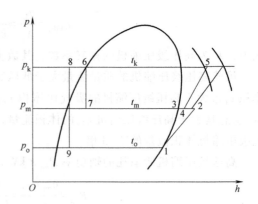

图 4-13 一级节流中间不完全冷却的双级压缩制冷循环的压焓图

$$t_8 = t_7 + \Delta t \tag{4-19}$$

式中，Δt 为中间冷却器冷却盘管的端部传热温差（℃），为 3～5℃。

设制冷机的制冷量为 Q_0（kW），则低压压缩机的制冷剂质量流量 q_{md}（kg/s）的计算式为

$$q_{md} = \frac{Q_0}{q_0} = \frac{Q_0}{h_1 - h_8} \tag{4-20}$$

低压级压缩机吸入的制冷剂体积流量 q_{Vd}（m³/s）为

$$q_{Vd} = q_{md} v_1 = \frac{Q_0 v_1}{h_1 - h_8} \tag{4-21}$$

式中，v_1 为低压级压缩机吸入的制冷剂比体积（m³/kg）。

低压级压缩机的理论输气量 q_{Vthd}（m³/s）为

$$q_{Vthd} = \frac{q_{Vd}}{\lambda_d} = \frac{Q_0}{h_1 - h_8} \frac{v_1}{\lambda_d} \tag{4-22}$$

式中，λ_d 为低压级压缩机的输气系数，其数值可以按相同压缩比的单级压缩机的输气系数的 90% 考虑。

低压级压缩机所消耗的轴功率 P_{ed}（kW）为

$$P_{ed} = \frac{q_{md} w_{0d}}{\eta_{kd}} = \frac{Q_0}{h_1 - h_8} \frac{h_2 - h_1}{\eta_{kd}} \tag{4-23}$$

式中，η_{kd} 为低压级压缩机的绝热效率；w_{0d} 为低压级单位质量气体压缩功（kW/kg）。

高压级压缩机吸入的是过热蒸气，流量等于低压级压缩机和经节流阀节流的那部分液体节流到中间压力 p_m 时闪发的气体之和。可利用中间冷却器的热平衡关系式求得，如图 4-14 和式（4-24）所示。

热平衡关系式为

$$(q_{mg} - q_{md})(h_3 - h_7) = q_{md}(h_6 - h_8) \tag{4-24}$$

由于 $h_6 = h_7$，所以

$$q_{mg}(h_3 - h_7) = q_{md}(h_3 - h_8) \tag{4-25}$$

所以高压级压缩机的质量流量 q_{mg}（kg/s）为

$$q_{mg} = q_{md}\frac{h_3-h_8}{h_3-h_7} = \frac{Q_0}{h_1-h_8}\frac{h_3-h_8}{h_3-h_7} \qquad (4\text{-}26)$$

高压级压缩机吸入状态 4 点的比焓（h_4）可以按照两部分制冷剂蒸气混合过程的热平衡关系求得，即

$$q_{md}h_2 + (q_{mg}-q_{md})h_3 = q_{mg}h_4 \qquad (4\text{-}27)$$

所以吸入状态 4 点的比焓 h_4（kJ/kg）为

$$h_4 = h_3 + \frac{q_{md}}{q_{mg}}(h_2-h_3) = h_3 + \frac{h_3-h_7}{h_3-h_8}(h_2-h_3) \qquad (4\text{-}28)$$

高压级压缩机吸入的制冷剂体积流量 q_{Vg}（m³/s）为

$$q_{Vg} = q_{mg}v_4 = \frac{Q_0}{h_1-h_8}\frac{h_3-h_8}{h_3-h_7}v_4 \qquad (4\text{-}29)$$

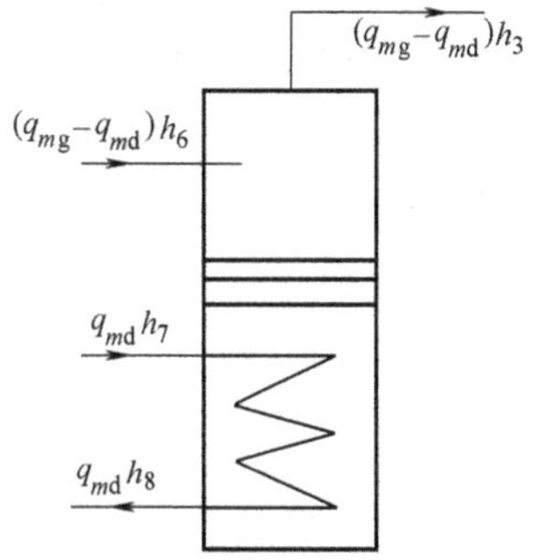

式中，v_4 为高压级压缩机吸入的制冷剂比体积（m³/kg）。

高压级压缩机的理论输气量 q_{Vthg}（m³/s）为

$$q_{Vthg} = \frac{q_{Vg}}{\lambda_g} = \frac{Q_0}{h_1-h_8}\frac{h_3-h_8}{h_3-h_7}\frac{v_4}{\lambda_g} \qquad (4\text{-}30)$$

式中，λ_g 为高压级压缩机的输气系数，其数值与相同压缩比的单级压缩机的输气系数相同。

高压级压缩机所消耗的轴功率 P_{eg}（kW）为

$$P_{eg} = \frac{q_{mg}w_{0g}}{\eta_{kg}} = \frac{Q_0}{h_1-h_8}\frac{h_3-h_8}{h_3-h_7}\frac{h_5-h_4}{\eta_{kg}} \qquad (4\text{-}31)$$

式中，η_{kg} 为高压级压缩机的绝热效率，w_{0g} 为高压级压缩机单位质量气体压缩功（kW/kg）。

理论循环的制冷系数 ε_0 的计算式为

$$\varepsilon_0 = \frac{Q_0}{q_{md}w_{0d}+q_{mg}w_{0g}} = \frac{Q_0}{\dfrac{Q_0}{h_1-h_8}(h_2-h_1) + \dfrac{Q_0}{h_1-h_8}\dfrac{h_3-h_8}{h_3-h_7}(h_5-h_4)}$$

$$= \frac{h_1-h_8}{(h_2-h_1) + \dfrac{h_3-h_8}{h_3-h_7}(h_5-h_4)} \qquad (4\text{-}32)$$

实际循环的制冷系数 ε 的计算式为

$$\varepsilon = \frac{Q_0}{P_{ed}+P_{eg}} = \frac{h_1-h_8}{(h_2-h_1)/\eta_{kd} + \dfrac{h_3-h_8}{h_3-h_7}(h_5-h_4)/\eta_{kg}} \qquad (4\text{-}33)$$

理论冷凝器热负荷 Q_k（kW）的计算式为

$$Q_k = q_{mg}(h_5-h_6) \qquad (4\text{-}34)$$

实际冷凝器热负荷 Q_{ks}（kW）的计算式为

$$Q_{ks} = q_{mg}(h_{5s}-h_6) \qquad (4\text{-}35)$$

式中，h_{5s} 为高压级压缩机的实际排气比焓（kJ/kg），计算式见式（4-36）。

$$h_{5s} = h_4 + \frac{h_5-h_4}{\eta_{ig}} \qquad (4\text{-}36)$$

图 4-14 一级节流中间不完全冷却的双级压缩中冷器能量平衡关系

式中，η_{ig} 为高压级压缩机的指示效率。

3. 二级节流中间完全冷却的双级压缩制冷循环

图 4-15 所示为二级节流中间完全冷却的双级压缩制冷循环压焓图。

从图 4-15 中可以知道，制取冷量的是低压部分的蒸发过程 8-1，由于 7-8 是等焓过程，其单位制冷量 q_0（kJ/kg）的计算式为

$$q_0 = h_1 - h_8 \tag{4-37}$$

设制冷机的制冷量为 Q_0（kW），则低压级压缩机的制冷剂质量流量 q_{md}（kg/s）的计算式为

$$q_{md} = \frac{Q_0}{q_0} = \frac{Q_0}{h_1 - h_8} \tag{4-38}$$

低压级压缩机吸入的制冷剂体积流量 q_{Vd}（m³/s）为

$$q_{Vd} = q_{md} v_1 = \frac{Q_0 v_1}{h_1 - h_8} \tag{4-39}$$

式中，v_1 为低压级压缩机吸入的制冷剂比体积（m³/kg）。

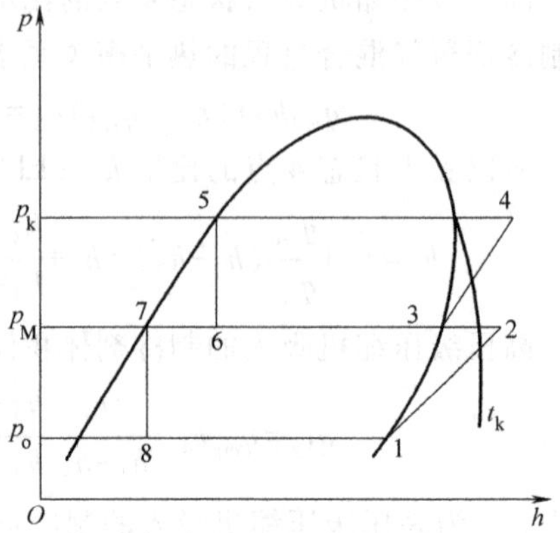

图 4-15　二级节流中间完全冷却的双级压缩制冷循环压焓图

低压级压缩机的理论输气量 q_{Vthd}（m³/s）为

$$q_{Vthd} = \frac{q_{Vd}}{\lambda_d} = \frac{Q_0}{h_1 - h_8} \frac{v_1}{\lambda_d} \tag{4-40}$$

式中，λ_d 为低压级压缩机的输气系数，其数值可以按相同压缩比的单级压缩机的输气系数的 90% 考虑。

低压级压缩机所消耗的轴功率 P_{ed}（kW）为

$$P_{ed} = \frac{q_{md} w_{0d}}{\eta_{kd}} = \frac{Q_0}{h_1 - h_8} \frac{h_2 - h_1}{\eta_{kd}} \tag{4-41}$$

式中，η_{kd} 为低压级压缩机的绝热效率；w_{0d} 为低压级压缩机单位质量气体的压缩功（kW/kg）。

高压级压缩机吸入的是饱和蒸气，流量等于低压级压缩机排出在中间冷却器中冷却了的制冷剂蒸气和经节流 6-7 的那部分液体到中间压力 p_m 时闪发气体之和，其质量流量可利用中间冷却器的热平衡关系式求得：

$$(q_{mg} - q_{md})(h_3 - h_6) = q_{md}(h_2 - h_3) + q_{md}(h_6 - h_7) \tag{4-42}$$

因此高压级压缩机的制冷剂流量 q_{mg}（kg/s）为

$$q_{mg} = q_{md} \frac{h_2 - h_7}{h_3 - h_6} = \frac{Q_0}{h_1 - h_8} \frac{h_2 - h_7}{h_3 - h_6} \tag{4-43}$$

高压级压缩机吸入的制冷剂体积流量 q_{Vg}（m³/s）为

$$q_{Vg} = q_{mg} v_3 = \frac{Q_0}{h_1 - h_8} \frac{h_2 - h_7}{h_3 - h_8} v_3 \tag{4-44}$$

式中，v_3 为高压级吸气的制冷剂比体积（m³/kg）。

高压级压缩机的理论输气量 q_{Vthg}（m³/s）为

$$q_{Vthg} = \frac{q_{Vg}}{\lambda_g} = \frac{Q_0}{h_1 - h_8} \frac{h_2 - h_7}{h_3 - h_6} \frac{v_3}{\lambda_g} \tag{4-45}$$

式中，λ_g 为高压级压缩机的输气系数，其数值与相同压缩比的单级压缩机的输气系数相同。

高压级压缩机所消耗的轴功率 P_{eg}（kW）为

$$P_{eg} = \frac{q_{mg} w_{0g}}{\eta_{kg}} = \frac{Q_0}{h_1 - h_8} \frac{h_2 - h_7}{h_3 - h_6} \frac{h_4 - h_3}{\eta_{kg}} \tag{4-46}$$

式中，η_{kg} 为高压级压缩机的绝热效率；w_{0g} 为高压级压缩机单位质量气体压缩功（kW/kg）。

理论循环的制冷系数 ε_0 的计算式为

$$\varepsilon_0 = \frac{Q_0}{q_{md} w_{0d} + q_{mg} w_{0g}} = \frac{Q_0}{\dfrac{Q_0}{h_1 - h_8}(h_2 - h_1) + \dfrac{Q_0}{h_1 - h_8} \dfrac{h_2 - h_7}{h_3 - h_6}(h_4 - h_3)}$$

$$= \frac{h_1 - h_8}{(h_2 - h_1) + \dfrac{h_2 - h_7}{h_3 - h_6}(h_4 - h_3)} \tag{4-47}$$

实际循环的制冷系数 ε 的计算式为

$$\varepsilon = \frac{Q_0}{P_{ed} + P_{eg}} = \frac{h_1 - h_8}{\dfrac{h_2 - h_1}{\eta_{kd}} + \dfrac{h_2 - h_7}{h_3 - h_6} \dfrac{h_4 - h_3}{\eta_{kg}}} \tag{4-48}$$

理论冷凝器热负荷 Q_k（kW）的计算式为

$$Q_k = q_{mg}(h_4 - h_5) \tag{4-49}$$

实际冷凝器热负荷 Q_{ks}（kW）的计算式为

$$Q_{ks} = q_{mg}(h_{4s} - h_5) \tag{4-50}$$

式中，h_{4s} 为高压级压缩机的实际排气比焓（kJ/kg），可由式（4-51）计算。

$$h_{4s} = h_3 + \frac{h_4 - h_3}{\eta_{ig}} \tag{4-51}$$

式中，η_{ig} 为高压级压缩机的指示效率。

以上计算方法适用于设计或选用压缩机时的计算，可以根据计算所得的压缩机理论输气量 q_{Vthd} 和 q_{Vthg} 设计或选用合适的压缩机。根据制冷量和冷凝器热负荷设计或选用合适的蒸发器和冷凝器。

4. 二级节流中间不完全冷却的双级压缩制冷循环

图 4-16 所示为二级节流中间不完全冷却的双级压缩制冷循环压焓图。

按图 4-16 的循环，可以对二级节流中间不完全冷却的双级压缩过程进行计算。在低压级阶段，与一级节流中间完全冷却的双级压缩相似。制取冷量的是低压部分的蒸发过程9-1，由于 8-9 的过程为等焓过程，所以 $h_8 = h_9$，其单位制冷量 q_0（kJ/kg）的计算式为

$$q_0 = h_1 - h_9 = h_1 - h_8 \tag{4-52}$$

设制冷机的制冷量为 Q_0（kW），则低压级压缩机的制冷剂质量流量 q_{md} 的计算式为

$$q_{md} = \frac{Q_0}{q_0} = \frac{Q_0}{h_1 - h_8} \tag{4-53}$$

低压级压缩机吸入的制冷剂体积流量 q_{Vd}（m^3/s）为

$$q_{Vd} = q_{md}v_1 = \frac{Q_0 v_1}{h_1 - h_8} \quad (4-54)$$

式中，v_1 为低压级压缩机吸入的制冷剂比体积（m^3/kg）。

低压级压缩机的理论输气量 q_{Vthd}（m^3/s）为

$$q_{Vthd} = \frac{q_{Vd}}{\lambda_d} = \frac{Q_0}{h_1 - h_8} \frac{v_1}{\lambda_d} \quad (4-55)$$

式中，λ_d 为低压级压缩机的输气系数，其数值可以按相同压缩比的单级压缩机的输气系数的 90% 考虑。

低压级压缩机所消耗的轴功率 P_{ed}（kW）为

$$P_{ed} = \frac{q_{md}w_{0d}}{\eta_{kd}} = \frac{Q_0}{h_1 - h_8} \frac{h_2 - h_1}{\eta_{kd}} \quad (4-56)$$

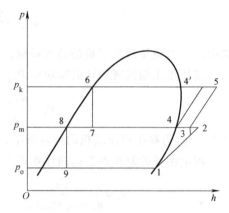

图 4-16 二级节流中间不完全冷却的双级压缩制冷循环压焓图

式中，η_{kd} 为低压级压缩机的绝热效率；w_{0d} 为低压级压缩机单位质量气体的压缩功（kW/kg）。

高压级压缩机吸入的是过热蒸气，流量等于低压级压缩机和经节流阀节流的那部分液体节流到中间压力 p_m 时闪发的气体之和。可利用中间冷却器的热平衡关系式求得，即

$$(q_{mg} - q_{md})(h_4 - h_7) = q_{md}(h_7 - h_8) \quad (4-57)$$

$$q_{mg}(h_4 - h_7) = q_{md}(h_4 - h_8) \quad (4-58)$$

所以高压级的质量流量 q_{mg}（kg/s）为

$$q_{mg} = q_{md}\frac{h_4 - h_8}{h_4 - h_7} = \frac{Q_0}{h_1 - h_8} \frac{h_4 - h_8}{h_4 - h_7} \quad (4-59)$$

高压级压缩机吸入状态 3 点的比焓（h_3）可以按照两部分制冷剂蒸气混合过程的热平衡关系求得，即，

$$q_{md}h_2 + (q_{mg} - q_{md})h_4 = q_{mg}h_3 \quad (4-60)$$

所以吸入状态 3 点的比焓 h_3（kJ/kg）为

$$h_3 = h_4 + \frac{q_{md}}{q_{mg}}(h_2 - h_4) = h_4 + \frac{h_4 - h_7}{h_4 - h_8}(h_2 - h_4) \quad (4-61)$$

高压级压缩机吸入的制冷剂体积流量 q_{Vg}（m^3/s）为

$$q_{Vg} = q_{mg}v_3 = \frac{Q_0}{h_1 - h_8} \frac{h_4 - h_8}{h_4 - h_7}v_3 \quad (4-62)$$

式中，v_3 为高压级压缩机吸气的制冷剂比体积（m^3/kg）。

高压级压缩机的理论输气量 q_{Vthg} 为

$$q_{Vthg} = \frac{q_{Vg}}{\lambda_g} = \frac{Q_0}{h_1 - h_8} \frac{h_4 - h_8}{h_4 - h_7} \frac{v_3}{\lambda_g} \quad (4-63)$$

式中，λ_g 为高压级压缩机的输气系数，其数值与相同压缩比的单级压缩机的输气系数相同。

高压级压缩机所消耗的轴功率 P_{eg} 为

$$P_{eg} = \frac{q_{mg}w_{0g}}{\eta_{kg}} = \frac{Q_0}{h_1-h_8} \frac{h_4-h_8}{h_4-h_7} \frac{h_5-h_3}{\eta_{kg}} \tag{4-64}$$

式中，η_{kg} 为高压级压缩机的绝热效率；w_{0g} 为高压级压缩机单位质量气体的压缩功（kW/kg）。

理论循环的制冷系数 ε_0 的计算式为

$$\varepsilon_0 = \frac{Q_0}{q_{md}w_{0d}+q_{mg}w_{0g}} = \frac{Q_0}{\dfrac{Q_0}{h_1-h_8}(h_2-h_1)+\dfrac{Q_0}{h_1-h_8}\dfrac{h_4-h_8}{h_4-h_7}(h_5-h_3)}$$

$$= \frac{h_1-h_8}{(h_2-h_1)+\dfrac{h_4-h_8}{h_4-h_7}(h_5-h_3)} \tag{4-65}$$

实际循环的制冷系数 ε 的计算式为

$$\varepsilon = \frac{Q_0}{P_{ed}+P_{eg}} = \frac{h_1-h_8}{(h_2-h_1)/\eta_{kd}+\dfrac{h_3-h_8}{h_3-h_7}(h_5-h_4)/\eta_{kg}} \tag{4-66}$$

理论冷凝器热负荷 Q_k（kW）的计算式为

$$Q_k = q_{mg}(h_5-h_6) \tag{4-67}$$

实际冷凝器热负荷 Q_{ks}（kW）的计算式为

$$Q_{ks} = q_{mg}(h_{5s}-h_6) \tag{4-68}$$

式中，h_{5s} 为高压级压缩机的实际排气比焓（kJ/kg），可由式（4-69）计算。

$$h_{5s} = h_3 + \frac{h_5-h_3}{\eta_{ig}} \tag{4-69}$$

式中，η_{ig} 为高压级压缩机的指示效率。

4.2.2　工况变化的影响

1. 中间压力（中间温度）变化对效率的影响

在双级压缩制冷循环中，在蒸发温度和冷凝温度条件确定时，影响其效率的就是中间压力，在此以一级节流中间完全冷却的氨循环为例进行讨论。当中间压力变化时，主要影响高压级的吸气温度，从而影响高压级的排气温度、高低压功耗和效率。假定冷凝温度为 35℃，过冷度为 5℃，蒸发温度为 -40℃。图 4-17 所示为 NH_3 的压焓图。从式（4-6）、式（4-11）和式（4-12）可以分别计算单位制冷量时的高低压级压缩机的轴功率、制冷系数变化。制冷系数与中间温度的关系如图 4-18 所示。

从图 4-18 中可以看出，制冷系数随着中间温度的升高先升高，到达最大值后，又逐渐下降。由于在蒸发区，蒸发温度与蒸发压力是一一对应的，因此，制冷系数随着中间压力的变化规律与制冷系数随中间温度的变化规律是一致的。图 4-19 所示为 NH_3 中间温度所对应的中间压力。

通过公式 $p_m = \sqrt{p_k p_0}$ 计算出来的 p_m 是 0.309MPa，通过作图得出的中间温度为 269K，所对应的压力为 0.366MPa，两者之间还存在着一定的差别。图 4-20 所示为低压级做功和高压级做功随中间温度变化的过程。

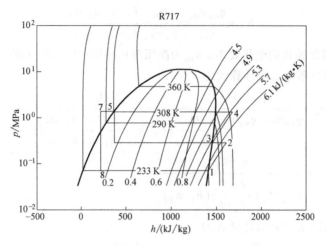

图 4-17 NH$_3$ 的压焓图

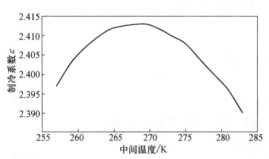

图 4-18 制冷系数与中间温度的关系

图 4-19 中间压力与中间温度关系图

从图 4-20 中可以看出，随着中间温度的升高，低压级的耗功在增大，高压级的耗功在减小，在某一温度下两者重合。对于最优化的中间温度，应该是两者之和最小。吸气比与中间温度的关系图如图 4-21 所示。

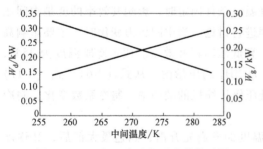

图 4-20 W_d 和 W_g 与中间温度的关系图

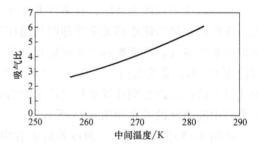

图 4-21 吸气比与中间温度的关系图

从图 4-21 中可以看出，吸气比（低压级吸气量与高压级吸气量之比）随着中间温度的增大而升高，为了保证高、低压级压缩机的匹配，中间温度不能太高，这也是要优化中间温度的一个重要原因。

2. 变运行工况对双级压缩的影响

对于一部已经组装好的两级蒸气压缩制冷机组来说，其高、低压级压缩机的理论输气量

之比 ξ 是一常数。当制冷机组的运行工况与设计工况相同时，制冷机将按照设计参数工作，制冷机组的性能与其设计性能指标一致。然而运转工况的变动是不可避免的，当制冷机组的运行工况偏离设计工况时，制冷机组的性能指标也将发生变化。

与单级蒸气压缩式制冷循环相同，双级压缩制冷循环工况参数中以温度对制冷机组性能的影响较大。通常的情况是冷凝温度大致恒定，而蒸发温度变化。

当蒸发温度提高时，低压级压缩机的吸气比体积减小，单位质量制冷量增大，制冷机组制冷量增大，制冷系数提高。当蒸发温度降低时，制冷量和制冷系数都要减小。

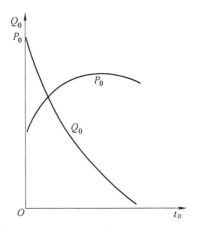

图 4-22　制冷机的性能曲线图

压缩机轴功率的变化，取决于蒸发温度改变时中间压力与蒸发压力的变化关系。而压缩机的功率是增大还是减小，与变化前后的压缩比有关，图 4-22 所示为制冷机的性能曲线图，压缩机的功率有一最大值，实验数据表明，对于各种制冷剂，当其压缩比大约等于 3 时，制冷机的功率最大。这一情况通常会出现在压缩机的起动过程中。

蒸发温度的变化是通过压缩机压缩比的变化来影响压缩机消耗的功率，这对于需要对蒸发温度进行调节的制冷机组来说应特别要注意。因此，在选配压缩机电动机时要考虑到制冷机组蒸发温度变化的情况。原则上制冷机组高、低压级压缩机电动机可分别考虑。高压级压缩机电动机按最大功率工况选配；由于制冷机组通常是先起动高压级，等到蒸发温度降低到一定数值后再起动低压级，所以低压级压缩机电动机可按运行工况选配。对于单机双级压缩机，由于是高、低压级同时起动，如果制冷机组有能量卸载装置，则电动机功率的选配也可按运行工况计算。

在冷凝温度和理论输气量之比 ξ 均为定值的情况下，当蒸发温度变化时，中间压力和蒸发压力的变化关系与循环的形式和制冷剂的种类有关。对于一级节流中间完全冷却的双级压缩氨制冷机，当 $\xi = 0.334$、$t_k = 35℃$、$t_g = 30℃$ 时工作压力与蒸发温度 t_o 之间的变化关系（图 4-23），从定性的角度，它对双级压缩制冷循环是具有代表性的。可以根据此来绘制制冷机的性能曲线，计算双级压缩制冷循环在不同工况下的制冷量、轴功率及制冷系数。

从图 4-23 上可以看出双级压缩制冷循环在工况变化时的特性：

1）当蒸发温度升高时，蒸发压力和中间压力也随之升高，中间压力升高的速率相对较快。

2）蒸发温度的升高有一边界值 t_{ob}，此时 $p_m = p_k$，高压级压缩机不起压缩作用，此时 $t_{ob} = 4℃$。

3）当蒸发温度升高时，压差 $(p_k - p_m)$ 逐渐减小，而 $(p_m - p_o)$ 先逐渐增大，后逐渐减小，有一最大值。当 $t_o = t_{ob}$、$(p_k - p_m) = 0$ 时，$(p_m - p_o)$ 达到最大值。

4）高压级压缩机的最大功率出现在 $t_o = -27℃$ 时，压缩比 $p_k / p_m = 3$。低压级压缩机的最大功率出现在 $t_o = t_{ob}$ 时，此时，它承受的压差最大而压缩比接近 3。

在冷凝压力为定值时，对于不同的 ξ 值在 $t_m - t_o$ 坐标上画出一系列的关系曲线，这种关

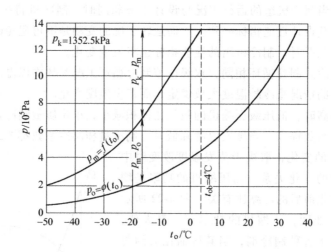

图 4-23 ξ=定值时双级压缩制冷循环的压力
与蒸发温度的变化关系

系曲线图称为运行图解,运行图解对于设计和运转工作有一定的指导作用。

3. 在设计和运行双级压缩机组时的注意事项

(1)起动 当制冷机长时间停止运转后第一次起动时,蒸发温度是从环境温度逐渐降低的。当蒸发温度未达到边界值 t_{ob} 以前,高压级压缩机不起压缩作用,此时如果高、低压级压缩机同时起动势必造成能源浪费。通常是先起动高压级压缩机,待蒸发温度降低到某一数值时(这一数值取决于低压级压缩机配用的电动机功率),再起动低压级压缩机。

对于带有能量调节的单机双级压缩制冷机,在起动初始阶段,可按高蒸发温度选用大的 ξ 值运转;随着蒸发温度的降低,再将 ξ 减小到正常运行值。这样可以避免压缩机电动机过载,又能使起动过程节能。

(2)电动机选配 高压级压缩机可以按照最大功率工况规定的最高冷凝温度及 p_k/p_m = 3 时的工况选配电动机的功率;也可按最常用的运转工况选配电动机,在起动过程中需采用部分卸载或进气节流等措施。由于起动时先起动高压级压缩机,低压级压缩机的功率应按照运行的温度范围内的功率最大时的情况去确定,即低压级压缩机开始起动时的情况,此时它承受的压力差最大,吸入的蒸气比体积最小。

4.2.3 循环的热力计算

例 4-1 某肉类加工冷库工作条件如下:制冷量为 150kW,冷凝温度为 40℃,蒸发温度为-40℃;吸气管路有害过热度为 5℃。制冷剂采用氨,按照一级节流、中间完全冷却制冷循环工作,试进行制冷循环热力计算。

解 根据题目要求,绘制出本制冷过程的压焓图(图 4-24),确定吸气点和冷凝点的物理参数。设定中冷器出来的液体制冷剂温度比中间温度高 3℃。

根据压焓图可以得到工况点 1、5、7 的参数,如下:

$$h_1 = 1419 \text{kJ/kg}, v_1 = 1.603 \text{m}^3/\text{kg}, \quad s_1 = 6.293 \text{kJ/(kg} \cdot \text{K)}$$

$$p_o = 0.07109 \text{MPa}, \quad p_k = 1.549 \text{MPa}$$

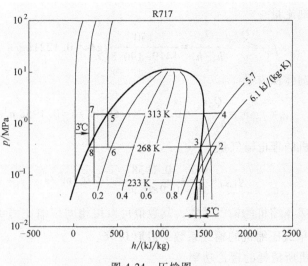

图 4-24　压焓图

$$h_7 = 237.1 \text{kJ/kg}$$

按制冷系数最大的原则来确定中间温度和中间压力，假定中间压力 $p_\text{m} = \sqrt{p_\text{k}p_\text{o}} = \sqrt{1.549 \times 0.07109} = 0.3318\text{MPa}$，通过查热力性质表，对应的中间温度 $T_\text{m} = 266.4\text{K}$，因此在 266.4K 上下取若干数值进行计算（以 2K 为间隔），图 4-25 为最大制冷效率随中间温度变化的关系。

从图 4-25 中可以看出 T_m 为 268K 时，制冷效率最高。根据经验公式 $t_\text{m} = 0.4 t_\text{k} + 0.6 t_\text{o} + 3\text{℃}$，计算出来的中间温度为 -5℃，与作图结果一致。

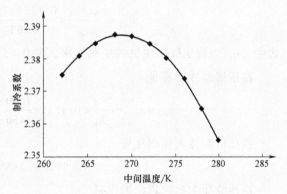

图 4-25　最大制冷效率随中间温度变化的关系

在 268K 时，各个状态点的参数见下表：

状态点	1	2	3	4	5	6	7	8
$h/(\text{kJ/kg})$	1419	1640	1456	1672	389.9	389.9	190.8	190.8
$s/[\text{kJ/(kg·K)}]$	6.293		5.69					
$v/(\text{m}^3/\text{kg})$	1.603		0.3485					
p/MPa	0.0711	0.3528		1.549				

低压级压缩比　　　　　　　　　$R_\text{d} = \dfrac{p_\text{m}}{p_\text{d}} = \dfrac{0.3528}{0.0711} = 4.96$

高压级压缩比　　　　　　　　　$R_\text{g} = \dfrac{p_\text{g}}{p_\text{m}} = \dfrac{1.549}{0.3528} = 4.39$

低压级制冷剂流量

$$q_{md} = \frac{Q_0}{q_0} = \frac{Q_0}{h_1 - h_8} = \frac{150}{1419 - 190.8} \text{kg/s} = 0.1221 \text{kg/s}$$

低压级制冷剂体积流量

$$q_{Vd} = q_{md} v_1 = \frac{Q_0 v_1}{h_1 - h_8} = 0.1221 \times 1.603 \text{m}^3/\text{s} = 0.1958 \text{m}^3/\text{s}$$

低压级压缩机的理论输气量

$$q_{Vthd} = \frac{q_{Vd}}{\lambda_d} = \frac{0.1958}{0.9 \times 0.96} = 0.2267 \text{m}^3/\text{s}$$

式中，λ_d 为低压级压缩机的输气系数，其数值可以按相同压缩比的单级压缩机的输气系数的90%考虑，单级压缩机的输气系数一般取 0.96。

低压级压缩机所消耗的理论功率

$$P_{th} = q_{md} w_{0d} = 0.1221 \times 221 \text{kW} = 27.0 \text{kW}$$

低压级压缩机所消耗的轴功率

$$P_{ed} = \frac{q_{md} w_{0d}}{\eta_{kd}} = \frac{0.1221 \times 221}{0.65} \text{kW} = 41.51 \text{kW}$$

式中，η_{kd} 为低压级压缩机的绝热效率，取 0.65。

高压级制冷剂流量

$$q_{mg} = q_{md} \frac{h_2 - h_7}{h_3 - h_6} = 0.1221 \times \frac{1640 - 190.8}{1456 - 389.9} \text{kg/s} = 0.166 \text{kg/s}$$

高压级制冷剂体积流量

$$q_{Vg} = q_{mg} v_3 = 0.166 \times 0.3485 \text{m}^3/\text{s} = 0.0579 \text{m}^3/\text{s}$$

高压级压缩机的理论输气量

$$q_{Vthg} = \frac{q_{Vg}}{\lambda_g} = \frac{0.0579}{0.96 \times 0.9} \text{m}^3/\text{s} = 0.067 \text{m}^3/\text{s}$$

式中，λ_g 为高压级压缩机的输气系数，其数值按相同压缩比的单级压缩机的输气系数的90%考虑，单级压缩机的输气系数取 0.96。

高压级压缩机所消耗的理论功率

$$P_{th} = q_{mg} w_{0g} = 0.166 \times 221 \text{kW} = 36.67 \text{kW}$$

高压级压缩机所消耗的轴功率

$$P_{eg} = \frac{q_{mg} w_{0g}}{\eta_{kg}} = \frac{0.166 \times 221}{0.65} \text{kW} = 56.44 \text{kW}$$

理论循环的制冷系数　　$\varepsilon_0 = \dfrac{150}{27.0 + 36.67} = 2.356$

实际循环的制冷系数　$\varepsilon = \dfrac{Q_0}{P_{ed} + P_{eg}} = \dfrac{150}{41.51 + 56.44} = 1.53$

对于压缩机的选型，可以根据高低压级的理论输气量进行选择，可以是二配一，也可以是一配一，也可以是一台多缸压缩机，形式可以多样。

例 4-2 一级节流中间不完全冷却的双级压缩制冷循环，制冷剂采用 R22，该系统设有回热热交换器，其运行工况为：冷凝温度 40℃，蒸发温度 -40℃，中间冷却器冷却盘管端部温差为 6℃，低压级压缩机吸气有效过热度为 30℃，当制冷量为 15kW 时，试进行该制冷循环的热力计算。

解 冷凝温度 40℃ 时，$p_k = 1.529$MPa；蒸发温度 -40℃ 时，$p_o = 0.1045$MPa。

按经验公式 $p_m = \sqrt{p_k p_o}$ 计算中间压力，$p_m = 0.3997$MPa，对应中间温度 $t_m = -7$℃。根据给定条件画出过程状态点参数，如图 4-26 所示。

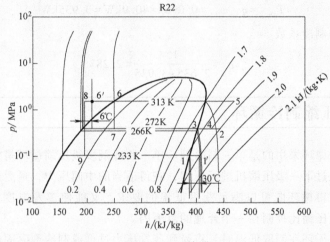

图 4-26 压焓图

各状态点参数见下表：

状态点	1	1'	2	3	4	5	6	6'	7	8	9
$h/(kJ/kg)$	387.8	406.6	443.1	402.5	433	473.9	249.6	198.9	249.6	180.2	180.2
$s/[kJ/(kg \cdot K)]$		1.898	1.898		1.866	1.866					
$v/(m^3/kg)$		0.2363			0.0706						
p/MPa	0.1045	0.1045	0.3997	0.3997	0.3997	1.529	1.529	1.529		1.529	0.1045

根据参数表，进行相应的热力计算：

低压级压缩比

$$R_d = \frac{p_m}{p_d} = \frac{0.3997}{0.1045} = 3.82$$

高压级压缩比

$$R_g = \frac{p_g}{p_m} = \frac{1.529}{0.3997} = 3.83$$

低压级制冷剂流量

$$q_{md} = \frac{Q_0}{q_0} = \frac{Q_0}{h_1 - h_8} = \frac{15}{387.8 - 180.2} \text{kg/s} = 0.0722 \text{kg/s}$$

低压级制冷剂体积流量

$$q_{Vd} = q_{md}v_1 = 0.0722 \times 0.2363 \text{m}^3/\text{s} = 0.0171 \text{m}^3/\text{s}$$

低压级压缩机所消耗的理论功率

$$P_{thed} = q_{md}w_{0d} = 0.0722 \times 36.5 \text{kW} = 2.635 \text{kW}$$

高压级制冷剂流量

$$q_{mg} = q_{md}\frac{h_3-h_{6'}}{h_3-h_6} \text{kg/s} = 0.0962 \text{kg/s}$$

高压级制冷剂体积流量

$$q_{Vg} = q_{mg}v_4 = 0.0962 \times 0.0706 \text{m}^3/\text{s} = 0.0068 \text{m}^3/\text{s}$$

高压级压缩机所消耗的理论功率

$$P_{theg} = q_{md}w_{0d} = 0.0962 \times 40.9 \text{kW} = 3.935 \text{kW}$$

理论循环的制冷系数

$$\varepsilon_0 = \frac{15}{2.635+3.935} = 2.283$$

4.3 复叠式压缩制冷循环

双级压缩制冷循环采用的是单一制冷剂。单一制冷剂多级压缩循环是将来自上一级蒸发器的低压蒸气先经过下一级压缩机进行压缩,获得适当的中间压力,最后进入高压压缩机压缩到冷凝压力,使得循环既可以满足获得低温的要求,又能使蒸发温度达到-30～-70℃,使每一级压缩机的压缩比控制在一个合理的范围内。

双级压缩制冷循环在制取低温时,将受到蒸发压力过低或制冷剂凝固的限制。如果蒸发压力过低,一方面使空气渗漏入制冷系统内的机会增加,另一方面由于蒸气比体积的增大和输气系数的降低会使压缩机气缸尺寸大大增加。若采用低温制冷工质,虽然在蒸发压力方面得到了改进和提高,如当 $t_o = -100℃$ 时,用乙烷,$p_o = 542\text{kPa}$,但随着蒸发压力的提高,冷凝压力也大大提高;如当 $t_k = 30℃$ 时,用乙烷,$p_k = 4860\text{kPa}$,且已经很接近其临界状态。当接近临界状态时循环的节流损失会增加很多,而实现超临界循环时经济性更差。也就是说,用单一的中温制冷剂两级压缩获得低温,受到了蒸发压力过低的限制;而用单一的低温制冷剂又受到冷凝压力过高或在超临界区工作的限制。为了改善这种情况,可采用复叠式压缩制冷循环来获得更低的温度。

复叠式制冷机通常由两部分组成,分别为高温部分和低温部分。高温部分使用中温制冷剂,低温部分使用低温制冷剂。这两部分各自成为一个使用单一制冷剂的制冷系统,高温系统中的制冷剂的蒸发用来冷凝低温系统中的制冷剂。而只有低温系统中制冷剂的蒸发是用来冷却被冷却对象的,因此能满足在较低蒸发温度下具有合适的蒸发压力,且在环境温度下具有适中的冷凝压力。这两个独立的系统用一个冷凝蒸发器联系起来,从而实现了复叠。由于复叠制冷循环是由两个独立的系统复叠而成的,根据所要获得低温的条件,复叠制冷循环的组合形式也是多种多样的。复叠制冷循环既可以采用两个单级压缩制冷循环组合而成,也可以由一个单级压缩循环和一个两级压缩循环组成,还可以是三个单级压缩循环的组合。该系统广泛应用于需要制冷温度降到-80～-120℃时的普通制冷领域。它能很好地满足获得较低温度的要求，每台压缩机工作压力适中。但该复叠循环使用了多个压缩机，使制冷系统变得很复杂，且随着级数的增加，从设计制造到生产维护都需要比较多的投入，因此现在也发展出使用单一压缩机的内复叠制冷循环。表 4-1 列出了数种复叠式制冷时使用的工质对。

表 4-1　复叠式制冷时使用的工质对

最低蒸发温度/℃	制冷剂	制冷循环形式
-80	R22-R23	R22 单级或两级压缩-R23 单级压缩组合的复叠式循环
	R507-R23	R507 单级或两级压缩-R23 单级压缩组合的复叠式循环
	R290-R23	R290 两级压缩-R23 单级压缩组合的复叠式循环
-100	R22-R23	R22 两级压缩-R23 单级或两级压缩组合的复叠式循环
	R507-R23	R507 两级压缩-R23 单级或两级压缩组合的复叠式循环
	R22-R1150	R22 两级压缩-R1150 单级压缩组合的复叠式循环
	R507-R1150	R507 两级压缩-R1150 单级压缩组合的复叠式循环
-120	R22-R1150	R22 两级压缩-R1150 两级压缩组合的复叠式循环
	R507-R1150	R507 两级压缩-R1150 两级压缩组合的复叠式循环
	R22-R23-R50	R22 单级压缩-R23 单级压缩-R50 单级压缩组合的复叠式循环
	R507-R23-R50	R507 单级压缩-R23 单级压缩-R50 单级压缩组合的复叠式循环

4.3.1　复叠式压缩制冷循环系统的组成及工作原理

根据使用压缩机数量的多少，分别讨论两级复叠压缩制冷系统和内复叠制冷系统。

1. 两级复叠压缩制冷系统

图 4-27 所示为 NH_3-CO_2 两个单级压缩所构成的复叠压缩制冷系统原理图。

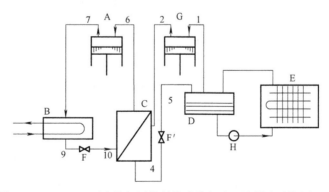

图 4-27　NH_3-CO_2 两个单级压缩所构成的复叠压缩制冷系统原理图

A—NH_3 压缩机　B—NH_3 冷凝器　C—冷凝蒸发器　D—气液分离器

E—蒸发器　F/F′—NH_3/CO_2 节流装置　G—CO_2 压缩机　H—CO_2 液泵

从图 4-27 中可以看出，循环过程分为两部分，1-2-4-5 为低温循环，6-7-9-10 为高温循环。高温部分采用 NH_3 作为制冷剂，低温部分采用 CO_2 作为制冷剂，蒸发温度可达到 -60℃。低温部分的冷凝温度高于高温部分的蒸发温度，这一温差为冷凝蒸发器的传热温差，一般为 5~10℃。图 4-28 所示为 CO_2-NH_3 复叠制冷系统温熵图。

从图 4-27 和图 4-28 中可以知道，NH_3 和 CO_2 分别进行独立的压缩过程，和单机单级压缩过程一样。CO_2 在蒸发器 E 中吸热蒸发，经过压缩机 G 压缩后再在冷凝蒸发器 C 中冷凝变成液体，经过节流阀 F′ 后进入蒸发器 E，如此循环实现制冷。而 NH_3 制冷循环过程是，NH_3 在冷凝蒸发器 C 吸热后进入压缩机 A，压缩后进入冷凝器 B，再经过节流阀 F 进入冷凝蒸发器 C，如此循环。

在冷凝温度较为恒定时，双级复叠压缩制冷系统的效率同时受到冷凝蒸发器的温度和蒸发温度的影响。假如冷凝蒸发器中的换热面积无限大，换热温差无限小，冷凝温度为 35℃，工质对为 CO_2-NH_3，其 COP 变化如图 4-29 所示。

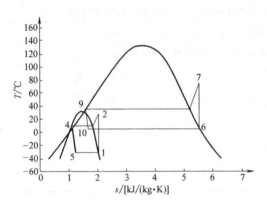

图 4-28　CO_2-NH_3 复叠制冷系统温熵图

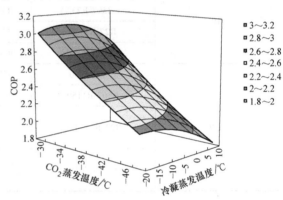

图 4-29　COP 与冷凝蒸发温度和 CO_2 蒸发温度的变化关系

从图 4-29 中可以看出，随着蒸发温度的降低，系统 COP 是整体下降的。而对于冷凝蒸发温度，COP 则存在着最大值，这与双级压缩制冷循环是一样的。

在一些场合，为了获得更低的温度，有时采用三级复叠制冷系统，如图 4-30 所示。

系统的具体工作流程为：高温级制冷工质先进入高温级压缩机 1 被压缩成高温高压气体，经高温级蒸发式冷凝器 2 的冷却后成为过冷液体，再依次经过储液器 3、高温级视液镜 4、高温级干燥过滤器 5、高温级电磁阀 6、高温级电子膨胀阀 7 后，在高温级冷凝蒸发器 8 内带走中温级工质的冷凝热，最后回到高温级压缩机 1，完成高温级制冷循环。中温级制冷剂工质经过中温级压缩机 14 的压缩后成为高温高压气体，首先进入中温级油分离器 15，由于中温级压缩机的排气温度很高，需连接一个排气冷却器，这样可以降低高温级冷凝蒸发器的热负荷，能提高系统的制冷系数，然后在高温级冷凝蒸发器 8 中放出冷凝热，成为液体，再依次经过中温级视液镜 9、中温级干燥过滤器 10、中温级电磁阀 11，在中温级回热器 12 中换热，经过中温级电子膨胀阀 28 的节流作用后，在中温级冷凝蒸发器 13 内带走低温级工质的冷凝热，最后经过中温级回热器 12 换热后回到中温级压缩机 14，完成中温级制冷循环；另外由于中温级制冷工质为 R23，在常温下处于过热状态，所以设置膨胀容器来容纳膨胀后的制冷剂气体，以防止系统内的压力过高。中温级膨胀罐 17 和中温级压缩机 14 进出口连接，其中压缩机进口流向中温级膨胀罐 17，中温级压缩机 14 出口与中温级膨胀罐 17 间有中温级泄压阀 16，以免压力过高发生危险。低温级制冷剂工质经过低温级压缩机 24 的压缩后成为高温高压气体，首先进入低温级油分离器 25，然后在中温级冷凝蒸发器 13 中放出

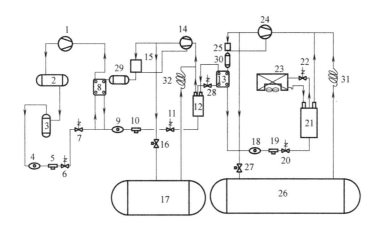

图 4-30　三级复叠制冷系统原理图

1—高温级压缩机　2—高温级蒸发式冷凝器　3—储液器　4—高温级视液镜　5—高温级干燥过滤器　6—高温级电磁阀
7—高温级电子膨胀阀　8—高温级冷凝蒸发器　9—中温级视液镜　10—中温级干燥过滤器　11—中温级电磁阀
12—中温级回热器　13—中温级冷凝蒸发器　14—中温级压缩机　15—中温级油分离器　16—中温级泄压阀
17—中温级膨胀罐　18—低温级视液镜　19—低温级干燥过滤器　20—低温级电磁阀　21—低温级回热器
22—低温级电子膨胀阀　23—蒸发器　24—低温级压缩机　25—低温级油分离器　26—低温级膨胀罐
27—低温级泄压阀　28—中温级电子膨胀阀　29—排气冷却器　30—低温级排气冷却器　31、32—毛细管

冷凝热，成为液体，再依次经过低温级视液镜 18、低温级干燥过滤器 19、低温级电磁阀 20，在低温级回热器 21 中换热，经过低温级电子膨胀阀 22 的节流作用后，在蒸发器 23 中蒸发，获得冷量，最后经过低温级回热器 21 换热后回到低温级压缩机 24，完成低温级制冷循环；另外由于低温级制冷工质为 R14，在常温下处于过热状态，所以设置膨胀容器来容纳膨胀后的制冷剂气体，以防止系统内的压力过高。低温级膨胀罐 26 和低温级压缩机 24 进出口连接，其中压缩机进口流向低温级膨胀罐 26，低温级压缩机 24 出口与低温级膨胀罐 26 间有低温级泄压阀 27，以免压力过高发生危险。此系统主要通过电子膨胀阀来实现节流，同时能有效地控制过热度和过冷度，提高性能系数。高温级设有过滤器，中、低温级设有油分离器，中、低温级加设回热器 12、21，以进行余热回收，提高单位制冷量，减小冷凝蒸发器负荷，同时增加压缩机吸气过热度，从而改善压缩机的工作条件。另外增加压缩机排气冷却器 29 以减少冷凝蒸发器负荷，提高循环效率。中温级与低温级同时设置膨胀罐 17、26，通过毛细管与泄压阀在中温级与低温级压缩机吸气口连接，以避免停机时系统内压力过高，防止起动时系统超压。

2. 内复叠制冷系统

内复叠制冷循环系统（Auto-Refrigeration Cascade system）是一种采用二元或多元非共沸混合工质的制冷系统，它使用单台压缩机，混合工质压缩后在循环过程中经过一次或多次的气液两相的分离，使得整个制冷循环中有两种以上成分的混合工质同时流动和传递能量，在高沸点组分和低沸点组分之间实现了复叠，达到了制取低温的目的，可以用来制取 -60℃ 以下的低温。按气液分离次数的不同，可将内复叠制冷循环分为一次分凝循环、二次分凝循环和多次分凝循环等。若采用精馏方法对高低沸点的工质进行分离，该循环又称为精馏循环。精馏循环相当于多次分凝循环的分离，从而简化了设备结构。图 4-31 所示为单级压缩一次分凝循环制冷系统原理图。

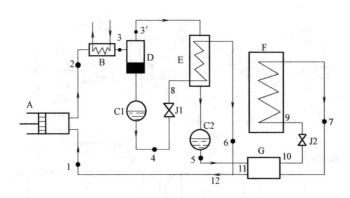

图 4-31　单级压缩一次分凝循环制冷系统原理图

A—压缩机　B—冷凝器　C1、C2—储液器　D—气液分离器

E—冷凝蒸发器　F—蒸发器　G—回热器　J1、J2—节流阀

其工作过程如下：当混合工质制冷剂在压缩机 A 中压缩后排到冷凝器 B；由于混合工质中各组元的沸点不同，在冷凝器 B 中大部分的高沸点组分和少量的低沸点组分被冷凝为液体，而混合工质中的大部分低沸点组分和少量的高沸点组分仍为气体；混合工质从冷凝器出来后进入气液分离器，在气液分离器中混合工质分为高沸点组分的液体和低沸点组分的蒸气；其中液体部分流入储液器 C1，并经节流阀 J1 节流后在冷凝蒸发器 E 中蒸发吸热；从气液分离器出来的蒸气部分在冷凝蒸发器 E 中放热被冷凝为液体并流进储液器 C2，经回热器 G，由节流阀 J2 节流后进入蒸发器 F 进行蒸发制冷；最后，从蒸发器 F 出来的低沸点组分气体经回热器 G 与从冷凝蒸发器 E 出来的高沸点组分气体混合后进入压缩机，从而完成整个循环。图 4-32 所示为单级压缩一次分凝循环制冷系统的压焓图。

在内复叠制冷循环系统中，最重要的设计要求包括两个方面：

1）工况点 3/4（3′）完成的设备为气液分离器 D。在混合工质内复叠制冷循环中，从压缩机出来的高温高压混合工质经冷凝器冷凝后，绝大部分高沸点组分被冷凝成液态，而低沸点组分依然保持气态。采用合适的气液分离装置将不同沸点的组分分离，利用高沸点组分的节流蒸发制冷来冷却低沸点组分。气液分离的效果直接影响着循环运行制冷的制冷效果，高低沸点的组分在气液分离器中分离得越彻底，则循环所获得的制冷效果越好。

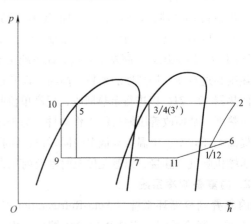

图 4-32　单级压缩一次分凝循环制冷系统的压焓图

2）工质对的选择。在内复叠制冷循环中，采用的制冷剂是由多种单一制冷工质混合而成的非共沸混合物，混合工质内复叠制冷循环中工质的选择直接关系到循环的可行性和运行效果。选择工质对时，除了一般原则，还要注意：系统所要达到的制冷温度；组成混合物的各组元之间不发生化学反应，各组分之间相容，但不形成共沸混合物；内复叠制冷循环的混

合工质各组元的沸点之间必须有较大的差距。

表 4-2 列举了一些常用工质的物理性质。

表 4-2　一些常用工质的物理性质

代号	名称	化学分子式	相对分子质量	沸点/℃	凝固点/℃	临界温度/℃	临界压力/kPa
R728	氮	N_2	28.013	-198.8	-210	-146.9	3396
R740	氩	Ar	39.948	-185.9	-189.3	-122.3	4895
R732	氧	O_2	31.9988	-182.9	-218.8	-118.4	5077
R50	甲烷	CH_4	16.04	-161.5	-182.2	-82.5	4638
R1150	乙烯	C_2H_4	28.05	-103.7	-169	9.3	5114
R170	乙烷	C_2H_6	30.07	-88.8	-183	32.2	4891
R23	三氟甲烷	CHF_3	70.02	-82.1	-155	25.6	4833
R13	一氯三氟甲烷	$CClF_3$	104.47	-81.4	-181	28.8	3865
R744	二氧化碳	CO_2	44.01	-78.4	-56.6	31.1	7372
R1270	丙烯	C_3H_6	42.09	-47.7	-185	91.8	4618
R502			111.63	-45.4		82.2	4072
R290	丙烷	C_3H_8	44.10	-42.07	-187.7	96.8	4254
R22	二氟一氯甲烷	$CHClF_2$	86.48	-40.76	-160	96.0	4974
R115	五氟一氯乙烷	$CClF_2CF_3$	154.48	-39.1	-106	79.9	3153
R717	氨	NH_3	17.03	-33.3	-77.7	133.0	11417
R12	二氟二氯甲烷	CCl_2F_2	120.93	-29.79	-158	112.0	4113
R600a	异丁烷	iC_4H_{10}	58.13	-11.73	-160	135.0	3645
R600	丁烷	C_4H_{10}	58.13	-0.3	-138.5	152.0	3974
R114	四氟二氯乙烷	$CClF_2CClF_2$	170.94	3.8	-94	145.7	3259
R11	一氟三氯甲烷	CCl_3F	137.38	23.82	-111	198.0	4406
R113	三氟三氯乙烷	CCl_2FCClF_2	187.39	47.57	-35	214.1	3437

　　由于制冷剂一般都是混合工质，其物性不会如表 4-2 中的工质那样单一，通常用工质的气液相平衡图来表示。图 4-33 所示为 R13 和 R22 混合物在不同压力时的气液相平衡图。

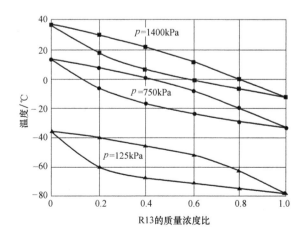

图 4-33　R13 和 R22 混合物在不同压力时的气液相平衡图

4.3.2 复叠式压缩制冷循环的热力计算

复叠式制冷循环是由单级或双级压缩制冷循环组成的，结构有多种形式，下面以低温箱用复叠式制冷循环为例来说明其热力计算。图 4-34 为低温箱用复叠式制冷循环原理图，其压焓图如图 4-35 所示。

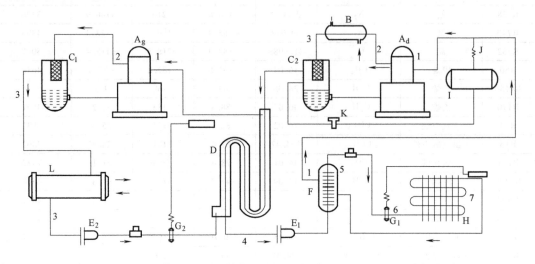

图 4-34　低温箱用复叠式制冷循环原理图

A_d—低温级压缩机　A_g—高温级压缩机　B—预冷器　C_1、C_2—油分离器

D—蒸发冷凝器　E_1、E_2—干燥器　F—回热器　G_1、G_2—热力膨胀阀

H—蒸发器　I—膨胀容器　J—毛细管　K—单向限压阀　L—冷凝器

根据图 4-35 进行循环的热力计算。

低压级制冷剂流量

$$q_{md} = \frac{Q_0}{q_0} = \frac{Q_0}{h_{d1} - h_{d6}}$$

低压级制冷剂体积流量

$$q_{Vd} = q_{md} v_{d1}$$

低压级压缩机所消耗的理论功率

$$P_{thed} = q_{md} w_{d0}$$

高压级制冷剂流量

$$q_{mg} = q_{md} \frac{h_{d2} - h_{d4}}{h_{g1} - h_{g5}}$$

高压级制冷剂体积流量

$$q_{Vg} = q_{mg} v_{g1}$$

高压级压缩机所消耗的理论功率

$$P_{theg} = q_{mg} w_{g0}$$

理论循环的制冷系数

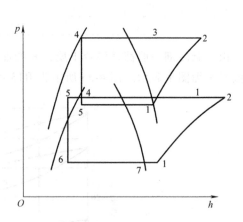

图 4-35　低温箱用复叠式制冷循环压焓图

$$\varepsilon_0 = \frac{Q_0}{P_{\text{thed}} + P_{\text{theg}}}$$

4.3.3 复叠式制冷循环的注意事项

1. 中间温度的确定

复叠式制冷循环与双级压缩制冷循环一样，也存在最佳中间温度。中间温度的确定可以考虑制冷系统的制冷系数最大，对于能量利用最经济。还可以按各个压缩机的压缩比大致相等来确定，这样压缩机气缸工作容积的利用率比较高。但对于复叠式制冷机而言，中间温度在一定的范围内变化时，对有效能效率的影响不大。通常按压缩机的压缩比大致相等来确定的中间温度比较合理而适用。

2. 应用温度的范围

当蒸发温度在-80℃以下时，采用单一工质的双级压缩制冷循环已无法实现，需要采用复叠式压缩制冷循环。当蒸发温度在-80～-60℃范围之间时，复叠式压缩制冷循环和双级压缩制冷循环都可以应用。

从理论循环分析，复叠式压缩制冷循环的冷凝蒸发器存在传热温差，经济性较低，系统复杂，温度调节范围小。但其每台压缩机的工作压力范围比较适中，低温部分压缩机的输气量减小，压缩机输气系数和指示功率提高，其实际循环的制冷系数比双级压缩制冷循环的要高，运转的可靠性较好，一般多用于工业生产装置和大型实验装置。对于温度条件范围较大的小型制冷装置采用双级压缩制冷循环较好。

3. 工质的选择

复叠式压缩制冷循环选用哪种工质一般取决于制冷机的用途。其高温循环采用中温制冷剂，一般使用R22、R500、R502等，低温循环使用R13、R14、R503等。

R13适用的蒸发温度是-70～-110℃，R14适用的蒸发温度是-110～-140℃。在采取安全措施后，C_2H_4和C_2H_6也可以用于工业制冷装置。

但R22和R13不仅破坏大气臭氧层，而且产生温室效应。根据1987年9月《蒙特利尔议定书》和1992年《哥本哈根修正案》，R13目前已限制使用，R22的使用期限到2030年。需要采用对环境友好的制冷剂来满足低温制冷的要求，而氨、碳氢化合物、二氧化碳都是自然工质。

$R290/CO_2$复叠式制冷循环的开发对保护环境有重大的意义。相比于R22/R13复叠式制冷循环而言，$R290/CO_2$组成的复叠式制冷循环的COP值较低，实验表明，通过对CO_2的低温循环和R290的高温循环的过冷分析，以及同时利用膨胀机代替膨胀阀的循环的分析可知，此措施可以提高制冷循环的COP值，并随着过冷度的增加而增大。可以看出，此循环的前景十分广阔，但是由于CO_2的凝固温度为-72℃，因此获得的低温不能太低。

4. 制冷循环形式及工作参数

制冷循环形式主要根据制冷循环所要达到的蒸发温度来确定，同时也要考虑制冷工质的种类及效率等因素。如果所要达到的蒸发温度在-80～-100℃，用氟利昂作工质时，可在高温循环采用双级压缩，使高温循环的压缩比与低温循环的压缩比相等。这样可以保证整个制冷循环的制冷系数较大，并使制冷循环在有利的工况下工作。

当对蒸发温度要求更低时，例如-100℃以下时，可在低温循环采用双级压缩，相比较前一种形式而言，这样可以降低各个压缩机的压缩比，增大输气系数，使循环的经济性提高。

冷凝蒸发器是复叠式压缩制冷循环中重要的设备之一，在冷凝蒸发器中是有温差的传热，而此传热温差的大小对冷量损失有影响，也影响到整个制冷循环的经济性，一般情况下建议取传热温差 $\Delta t = 5 \sim 10\,℃$。由热力学可知，温度越低，传热温差引起的不可逆损失越大，所以，对于低温复叠式制冷机，蒸发器的传热温差取小值。

在复叠式压缩制冷循环中常常使用一些热交换器来提高循环的性能指标，改善压缩机的工作条件。对低温级压缩机使用热交换器来冷却排气，减轻冷凝蒸发器的热负荷，提高循环的效率，一般而言，可提高制冷系数 7%~18%，总压缩机容量减少 6%~12%；用回热器对节流前的制冷剂液体进行过冷，可增加单位制冷量。但过多使用热交换器来达到不同的目的，也会使系统变得复杂，使泄漏的可能性增大，冷损失增加。所以，在设计中也要根据容量充分考虑，二者兼顾。

5. 膨胀容器

复叠式压缩制冷系统在停止运行后，由于环境温度较高，低温工质的临界温度较低，当系统内的温度逐渐升高时，低温工质会全部汽化为过热蒸气，这将使低温循环的压力升高而超过最大工作压力，如果不采取措施，将会发生安全事故。为解决这一问题，在低温系统接入一个膨胀容器，在停机后大部分低温工质进入膨胀容器。膨胀容器可与吸气管连接，也可与排气管连接。增加膨胀容器后低温工质的充注量会有增加。对于蒸发温度需要调节的制冷机，如果充注量少，当蒸发温度升高时，系统内会出现工质不足的现象，所以设计此类系统时，充注量应按照蒸发温度的上限来考虑，同时膨胀容器的高低侧都有管道相连，并装配手动阀门，以便于运行中调节制冷剂量。

6. 起动

复叠式压缩制冷系统在开始起动时要先起动高温循环，只有当中间温度降低到可以保证低温循环的冷凝压力不致超高时才可起动低温循环。如果在低温循环中安装有膨胀容器和压力控制阀时，则高、低温循环可同时起动，此时低温循环压缩机的排气压力一旦上升到最高限定值时，压力控制阀自动开启，使低温级排气排入膨胀容器中。小型机组常采用此种方式。

思考题与习题

4-1 在低蒸发温度下，单级蒸气压缩式制冷循环存在哪些问题？

4-2 在低蒸发温度下，采用单一制冷剂的制冷循环存在哪些问题？

4-3 分析带有回热器的双级压缩制冷循环。

4-4 在复叠式压缩制冷循环中，常采用 R13 或 R14 作为低温制冷剂，试分析这两种制冷剂的特性并说明它们作为低温制冷剂的原因。

4-5 试述内复叠循环对工质对的要求。

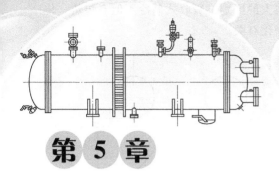

第 5 章

溴化锂吸收式制冷循环

前面已经讨论的蒸气压缩制冷循环，其热力学原理是通过压缩机把功转变为热量，使系统的熵增加，从而抵消热量从低温热源传向高温热源的熵减，使整个制冷系统总熵增加或不变。由热力学第二定律可知，该循环是可能的。吸收式制冷是另外一种制冷方式，它是使高温热源的热量传向低温热源，使整个制冷系统的熵增加，以抵消热量从低温热源传向高温热源造成的熵减，使整个制冷系统的总熵增加或不变，由热力学第二定律可知，这种循环也是可能的。

5.1　吸收式制冷的基本原理

在日常生活中，可发现有许多物质具有吸水性，它能把空气中或其他气体中的水分子吸收到物质中去，并使物质的含水量发生变化。例如，食盐放在空气中会吸收空气中的水分子变潮，如果时间很长，固体盐就变成了浓盐溶液。又例如，浓硫酸溶液具有极强的吸湿能力，它能把水分吸收进浓硫酸溶液中，使其变为稀硫酸溶液并放出热量。所有的干燥剂（固体和液体）都有上述性质。

现设有两个绝热容器，A 和 B，如图 5-1 所示。A 中放的是纯水，温度为 t_a，B 中为浓硫酸溶液，其温度为 t_b。两者之间用管道连接，中间装一个阀门，在阀门关闭时，A 容器中的水处于饱和状态，上方为 p_a 下的干饱和水蒸气，下方为 p_a 下的饱和水，饱和温度 $t_a = t_b$。当阀门打开时，由于浓硫酸溶液的强吸水性，A 中的水蒸气流向 B，并被 B 中的浓硫酸溶液吸收，且放出凝结热（和汽化热相同），该凝结热又被环境吸收，保持容积 B 中的温度 t_b 不变，在 A 中流出的水蒸气由水转换而来，由水转变成水蒸气，要吸收汽化热，会使水的温度下降，外界供给足够的热量 Q，使 A 中温度保持不变。从整个系统来看，A 中获得了热量（相当于制冷），减少了水量，B 中放出了热量，增加了硫酸中的含水量，体积增加。如图 5-2 所示，如果想办法把 B 中的水分分离出来，再供给 A，该进程会一直进行下去，在 A 中得到冷量，在 B 中散出热量，要把 B 中的水分分离出来通常是把稀液加热，使水蒸气和溶液分离，从而使稀溶液变为浓溶液并返回到 B，水蒸气被冷却后变为水，再充注到 A 容器中，完成循环。这就是吸收式制冷循环的基本原理，其中 A 为蒸发器，B 为吸收器，C 为冷凝器，D 为发生器。由上述可知，吸收式制冷和机械式制冷有很大的区别，吸收式制冷不但有传热、传质、流动、热力状态的变化，而且还与溶液状态的变化有关。

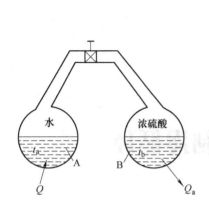

图 5-1 吸收式制冷的基本原理

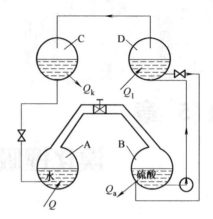

图 5-2 原始吸收式制冷机原理图

5.2 吸收式制冷机的溶液热力学基础

由前面章节已知，蒸气压缩式制冷循环产生压差的动力是压缩机，而吸收式制冷产生压差的动力是热量，通过溶液的吸收和发生而完成制冷循环，可见吸收式制冷循环与溶液的性质有密切关系。

5.2.1 溶液、溶液的成分

1. 溶液

两种或两种以上的物质混合在一起，每一种组分都以原子、离子、分子的形式分散到其他组分中形成的均匀相称为溶液。由于物质有固体、液体、气体状态，所以形成的溶液有气体、液体、固体溶液。气体溶液最容易形成，因为气体混合后，由于布朗运动，分子与分子之间会自发地混合成均匀相，所以，所有气体混合后都看作一相溶液。液体较气体次之，如酸、碱、盐，一般都能与水形成溶液为一相。而水与油、水与有些有机溶剂等都不能混合，分为两相，形不成溶液，固体最难形成溶液。例如，面粉和白糖粉混合后，虽然外表看起来均匀一致，但它不是分子尺度上的混合，糖和面之间是微颗粒混合，颗粒之间有界面，不能算是溶液。而金银熔化混合后再凝固，形成了合金，则是固体溶液。

溶液由溶质和溶剂组成。一般能溶解其他物质的物质称为溶剂，而被溶解的物质称为溶质。溶剂一般是液体，而溶质有固体(盐、糖)、液体(酒精)、气体(NH_3 气体)等。

2. 溶液的成分

溶液的各组分在溶液中所占的百分比称溶液的成分。溶液的成分有质量成分和摩尔成分。质量成分又叫质量分数，摩尔成分又叫摩尔分数。

(1) 质量分数 第 i 种物质的质量分数是指第 i 种物质在溶液中的质量 m_i 与溶液总质量 m 之比。

$$w_i = \frac{m_i}{m} \quad 其中 \quad m = \sum_{i=1}^{N} m_i, \quad \sum_{i=1}^{N} w_i = 1 \tag{5-1}$$

式中，w_i 为溶液中的第 i 种物质的质量分数；m 为溶液的总质量；m_i 为溶液中的第 i 种物质的质量；N 为溶液中的物质数量。

（2）摩尔分数　第 i 种物质的摩尔分数等于该物质在溶液中所占的物质的量与溶液的总物质的量之比。

$$x_i = \frac{n_i}{n}, \quad y_i = \frac{n_i}{n}, \quad n = \sum_{i=1}^{N} n_i \tag{5-2}$$

$$\sum_{i=1}^{N} x_i = 1, \quad \sum_{i=1}^{N} y_i = 1$$

式中，n_i 为第 i 种物质在溶液中的物质的量；n 为溶液的总物质的量；N 为溶液中的物质数量；x_i 为溶液为液相中第 i 种物质的摩尔分数；y_i 为溶液为气相中第 i 种物质的摩尔分数。

5.2.2　相、独立组分数、自由度和相律

1. 相

相是指体系内部物理和化学物质完全均匀一致的一部分称为一相。溶液的不同状态，单个物质的不同形态，有可能为单相，也可能是多相。相与相之间有明显的分界，体系内相的数目称为相数，用 Φ 表示，所有的气体都能自动混合成一相。液体要根据它们之间的互溶程度，分为一相、两相、三相……而固体的混合物则有几种固体就分成几相。液体、固体、气体之间的相数要具体情况具体分析。

例如，单质液体水是一相，如果水中加冰，虽然冰的化学性质和水完全一致，但物理性质有区别，冰与水之间有界面故分为两相，如果再考虑水蒸气的存在，就为三相。再例如，水盐溶液，当温度低于其共晶温度时，盐和冰变为两相，在溶液区为一相。水和酒精可以互溶形成一相，水和油不能互溶则形成两相。

2. 独立组分数

独立组分数是指体系内在没有化学反应情况下的物质数目，用 K 表示。溶液和相区别：一个相可以是 $K=1$，也可以 $K=n$；对于溶液 $K=1$，$K=2$，…。反过来多相也可能是 $K=1$，如水汽冰共存状态，虽是三个相，但由于是一种物质所以 $K=1$。例如，水盐溶液，不管它处于什么状态，处于溶液(一相)时和共晶体(两相)时，其独立组分数一直为 $K=2$。

3. 自由度

自由度是指在平衡条件下，在不改变相数的体系内部独立可变因素的数量，其符号用 f 表示。

还是以水为例，过热蒸汽有两个独立可变因素，p、v、t 中任两个，故 $f=2$。如果在两相状态，p_s 和 t_s 不再独立，当压力 p_s 变化时，饱和温度 t_s 也变化，故 $f=1$；水的三相点，压力、温度、比体积都不能变化，故 $f=0$。

4. 相律

体系处于平衡状态时，体系的自由度数、相数、独立组分数之间关系的规律称为相律。用公式表示为

$$f = K - \Phi + 2 \tag{5-3}$$

例如，单组分体系水，过热水蒸气为单相，$\Phi=1$，$K=1$，$f=2$，即有两个独立的变量

$(p,v,t$ 任两个为独立变量)可以决定一个状态；水在两相区，$K=1$，$\Phi=2$，$f=1$，只有一个独立可变因素，即 p 或 t 中任一个；当水为液态时，$K=1$，$\Phi=1$，故 $f=2$，水有两个独立可变因素确定一个状态。

对于两组分体系，例如氨水，$K=2$，$f=4-\Phi$，当处于过热蒸汽时，$\Phi=1$，$f=3$，即有三个独立可变的因素(总压力 p，氨的分压力 p_1，温度 t)确立一个状态；当在两相区时，$f=2$，有两个独立可变因素(总压力 p 和温度 t)确定一个状态；对于过冷氨水，单相 $\Phi=1$，$f=3$，由总压力 p、温度 t、氨的含量确定一个状态。

5.2.3 溶液两组分体系的相图

1. 溶液的相平衡

当溶液放在一个密闭空间之后，开始有液相分子挣脱液体表面的吸引力而进入空间变为蒸气，对于两组分溶液来说，组分性质不一样，其进入空间的分子数量也不一样，沸点低的组分进入空间分子数量多，在空间形成的分压力大，沸点高的组分分子进入空间的数量少，在空间形成的分压力较小，分子进入空间，空间的蒸气压增加，随着蒸气压的增加，由空间返回到液体的分子数也在增加，当逸出液体和进入液体的分子数相同时，在宏观上气液两方都不再发生变化，称这种状态为溶液的相平衡状态，气体是该压力下的干饱和蒸气，液体为该压力下的饱和液体。

2. $p\text{-}x_A$ 图

根据道尔顿分压定律，当温度一定时，有

$$pV=nRT \tag{a}$$

$$p_iV=n_iRT \tag{b}$$

式(b)/式(a)得

$$\frac{p_i}{p}=\frac{n_i}{n}=y_i, \quad p_i=py_i \tag{5-4}$$

式中，R 为气体常数；T 为热力学温度；p 为总压力；p_i 为 i 组分的分压力；n 为总的物质的量；n_i 为第 i 种物质的物质的量；y_i 为第 i 组分的摩尔分数。

(1) 理想溶液　溶质很少的稀溶液或者溶质溶剂性质非常接近的溶液称为理想溶液。

理想溶液的性质有：

1) 溶液符合拉乌尔定律。

2) 溶液在形成过程中不产生热效应。

(2) 拉乌尔定律　在一定温度下，理想溶液任一组分的蒸气分压力等于该组分纯物质的饱和蒸气压乘以该组分在液相中的摩尔分数，即

$$p_A=p_A^0 x_A \tag{5-5a}$$

$$p_B=p_B^0 x_B \tag{5-5b}$$

式中，p_A^0 为纯物质 A 在温度 t 下的饱和蒸气压；p_A 为物质 A 在溶液的气相蒸气分压力；x_A 为物质 A 在溶液中的摩尔分数；p_B^0 为纯物质 B 在温度 t 下的饱和蒸气压；p_B 为物质 B 在溶液中的气相蒸气分压力；x_B 为物质 B 在溶液中的摩尔分数。

根据道尔顿分压定律，气相总压

$$p=p_A+p_B \tag{5-6}$$

且
$$p_A = p y_A, \quad p_B = p y_B$$

式中，p 为溶液的气相总压力；y_A 为物质 A 在溶液气相中的摩尔分数，$y_A = \dfrac{n_A}{n}$；y_B 为物质

B 在溶液气相中的摩尔分数，$y_B = \dfrac{n_B}{n}$；n 为气相中总的物质的量。

根据拉乌尔定律
$$p = p_A + p_B = p_A^0 x_A + p_B^0 x_B = p_A^0 x_A + p_B^0 (1 - x_A) \tag{5-7}$$

由式（5-7）可知在给定温度下，p_A^0、p_B^0 是常数，当 x_A 从 0 变化到 1 时溶液的气相总压力 p 就有一个变化区间，当 $x_A = 0$ 时 $p = p_B^0$；$x_A = 1$ 时 $p = p_A^0$。

式（5-7）是关于 x_A 的一元一次方程，知道了两点即可把该直线画在 p-x 图上，（设 $p_A^0 > p_B^0$）如图 5-3 中的直线（液相线）。

根据拉乌尔定律和道尔顿分压定律可知
$$p_A = p y_A = p_A^0 x_A, \quad p_B = p y_B = p_B^0 x_B \tag{5-8}$$

在给定温度下，p_A^0 和 p_B^0 等于常数。

给出 x_A 的值，由式（5-7）求出溶液的气相总压力 p 值，再代入到式（5-8）求出 y_A，从而求出在给定 x_A 时 p 与 y_A 之间的关系曲线（气相线）。

设物质 A 的沸点低于物质 B 的沸点，即在给定温度下，物质 A 的饱和蒸气压高于物质 B 的饱和蒸气压，$p_A^0 > p_B^0$，其气相线如图 5-3 所示，现来证明气相线在液相线之下。

图 5-3 理想溶液两组分的 p-x 图

由于
$$p_A^0 > p_B^0, \quad \frac{p_A^0}{p_B^0} > 1$$

$$\frac{p_A}{p_B} = \frac{p y_A}{p y_B} = \frac{p_A^0 x_A}{p_B^0 x_B}, \quad \frac{y_A}{y_B} > \frac{x_A}{x_B}$$

$$1 + \frac{y_A}{y_B} > 1 + \frac{x_A}{x_B}, \quad \frac{y_A + y_B}{y_B} > \frac{x_A + x_B}{x_B}$$

$$x_A + x_B = 1, \quad y_A + y_B = 1$$

$$\frac{1}{y_B} > \frac{1}{x_B}, \quad y_B < x_B, \quad -y_B > -x_B$$

$$1 - y_B > 1 - x_B, \quad y_A > x_A$$

即当 $p_A^0 > p_B^0$ 时，在相同的 p 下，$y_A > x_A$，所以气相线在液相线之下。如果 $p_A^0 < p_B^0$ 时，气相线和液相线的相对位置如何呢？

3. T-x 图

如图 5-4 所示，上面是 p-x_A 图，下面是 T-x_A 图，在 p-x_A 图中每一个温度下可以画出两条线，一条液相线，一条气相线。对于多个温度可以画出一簇这样的线，设 $T_1 > T_2 > T_3 > T_4$，取 $p =$ 常数，等压线与液相线 T_1、T_2、T_3、T_4 交于 1、2、3、4 点，过 1、2、3、4 点向下作垂线交于横坐标 x_A 于 x_{a1}、x_{a2}、x_{a3}、x_{a4}，在纵坐标 T 上截取 T_1、T_2、T_3、T_4 得出交点

(x_{a1}, T_1)、(x_{a2}, T_2)、(x_{a3}, T_3)、(x_{a4}, T_4)，把交点按顺序连接起来，得出一条液相线 A。从作图过程可以看出，该线是在 p = 常数的情况下作出的，所以在图上液相线是等压线。同样道理也可以作出 T-x 图的等压气相线 B，由作图过程可知，在 p-x 图上的一条等压线对应 T-x 图上的两条等压线，当 p 发生变化时，可以在 T-x 图上得到一个线簇，对应不同的压力。

由图 5-4 中 T-x 图可知 $x_a = 1$ 时与曲线的交点是物质 A 的饱和温度，为最低点，说明物质 A 沸点低，易挥发，$p_A^0 > p_B^0$，且气相线在液相的上方，正好和 p-x 图相反；当 $x_a = 0$ 时，与曲线的交点是物质 B 的饱和温度，显然饱和温度高，沸点高，同一温度下饱和蒸汽压低，$p_B^0 < p_A^0$。

以上作的 T-x 图都是习惯以低沸点物质 A 的摩尔分数为横坐标。如果以高沸点物质 B 的摩尔分数为横坐标，其 T-x 图会发生较大的变化。

4. 杠杆规则

T-x 图中的液相线（泡点线）和气相线（露点线）把整个 T-x 图分成三区、五态。三区为：液相区、两相区、过热蒸气区；五态为：过冷液体、饱和液体、两相液体、干饱和蒸气、过热蒸气五种状态，如图 5-5 所示。在液相区和过热蒸气区，由 x_a 和 T 一组参数即可确定一个状态。而在两相区，由 x_a 和 T 一组参数不但能确定其状态，而且能确定其液相情况和气相情况。例如，设状态处于两相区 A 点，对应的摩尔分数为 x_a，温度为 T_1 的等温线与液相线相交于 D 点，与气相线相交于 E 点，D 点对应的液相摩尔分数为 x_1，E 点对应的气相摩尔分数为 y_2，设溶液总的物质的量（包括气相和液相）为 n_t。

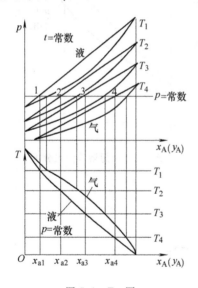

图 5-4　T-x 图

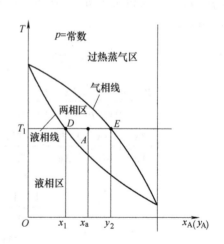

图 5-5　杠杆规则在 T-x 图上的应用

$$n_t = n_1 + n_g$$

由质量守恒，得

$$n_a = n_t x_a = n_1 x_1 + n_g y_2$$

即

$$(n_1 + n_g) x_a = n_1 x_1 + n_g y_2$$

调整后得

$$n_1 (x_a - x_1) = n_g (y_2 - x_a)，\quad n_1 \overline{AD} = n_g \overline{AE} \tag{5-9}$$

式中，n_1 为液相总的物质的量；n_g 为气相总的物质的量；n_a 为物质 A 在系统中的物质的量；x_a 为系统中物质 A 的摩尔分数。

这就相当于以 A 点为支点，以 x_1 和 y_2 为配重的杠杆关系，称为杠杆规则，以后还要用到以 A 物质的质量分数为横坐标的 T-w 图，原理和 T-x 图完全一样，也符合杠杆规则。

5.2.4 溶解与结晶，吸收与解析（发生），蒸馏与精馏

1. 溶解与结晶

当把溶质放到溶剂中去，溶质的分子就会自动扩散到溶剂中去并形成溶液，这个过程就称为溶解。溶解时一般会伴随着放出和吸收热量，从而使溶液温度升高或降低，溶解过程实际上是两个过程。第一个过程是溶质分子脱离溶质并扩散到溶剂中去，这个过程需要能量，是吸热过程，第二个过程是溶质分子和溶剂形成水合物并放出热量，形成溶液。如果第一个过程的吸热量大于第二个过程的放热量，整个溶解过程显示为吸热过程，溶液温度随之降低；反之，溶液温度升高，显示为放热过程。吸收和放出的热量称为溶解热。溴化锂和水形成溶液的过程为放热过程。

当溶解开始时，随着溶解的进行，溶剂中的溶质分子数越来越多，而溶质分子脱离溶质进入溶剂越来越困难，最后在一定温度下溶质的含量达到一个最大值。在宏观上，当溶质的含量不再变化时，这种情况称为饱和溶液，饱和情况下进入溶剂中的溶质总量称为溶解度，一般用 $100g$ 溶剂中所含的溶质克数来表示。

溶解度的大小除了与溶剂、溶质的特性有关外，还与温度有关，溶质是气体时，还与压力有关。如氨气在水中随压力增加而溶解度增加，饱和溶液在温度和压力发生变化时有两种情况，一种情况是由饱和变为不饱和，还有吸收溶质的能力；另一种情况是饱和液体中有溶质析出，这种现象叫作结晶，例如制盐就是盐结晶的过程。

2. 吸收与解析（发生）

由图 5-6 可知，对于给定的 T-w 图（p = 常数）对应有两条曲线，即饱和液相线和饱和气相线，当温度为 T_1 时，对应的饱和液体中溶质 A 的质量分数为 w_1'，气体的质量分数为 w_1''，处于平衡状态，如果降低温度到 $T_2(<T_1)$，由图可知平衡时 w_1' 变为 w_2'，w_1'' 升到 w_2''，A 的质量分数增加。在由 T_1 到 T_2 的变化过程中，液体和气体都有吸收溶质的能力，称为可吸收状态，利用溶液的这一性质，可以通过降低温度来吸收溶质。例如，氨水溶液通过降低温度，其氨的质量分数增加，达到平衡状态 w_2' 和 w_2''，这个过程叫作吸收过程，完成吸收过程的设备称为吸收器。在吸收时，氨由气体变为液体，要放出的液化热使溶液温度升高，为了保持 T_2 不变，就要把液化热导出系统外，实际上是对系统进行冷却。同时，还要降低 w_2' 和 w_2''，使系统经常有连续不断的吸收能力（通常是把浓溶液移出系统，并加进稀溶液）。

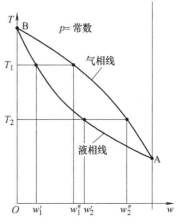

图 5-6 可吸收状态

吸收的相反过程（温度升高）为解析过程，解析过程又叫发生过程。发生过程是对溶液加热升温，使其温度升高，在饱和状态下，氨的质量分数减小，氨（NH_3）从液体中析出，氨析出时由液体变为气体要吸热，所以发生过程是对系统的加热过程，热一部分供给液体使其

温度升高，产生发生能力，另一部分供给氨的潜热使温度不降低，保持发生能力。另外，系统保持且产生发生能力的设备称为发生器。

3. 蒸馏与精馏

蒸馏是把溶液加热到两相区，从上部把蒸气引出进行冷却而得到较纯组分 A 的一种方法。原理可在 $T\text{-}x(y)$ 图上进行说明，如图 5-7 所示，设初始液体状态为 1 点，是过冷液体，对其加热使温度上升，由于 x_1 不变，过程垂直向上，达到 2 点时，开始沸腾，温度再升高，开始进入两相区 3 点，其温度为 T_3，对应液相中 3 点的摩尔分数为 x_3，气相中 3 点的摩尔分数为 y_3，显然 $y_3 > x_1$，即蒸气 3″点的摩尔分数比 1 点的摩尔分数大，如果将 3″点的蒸气引出，并进行冷却，便得到比 x_1 较纯的低沸点组分。

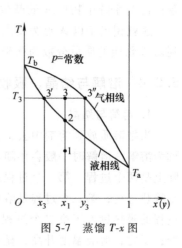

图 5-7 蒸馏 $T\text{-}x$ 图

精馏就是对溶液反复进行蒸馏、冷却、再蒸馏、再冷却，直至把纯物质 A 和纯物质 B 分离开来，其原理可以在 $T\text{-}x(y)$ 图上表示，如图 5-8 所示。

设开始溶液状态为 1 点，其温度为 T_1，液相低沸点物质 A 的摩尔分数为 x_1，气相中物质 A 的摩尔分数为 y_2，$y_2 > x_1$，把 y_2 引出冷却，其液体含物质 A 较多，再把摩尔分数为 y_2 的液体加热到 2 点，把气相摩尔分数为 y_3 的蒸气引出，冷却得到了纯度更高的物质 A 为液体，如此下去，逐步得到纯物质 A 的液体，这个反复的过程就是精馏。实际上精馏是在精馏塔中进行的，情况比理论更复杂。

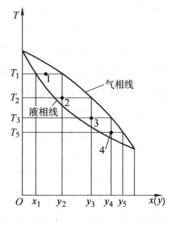

图 5-8 精馏过程

5.2.5 两组分体系的焓-质量分数图（$h\text{-}w$ 图）

无论在吸收器中制冷剂被吸收，或在发生过程中制冷剂被汽化，溶液的质量分数 w 都会发生变化，并伴随有能量的交换，两者都是在等压下进行的，故能量的交换体现为焓差变化，可绘制出 $h\text{-}w$ 图，以表示在吸收和发生过程中比焓的变化。

1. 两组分溶液在 $h\text{-}w$ 图上的等温线

理想溶液混合时不发生热效应，是等温混合，而一般溶液进行混合时则会发生热效应（吸热或放热）。根据能量守恒原理，混合后的比焓 h 等于混合前的各比焓之和再加上热效应值 q。

$$h = h_1 w_1 + h_2 (1-w_1) \pm q \quad (q > 0) \tag{5-10}$$

式中，h_1 为第一组分的比焓值；h_2 为第二组分的比焓值；w_1 为第一组分在溶液中的质量分数；q 为热效应值，吸热反应取 "+" 号，放热反应取 "-" 号。

对于理想溶液，热效应值 $q=0$，是等温混合，由式（5-10）可知，该等温线在 $h\text{-}w$ 图上为一条直线。设 $h_2 > h_1$，温度一定时，h_1 和 h_2 是常数，如图 5-9 所示的直线 $h_2 - h_1$。一般液体在混合时伴随有放热反应。例如，氨和水混合时放出热量，热效应为负值。

$$h = h_1 w_1 + h_2 (1-w_1) - q \quad (q > 0) \tag{5-11}$$

可知在相同的 w 下，实际比焓比理想的比焓少一个 q，其曲线上凹，如图 5-9 所示。对于不同的温度有不同的 h-w 曲线。对于气体混合，一般混合后不产生热效应，且气体的比焓值在相同温度下比液体的大（相差一个汽化热），故气体的等温线在 h-w 图上更接近于直线，并在饱和液态线的上方，如图 5-10 所示。

上述气相和液相的等温线都是在 $p=$ 常数的情况下作出的。下面分析当 p 发生变化时的情况。由于液体是不可压缩的，故压力对液体的比焓值影响很小，对等温线也影响很小，可用某一压力下的液体饱和等温线代替不同压力下的液体饱和等温线。由于气体易于压缩，在不同压力下比焓变化很大（温度变化大），故每个压力值对应一簇等温气相线，不同的压力由不同簇的等温气相线组成。

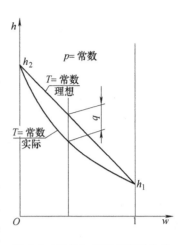

图 5-9　理想和实际等温线比较

2. 两组分溶液在 h-w 图上的等压饱和线

两组分溶液在 h-w 图上除了有等温饱和液体线和等温饱和蒸气线外，还有等压饱和线，又分等压饱和液体线和等压饱和蒸气线。等压饱和线可以用实验方法绘制到 h-w 图上，也可以由 T-w 图上的等压线和 h-w 图上的等温线联合求出。如图 5-11 所示，上面是两组分溶液的 T-w 图，下面是 h-w 图，两图横坐标相同，纵坐标不同，在 T-w 图上选等温线 T_1、T_2、T_3，分别与等压饱和液体线交于 1、2、3 点，与等压饱和蒸气线交于 1′、2′、3′点，通过 1、2、3 点向下作垂线，与 h-w 图上的液体等温线 T_1、T_2、T_3 交于 1″、2″、3″点，连接 1″、2″、3″点得到 $p=$ 常数的等压饱和液体线，过 1′、2′、3′点向下作垂线，与等温线 T_1、T_2、T_3 交于 1_a、2_a、3_a 点，连接 1_a、2_a、3_a 点得出等压饱和蒸气线，对 p 取不同的值，从而求出一个等压饱和液体和等压饱和蒸气线族。

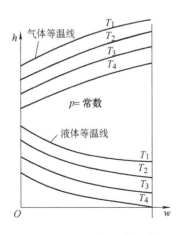

图 5-10　h-w 图上的等温线

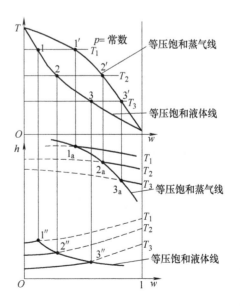

图 5-11　h-w 图上等压饱和线的作法

综上所述 $h\text{-}w$ 图上有六个线族，分别是：等焓线、等质量分数线、蒸气等温线、液体等温线、等压饱和蒸气线、等压饱和液体线。

3. 溴化锂水溶液的 $h\text{-}w$ 图

溴化锂水溶液的 $h\text{-}w$ 图与前面讲的 $h\text{-}w$ 图有所区别，前面讲的 $h\text{-}w$ 图都是以低沸点工质的质量分数为横坐标，而溴化锂水溶液的 $h\text{-}w$ 图是以高沸点溴化锂的质量分数为横坐标，所以等温线的方向和温度变化的方向发生了根本的变化，如图 5-12 所示。由于溴化锂和水的沸点相差巨大（水的沸点为 100℃，溴化锂的沸点为 1265℃）。根据拉乌尔定律，溴化锂在气相的分压几乎为零，可以当零处理，即溴化锂溶液上方都是水蒸气，没有溴化锂蒸气。溴化锂水溶液的 $h\text{-}w$ 图

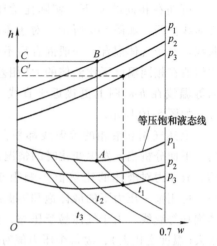

图 5-12　溴化锂水溶液的 $h\text{-}w$ 图

上有等压饱和液体线族，等温线族，等压辅助线族。例如：设已知饱和压力为 p_1、温度为 t_1，由饱和液体等压线 p_1 和等温线 t_1 交于一点 A，A 就是求的状态点。由 A 点向上作垂线与 p_1 辅助线交于 B 点，由 B 点作平行于横轴的线交于纵轴的 C 点，C 点的比焓值就是温度为 t_1、压力为 p_1 的气相水蒸气的比焓值。如果已知的是 t_1、p_3，则水蒸气比焓值在 C' 点。

5.2.6　溴化锂水溶液的 $p\text{-}t$ 图

溴化锂水溶液的 $p\text{-}t$ 图是溴化锂水溶液中压力、温度、质量分数之间的关系图，它确定了 p、t、w 之间的内在联系，在图上已知任意两个参数，就可以确定第三个参数，纵坐标为溶液温度，横坐标为饱和压力，其上画有等质量分数线族（附录 U）。从图上可以看出等质量分数线在 0%~70% 范围内，这主要是溶液中一般溴化锂的质量分数不能超过 70%，否则在条件变动时会引起溴化锂结晶，使整个系统停止流动。而质量分数在 0%~50% 的质量分数线族很稀，因为这一部分设计时用得很少，而在 50%~70% 范围内，等质量分数线族很密，这是因为设计时经常要用到这一部分，所以画得更详细。在设计时一般用 $h\text{-}w$ 图，使用比较方便，可直接得出比焓值，进行热力计算，而 $p\text{-}t$ 图不能直接得到比焓值，使用不方便，但它可在温度高于 120℃ 时使用，因为现在的 $h\text{-}w$ 图中温度一般都小于等于 120℃，超过 120℃ 就要使用 $p\text{-}t$ 图，根据 w 和压力求出温度，再由温度求出焓值，最后进行热力计算。

5.2.7　稳定流动下溶液的混合与节流

1. 两股溶液的绝热混合（图 5-13）

设第一股溶液 A 的溶质质量分数为 w_1，比焓为 h_1，质量流量为 q_{m1}；

设第二股溶液 A 的溶质质量分数为 w_2，比焓为 h_2，质量流量为 q_{m2}；

混合后溶液 A 的溶质质量分数为 w_3，比焓为 h_3，质量流量为 q_{m3}。

根据液体 A 总质量守恒　　$q_{m1}+q_{m2}=q_{m3}$　　　　（5-12）

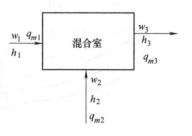

图 5-13　两股溶液的绝热混合

溶质混合前后质量守恒 $\qquad q_{m1}w_1 + q_{m2}w_2 = q_{m3}w_3$ (5-13)

能量守恒 $\qquad\qquad q_{m1}h_1 + q_{m2}h_2 = q_{m3}h_3$ (5-14)

已知 w_1、h_1、q_{m1}、w_2、h_2、q_{m2} 求 w_3、h_3、q_{m3}，有 3 个方程、3 个未知数，方程是封闭的，可以求出 w_3、h_3、q_{m3}。

（1）计算法 把式(5-12)代入式(5-13)并化简得

$$\frac{q_{m1}}{q_{m2}} = \frac{w_2 - w_3}{w_3 - w_1}$$ (5-15)

把式(5-12)代入式(5-14)得

$$\frac{q_{m1}}{q_{m2}} = \frac{h_2 - h_3}{h_3 - h_1}$$ (5-16)

由式(5-13)和式(5-12)联立求解，得

$$w_3 = \frac{q_{m1}}{q_{m1} + q_{m2}}w_1 + \frac{q_{m2}}{q_{m1} + q_{m2}}w_2$$

$$= \frac{q_{m1} + q_{m2} - q_{m2}}{q_{m1} + q_{m2}}w_1 + \frac{q_{m2}}{q_{m1} + q_{m2}}w_2$$

$$= w_1 - \frac{q_{m2}}{q_{m1} + q_{m2}}w_1 + \frac{q_{m2}}{q_{m1} + q_{m2}}w_2$$

$$w_3 = w_1 + \frac{q_{m2}}{q_{m1} + q_{m2}}(w_2 - w_1)$$ (5-17)

同样道理，将式(5-12)代入式(5-14)求出

$$h_3 = h_1 + \frac{q_{m2}}{q_{m1} + q_{m2}}(h_2 - h_1)$$ (5-18)

由

$$\frac{q_{m1} + q_{m2}}{q_{m2}} = 1 + \frac{q_{m1}}{q_{m2}}$$

代入式(5-15)得

$$1 + \frac{q_{m1}}{q_{m2}} = 1 + \frac{w_2 - w_3}{w_3 - w_1} = \frac{w_2 - w_1}{w_3 - w_1}$$

$$\frac{q_{m2}}{q_{m1} + q_{m2}} = \frac{w_3 - w_1}{w_2 - w_1}$$

将上式代入式(5-18)得 $\qquad h_3 = h_1 + \frac{w_3 - w_1}{w_2 - w_1}(h_2 - h_1)$ (5-19)

（2）图解法 同样已知：w_1、h_1，q_{m1}，w_2、h_2，q_{m2}。

可以利用 h-w 图求出混合后的状态：w_3、h_3 和 q_{m3}。如图 5-14 所示，连接 1、2 点，在 1、2 点中间截取 3 点，使 $q_{m1}\overline{13} = q_{m2}\overline{23}$ 即

$$\frac{q_{m1}}{q_{m2}} = \frac{\overline{23}}{\overline{13}} = \frac{w_2 - w_3}{w_3 - w_1} = \frac{h_2 - h_3}{h_3 - h_1}$$

3 点对应的 h_3、w_3 就是所求的参数。由 $q_{m1} + q_{m2} = q_{m3}$ 可求出 q_{m3}。

2. 两股溶液的非绝热混合（图 5-15）

总质量守恒 $\qquad\qquad q_{m3} = q_{m2} + q_{m1}$

溶质质量守恒 $\qquad\qquad q_{m3}w_3 = q_{m1}w_1 + q_{m2}w_2$

能量守恒 $\qquad\qquad q_{m3}h_3 + Q = q_{m1}h_1 + q_{m2}h_2$

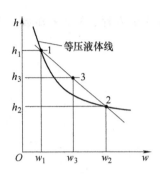

图 5-14 h-w 图上的混合过程

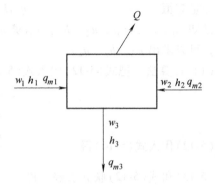

图 5-15 两股溶液的非绝热混合

其中 Q 本身带符号：当放热时为正，吸热时为负。已知：热交换量 Q，第一股溶液中溶质的质量分数为 w_1，比焓为 h_1，质量流量为 q_{m1}；第二股溶液中溶质的质量分数为 w_2，比焓为 h_2，质量流量为 q_{m2}。按绝热情况类似推导，得

$$q_{m3} = q_{m2} + q_{m1}$$

$$h_3 = h_1 + \frac{q_{m2}}{q_{m1}+q_{m2}}(h_2 - h_1) - \frac{Q}{q_{m1}+q_{m2}}$$

w_3 计算式的推导也是如此。

$$w_3 = w_1 + \frac{q_{m2}}{q_{m1}+q_{m2}}(w_2 - w_1) - \frac{Q}{q_{m1}+q_{m2}}$$

3. 节流

（1）溶液节流前后的特点

1）溶液节流过程一般看作绝热过程。

2）溶液节流前后比焓值不变。

3）溶液节流前后溶质的质量分数不变

（2）溶液节流前后在 h-w 图上的表示及状态变化　如图 5-16 所示，在 h-w 图上有等压饱和液体线 p_o、p_k，有等压饱和蒸气线 p_o'、p_k'，液相有等温线 t_1、t_2（$t_1 > t_2$）。设 1 点的压力为 p_k、溶液温度为 t_1，由于 1 点在等压饱和液体线 p_k 以下，故是 p_k 下的过冷液体。两等压线 p_k、p_k' 之间为 p_k 下的两相区，等压饱和液体线 p_k 以下为过冷液体区，等压饱和蒸气线 p_k' 以上为过热蒸气区。如果溶液的压力是 p_o，两等压线 p_o、p_o' 之间为 p_o 下的两相区，等压饱和液体线 p_o 以下为过冷液体区，等压饱和蒸气线 p_o' 以上为过热蒸气区。根据绝热节流前后状态的变化情况可知，节流前后质量分数 w 不变，节流前后比焓 h 不变，但其状态发生变化，其温度 t、压力 p 都下降。设节流前为压力为 p_1、比焓为 h_1、温度为 t_1、质量分数为 w_1，节流后分别为 p_2、h_2、t_2、w_2。由图可知节流前 1 点处于 p_k 的过冷状态，节流后压力由 p_k 变为 p_o，1 点已经处于

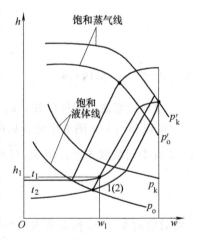

图 5-16 两组分溶液的节流

p_o 下饱和液体线和饱和蒸气线之间，是两相区，其状态发生变化。同样是 1 点，在 p_k 下是过冷液体，而在 p_o 下却是饱和液体和饱和蒸气的混合物，状态完全不同，而温度由 t_1 变为 t_2，$t_1 > t_2$，但 $w_1 = w_2$，$h_1 = h_2$，根据 h-w 图的性质，1 点和 2 点在 h-w 图上是重合的，这是该图的一个特点。

5.3 溴化锂吸收式制冷机

溴化锂吸收式制冷机是以溴化锂水溶液为吸收剂，以水为制冷剂的一种制冷装置。由于水的凝固点为 0℃，故装置只能用在 0℃ 以上的降温装置中，一般都是制取冷水用于空调。由于溴化锂和水的沸点相差巨大，根据拉乌尔定律，溴化锂气相蒸气压很小，气相几乎是纯水蒸气，不需使用蒸馏塔来分离溶质和溶剂，减少了设备投资和能源消耗。

5.3.1 溴化锂水溶液的性质

1. 水

水是环保制冷剂，其 ODP = GWP = 0，价格便宜，易于获得，不燃烧，不爆炸，不腐蚀，汽化热大，但沸点高。常温下水的饱和压力低，比体积大，凝固点为 0℃，所以只能用在 0℃ 以上的降温装置中。

2. 溴化锂

溴是卤族元素，锂为碱族元素，溴化锂为盐，和食盐差不多，性质稳定，常温下为无色晶体。其物性如下：

化学式：LiBr；相对分子质量：86.865；化学成分：Li 的质量分数为 7.99%，Br 的质量分数为 92.01%；密度：3464kg/m³(25℃)；熔点：549℃；沸点：1265℃。该物质极易溶于水，且溶解度随温度变化而变化。

3. 溴化锂水溶液的性质

（1）溴化锂水溶液　溴化锂水溶液是无色无毒、入口有咸味的液体，是一种强电解质，对铁、铜有较强的腐蚀性，特别是在空气中更为严重，一般把系统抽成真空，并在使用时通常加入缓蚀剂，加入缓蚀剂后溶液呈黄色。溴化锂水溶液长时间暴露于空气中时，与二氧化碳反应生成 $LiCO_3$，有白色晶体析出。

（2）溴化锂水溶液的溶解度　溴化锂水溶液的溶解度随温度的下降而下降，如图 5-17 所示。它在不同温度下形成有 1 个、2 个、3 个、5 个结晶水的溴化锂分子。由图可知，纵坐标为溶解度，横坐标为温度，曲线为饱和液体线，曲线上方为结晶加饱和液体的两相区，下方为未饱和液体区。当溶解度大于等于 66% 时，对应饱和温度 45℃，一般在吸收器中溶液的温度比较低，浓溶液在换热时很容易进入两相区，造成循环堵塞，使制冷停止。所以，一般所用的溴化锂水溶液其溶质的质量分数不超过 66%。

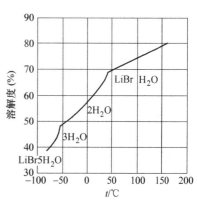

图 5-17　溴化锂水溶液的溶解度

（3）溴化锂水溶液的水蒸气分压力　溴化锂水溶液

的水蒸气分压力比纯水在同温度下的饱和压力低得多，所以具有强烈的吸湿性。其原理可以解释为，根据拉乌尔定律，溴化锂溶液气相水蒸气分压力分别表示为

$$p_w = p_w^0(1 - w_{LiBr}) \tag{5-20}$$

式中，w_{LiBr} 为溶液中溴化锂的质量分数；p_w^0 是纯水对应温度下的饱和压力。

$$p_{LiBr} = p_{LiBr}^0 w_{LiBr} \tag{5-21}$$

由于溴化锂的沸点很高，常温下气相溴化锂蒸气的分压力非常小，$p_{LiBr}^0 \to 0$，$p_{LiBr} \to 0$，$p_z \approx p_w$，即溶液气相总压力 p_z 几乎等于水蒸气分压力 p_w。例如：设 $w_{LiBr} = 0.6$，$1 - w_{LiBr} = 0.4$，$p_w + p_{LiBr} \approx p_z = 0.4 p_w^0$，可知溴化锂水溶液的饱和蒸气压力要比对应温度下的纯水饱和蒸汽压力小得多。

从分子运动理论的角度讲，在溴化锂水溶液中有水分子和溴化锂分子，各占一定表面积，水的表面上有水分子逸出和进入；而溴化锂的表面上由于溴化锂沸点高无分子逸出，且由于溴化锂分子有强烈的吸水性，其表面上不但没有水分子逸出，而且有很多水分子进入，造成在平衡状态下整个空间水分子数量下降很多，水蒸气分压很低。图 5-18 所示为溴化锂水溶液的质量分数、温度、蒸气压力之间的关系，同时也表示了纯水饱和温度和饱和压力之间的关系。例如：当 $w_{LiBr} = 0.5$、$t = 25℃$ 时，溴化锂水溶液上面的饱和蒸气压力为 0.85kPa。

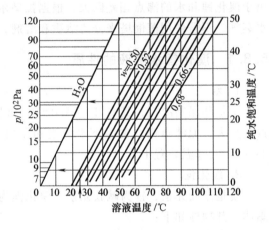

图 5-18　溴化锂水溶液的 p-t 图

由图上可知，在 25℃ 下的纯水饱和蒸气压力为 3.16kPa。纯水饱和温度为 7℃ 所对应的饱和压力是 1kPa>0.85kPa，可知 25℃ 的溴化锂水溶液能够吸收 7℃ 的饱和水蒸气，使其变为溴化锂稀溶液。这就是说溴化锂水溶液能够吸收温度比它本身温度低的水蒸气的能力，这一点就是该制冷机的奇妙之处。在一定压力下溴化锂的平衡方程式为

$$t = t' \sum_{n=0}^{3} A_n w_{LiBr}^n + \sum_{0}^{3} B_n w_{LiBr}^n \tag{5-22}$$

其中
$$A_0 = 0.770033，B_0 = 140.877$$
$$A_1 = 1.45455 \times 10^{-2}，B_1 = -8.55749$$
$$A_2 = -2.63906 \times 10^{-4}，B_2 = 0.16709$$
$$A_3 = 2.27609 \times 10^{-6}，B_3 = -8.82641 \times 10^{-4}$$

式中，t 为压力为 p 时，溶液的饱和温度（℃）；t' 为压力为 p 时，水的饱和温度（℃）；w_{LiBr} 为溶液中溴化锂的质量分数。

溶液中溴化锂的质量分数 w_{LiBr}（以下简写为 w）与温度 t、密度 ρ 之间的关系为

$$w = (a_0 + a_1 t + a_2 t^2 + a_3 t^3 + a_4 \rho + a_5 \rho^2 + a_6 \rho^3)/100 \tag{5-23}$$
$$a_0 = -54.26707，a_1 = 3.609289 \times 10^{-2}$$
$$a_2 = 2.807792 \times 10^{-6}，a_3 = -1.551979 \times 10^{-7}$$
$$a_4 = 24.60376，a_5 = 60.99763$$

$$a_6 = -21.54662$$

式中，w 为溶液中溴化锂的质量分数；t 为溴化锂水溶液的温度（℃）；ρ 为溴化锂溶液的密度（kg/L）。

（4）溴化锂水溶液的密度　由于溴化锂水溶液的密度由水和溴化锂的密度组成，溴化锂的密度比水大 3 倍以上，所以混合后的溶液密度在水和溴化锂的密度之间，比水的密度大，比纯溴化锂的密度小，根据温度和溴化锂含量不同而不同。溴化锂水溶液的密度 ρ 用公式表示为

$$\rho = a_0 + a_1 t + a_2 t^{1.2} + a_3 t^{1.5} + a_4 w + a_5 w^{1.2} + a_6 w^{1.5} \qquad (5\text{-}24)$$

其中

$$a_0 = 1.637442, \quad a_1 = -2.725975 \times 10^{-3}$$
$$a_2 = 1.358832 \times 10^{-3}, \quad a_3 = -1.319372 \times 10^{-4}$$
$$a_4 = -3.747908 \times 10^{-2}, \quad a_5 = -1.078937 \times 10^{-3}$$
$$a_6 = 5.379461 \times 10^{-3}$$

式中，ρ 为溴化锂水溶液的密度（kg/L）；t 为溴化锂溶液的温度（℃）；w 为溶液中溴化锂的质量分数。

（5）溴化锂水溶液的比定压热容　溴化锂水溶液的比定压热容小，热惯性小，在交换相同的热量下升温、降温的温差大，再加上水蒸气比定压热容大这一点都有利于热力系数的提高。溴化锂的比定压热容用公式表示为

$$c_p = \left[\sum_{n=0}^{2} (A_n + B_n t + C_n t^2) \left(\frac{w}{100} \right)^n \right] \times 4.1868 \qquad (5\text{-}25)$$

$$A_0 = 0.9928285, \quad B_0 = -3.18742 \times 10^{-5}, \quad C_0 = -3.0105 \times 10^{-6}$$
$$A_1 = -1.3169179, \quad B_1 = 2.9856 \times 10^{-3}, \quad C_1 = -1.7172 \times 10^{-6}$$
$$A_2 = 0.6481006, \quad B_2 = -4.0198 \times 10^{-3}, \quad C_2 = 8.3641 \times 10^{-6}$$

式中，c_p 为溴化锂溶液的比定压热容［kJ/（kg·K）］；t 为溶液的温度（℃）；w 为溶液中溴化锂的质量分数。

（6）溴化锂水溶液的黏度　溴化锂水溶液和水相比，黏度较大，在流动中阻力较大，压力损失较大，耗功较大。设计时应注意流速不要太高，以减少耗功和压力损失。溴化锂水溶液的黏度与温度和溴化锂的质量分数之间的关系。用公式表示为

$$\eta = \left(\sum_{n=0}^{3} A_n \xi_n + \sum_{n=0}^{3} B_n \xi_n + t^2 \sum_{n=0}^{3} C_n \xi_n \right) \times 10^{-3} \qquad (5\text{-}26)$$

$$A_0 = 1.704152, \quad B_0 = -5.783394 \times 10^{-2}, \quad C_0 = -1.105483 \times 10^{-4}$$
$$A_1 = 0.1084067, \quad B_1 = 4.951459 \times 10^{-4}, \quad C_1 = 5.288185 \times 10^{-6}$$
$$A_2 = -2.735067 \times 10^{-3}, \quad B_2 = 7.123706 \times 10^{-5}, \quad C_2 = -2.111622 \times 10^{-7}$$
$$A_3 = -5.649458 \times 10^{-5}, \quad B_3 = -1.907971 \times 10^{-6}, \quad C_3 = 8.204797 \times 10^{-9}$$

式中，η 为溴化锂溶液的黏度（Pa·s）；t 为溴化锂溶液的温度（℃）；ξ 为溶液中溴化锂的质量分数。

（7）溴化锂水溶液的表面张力　表面张力是由于液体分子在界面上受力不平衡而产生的力，表面张力影响溶液在蒸发、沸腾、凝结时的传热效果。表面张力越大，气泡越不易冲破液面，气泡冲破液面所用的压差越大，从而使饱和压力和饱和温度增大。

表面张力越大凝结时液膜越厚，热阻越大，对传热不利。溴化锂水溶液的表面张力与温度、质量分数之间的关系用公式表达为

$$\sigma = (a_0 + a_1 t + a_2 t^2 + a_3 t^3 + a_4 w + a_5 w^2 + a_6 w^3) \times 10^{-3}$$

$$a_0 = 49.48395, \quad a_1 = -1.462354$$

$$a_2 = 6.750326 \times 10^{-4}, \quad a_3 = -2.023934 \times 10^{-6}$$

$$a_4 = 1.750322, \quad a_5 = -3.078061 \times 10^{-2}$$

$$a_6 = 2.477215 \times 10^{-4}$$

式中，σ 为溴化锂水溶液的表面张力（N/m）；t 为溴化锂溶液的温度（℃）；w 为溶液中溴化锂的质量分数。

（8）**热导率** 溴化锂溶液的热导率和溶液的黏度、温度有关。黏度大，则热导率小；黏度小，则热导率大。温度低，热导率小，温度高，热导率大。

（9）**其他** 溴化锂水溶液对钢铁材料和纯铜等金属材料有强烈的腐蚀性，有空气存在时腐蚀情况更加严重，由腐蚀产生的不凝性气体影响传热，系统有不凝性气体时必须及时抽出，并采取一定的防腐措施。

5.3.2 单效溴化锂吸收式制冷机原理

1. 理想溴化锂制冷循环

理想溴化锂制冷循环如图 5-19 所示，它由七个部件组成：发生器 D，冷凝器 C，蒸发器 A，吸收器 B，回热器 E，溶液泵 F，节流阀 I。

溴化锂稀溶液被溶液泵 F 泵入回热器 E，被加热后再进入发生器 D，在发生器中稀溶液被加热，温度升高达到该压力下的饱和温度，部分水由液体变为蒸汽。水

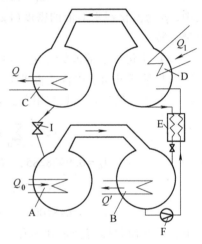

图 5-19 理想溴化锂制冷循环

的潜热由加热介质供给（加热介质可以是热水、电或水蒸气），蒸汽在压差作用下流入冷凝器 C，被冷却水等压冷却成过冷液体水，蒸汽放出的潜热由冷却水带走，过冷水经过节流阀 I 节流后进入蒸发器 A，水的压力降低。温度降低，变为两相状态。在蒸发器 A 中，冷水吸收热量（相当于制冷量 Q_0）后变为低压下的水蒸气进入吸收器 B。而发生器 D 中的水蒸气离开发生器后原来的溴化锂稀溶液变为浓溶液，浓溶液经回热器 E 放热降温冷却后，再经辅助节流阀减压后回到吸收器 B。浓溶液在该温度下又恢复了吸收水蒸气的能力，和从发生器过来的水蒸气混合吸收，又变成了稀溶液构成了一个理想吸收式制冷循环。

2. 实际溴化锂制冷循环

实际溴化锂制冷循环为了减少高压之间的和低压之间的流动阻力损失，通常把高压部分做在一个筒内，低压部分做在另一个筒内，形成了双筒溴化锂吸收式制冷机，如果把高压部分放在筒的上半部分，把低压部分放在桶的下半部分，中间用板隔开则变为单筒溴化锂吸收式制冷机。双筒溴化锂吸收式制冷机（图 5-20）共有七个循环：纯水循环（制冷剂循环）、溶液循环、冷却水循环、冷媒水循环、加热循环、吸收器喷淋循环、蒸发器喷淋循环。

（1）**制冷剂循环（纯水循环）** 在发生器中溴化锂稀溶液被加热，部分水蒸气跃出发生

器，使发生器中的稀溶液变为浓溶液，水蒸气行进中要经过隔板使水蒸气中的液滴分离出来再回到发生器中以免污染冷凝器。水蒸气进入冷凝器，在冷凝器中水蒸气被冷却水冷却成过冷水，压力较高的过冷水经节流装置（一般为 U 形管）节流后变为两相状态的低压低温水。这种两相状态的低压低温水在蒸发器中吸收热量（实现制冷）变为该压力下的干饱和蒸汽，干饱和蒸汽被导入吸收器中，在吸收器中被溴化锂浓溶液吸收，放出热量，热量被冷却水带出吸收器，浓溶液变为稀溶液，稀溶液经溶液泵及回热器泵入发生器，通过加热又变为水蒸气，完成制冷剂循环。

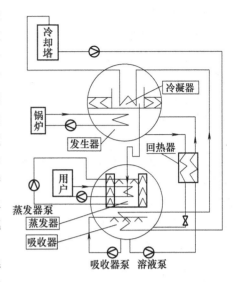

图 5-20　双筒溴化锂吸收式制冷机

（2）溴化锂溶液循环　溴化锂浓溶液从发生器底部流出，经回热器放出热量，温度降低，再经节流后进入吸收器，在吸收器中浓溶液吸收水蒸气后变为同压力下的稀溶液，稀溶液被溶液泵升压又经回热器升温后再进入发生器，稀溶液被加热后又变为浓溶液完成溶液循环。

（3）冷却水循环　冷却塔出来的冷却水经冷却水泵先进入吸收器吸收热量，冷却水温度升高，然后再进入冷凝器吸收冷凝器中的热量，冷却水温度进一步升高，最后进入冷却塔。在冷却塔中，冷却水被冷却，温度降低，再从冷却塔下部流出进入冷却水泵，完成冷却水循环。

（4）冷媒水循环　从用户或其他设备出来的温度较高的水经冷水泵进入蒸发器，在蒸发器中放出热量，使冷媒水温度降低，再流回到用户中去，在用户中吸收热量（放出冷量），使冷媒水温升高，再经冷水泵进入蒸发器，完成冷媒水循环。

（5）加热循环　从锅炉输出的水蒸气进入发生器，在发生器中放出热量，变为同压力下的饱和水或过冷水，经水泵升压后再进入锅炉，再被加热成水蒸气，完成加热循环。

（6）吸收器喷淋循环　吸收器泵把较浓溶液压进喷头，经喷头把浓溶液雾化，并和水蒸气充分混合，扩大浓溶液与水蒸气的接触面积，提高吸收效果。吸收后的稀溶液一部分经溶液泵进入回热器，另一部分和浓溶液混合后再进入吸收泵，完成吸收器喷淋循环。

（7）蒸发器喷淋循环　冷剂水从蒸发器底部被蒸发器泵抽出，加压后经喷头喷向热交换器外部（热交换器管内部走冷媒水），一部分冷剂水吸收热量后变为该压力下的干饱和水蒸气进入吸收器，大部分冷剂水回到蒸发器底部，再被蒸发泵抽出完成循环。

5.3.3　理想溴化锂制冷循环在 h-w 图上的表示

本节介绍理想情况下溴化锂制冷过程在 h-w 图上的表示，所谓理想情况，即

1）发生器和冷凝器之间无压力损失，其压力用冷凝压力 p_k 表示。

2）蒸发器压力和吸收器压力相同，用蒸发器压力 p_a 表示（实际上由于压力损失的存在，两者压力并不相同）。

3）忽略设备与环境的热交换。

4）发生、吸收终了都达到平衡状态。

1. 理想循环

（1）发生过程　如图 5-21 所示，发生开始稀溶液的位置在 2 点，其温度为 t_2，压力为 p_a，溴化锂的质量分数（本章以下简称质量分数）为 w_a，为 p_a 下的饱和液体；经过溶液泵升压后，压力变为 p_k，质量分数不变，若忽略溶液泵功，则温度不变，比焓值不变，升压前后点 2 的位置不变，但状态发生变化，由 p_a 下的饱和液体变为 p_k 下的过冷液体，进入溶液热交换器，w_a 不变，被加热到 t_7，比焓值为 h_7，2-7 是在回热器中的加热过程，然后进入发生器被蒸汽加热。首先稀溶液被加热到 p_k 下的饱和溶液，温度为 t_5，质量分数为 w_a，压力为 p_k，在 5 点的状态下，液体被继续加热开始沸腾汽化，沸腾开始产生的蒸气状态为 5′点。随着水分的汽化，质

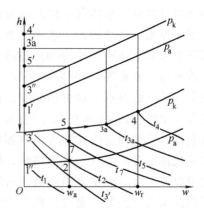

图 5-21　溴化锂吸收式制冷的 h-w 图

量分数增加，随之溶液的饱和温度也提高，发生终了时溶液的状态为 4 点，温度为 t_4，质量分数为 w_r，压力为 p_k，对应产生的蒸气状态为 4′点，$\Delta w = w_r - w_a$。由于开始发生蒸气和蒸气发生结束溶液的温度、质量分数、比焓值都不同，因此取一个平均值，状态为 3a 点，对应产生蒸气的状态是 3′a 点，比焓为 $h_{3'a}$。

对发生器进行溶质守恒计算，有

$$w_a q_{mf} = (q_{mf} - q_{md}) w_r + 0 \times q_{md} \tag{5-27}$$

$$w_a \frac{q_{mf}}{q_{md}} = \left(\frac{q_{mf}}{q_{md}} - 1 \right) w_r \tag{5-28}$$

令 $\dfrac{q_{mf}}{q_{md}} = a$，解出

$$a = \frac{w_r}{w_r - w_a} = \frac{w_r}{\Delta w} \tag{5-29}$$

式中，q_{mf} 为稀溶液的流量；q_{md} 为水蒸气流量；a 为循环倍率；$w_r - w_a$ 为放气范围。

（2）冷凝过程　从稀溶液中蒸馏出来的水蒸气，其 $w = 0$，状态都表示在 $w = 0$ 的纵轴上，等压蒸气线 p_k 与纵轴（$w = 0$）的交点 3″ 为 p_k 下的饱和水蒸气状态，点 3″ 以上是 p_k 下的过热蒸汽，饱和液体线 p_k 与纵轴的交点 3′ 是饱和水的状态，点 3″ 与点 3′ 之间是水蒸气的两相状态，点 3′a 是过热蒸汽状态，该过热蒸汽进入冷凝器，首先被冷却成 p_k 压力下的干饱和蒸汽（点 3″），再被冷却成 p_k 压力下的饱和水状态（点 3′）。3′a-3′ 过程在冷凝器中完成，放出热量 $h_{3'a} - h_{3'}$（kJ/kg）。

（3）节流过程　压力 p_k 下的饱和水经节流装置（节流阀或 U 形管），压力下降为 p_a，根据 h-w 图的特性可知：3′点在图 5-21 中不变，但状态发生了变化，由 p_k 下的饱和水变为 p_a 下的饱和水（点 1″）和饱和蒸汽（点 1′）的混合物，其温度下降到 t_1，$t_1(p_a) < t_{3'}(p_k)$。

（4）蒸发过程　状态为 1″ 的低温饱和水在蒸发器中吸收载冷剂的热量而汽化成 p_a 下的饱和蒸汽，变为 1′状态。使载冷剂降温实现制冷，1″-1′过程是在蒸发器中完成，汽化后的饱和蒸汽和原来的闪发蒸气一起被导入吸收器中。

（5）吸收过程　如图 5-22 所示，点 4 的饱和浓溶液中质量分数为 w_r，温度为 t_4，压力

为 p_k，经过回热器后，放出热量温度降低，变为状态点 8，其质量分数为 w_r，温度为 t_8，成为 p_k 压力下的过冷液体。经过节流后，点 8 不变，但状态和温度发生了变化，状态由 p_k 下过冷液体变为 p_a 下的两相状态，温度降为 $t_{8'}(<t_8)$，点 8 的浓溶液和点 2 的稀溶液混合后其状态变为点 9′：温度 $t_{9'}$，压力 p_a，质量分数为 w_0，该溶液经泵升压喷淋后，点 9′ 中的水蒸气逃逸出液相系统，溶液自动浓缩或称闪蒸，变为状态点 9 的 p_a 下的饱和液体，该饱和液体吸收点 1′ 下的水蒸气，等压下状态变成点 2，放出的汽化热由冷却水带出系统。

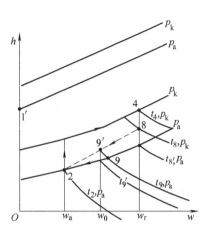

图 5-22　溶液在 h-w 图上的循环

2. 实际循环与理想循环的比较

以上分析的是理想情况在 h-w 图上的表示，如果考虑到实际情况其过程与理想情况有差距。

溴化锂水溶液吸收和发生的机制：溶液的吸收和发生主要看溶液的饱和温度。如果加热实际温度大于溶液的饱和温度，溶液就发生，质量分数增加，且温差（过热度）越大，发生能力就越强。如果冷却实际温度小于溶液的饱和温度，溶液就吸收，质量分数减小，且温差（过冷度）越大，吸收能力就越强。在发生和吸收的过程中，往往伴随质量分数的变化，质量分数越大，饱和温度越高。当加热温度不变时，温差（过热度）减少，发生能力减弱；当冷却温度不变时，温差（过冷度）增加，吸收能力增强。

为了便于说明压力变化对制冷量的影响，对以下问题作简化：在发生器中加热终了温度和浓溶液温度相同（温差 = 0℃）；在吸收器中冷却开始温度和稀溶液温度相同（温差 = 0℃）；在研究发生器与冷凝器时，蒸发压力和吸收压力相同（p_a）；在研究蒸发器与吸收器时，发生压力和冷凝压力相同（p_k）。

（1）发生器和冷凝器的情况　实际情况下，发生器的压力 p_g 大于冷凝器的压力 p_k，两者之差是发生器与冷凝器之间流动的动力和压力损失之和。如图 5-23a 所示，当加热终了时，温度不变，发生压力为 p_k 时，其溶液循环是 1-5′-4-6-1，放气范围为 w_r-w_a。压力由 p_k 升为 p_g 时，p_g 下的 5′ 是过冷溶液，必须加热到 5 点（$t_5>t_{5'}$）才能达到饱和溶液，开始放气，再达到 2 点（加热终了温度）放气结束，然后经 3-1 完成溶液循环。循环的放气范围为 $w_{r'}$-w_a。明显压力升高后其放气范围减小，制冷剂流量减少，制冷量下降。w_r-$w_{r'}$ 称为发生不足。

（2）蒸发器与吸收器的情况　实际情况下，蒸发器压力 p_a 大于吸收器压力 $p_{a'}$，两者压力差等于两者之间流动的动力与阻力之和。当冷却初始水温不变时，如图 5-23b 所示，当压力为 p_a 时，溶液循环是 1-2-3-4-1，放气范围为 w_r-w_a。当压力由 p_a 降到 $p_{a'}$ 时，稀溶液的饱和温度降低，冷却水进口温度不变，要使稀溶液温度等于冷却水进口温度，稀溶液浓度必须提高，由 1 点变为 5 点，浓度由 w_a 增加到 $w_{a'}$，构成新的溶液循环 5-6-3-7-5，放气范围 w_r-$w_{a'}$。明显压力降低后放气范围减少，制冷剂流量减少，制冷量减少，$w_{a'}$-w_a 称为吸收不足。

不管是发生不足或是吸收不足，都会减少装置的制冷量，所以在设计中要设法减少发生器与冷凝器之间的压差，同时减少蒸发器与吸收器之间的压差。减少上述压差主要减少流动阻力，这就要在设计发生器和冷凝器、蒸发器和吸收器时尽量增加两者之间的通流面积，减少流速，减少阻力，减少吸收不足和发生不足。

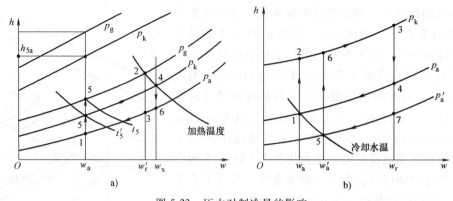

图 5-23　压力对制冷量的影响

a）发生压力变化对制冷量的影响　b）吸收压力变化对制冷量的影响

除了上述两种情况外，还有传热不充分、不凝性气体的存在、混合液没有达到平衡状态，传热热阻变化等都影响吸收式制冷机的制冷量。

（3）溴化锂水溶液的理论循环与实际循环的比较　如图 5-24 所示，在加热开始和加热终了时温度保持不变的条件下，以及在冷却开始和冷却结束时温度保持不变的条件下进行比较。可知在理想情况下，$p_g = p_k$，$p_a = p_{a'}$，溶液循环为 1-2-3-4-1。实际循环的特点为：

1）保持进出水的冷却温度和加热温度不变，而四条等温线（加热开始、加热终了、冷却开始、冷却终了等温线）不变，如果考虑压力损失 $\Delta p = p_g - p_k$，这时 p_k 变为 p_g 的溶液循环由 1-2-3-4-1 变为 5-6-7-8-5。

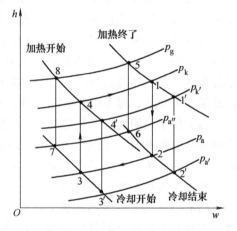

图 5-24　理论与实际循环的比较

由此可知，在发生器中压力由 p_k 变为 p_g，而在吸收器中压力由 p_a 变为 $p_{a''}$，压力都提高。在发生器中，由于 $p_g > p_k$，造成发生器中的压力增加，溶液的饱和温度增加，溶液产汽的过热度减少，发汽量减少，溶液的平均质量分数减少，q_{md} 减少，制冷量减少。

再看吸收器的压力 p_a 变为 $p_{a''}$。首先，在吸收器中压力提高，由于吸收器中压力提高，溶液的饱和温度提高，冷却温度不变，两者温差（过冷度）增加，吸收能力增加。由于发生量少，吸收量多，冷凝器和蒸发器中水量减少，一部分冷剂水退出循环，存于吸收器和发生器中，使吸收器和发生器中的溴化锂质量分数降低。

2）如果保持四条等温线不变，吸收器中的压力由 p_a 降为 $p_{a'}$，溶液的循环如图 5-24 中的 1'-2'-3'-4'-1'，吸收器中溶液的饱和温度下降，冷却温度不变，造成吸收的温差（过冷度）减少，使吸收的推动力减少，吸收量 q_{md} 下降，制冷量减少，造成吸收器中平均质量分数增加。发生器中压力降低，使溶液饱和温度降低。在加热温度不变的情况下，过热度增加，发生量增加，溶液的质量分数增加。由于在吸收器和发生器中平均质量分数增加，冷剂水一部分退出循环，存储在冷凝器和蒸发器中，使其水位增加。

5.3.4 溴化锂制冷机的热力计算和传热计算

溴化锂制冷机的设计包括：热力计算、传热计算、结构设计和强度校核。根据课程的特点，本书只介绍热力计算和传热计算。

1. 热力计算

溴化锂制冷机的热力计算是根据用户对制冷量的要求，决定制冷机容量的大小，根据用户对冷水的温度要求确定蒸发温度，同时还要根据用户能提供的热源情况及冷却水情况决定设计方案（上述参数应该是已知的）。

（1）已知参数

1）制冷量 Q_0。它根据用户的工艺要求通过热力计算或传热计算而确定，或者根据空调面积的大小及要求以及房间温度而确定。在不考虑节流时闪发蒸汽的影响下，可近似认为

$$Q_0 \approx q_{md} q_0$$

式中，Q_0 为制冷量（kW）；q_0 为水的汽化热（kJ/kg）；q_{md} 为制冷剂水的质量流量（kg/s）。

2）冷媒水出口温度 $t_{k'}$。$t_{k'}$ 在工业上是由工艺条件提出的，在空调中是由人们要求的舒适程度决定的。由于 t_k 与蒸发温度 t_0 有关，只相差一个传热温差，t_0 降低会使蒸发压力 p_0 下降，从而使吸收器的吸收性能降低，质量分数增加，制冷量下降，热力系数降低，所以在条件满足要求的前提下，尽量提高 $t_{k'}$，以有利于热力系数的提高。

3）冷却水进口温度 t_w。该温度是根据用户供水的条件决定的，由于水源不一样，其进口温度也不同，比如用河水冷却受到季节影响，用井水冷却基本不受季节影响，用冷却塔冷却也会受季节的影响，从提高热力系数和增加制冷量来说，t_w 降低对增加制冷量和提高热力系数有利，但根据溴化锂制冷机的情况，为了防止在变工况时浓溶液结晶，也要控制 t_w 不能太低，当然在保证浓溶液不结晶时，使 t_w 尽量低。

4）加热热源温度。加热热源温度根据用户提供的热源而定，可以是废热、地热、太阳能、热水、低压蒸汽或高压蒸汽，如果是可燃气体也可以。

表5-1列出了溴化锂吸收式制冷的基本参数。可供设计时参考，也可以在工作中选型。

表 5-1　溴化锂吸收式制冷的基本参数（90℃热水系列）

<table>
<tr><td colspan="2">型　号</td><td colspan="2">RXZ—175</td><td colspan="2">RXZ—230</td><td colspan="2">RXZ—350</td><td colspan="2">RXZ—580</td><td colspan="2">RXZ—1160</td><td colspan="2">RXZ—1750</td></tr>
<tr><td colspan="2">制冷量/kW</td><td>175</td><td>200</td><td>230</td><td>265</td><td>350</td><td>400</td><td>580</td><td>665</td><td>1160</td><td>1335</td><td>1750</td><td>2000</td></tr>
<tr><td colspan="2">制冷量/10⁴(kJ/h)</td><td>62.805</td><td>72.440</td><td>83.740</td><td>96.300</td><td>125.610</td><td>144.450</td><td>209.350</td><td>140.750</td><td>418.700</td><td>418.500</td><td>628.050</td><td>722.250</td></tr>
<tr><td rowspan="4">热水</td><td>热水温度/℃</td><td>90</td><td>95</td><td>90</td><td>95</td><td>90</td><td>95</td><td>90</td><td>95</td><td>90</td><td>95</td><td>90</td><td>95</td></tr>
<tr><td>出水温度/℃</td><td>82</td><td>87</td><td>82</td><td>87</td><td>82</td><td>87</td><td>82</td><td>87</td><td>82</td><td>87</td><td>82</td><td>87</td></tr>
<tr><td>体积流量/(m³/h)</td><td>32.5</td><td>37.5</td><td>43</td><td>50</td><td>65</td><td>75</td><td>108</td><td>125</td><td>216</td><td>249</td><td>324</td><td>373</td></tr>
<tr><td>压力损失/MPa</td><td>0.10</td><td>0.15</td><td>0.10</td><td>0.15</td><td>0.10</td><td>0.15</td><td>0.10</td><td>0.15</td><td>0.15</td><td>0.20</td><td>0.15</td><td>0.20</td></tr>
<tr><td rowspan="4">冷媒水</td><td>进水温度/℃</td><td colspan="12">15</td></tr>
<tr><td>出水温度/℃</td><td colspan="12">10</td></tr>
<tr><td>体积流量/(m³/h)</td><td>30</td><td>34.5</td><td>40</td><td>46</td><td>60</td><td>69</td><td>100</td><td>115</td><td>200</td><td>230</td><td>300</td><td>345</td></tr>
<tr><td>压力损失/MPa</td><td>0.10</td><td>0.15</td><td>0.10</td><td>0.15</td><td>0.10</td><td>0.15</td><td>0.10</td><td>0.15</td><td>0.15</td><td>0.20</td><td>0.15</td><td>0.20</td></tr>
</table>

（续）

型　号	RXZ—175		RXZ—230		RXZ—350		RXZ—580		RXZ—1160		RXZ—1750	
进水温度/℃	32											
出水温度/℃	36											
冷却水　冷凝器体积流量/(m³/h)	40	46	53	61	80	92	133	153	266	306	400	460
吸收器体积流量/(m³/h)	60	69	80	92	120	138	200	230	400	460	600	690
冷凝器压力损失/MPa	0.60	0.10	0.06	0.10	0.60	0.10	0.60	0.10	0.60	0.10	0.60	0.10
吸收器压力损失/MPa	0.10	0.15	0.10	0.15	0.12	0.18	0.12	0.18	0.12	0.18	0.12	0.18
功率/kW	5.5		5.5		5.5		8.8		8.8		8.8	

注：表中功率包括真空泵功率。

（2）设计参数的选定

① 吸收器冷却水出口温度 t_{w1} 和冷凝器冷却水出口温度 t_{w2}。由图5-25可知，对吸收器和冷凝器进行冷却，可采用串联和并联的方式，要根据用户的具体情况而定，如果用户水资源不紧张，可以用并联方式，即都用新水同时冷却吸收器和冷凝器效果会更好。例如，企业紧靠江河，水进入机器冷却后又流到下游并不污染江河。如果是缺水地区，一般用串联形式，而冷却水先进吸收器，然后再进冷凝器比较合适，因为冷却水先冷却吸收器，有利于制冷剂的吸收，冷却水后进入冷凝器，使发生器压力有所升高，可以通过提高热源温度来补偿，如果进水次序相反，吸收温度太高会影响其吸收效果，不可能通过制冷来提高其吸收效果，如果是串联的话，一般可通过流量控制使总温升 $\Delta t_w = 7 \sim 9℃$。

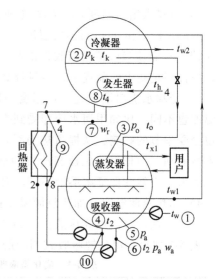

图5-25　热力计算各点示意图

$$\Delta t_w = \Delta t_{w1} + \Delta t_{w2} \tag{5-30}$$

式中，Δt_{w1} 为吸收器中的冷却水温差；Δt_{w2} 为冷凝器中的冷却水温差。

由于吸收器的热负荷要比冷凝器的热负荷大，一般其 $\Delta t_{w1} > \Delta t_{w2}$，这是因为冷凝器只是把质量流量为 q_{md} 的制冷剂蒸汽冷却成饱和水，而吸收器除了需把质量流量为 q_{md} 的制冷剂蒸汽冷却成饱和水外，还需把浓溶液冷却到稀溶液的温度。由此可知

$$t_{w1} = t_w + \Delta t_{w1}, \quad t_{w2} = \Delta t_{w1} + \Delta t_{w2} + t_w$$

② 冷凝温度 t_k 及压力 p_k。冷凝温度 t_k 一般是由冷却水出口温度 t_{w2} 决定的，它比 t_{w2} 高 $2 \sim 5℃$，具体高多少，由传热面积确定。传热面积大，传热温差就小；传热面积小，传热温差就大。显然 t_{w2} 与串联冷却和并联冷却有关，串联冷却 t_{w2} 高，t_k 也高，反之 t_k 低。同时，t_{w2} 还与冷却水的流量有关，流量大，t_{w2} 就低，流量小，t_{w2} 就高，t_{w2} 还与进口水温度 t_w 有关。另外，t_{w2} 还与制冷量有关，制冷量大，t_{w2} 就大，反之就小。可以写成

$$t_k = t_{w2} + (2 \sim 5℃)$$

由于冷凝器中是纯水，故符合水的性质，由 $t_k = f(p_k)$ 可以找出 t_k 对应下的饱和压力 p_k。

③ 蒸发温度 t_o 和蒸发压力 p_o。蒸发温度的高低与用户要求的冷媒水出口温度有关，一般比冷媒水出口温度低 $2 \sim 4℃$。

$$t_o = t_{x1} - (2 \sim 4)℃$$

式中，t_{x1} 为冷媒水出口温度。

由于蒸发器中也是纯水，并处于两相状态，故符合 $t_o = f(p_o)$ 的关系，由 t_o 找出对应温度下的饱和压力 p_o。

④ 吸收器内稀溶液的最低温度 t_2。稀溶液的最低温度与冷却水的出口温度有关，一般比冷却水出口温度高 $3 \sim 5℃$，即：$t_2 = t_w + \Delta t_{w1} + (3 \sim 5)℃$，具体温差大小与热交换器面积有关。

⑤ 吸收压力 p_a。水蒸气从蒸发器流到吸收器，经过挡水板等有阻力存在，根据结构不同其阻力也不同，一般压力损失在 $\Delta p_o = 10 \sim 70 Pa$，$p_{a'} = p_o - (10 \sim 70) Pa$。

⑥ 稀溶液中溴化锂的质量分数 w_a。如果 t_2 是饱和温度，由 p_a 和 t_2 在溴化锂 h-w 图上找出 h_2 和 w_a。如果 t_2 不是饱和状态（过冷状态），由 p_a 和 t_2 在溴化锂的 p-t 图找出 w_a，再由溴化锂 h-w 图上找出 h_2。

⑦ 浓溶液中溴化锂的质量分数 w_r。为了保证制冷机运行安全、不结晶、不堵塞，要限制溴化锂的质量分数变化不能太大，一般 $\Delta w = 0.03 \sim 0.06$。$w_r = w_a + (0.03 \sim 0.06)$。

⑧ 发生器内溶液的最高温度 t_4（加热终了温度）。对于发生器来说，其内部的压力 p_g 显然高于冷凝压力 p_k。这是因为蒸汽在流动过程中存在着阻力，压力损失为 $\Delta p_g = p_g - p_k$，由于 p_g 的数值比较大，压力损失 Δp_g 对其影响较小，可以略去，即 $p_g = p_k$。

由饱和液体线 p_k 和 w_r 在 h-w 图上找出 t_4，或在溴化锂的 p-t 图上，由 w_r 和 p_k 可以查出 t_4。另一方面，t_4 还受加热热源的影响，一般要求低于加热热源温度 $10 \sim 40℃$，如果热源温度比较低，可以取小值；如果热源温度比较高，可以取大值。取值之后还要计算对应的换热面积，取小值则换热面积大，取大值则换热面积小。

⑨ 溶液热交换器出口温度 t_8 和 t_7（图5-26）。由于 t_8 处质量分数比较大，首先要防止 t_8 处在冷却过程中结晶堵塞管道，所以要求 t_8 应比对应质量分数的结晶温度高 $10℃$，以防结晶。再者 t_8 与稀溶液进口温差有关，即与 $t_8 - t_2 = \Delta t$ 有关，一般取 $\Delta t = 15 \sim 25℃$。当然，必须满足第一条要求，如果第一条要求不能满足，必须调整第二条要求，使之满足第一条要求。求 t_7 时由能量平衡先求出 h_7，再由 h_7 和 w_a 通过 h-w 图求出 t_7。设热交换器绝热，由能量守恒定律得。

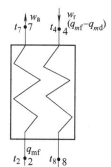

$$q_{mf}(h_7 - h_2) = (q_{mf} - q_{md})(h_4 - h_8) \tag{5-31}$$

$$h_7 = [(a-1)(h_4 - h_8)/a] + h_2 \tag{5-32}$$

其中

$$a = \frac{q_{mf}}{q_{md}} = \frac{w_r}{w_r - w_a} \tag{5-33}$$

式中，a 为循环倍率。

⑩ 吸收器喷淋溶液状态确定。为了增加制冷剂蒸汽与溶液的接触面积，提高吸收效率，一般都用吸收泵对溶液加压，把溶液喷成雾状，以扩大接触面积。当然，如果用 w_r 的浓溶液喷出，效果会非常好，但是由于浓溶液的流量小，不能通过泵形成雾状，故一般都加入

图5-26 溶液热交换器能量平衡图

一部分稀溶液，才能够满足流量的要求，其效果比单喷浓溶液效果更好。

如图 5-27 所示，原浓溶液的质量流量为 $q_{mf}-q_{md}$，比焓为 h_8，设加入质量流量为 q_m（kg/s）的稀溶液，比焓为 h_2。混合后为 9′ 点，比焓为 $h_{9'}$。

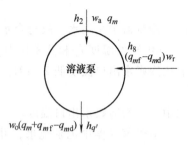

图 5-27 溶液泵能量平衡图

根据能量守恒定律

$$h_2 q_m + (q_{mf}-q_{md})h_8 = (q_m+q_{mf}-q_{md})h_{9'} \tag{5-34}$$

等号两边除 q_{md}，并令 $f=q_m/q_{md}$，整理后得

$$h_{9'} = \frac{(a-1)h_8+h_2 f}{f+a-1} \tag{5-35}$$

式中，f 为吸收每千克水蒸气需补充的稀溶液的数量，称为再循环倍率，一般取 $20\sim50$。

由溶质平衡，求出 w_0

$$q_m w_a + (q_{mf}-q_{md})w_r = w_0(q_m+q_{mf}-q_{md}) \tag{5-36}$$

与式（5-34）相比较，可知

$$w_0 = \frac{(a-1)w_r+w_a f}{f+a-1} \tag{5-37}$$

通过 w_0 和 $h_{9'}$ 在 h-w 图上找到点 9′，从而找到温度 $t_{9'}$。

（3）溴化锂各部件的热负荷计算

1）溴化锂制冷机中冷剂水的质量流量 q_{md}。q_{md} 由制冷量 Q_0 和冷剂水的单位制冷量 q_0 确定。

$$q_{md} = \frac{Q_0}{q_0} \tag{5-38}$$

式中，Q_0 已知，参考图 5-21，有

$$q_0 = h_{1'}-h_{3'} \tag{5-39}$$

2）发生器的热负荷 Q_g。如图 5-28 所示，以发生器为热力系对发生器进行热平衡计算。

$$Q_g+q_{mf}h_7 = (q_{mf}-q_{md})h_4+q_{md}h_{3'} \tag{5-40}$$

$$Q_g = q_{md}[(a-1)h_4+h_{3'}-ah_7] \tag{5-41}$$

式中，a 为循环倍率，$a=q_{mf}/q_{md}$。

3）冷凝器的热负荷 Q_k。如图 5-29 所示，以冷凝器为热力系对冷凝器进行热平衡计算：

进入系统的水蒸气质量流量为 q_{md}，比焓为 $h_{3'}$；流出系统的水的质量流量为 q_{md}，比焓为 h_3，单位时间放出热量 Q_k。

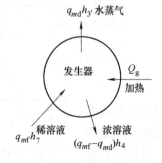

图 5-28 发生器能量平衡图

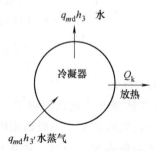

图 5-29 冷凝器能量平衡图

$$Q_k + q_{md} h_3 = q_{md} h_{3'}$$
$$Q_k = q_{md}(h_{3'} - h_3) \tag{5-42}$$

4）吸收器的热负荷 Q_a。如图 5-30 所示，以吸收器为热力系。进入系统的质量和能量有：浓溶液的质量流量为 $q_{mf} - q_{md}$，比焓为 h_8；水蒸气的质量流量为 q_{md}，比焓为 $h_{1'}$。流出系统的质量和能量有：稀溶液的质量流量为 q_{mf}，比焓为 h_2。冷却水单位时间带出的热量 Q_a 由能量平衡方程求出。

$$(q_{mf} - q_{md}) h_8 + q_{md} h_{1'} = Q_a + q_{mf} h_2$$
$$Q_a = q_{md} \left[(a-1) h_8 - a h_2 + h_{1'} \right] \tag{5-43}$$

5）溶液热交换器的热负荷 Q_{ex}。由图 5-31 可知：以溶液热交换器为热力系，并忽略其与外界的换热，根据能量平衡有

$$q_{mf}(h_7 - h_2) = Q_{ex} = (q_{mf} - q_{md})(h_4 - h_8) \tag{5-44}$$

由于 $(q_{mf} - q_{md}) < q_{mf}$，$(h_4 - h_8) > (h_7 - h_2)$，即 $(h_4 - h_7) > (h_8 - h_2)$。如果将液体比热容看作定值，则 $(t_4 - t_7) > (t_8 - t_2)$。

由此可知：溶液热交换器的热端温差大于冷端温差。

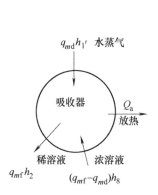

图 5-30 吸收器能量平衡图

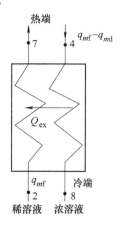

图 5-31 溶液热交换器能量平衡图

（4）溴化锂制冷机的能量平衡方程式，热力系数和热力完善度 以溴化锂制冷机为热力系，略去泵功和装置外表面的对外传热，如图 5-32 所示。系统与外界交换的热量有：单位时间蒸汽加热量 Q_g、冷凝器中冷却水带走的热量 Q_k、吸收器中冷却水带走热量 Q_a，以及蒸发器制冷量 Q_o。

有能量平衡
$$Q_g + Q_o = Q_a + Q_k \tag{5-45}$$

根据定义热力系数为

$$\zeta = \frac{Q_o}{Q_g} \tag{5-46}$$

图 5-32 溴化锂制冷机的能量平衡图

根据现在的技术水平，单效溴化锂制冷循环的热力系数一般为 0.65~0.75，双效溴化锂制冷循环的热力系数一般为 1.0~1.2。理想循环热力系数

$$\zeta_{max} = \left(\frac{T_3 - T_2}{T_3} \right) \left(\frac{T_1}{T_2 - T_1} \right) \tag{5-47}$$

式中，T_1 为冷源温度（蒸发温度）；T_2 为环境温度；T_3 为热源温度（加热温度）。

热力完善度
$$\beta = \frac{\zeta}{\zeta_{\max}} \tag{5-48}$$

2. 加热蒸汽的消耗量和各类泵的体积流量

（1）加热蒸汽的消耗量（加热蒸汽的质量流量） 如图 5-33 所示，以发生器为热力系，在单位时间内加入系统的热量为 Q_g，蒸汽的质量流量为 q_m，蒸汽进口比焓为 h''，出口比焓 h'。能量平衡方程为

$$q_m = \frac{Q_g}{h'' - h'} \tag{5-49}$$

实际上发生器外壳并不是绝热的，考虑到外壳传热的影响，实际蒸汽消耗量大于上述消耗量，一般增加一个修正系数 $A = 1.05 \sim 1.1$，则

$$q_m = A\frac{Q_g}{h'' - h'} \tag{5-50}$$

（2）吸收器泵的体积流量 q_{Va} 由于几乎所有的泵铭牌上都标的是体积流量（$\mathrm{m^3/h}$），而计算出来的一般是质量流量（$\mathrm{kg/s}$），为了选泵的要求，一般要把质量流量换算为体积流量。

由图 5-34 可知，以吸收器泵为热力系，吸收器泵流出溶液的质量流量为 q_{ma}，流入的溶液有两部分：一部分是浓溶液（$q_{mf} - q_{md}$），另一部分是加入的稀溶液（q_m）。由稳定流动质量平衡方程

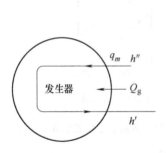

图 5-33 蒸汽加热示意图

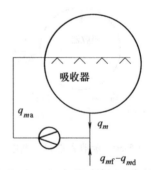

图 5-34 吸收器泵的质量流量示意图

$$q_m + (q_{mf} - q_{md}) = q_{ma} \tag{5-51}$$

得吸收器泵的体积流量 $q_{Va}(\mathrm{m^3/h})$ 为

$$q_{Va} = \frac{3600 q_{ma}}{\rho} = \frac{3600(q_m + q_{mf} - q_{md})}{\rho} = \frac{3600 q_{md}(f + a - 1)}{\rho} \tag{5-52}$$

式中，ρ 为混合溶液的密度（$\mathrm{kg/m^3}$）；a 为循环倍率；f 为再循环倍率；q_{md} 为冷剂水质量流量（$\mathrm{kg/s}$）。

（3）发生器泵（溶液泵）的体积流量 $q_{Vg}(\mathrm{m^3/h})$ 发生器泵的质量流量是稀溶液的质量流量 $q_{mf}(\mathrm{kg/s})$

$$q_{Vg} = \frac{3600 q_{mf}}{\rho_a} = \frac{3600 a q_{md}}{\rho_a} \tag{5-53}$$

式中，q_{md} 为冷剂水质量流量（kg/s）；ρ_a 为稀溶液的密度（kg/m³）；a 为循环倍率。

（4）冷媒水的体积流量 q_{V0}（m³/h）（冷媒水泵的体积流量） 冷媒水向蒸发器中提供制热量 Q_o（kW）。

$$Q_o = q_{m0} c_p (t_{x''} - t_{x'}) \tag{5-54}$$

冷媒水的质量流量 q_{m0}（kg/s）为
$$q_{m0} = \frac{Q_o}{c_p (t_{x''} - t_{x'})} \tag{5-55}$$

$$q_{V0} = \frac{3600 q_{m0}}{\rho} \tag{5-56}$$

式中，c_p 为冷媒水的比定压热容，$c_p = 4.186 \text{kJ/(kg} \cdot ℃)$；$t_{x''}$ 为冷媒进水温度（℃）；$t_{x'}$ 为冷媒出水温度（℃）；ρ 为水的密度，$\rho = 1000 \text{kg/m}^3$。

（5）冷却水泵的体积流量 q_{Vb}（m³/h）（参考图5-25） 冷却水依次通过吸收器（体积流量 q_{Vb1}）和冷凝器（体积流量 q_{Vb2}），有

$$q_{Vb1} = \frac{3600 Q_a}{c_p (t_{w1} - t_w) \rho} \tag{5-57}$$

$$q_{Vb2} = \frac{3600 Q_k}{c_p (t_{w2} - t_{w1}) \rho} \tag{5-58}$$

式中，ρ 为水的密度，$\rho = 1000 \text{kg/m}^3$；$c_p$ 为水的比定压热容，$c_p = 4.186 \text{kJ/(kg} \cdot ℃)$；$t_w$ 为冷却水进口温度（℃）；Q_a 为吸收器的放热量（kW）；t_{w1} 为吸收器出水温度（℃）；Q_k 为冷凝器的放热量（kW）；t_{w2} 为冷凝器出水温度（℃）。

由于吸收器和冷凝器串联，且是稳定流动，所以 $q_{Vb1} = q_{Vb2}$。如果两者不相等，说明中间温度 t_{w1} 设得不对，再设 t_{w1} 直到相等为止。

（6）蒸发器泵的体积流量 q_{Vd}（m³/h） 在蒸发器中为了提高冷剂水与冷媒水之间的传热系数，一般做成喷淋式，把冷剂水均匀地喷洒在蒸发器管壁上，以加强换热。实际上冷剂水的喷洒量远大于其蒸发量，即喷出去的水并不都变成蒸汽，只有很少一部分变成蒸汽。喷洒量与蒸发量之比称为蒸发器的冷剂水再循环倍率，用 f 表示，$f = 10 \sim 20$。蒸发器泵的体积流量 q_{Vd}（m³/h）为

$$q_{Vd} = \frac{3600 f q_{md}}{\rho_水} \tag{5-59}$$

式中，q_{md} 为冷剂水流量（kg/s）；$\rho_水$ 为水的密度，$\rho_水 = 1000 \text{kg/m}^3$。

3. 传热计算

（1）简化传热计算公式

$$A = \frac{Q}{K(\Delta - a\Delta t_a - b\Delta t_b)} \tag{5-60}$$

式中，A 为传热面积（m²）；Q 为传热量（W）；K 为传热系数[W/(m² · ℃)]；Δ 为最大温差，冷流体入口与热流体入口之间温差（℃）；a、b 为常数，和流体流动方式有关，由表5-2确定；Δt_a 为流体 a 在换热过程中的进出口温度变化；Δt_b 为流体 b 在换热过程中的进出口温度变化。

表 5-2　各种状态下的 a、b 值

流动方式	a	b	应 用 范 围	流动方式	a	b	应 用 范 围
逆流	0.35	0.65		叉流	0.425	0.65	两流体均作交叉流动
顺流	0.65	0.65		叉流	0.5	0.65	一种流体作交叉流动

式(5-60)的使用条件：$\Delta t_a < \Delta t_b$。

1）如果 $\Delta t_a \neq \Delta t_b$ 且不符合上述条件，可把 a 流体和 b 流体对调。

2）如果任一流体出现凝结或沸腾而其温度不变，设温度不变者为 a 流体。显然将会有 $\Delta t_a = 0 < \Delta t_b$，式(5-60)演变成

$$A = \frac{Q}{K(\Delta - b\Delta t_b)} \tag{5-61}$$

3）如果 $\Delta t_a = \Delta t_b \neq 0$，式(5-60)演变成

$$A = \frac{Q}{K[\Delta - (a+b)\Delta t_a]} \tag{5-62}$$

4）如果 $\Delta t_a = \Delta t_b = 0$，即两流体都发生相变，相变温度分别是 t_a 和 t_b，式(5-60)演变成

$$A = \frac{Q}{K|t_a - t_b|} \tag{5-63}$$

（2）各种换热设备传热面积的计算

1）发生器的传热面积 A_g（忽略发生器壳体对外传热）。在发生器（图 5-35）中有两种流体换热，一种流体为溴化锂水溶液，一种为蒸汽，由于蒸汽有相变，故选流体 a 为蒸汽。流体 b 为溴化锂水溶液，$0 = \Delta t_a < \Delta t_b$，用式(5-61)。对于发生器来说，进入系统的蒸汽有过热，但过热蒸汽的显热远小于其潜热，可忽略其显热。按对应压力下的干饱和蒸汽处理，对于进入发生器的稀溶液来说，其开始处于过冷状态 t_7，经过加热变为饱和状态 t_5，t_5 到 t_7 之间的吸热量远远小于溶液沸腾过程中的吸热量，该吸热量也可以略去，流出系统的浓溶液温度为 t_4，代入式(5-61)得

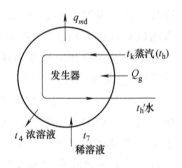

图 5-35　发生器换热面积计算图

$$A_g = \frac{Q_g}{K_g[(t_h - t_5) - 0.65(t_4 - t_5)]} \tag{5-64}$$

式中，t_h 为加热饱和蒸汽进口温度（℃）；Q_g 为发生器的加热量（W）；K_g 为发生器的传热系数 $[W/(m^2 \cdot ℃)]$。

2）冷凝器的传热面积 A_k（忽略冷凝器壳体对外传热）。在冷凝器内部有两种流体换热，一种是冷剂蒸汽放出热量变成冷剂水，有相变发生，故选冷剂蒸汽为流体 a，$\Delta t_a = 0$。冷凝器中冷却水为 b 流体，进水温度为 t_{w1}，出水温度为 t_{w2}，$\Delta t_b = (t_{w2} - t_{w1}) > \Delta t_a = 0$，可用式(5-61)。水蒸气进入冷凝器的温度为 t_3，是过热蒸汽，由于其显热比潜热小得多，可认为进入冷凝器的蒸汽为该压力下的干饱和蒸汽，温度为 t_k，则

$$A_k = \frac{Q_k}{K_k[(t_k - t_{w1}) - 0.65(t_{w2} - t_{w1})]} \tag{5-65}$$

式中，Q_k 为冷凝器换热量（W）；K_k 为冷凝器的传热系数 $[W/(m^2 \cdot ℃)]$。

3）吸收器的传热面积 A_a（忽略吸收器壳体对外传热）。参考图5-25，在吸收器中溴化锂溶液和冷却水之间进行换热，由于循环冷却水的流量大，比热容大，故其温降小，选为a流体，而溴化锂溶液的流量小，且比热容小，其温差大，故选为b流体。代入式(5-60)得

$$A_a = \frac{Q_a}{K_a[(t_8-t_w)-0.5(t_{w1}-t_w)-0.65(t_8-t_2)]} \tag{5-66}$$

式中，Q_a 为吸收器的换热量；K_a 为吸收器的传热系数 $[W/(m^2 \cdot ℃)]$；t_8 为溶液进口温度（℃）；t_w 为冷却水进口温度（℃）；t_{w1} 为冷却水出口温度（℃）；t_2 为稀溶液出口温度（℃）。

4）蒸发器传热面积 A_0（忽略蒸发器壳体对外传热）。如图5-25所示，在蒸发器中是冷剂水与冷媒水之间换热，冷剂水由水变成蒸汽发生相变，故设冷剂水为流体a，$\Delta t_a=0$，冷媒水为流体b，冷媒水经过蒸发器后温度降低。代入式(5-61)得

$$A_0 = \frac{Q_0}{K_0[(t_{x''}-t_0)-0.65(t_{x''}-t_{x'})]} \tag{5-67}$$

式中，$t_{x''}$ 为冷媒水进口温度（℃）；Q_0 为蒸发器换热量（W）；t_0 为水的蒸发温度（℃）；K_0 为蒸发器的传热系数 $[W/(m^2 \cdot ℃)]$；$t_{x'}$ 为冷媒水出口温度（℃）。

5）溶液热交换器的传热面积 A_{ex}（忽略溶液热交换器壳体对外传热）。如图5-31所示，浓溶液放出热量，温度由 t_4 降为 t_8，质量流量是 $q_{mf}-q_{md}$，稀溶液获得热量，温度由 t_2 上升至 t_7，质量流量是 q_{mf}。由能量平衡得

$$q_{mf}(h_7-h_2) = (q_{mf}-q_{md})(h_4-h_8)$$

由于 $$q_{mf}>(q_{mf}-q_{md})$$

所以 $$(h_7-h_2)<(h_4-h_8)$$

设两溶液的比热容相同，则 $(t_7-t_2)<(t_4-t_8)$。

设稀溶液为流体a，浓溶液为流体b，代入式(5-60)得

$$A_{ex} = \frac{Q_{ex}}{K_{ex}[(t_4-t_2)-0.35(t_7-t_2)-0.65(t_4-t_8)]} \tag{5-68}$$

（3）传热系数 K 传热系数是一个复杂数据，它与许多因素有关。例如与热交换器的材质、流体的流速、换热管的布置情况、水垢情况、不凝性气体的多少、冷却水质、喷淋雾化的程度等有关。一般是一个综合实验数据，表5-3给出了一部分 K 值，供设计时参考。

表5-3 传热系数 K [单位：$W/(m^2 \cdot K)$]

机 型	冷凝器	蒸发器	吸收器	发生器		溶液热交换器	
XZ-50（单效，中国）	2326	2326	814(700)	1163		582	
日立 HAU-100（单效，日本）	5234	2791	1163	1623		465	
三洋（单效，日本）	4652	1745	1070	1163			
2XZ-150（双效，中国）	4070	2559	1105(950)	高压	1047		
				低压	987		
川崎（双效，日本）	5815~6978	2675~3024	1163~1396	高压	2326	高压	349~465
				低压	1163	低压	291~349

5.3.5 溴化锂制冷机的性能及提高性能的途径

溴化锂制冷机的性能与许多因素有关，例如与冷却水的温度、流量，冷媒水的温度、流量，水质，热交换器的材质，加热蒸汽的温度，溶液流量等有关。了解上述因素对制冷机的影响，对于设计及操作和选择溴化锂制冷机有较重要的意义（为了便于分析，只进行一个因素变化）。

1. 影响溴化锂制冷机的因素

（1）加热蒸汽压力（温度）的变化对机组性能的影响　当加热蒸汽的压力（温度）提高时，则稀溶液的温度增加，溶液的过热度增加，发生强度增加，所以冷剂水的流量增加，制冷量增加。由于发生器出口浓溶液中溴化锂的质量分数增加，在冷却过程中易结晶，不利于安全运行；加之温度（压力）增加，其制冷量增加缓慢，故其对温度增加有一定限制。

加热开始温度 t_5 不变，加热终了温度降低，t_4 变为 $t_{4'}$，新循环 2-5-4'-8'-2，溶液的过热度减少，水蒸气放气量减少，冷剂水流量 q_{md} 减少，使溴化锂出口浓溶液变稀，由 w_8 点变为 $w_{8'}$ 点，如图 5-36 所示。显然，$q_{md}(w_8-w_2)<q_{md'}(w_8-w_2)$，制冷量减少。由于冷剂水流量减少，各部件的热负荷都减少。

（2）冷媒水出口温度的变化对机组性能的影响　原来的循环为 2-5-4-8-2，设加热温度不变，冷媒水出口温度降低，如图 5-37 所示，使蒸发器的蒸发温度降低，从而使蒸发压力下降，吸收器（蒸发器）压力由 p_o 下降到 p_o'，构成新的循环 2'-5-4-8'-2'，由图可知，放气范围没有变化，但由于吸收器内压力降低，吸收量 q_{md} 减少，$q_{md}(w_8-w_2)$ 减少，制冷量减少，各部件的热负荷相应减少。

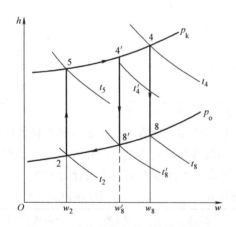

图 5-36　蒸汽温度降低时的溶液循环

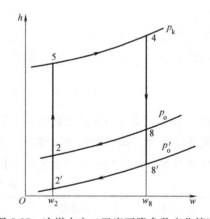

图 5-37　冷媒水出口温度下降参数变化情况

（3）冷却水进口温度的变化对机组性能的影响　冷却水进口温度降低，使冷凝器内压力由 p_k 降低到 $p_{k'}$，当发生器加热温度不变时，增加了发生器与冷凝器之间的压差，使制冷剂流量增加，制冷量增加。另一方面，冷却水温度降低，使吸收器中溶液的饱和压力降低，增加了蒸发器与吸收器之间的压差，也使制冷剂流量增加，制冷量增加。但是当吸收器中溶液温度降到16℃时，为了防止结晶，必须减少冷却水流量，提高冷却水出口温度，保证设备安全。

冷却水温度降低时参数的变化情况，如图 5-38 所示。由于冷却水温度的降低，使冷凝压力从 p_k 降低到 $p_{k'}$，蒸发压力从 p_o 降到 $p_{o'}$，冷却水进口温度由 t_2 降为 $t_{2'}$，冷却水出口温度 t_8 不变，$t_8 = t_{8'}$。等温线 $t_{2'}$ 和 $t_{8'}$ 交于等压线 $p_{o'}$ 于 2′点和 8′点，其溶液质量分数为 $w_{a'}$ 和 $w_{r'}$，两等质量分数线交于等压线 $p_{k'}$ 于 5′和 4′，构成循环 5′-4′-8′-2′-5′。从图上可以看到发生器的发汽范围增加，$(w_{r'} - w_{a'}) > (w_r - w_a)$，制冷量增加。

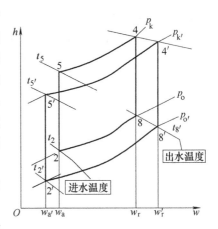

图 5-38　冷却水温度降低时参数的变化

（4）冷却水量和冷媒水量的变化对机组性能的影响

1）冷却水量的变化。如果增加冷却水量，首先冷却水的流速增加，增加了水与管壁的表面传热系数，提高了传热系数 K 值，增加传热量和制冷量。再者水量的增加会使冷却水出口温度降低，从而降低进水的平均温度，其影响和降低冷却水的温度情况相同。

2）冷媒水量变化。根据 $Q_0 = KA\Delta t$，如果冷媒水量变化，例如冷媒水量增加，首先会使流速增加，提高传热系数 K 值，使得制冷量 Q_0 增加；再者由于冷负荷不变，会使冷媒水出口温度有所降低，使冷媒水与蒸发器之间的平均传热温差降低，从而使 Q_0 又有所降低，等系统平衡之后，结果是制冷量 Q_0 有所增加，冷媒水出口温度有所降低，泵功有所增加。

（5）冷媒水与冷却水水质的变化对机组性能的影响　不管是冷媒水或者是冷却水，水质恶化都会使传热热阻增加，从而增加传热温差。当冷媒水进出口温度不变时，相当于降低了蒸发器内的温度和压力，使蒸发器与发生器之间的压差减少，制冷剂流量减少，制冷量减少。当冷却水进出口温度不变时，相当于提高了冷凝温度和压力以及提高了吸收温度和压力。提高冷凝温度和压力会使冷剂发生量降低，提高吸收温度和压力会使蒸发器和吸收器之间的压差 Δp 下降，从而减少冷剂蒸汽的流量，两者都使制冷量减少。

（6）稀溶液循环量的变化对机组性能的影响　当循环倍率 $a = q_{mf}/q_{md}$ 不变时，稀溶液的循环量越大，则制冷量越大。这是因为循环量 q_{mf} 越大，q_{md} 就越大，制冷量就越大，故制冷量与循环量成正比。当循环倍率变化时，制冷量也在变化，当 a 较小时，发生器中质量分数较大，饱和温度高，过热度小，水蒸气发生量小，制冷量小。随着 a 的增加，过热度增加，制冷量增加。如果 a 太大，稀溶液流量大，稀溶液加热到饱和状态需要热量，同时浓溶液也把一部分发生器中的热量带入吸收器，都会使制冷量下降。可知 a 有一个最佳值，$a = 10 \sim 20$。

（7）不凝性气体对机组的影响　不凝性气体是指在制冷机的工作温度和压力下，气体不能凝结也不能被吸收的气体，不凝性气体的存在相当于在传热过程中增加了一个热阻，从而使冷凝温度和压力升高，使发生强度降低；在吸收器中，使吸收强度降低，这都使制冷量下降。再者不凝性气体的存在使水蒸气的分压力减少，在冷凝时产生巨大热阻，在吸收时会产生不凝性气体层，而水蒸气只有通过该不凝性气体层才能被吸收，影响吸收效果。

2. 提高溴化锂吸收式制冷机性能的途径

溴化锂吸收式制冷机的性能不但与外部条件(如冷却水、蒸汽压力、温度、冷媒水温度)有关，还与设备内部情况有关。例如与传热面积、污垢情况、水质情况、不凝性气体情况、各种溶液的流量等有关。

（1）不凝性气体产生的原因　不凝性气体来自两个方面：一是由于蒸发器和吸收器在高真空度下工作，如果设备有泄漏的地方，蒸发器和吸收器内漏进一部分不凝性气体；二是由于溴化锂水溶液腐蚀金属，腐蚀过程中会产生氢气，氢气也是不凝性气体。由于不凝性气体是不利于制冷的，故必须把其清除。

（2）及时清除不凝性气体　清除不凝性气体一般有两种方法：一种方法是利用机械式真空泵，每个机组都配备有该装置，以便及时把不凝性气体抽出制冷系统；另一种方法是利用溶液泵通过喷嘴造成高速水流。根据伯努利方程，速度升高压力降低，把不凝性气体抽除。

第一种方法，如图 5-39 所示。一般不凝性气体积存在冷凝器和吸收器的上方，用管子将不凝性气体和水蒸气混合物导出，合并一起进入汽液分离器的喷管，再进入汽液分离器，抽出的水蒸气被溶液泵打进的稀溶液吸收，放出的热量被从蒸发器来的冷剂水带走，稀溶液经底部流回到吸收器，不凝性气体不能被吸收，由于液封作用也不能回到吸收器，而存在汽液分离器的上方，经过阻油器进入真空泵，被排出系统。

1）阻油器的作用。主要是在真空泵停转时，防止在外界压力的作用下，将真空泵油压入制冷机系统，污染溶液。

2）汽液分离器的作用。由于抽出的不凝性气体

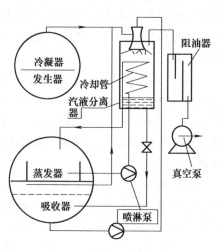

图 5-39　机械抽真空示意图

中含有一定数量的水蒸气，该水蒸气是冷剂水的一部分，如果放入大气，则要补充冷剂水；再者如果该水蒸气进入真空泵会减少真空泵的抽气量，同时水蒸气在真空泵中加压后会形成水，滞留在真空泵中，使真空泵油乳化，失去润滑功能甚至损坏真空泵。所以在进入真空泵之前必须通过汽液分离器，把水蒸气吸收掉，变为水分离出来，再进入制冷系统。不凝性气体被真空泵抽出。

3）冷却管作用。冷却管里有冷剂水，温度比较低，用于吸收由于水蒸气被稀溶液吸收所放出的热量。

4）喷淋系统。用稀溶液对不凝性气体和水蒸气进行喷淋，使之充分接触，把冷剂蒸汽吸收掉，再返回到吸收器中。

第二种方法，如图 5-40 所示。自动抽真空装置是利用溶液泵在高压下把稀溶液打进引射器，在引射器中加速把气体从系统中抽出，进入汽液分离器，在汽液分离器中不凝性气体和溶液分离，溶液从下部阀门进入吸收器，不凝性气体存在汽液分离器中上部，等到一定数量后，关闭汽液分离器下面的阀门，等压力上升到高于大气压后，打开上面的阀门，使不凝性气体排进大气。这种情况要损失一部分水蒸气。

（3）调整稀溶液的流量　稀溶液流量的大小对整个制冷系统有很大的影响。举一个极端例子，如果稀溶液的质量流量 q_{mf} 很小，由于加热量一定，使得发生器出口温度很高，质量分数很大。一方面是经过溶液热交换器冷却后易于结晶；另一方面制冷剂的质量流量 q_{md} 减少，从而使制冷量减少，并随着 q_{mf} 的增大，q_{md} 增大，制冷量增大。如果循环量太大，由于加热量一定，浓溶液出口的质量分数减少，放气范围减少，且由浓溶液带入吸收器的热量增加，提高吸收器的压力和温度，使吸收量减少，减少制冷量。由上述两种使制冷量减少的情况可知，中间有一个最佳流量，在调整时找出这个流量或者由生产厂家提供这个流量的范围。

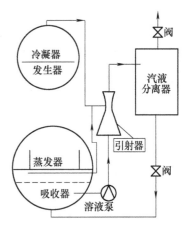

图 5-40　自动抽真空装置

（4）强化传热与传质　由于溴化锂制冷机组除泵外，本身是一个热交换器的组合体，故提高传热传质对制冷量的提高有很大的帮助，采取的措施有：

1）添加能量增强剂——辛醇或氟化醇。据报道如果在溴化锂水溶液中添加 3% 的能量增强剂，可以提高 40% 的制冷量。这条消息确实令人振奋，但实际上制冷量未必会提高那么多。

能量增强剂是一种化学方面的表面活性剂，称为辛醇。酒精又称乙醇，相当于酒精同类物质。辛醇的密度为 0.82kg/L，沸点为 178.5℃，熔点为 -38.6℃。在双效溴化锂制冷机中，由于溶液温度比较高，一般添加氟化醇会取得更好的效果。加入了辛醇之后，它能使溶液的表面张力降低，并附在管壁上，使冷凝状态由膜状凝结变为珠状凝结，提高传热系数，还能使溴化锂水溶液的分压力降低，增加吸收推动力。

2）减少冷剂蒸汽的阻力。减少冷剂蒸汽的阻力有两方面的内容：一是减少发生器与冷凝器之间的阻力。这样在相同的冷凝压力 p_k 下，会使发生压力 p_g 降低，从而增加蒸发强度，减少发生不足，使制冷量 Q_0 增加；二是在蒸发器与吸收器之间减少蒸汽阻力，这样在蒸发压力 p_o 和吸收压力 p_a 不变的情况下，增加了两者的有效压差，从而使冷剂流量增加。例如，原来压差 $\Delta p = p_o - p_a = \Delta p_{eff} + \Delta p_R$，$\Delta p_{eff}$ 是真正能推动蒸汽流动的动力，Δp_R 是无效压差，它不能推动蒸汽流动，是流动阻力损失。当 Δp_R 下降时，Δp_{eff} 增加，从而使蒸汽流动的推动力增加，蒸汽流量增加，制冷量增加。

减少阻力主要是在保证溶液不飞溅到吸收器和冷凝器中去的情况下，增大通流面积，降低流速，同时在设计时给蒸汽留出一条通路，使之路程最短，拐弯最少，以利于阻力的降低。

3）提高热交换器内工作介质的流速。根据传热学可知，提高流速会使流体湍流程度增加，能提高传热系数。但流速有一定范围，如果太高会使消耗的功率快速增加，不合算。

4）对传热表面进行脱脂或防腐处理。脱脂主要使表面干净，减少附加热阻，提高传热系数。防腐主要是防止腐蚀后产生铁锈附在管的表面上，从而避免传热热阻增加，降低传热系数。避免产生不凝性气体。

5）改进喷嘴结构，改善喷淋溶液的雾化情况。雾化好会使蒸汽和溶液接触面积增大，更好地吸收和蒸发以及传热、传质。

6）提高冷却水和冷媒水的水质，减少污垢热阻。一般采取加过滤器和电子除垢或化学除垢或物理除垢等方法保证水质，以减少热阻，保证传热系数不降低（也可通过离子交换器去除冷却水、冷媒水中的钙镁离子，防止结垢）。

7）采用强化传热管。通过在管内部和外部增加凹凸不平的肋片等，使流水出现湍流，是提高传热系数的一个方法。

8）合理调节喷淋量（吸收器及蒸发器）。如果蒸发器喷淋量不够，热交换器管族不能全部润湿，有一部分传热面积失效，传热量减少；如果喷淋量过大，则耗功大，且液膜厚度大，也影响传热效果。所以喷淋量有一个最佳值，调整喷液量，可以找到这个值。对吸收器也有一个最佳喷淋量，在该喷淋量下制冷量最大。

3. 采取适当的防腐措施

由于溴化锂水溶液对钢铁材料有很强的腐蚀性，特别是有空气存在的情况下，更是如此，腐蚀产生的氢气又形成热阻，所以在机组上都装有显示真空度的真空表，时时监控不凝性气体的情况，并配有抽除不凝性气体的真空泵，及时把不凝性气体从系统中抽出。对于这种腐蚀性较强的溴化锂水溶液，如果用贵重材料（例如不锈钢），则造价昂贵，无法推广。实际上是用一般金属在溴化锂水溶液中加入 0.1%~0.3% 的缓蚀剂铬酸锂和氢氧化锂，同时把 pH 值调到 9.5~10.5（偏碱性）就能有效地防止腐蚀，长期使用不会出现腐蚀问题。因为在金属与溴化锂水溶液之间铬酸锂形成了一层保护膜，使溴化锂水溶液和氧不能与金属直接接触，从而达到防腐的目的。

5.3.6 溴化锂吸收式制冷机冷量的调节及安全保护措施

1. 冷量的自动调节

在制冷机运行时，根据具体情况其用冷量要变化，但要求冷媒水出口温度不变，这时要对机组进行调节，改变其制冷量，使制冷量和用冷量平衡。冷量自动调节系统原理图如图 5-41 所示，其原理为：外部给一个扰动（即用冷量变化），用冷量的变化会引起冷媒水出口温度的变化，感温元件测得冷媒水

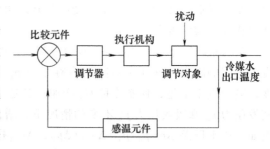

图 5-41 冷量自动调节系统原理图

出口温度的变化，并把信号传给比较元件，比较元件和原设定值进行比较后，确定调节的方向和幅度，再传给执行机构调整参数，消除扰动因素，保持冷媒水出口温度不变。

调节制冷量常用下列几种方法：

1）加热蒸汽量调节法。设用冷量减少，冷媒水出口温度降低，通过感温、比较，执行机构关小进加热蒸汽的阀门，使进气量减少，从而使溴化锂浓溶液压力、温度降低，发生蒸汽量减少，浓溶液出口温度 t_4 下降。当冷却水进水温度 t_w、出水温度 t_{w1} 不变时，由于吸收器中溴化锂水溶液变稀，对应的饱和压力升高，吸收能力也下降，也使制冷能力下降，适用于用冷量下降时起调节作用。但如果稀溶液循环量不变，当制冷量 Q_0 下降到低于 50% Q_0 时，由于要把进入发生器的稀溶液温度 t_7 加热到沸腾温度 t_5，这部分热量相对就大起来，故蒸汽单耗增加，热力系数下降。所以单纯调节蒸汽流量对于低于 50% Q_0 来

说，不合适。

2）加热蒸汽压力调节法。该方法是通过蒸汽压力调节，使发生器温度变化，从而影响发生器的发生量和吸收器的吸收量，达到调节制冷量的目的。其调节原理和第一种方法是一样的。

3）加热蒸汽凝结水量调节法。在加热蒸汽热交换器出口安装一个调节阀，根据用冷量的变化，限制冷凝水的排出量，从而增加或减少蒸汽加热盘管的换热面积，改变传热量，实现制冷量的调整。

4）冷却水量调节法。冷却水量的大小，可改变吸收器和冷凝器中的压力，从而实现制冷量 Q_0 的调节。如需 Q_0 增加时，可增加水量，使冷却水平均温度下降，从而使 Q_0 增加。

5）稀溶液循环量调节法。通过调节稀溶液循环量使稀溶液处于不是最佳制冷量状态下，从而减少制冷量。或者使稀溶液处于最佳制冷量状态下，增加制冷量，实现 Q_0 的调节。

6）加热蒸汽量和稀溶液循环量联合调节法。同时调节加热蒸汽量和稀溶液循环量，可以避免由于单独调节加热蒸汽量产生的缺点。

7）加热蒸汽凝结水量和稀溶液循环量联合调节法。同时调节加热蒸汽凝结水量和稀溶液循环量来改变制冷量，以适应用冷量的变化。

2. 安全保护措施

（1）防止溴化锂水溶液结晶的措施

1）设置自动熔晶管。其原理如图 5-42 所示。在正常情况下，稀溶液通过溶液泵和热交换器进入发生器，而浓溶液通过浓溶液管道和热交换器进入吸收器，构成循环。如果由于某种原因发生器出口溴化锂含量很大，在热交换器温度降低的过程中出现结晶，其浓溶液回路将被堵塞，这时发生器只进不出，使其液面升高，升高到一定高度，热浓溶液从自动熔晶管中流出，不经过热交换器直接流入吸收器，使吸收器中的稀溶液温度升高，从而抬高热交换器稀溶液进口温度，通过传热使浓溶液出口温度升高，解除结晶，恢复正常，恢复正常后各自液面恢复到原来的高度，自动熔晶管变为空管。自动熔晶管能消除结晶，但不能预防结晶，防止结晶则需要采用如图 5-43 所示的措施。

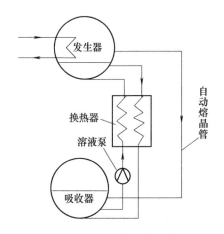

图 5-42 自动熔晶原理图

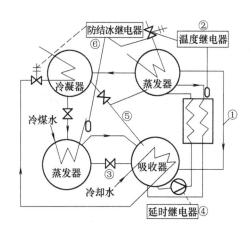

图 5-43 防结晶措施示意图

2）在浓溶液出口管道上加温度继电器。由温度继电器控制加热蒸汽阀门的开度，当浓溶液出口温度高于设定值时，温度继电器控制蒸汽阀门开度变小，使发生器温度降低，降低浓溶液的温度和溴化锂含量以防止结晶。

3）把蒸发器中的冷剂水引到吸收器中，稀释吸收器中的溶液，使进入发生器中的稀溶液溴化锂含量变低，以防止结晶。

4）在溶液泵上加装延时继电器。当停汽后，保持溶液泵继续运转 10～15min，从而使发生器和吸收器中的溶液混合均匀，使溶液在停车降温后不至于结晶。

5）在冷剂水管路上加装旁通管路。如果突然停电，通过手动阀控制可打开阀门，把冷凝器和蒸发器中的水与吸收器的溶液混合稀释，以防止结晶。

（2）预防蒸发器和冷媒水冻结的措施　当用冷量突然减少时，蒸发器温度压力降低，有可能出现温度接近 0℃ 的现象，或者结冰，损坏设备，这时应在冷媒水出口设置温度继电器。当出口温度低于设定值时，温度继电器动作，切断加热蒸汽供应和冷却水供应，以迅速减少制冷量，提高蒸发温度，消除结冰危险。然后，温度继电器复位，加热蒸汽及冷却水又恢复流动。除设置温度继电器以外，也可以采取控制压力的措施，因为压力和温度是有关系的，温度低，压力也低，温度高，压力也高。防止结冰的措施如图 5-43 中的⑥所示。

（3）屏蔽泵的保护　屏蔽泵是溴化锂制冷机常用的溶液泵。此泵的结构和一般水泵大不相同，为了防止溶液对电动机转子和定子的腐蚀，设计时已经把转子和定子用不锈钢薄板（0.3mm）密封，定子与转子之间留 0.6mm 的间隙，电动机及轴承靠溴化锂水溶液润滑、散热，为了保证屏蔽泵正常运转，须采取下列措施。

1）在蒸发器和吸收器中设立液位控制器，以保证泵吸口有一定的液位高度，不出现汽蚀现象，并使轴承润滑液有足够的压差。

2）在屏蔽泵电路中设置过载继电器，以保护屏蔽泵不被烧毁。

3）在屏蔽泵出口加装温度继电器，以防出口溶液温度太高损害轴承润滑。

（4）预防冷剂水污染的措施　所谓冷剂水污染是由于某种原因，冷剂水中混入一定量的溴化锂水溶液。当发生压力和冷凝压力差 Δp 特别大时，发生器中沸腾得特别厉害，会使液滴夹带进入冷凝器，而使冷剂水受到污染。为了防止此类事件的发生，一般应减少冷却水量，提高冷凝器进口水温，同时减少蒸汽供给量，降低发生压力，以阻止冷凝水的污染（有部分溴化锂水溶液进入冷凝器后，使 p_k 下降，从而使蒸汽较易凝结。但节流之后，其饱和压力很低，使得蒸发器与吸收器之间压差变小。影响制冷量）。

5.4　双效溴化锂吸收式制冷机

前面所讲的溴化锂制冷机是单效溴化锂吸收式制冷机，单效溴化锂吸收式制冷机的热力系数较低，一般在 0.65～0.7 之间，使用的热能品质也低，温度在 75～140℃ 之间。对于高温热源，如绝对压力在 0.5～0.6MPa 以上的可以用双效溴化锂吸收式制冷机，双效溴化锂吸收式制冷机中有两个发生器，分别为高压发生器和低压发生器。双效溴化锂吸收式制冷机的热力系数较高，可以达到 1 以上，根据热量的品质而定。双效溴化锂吸收式制冷机根据稀溶液的流动情况不同，又分为串联式双效溴化锂吸收式制冷机和并联式双效溴化锂吸收式制冷机。

5.4.1 串联式双效溴化锂吸收式制冷机

串联式双效溴化锂吸收式制冷机的循环图如图 5-44 所示，其 h-w 图如图 5-45 所示。状

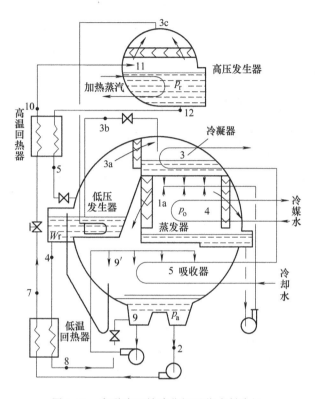

图 5-44 串联式双效溴化锂吸收式制冷机

态为 2、压力为 p_a 的饱和稀溶液，经溶液泵升压后，（略去泵功）变为压力为 p_r、温度为 t_2 的过冷溶液，该溶液经过低温溶液热交换器后，温度升为 t_7，压力为 p_r，仍为过冷溶液，再经过高温回热器后，温度升为 t_{10}，还是 p_r 下的过冷液体，其过冷度不大，进入高压发生器后被蒸汽加热，温度由 t_{10} 变为 t_{11}（p_r 下饱和温度）开始放出蒸汽，溶液中溴化锂的质量分数增加，温度升高。放汽结束后，溶液温度为 t_{12}。溶液状态为 12 点，溴化锂的质量分数为 w_0，经高温回热器冷却后变为状态 5，温度为 t_5，经节流后进入低压发生器，压力为 p_k，溶液在低压发生器中被高压发生器送来的过热蒸汽加热，再放出一部分蒸汽，溴化锂的质量分数进一步增加，停止放汽时溴化锂的质量分数为 w_r，温度为 t_4，浓溶液经过低温回热器后温度降为 t_8，经节流后进入吸收器和稀溶液混合变为状态 9，经闪蒸后变为状态 9′，经溶液吸收 1a 点的蒸汽后，浓溶液

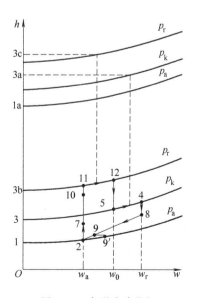

图 5-45 串联式溴化锂
吸收式制冷机的 h-w 图

变为稀溶液，状态为 2 点。

蒸汽(冷剂水)的循环：在高压发生器中，过热蒸汽状态为 3c，压力为 p_r，然后进入低压发生器加热溶液，蒸汽放出汽化热后变为 p_r 下的饱和水，饱和水节流后变为 p_k 下的两相状态，闪发蒸汽和低压发生器发出的蒸汽及冷剂水在冷凝器中被冷却成状态 3 的饱和水，压力是 p_k，通过漏孔(节流)温度降低并喷洒在蒸发器室内，吸收冷媒水的热量而变为饱和蒸汽，蒸汽在吸收器中被浓溶液吸收，浓溶液变为稀溶液完成循环。在循环中冷媒水带走的冷量为制冷量，消耗的是高温高压的蒸汽。

5.4.2　并联式双效溴化锂吸收式制冷机

并联式双效溴化锂吸收式制冷机的原理图如图 5-46 所示，其 h-w 图如图 5-47 所示。状态为 2、压力为 p_a、温度为 t_2 的稀溶液经溶液泵升压后变为 p_r 下的过冷溶液，分成两路，一路经高温热交换器温度升高后进入高压发生器，稀溶液被热源蒸汽加热放出冷剂蒸汽，因而被浓缩为浓溶液，放出蒸汽的状态为 3c，浓溶液出口温度为 t_{12}，经高温热交换器换热降温后，出口温度为 t_{13}，进入吸收器和稀溶液混合后变为状态 9，经闪蒸发后变为 9′，经吸收 1a 状态的蒸汽后变为状态 2 的稀溶液。

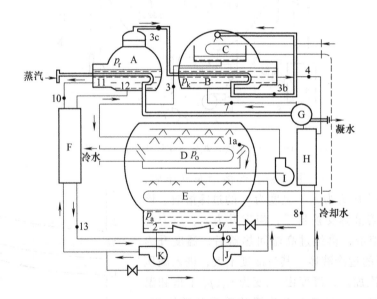

图 5-46　并联式双效溴化锂吸收式制冷机原理图

A—高压发生器　B—低压发生器　C—冷凝器　D—蒸发器　E—吸收器

F—高温热交换器　G—凝水回热器　H—低温热交换器　I—蒸发器泵　J—吸收器泵　K—发生器泵

另一路稀溶液经节流后压力变为 p_k；温度为 t_2，流经低温回热器，温度升高后，再流入凝水回热器，吸收高压蒸汽凝结水的显热，温度进一步升高到 t_7，进入压力 p_k 下的低压发生器，在低压发生器中，被来自高压发生器的过热蒸汽加热、放汽，放汽结束后，温度为 t_4。浓溶液进入低温热交换器，温度进一步降低，流出低温热交换器后，其温度降为 t_8，节流后再进入吸收器和稀溶液混合变为状态 9，经喷淋闪蒸后变为 9′，最后吸收状态 1a 的蒸汽变为状态 2 的稀溶液。

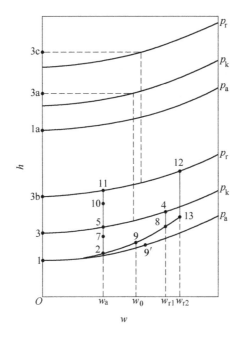

图 5-47 并联式双效溴化锂吸收式制冷机 $h\text{-}w$ 图

再看蒸汽(冷剂水)的过程,从高压发生器出来的冷剂蒸汽状态为 3c,压力为 p_r,温度为 t_{3c},进入低压发生器,加热低压发生器中的稀溶液,蒸汽放出潜热后,变为 p_r 下的饱和水,状态为 3b,经节流后进入冷凝器中降温,变为 p_k 状态下的饱和水和闪发蒸汽。闪发蒸汽和低压发生器过来的蒸汽在冷凝器中放出潜热,也变为 p_k 下的饱和水,该饱和水和高压发生器来的饱和水合在一起,共同状态为 3,3 状态下的饱和水经节流变为 $p_0(p_a)$ 下的两相状态,再进入蒸发器。吸收冷媒水的热量制冷,变为 $p_0(p_a)$ 下的饱和蒸汽,进入吸收器被浓溶液吸收变成稀溶液完成循环。

5.5 三效和多效溴化锂吸收式制冷循环

串联式三效溴化锂吸收式制冷机原理图如图 5-48 所示,其 $h\text{-}w$ 图如图 5-49 所示,其工作原理为:

1. 溶液循环

状态为 1、质量分数为 w_a、温度为 t_1 的溴化锂稀溶液,处于 p_a 下饱和状态,经过溶液泵加压后变为温度为 t_1(忽略泵功)、质量分数为 w_a、压力为 p_g 下的过冷溶液,由于压力变化前后焓值和质量分数未变,在 $h\text{-}w$ 图上的状态点位置没有变化,但状态发生了变化。1 点状态的过冷溶液进入低压热交换器,温度进一步升高,出口温度变为 t_2,质量分数为 w_a,还是 p_g 下的过冷溶液,再进入中温热交换器,出口温度升为 t_3,质量分数为 w_a,再进入高温热交换器,温度升为 t_4,仍是 p_g 下的过冷溶液,之后再进入高压发生器。在高压发生器中,过冷溶液被蒸汽先加热到 p_g 下的饱和溶液,然后放出蒸汽,溶液被浓缩到 w_1,温度为 t_6,排出高压发生器。然后进入高温热交换器,在热交换器中,放出热量,温度由 t_6 降为

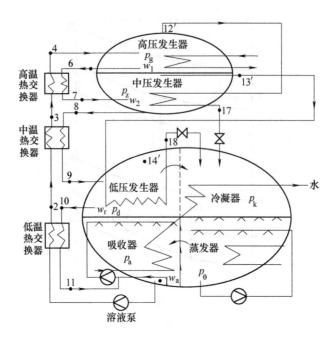

图 5-48　串联式三效溴化锂吸收式制冷机原理图

t_7，质量分数仍为 w_1。随后该溶液进入中压发生器，被来自高压发生器中引进来的过热蒸汽加热，发生冷剂蒸气，质量分数进一步升高，加热终了温度为 t_8，质量分数为 w_2。该溶液再被引入到中温热交换器中，溶液温度降为 t_9，质量分数仍为 w_2。随后该溶液进入低压发生器，在低压发生器中被来自中压发生器中的过热蒸汽加热，溶液放出蒸汽被进一步浓缩到 w_r，温度升高到 t_{10}，再进入低温热交换器放出热量，温度进一步降到 t_{11}，质量分数为 w_r，经节流进入吸收器，和 1 点状态的稀溶液混合，变为状态 15，质量分数为 w_0，经吸收器泵加压

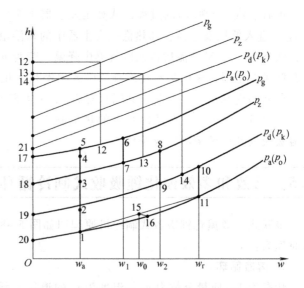

图 5-49　串联式三效溴化锂吸收式制冷机 h-w 图

后的溶液进入吸收器的上方喷淋，溶液自动浓缩变为状态 16。最后吸收 21 状态下的蒸汽变为状态 1，压力为 p_a，温度为 t_1，浓度为 w_a，完成循环。

2. 制冷剂循环

在高压发生器发生的过热冷剂蒸汽，平均状态为 12′，温度为 $t_{12'}$，比焓为 $h_{12'}$，压力为 p_g。该过热蒸汽被引入到中压发生器，在中压发生器中等压冷却成 p_g 下的饱和水，状态为 17 点，比焓为 h_{17}，再节流到 p_k，变为 p_k 下的两相状态进入冷凝器，在冷凝器中冷凝成状

态 19、p_k 下的饱和水。从中压发生器发生出来的过热冷剂蒸汽状态为 $13'$，温度为 $t_{13'}$，压力为 p_z。经管道导入低压发生器。在低压发生器中放出热量，被等压冷凝成 p_z 下的饱和液体 18。经节流后变为 p_k 下的两相状态，进入冷凝器冷却后变为 p_k 下的饱和水。从低压发生器发生出来的过热蒸汽状态为 $14'$，温度为 $t_{14'}$，进入冷凝器放出热量，变为 p_k 下的饱和水。热量由冷却水带出系统，由高压发生器、中压发生器、低压发生器进入冷凝器的水和蒸汽中。最后都变为 p_k 下的饱和水。该饱和水经微孔节流后，压力由 p_k 降为 p_0，温度由 t_{19} 降为 t_{20}。由 p_k 状态下 19 的饱和水变为 p_0 状态下的两相状态 19，状态 19 下的饱和水吸收冷媒水的热量沸腾变为 p_0 下的干饱和蒸汽状态 21。该状态下的干饱和蒸汽被导入吸收器，被浓溶液吸收，浓溶液变为稀溶液，状态变为 1，完成循环。

三效溴化锂吸收式制冷机使用的加热热源温度高，其热量可以按温度不同进行梯度利用，既达到了节能的目的，也提高了热力系数，热力系数可达 1.6 以上。具有高温热源的场合，应尽量采用三效溴化锂吸收式制冷机。在此基础上，如果有更高的热源，可以推广到多效溴化锂吸收式制冷机，以获得更大的热力系数。

多效溴化锂吸收式制冷机和三效溴化锂吸收式制冷机相比，每多一效，就多出一个发生器和一个热交换器，如果是 n 效溴化锂吸收式制冷机，它应该有 n 个发生器和 n 个溶液热交换器。

5.6 吸收式制冷机的小型化

一般的吸收式制冷机都是制冷量较大，用于大型冷库或集中空调的冷源。因为它由多个热交换器组成，单位制冷量的体积比较大。如何把吸收式制冷机在保持性能不变的情况下，使其小型化，用于不同的场合，是本节的内容。

1. 结构方面的改进

吸收式制冷机离不开五个热交换器，即发生器、冷凝器、蒸发器、吸收器、溶液热交换器。热交换器的种类很多，如管壳式、套管式、板式、壳螺旋管式、热管式、翅片式等。从单位换热量计算，板式热交换器、热管式热交换器对液-液换热体积较小，是小型吸收式制冷机选择的主要类型，但由于换热的情况不一样，要具体情况具体分析。

如果要使吸收式制冷机进行小型化，首先要使上述五种热交换器小型化，其方法有：

1）改进热交换器的结构，使其重量、体积减小。

2）提高传热效果，减少传热面积。

（1）发生器 发生器是溴化锂水溶液与热源之间的换热，由于一般热源温度较低、温差较小、换热面积较大，故应减少换热温差。由于热交换器上方需有一定空间聚集蒸气，使用重力热管式发生器比较合适，如图 5-50 所示，下面为热水（蒸汽），上面为溴化锂水溶液，由于热管传热温差小，热负荷大，可以减少热交换器的体积。

（2）冷凝器 冷凝器中是水与冷剂蒸汽或者冷剂蒸汽与空气之间的换热。如果是冷剂蒸汽与水之间的换热，可以使用板式热交换器，它体积小、重量轻，换热强度大，造价较便宜（碳钢），但要注意板式热交换器蒸汽侧的流速不能太高，防止阻力太大造成发生不足，液体侧要有分配器，保证液体各支路分配均匀。如果是冷剂蒸汽与空气之间的换热，可以使用重力热管式冷凝器，如图 5-51 所示，由于空气侧表面传热系数很小，在空气侧热管应加肋片，保证整个热管的换热强度。

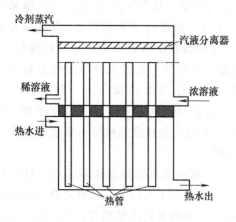

图 5-50 重力热管式发生器

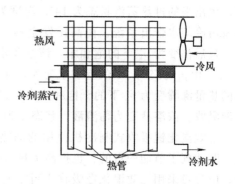

图 5-51 重力热管式冷凝器

（3）溶液热交换器 溶液热交换器是稀浓溶液之间的换热。根据换热情况，可选用板式热交换器，使用该热交换器还有一个优点是当产生结晶堵塞时，提高稀溶液的温度，令其很快溶解。因为板式热交换器每片之间的距离很小，当两边加热时，结晶很快消失，恢复流动。板式热交换器的结构可参考热交换器手册。

（4）蒸发器 蒸发器中是冷剂水与冷媒水之间的换热或者冷剂水与空气之间的换热，且蒸发器上方应当留出一定的空间以利于集中低压蒸汽，使用重力热管式蒸发器比较合适。冷剂水与冷媒水换热，如图 5-52 所示。冷剂水与空气之间的换热，如图 5-53 所示。由于空气的表面传热系数较小，故需加肋片，以增大传热。

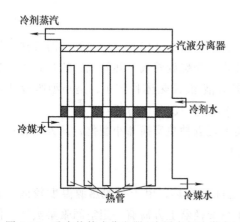

图 5-52 重力热管式蒸发器（冷剂水与冷媒水）

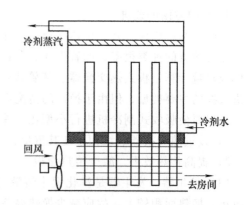

图 5-53 重力热管式蒸发器（冷剂水与空气）

（5）吸收器 在小型溴化锂吸收式制冷装置中，困难最大的是吸收器小型化。因为溶液在吸收时需要一定的吸收面积及吸收时间，而吸收面积增加有两种方法，一种是增加换热面积，再一种就是增加雾化程度，由于浓溶液流量很小，很难形成雾化。为了简化结构，小型溴化锂吸收式制冷机的溶液喷淋循环一般省略，可用高效换热增加吸收面积。溶液泵可以保留，但其体积大大缩小；有时也可以去掉溶液泵，用其他方法使液体循环。

浓溶液流量很小，不足以使其雾化。如果加稀溶液，使雾化后的溶液浓度降低，降低了溶液的吸收能力，不合算，为了利用双方的优势，可采用下列结构，在热管上做出肋片，在肋片中填充多孔材料。浓溶液在重力作用下从上向下流动，在多孔材料中和蒸汽接触吸收，变为稀溶液，同时增加蒸汽与浓溶液的接触时间，更好地吸收。而吸收时放出的热量通过热管的肋片传送给热管，通过热管再把热量导出吸收器，如图 5-54 所示。

除了上述结构之外，还可以根据传热学的原理采取措施加强换热，能够使传热系数进一步增大，体积、重量进一步减少。

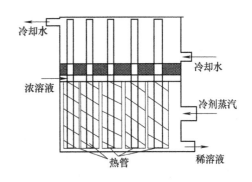

图 5-54　热管式吸收器

2. 示例

下面是一个小型溴化锂吸收式制冷机的原理图，如图 5-55 所示。该装置由发生器、冷凝器、蒸发器、吸收器和溶液热交换器组成。发生器是一个重力热管式热交换器，下面为热水或者蒸汽，中间是绝热层，上部是发生器，热水（或蒸汽）的热量通过热管传给稀溶液，使稀溶液放出蒸汽浓缩成浓溶液，由于热管换热温差小，热负荷大，故发生器体积很小。冷凝器是一个板式热交换器。在板式热交换器中，蒸汽走一侧，冷却水走一侧，通过热交换，冷剂蒸汽变为同压力下的饱和水，板式热交换器由于各板之间距离较小，传热系数大，体积较小，适用于作小型制冷装置，且板式热交换器已经标准化，在设计中可以选择不同型号的产品。蒸发器是一个重力热管式热交换器，下部是冷媒水放出热量，上部是冷剂水，热量通过热管从冷媒水传向冷剂水，在蒸发器中，冷剂水吸收热量变为冷剂蒸汽从上部排出，情况和发生器一样，体积较小。吸收器与其他结构有所不同，首先它是重力热管式热交换器，上部是冷却水，冷却水下面是绝热层，再下面是浓溶液分布器，浓溶液经环形微缝，经热管外壁在重力作用下向下流动，流经热管的肋片及肋片之间的孔状物质，在毛细力的作用下浓溶液流速很慢，且整个空腔充满了由蒸发器送来的蒸汽，浓溶液在流动过程中和蒸汽接触，蒸汽被吸收，蒸汽的液化潜热通过热管的肋片，热管传向上部，被冷却水带走，浓溶液变为稀溶液，其他工作原理和大型吸收式制冷机一样。

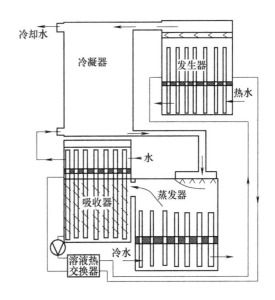

图 5-55　小型溴化锂制冷机的原理图

3. 无泵型小型溴化锂吸收式制冷机

一般溴化锂吸收式制冷机虽然用电量很少，但是离不开电。使用电的地方为泵的动力、控制部分动力等。如果从根本上去掉电力，可用无泵型小型溴化锂吸收式制冷机，无泵型小型溴化锂吸收式制冷机是用气泡泵代替机械泵，利用液体的相对压差进行制冷循环。具体原理如图 5-56 所示。热源对发生器中的稀溶液进行加热，汽液两态的两相流体在气泡泵中上升到一定高度后（高度要足够高），进入汽液分离器。在汽液分离器中，液体被分离变成浓溶液，浓溶液在高度差的作用下流进溶液热交换器。在溶液热交换器中放出热量，温度进一步降低，在压力的作用下再进入吸收器。在吸收器中吸收蒸汽，浓溶液变为稀溶液，流向溶液热交换器，吸收浓溶液的热量温度升高后再进入发生器，完成溶液循环。从汽液分离器中分离出来的蒸汽，经冷凝器冷却成同压力

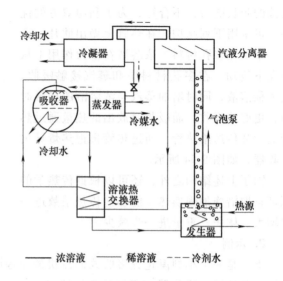

图 5-56　无泵型小型溴化锂吸收式制冷机

下的饱和冷剂水。热量由冷却水或者空气带出冷凝器，饱和冷剂水经节流后压力、温度降低，把冷量交给冷媒水或者空气，使其冷媒水温度降低，冷媒水可以送入风机盘管或者其他设备对冷却对象进行冷却。空气可以直接送入房间进行空调或它用。蒸发器中的饱和水吸收了冷媒水的热量后变为同压力下的饱和冷剂蒸汽，该蒸汽再进入吸收器被浓溶液吸收，放出的热量由冷却水带出吸收器，浓溶液变为稀溶液，在整个循环中，在蒸发器中获得冷量，在发生器中消耗热量。

5.7　吸收式热泵

吸收式热泵是以消耗热能为驱动，将热量从低温向高温输送的设备。与蒸气压缩式热泵消耗电能不一样，它是直接利用各种高、低品位的热能来驱动，其中包括低势能的地热、太阳能、工业废气、废水等。如图 5-57 所示，吸收式热泵可以按与驱动热源的温度关系分为两大类：第一类吸收式热泵，输出热的温度低于驱动热源的温度，输出的热量高于驱动热源

图 5-57　两类吸收式热泵的能量和温度转换

a）第一类吸收式热泵　b）第二类吸收式热泵

提供的热量，又称增热型吸收式热泵（Absorption heat pumps，简称 AHP）；第二类吸收式热泵，输出热的温度高于驱动热源的温度，输出的热量低于驱动热源提供的热量，又称升温型吸收式热泵，也称变热器（Absorption heat transformer，AHT）。

两类吸收式热泵的组成部件类似，区别是：①第一类吸收式热泵中冷凝器的冷剂水通过节流装置到蒸发器，第二类吸收式热泵中冷凝器的水蒸气通过水泵到蒸发器；②第一类吸收式热泵中的溶液泵在吸收器出口，第二类吸收式热泵中的溶液泵在发生器出口。这两个区别就使得第二类吸收式热泵的低压区为发生器和冷凝器，这与第一类吸收式热泵刚好相反。

很多工质对可用于吸收式热泵，但只有氨水吸收式热泵和溴化锂吸收式热泵获得工业应用。由于溴化锂吸收式热泵不需分离用的精馏部件，结构相对简单，所以应用更为广泛。

5.7.1 第一类吸收式热泵

以溴化锂-水为工质对的单效第一类吸收式热泵的系统如图 5-58 所示，与单效吸收式制冷循环相同，发生器和冷凝器处于高压区，而吸收器和蒸发器处于低压区，进入发生器的高温热源是驱动热源，蒸发器从低温热源中吸收热量，从吸收器和冷凝器中输出中温热水。

如驱动热源温度较高，也可采用双效循环的吸收式热泵，如图 5-59 所示，驱动热源可以是燃料（燃气或燃油）或蒸汽，直接作用于高压发生器，其工作过程与双效溴化锂吸收式制冷循环一样，冷却水串联流过吸收器和冷凝器，在吸收器中浓溶液吸收水蒸气时所放出的吸收热，以及在冷凝器中冷剂水冷凝时放出的凝结热，使冷却水温度升高，变成热水，向供热对象供热。所制取的热水温度一般在 40~45℃。如果供热对象需要更高温度的热水，可在图 5-59 所示的双效吸收式热泵循环中，增设一只热水热交换器，如图 5-60 所示。由高压发生器发生出来的高温冷剂蒸汽，一部分进入热水热交换器，其余部分进入低压发生器，放出热量后均以冷剂水状态流至冷凝器。这样，在热水加热器中可制取 60~70℃ 的热水，同时在冷凝器中还可制取 40~45℃ 的热水。

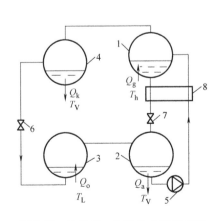

图 5-58 单效第一类吸收式热泵流程

1—发生器 2—吸收器 3—蒸发器 4—冷凝器
5—泵 6、7—节流元件 8—溶液热交换器

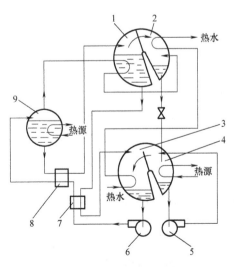

图 5-59 第一类溴化锂吸收式热泵（一）

1—低压发生器 2—冷凝器 3—吸收器 4—蒸发器
5—冷剂水泵 6—溶液泵 7—低温溶液热交换器
8—高温溶液热交换器 9—高压发生器

整个系统中，虽然消耗了部分冷剂蒸汽来加热热水，但是用来制冷的冷剂水量没有改变，所以对整个机组的制冷量没有影响。溴化锂吸收式一类热泵的性能系数在 1.6 ~ 1.8 之间，其可以利用 0.1 ~ 0.8MPa 的蒸汽、燃气或高温烟气，将 20 ~ 50℃ 的应用水的加热到 50 ~ 90℃ 供用。

由于吸收式热泵能实现大温差供热，且机组单机供热量大，适合于北方的集中供暖系统、建筑采暖以及工艺用热和锅炉补水加热。单供热型以单效吸收式热泵为主。与电厂配套的热泵系统是目前发展最快、市场潜力最大的使用方式，尤其是北方集中供热系统有非常好的节能性和经济性，以电厂冷却水或乏汽为低温热源，发电机的余压蒸汽为驱动热源，将 50℃ 的热水加热到 80℃ 使用。

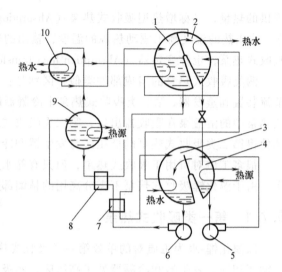

图 5-60　第一类溴化锂吸收式热泵（二）
1—低压发生器　2—冷凝器　3—吸收器　4—蒸发器
5—冷剂水泵　6—溶液泵　7—低温溶液热交换器
8—高温溶液热交换器　9—高压发生器　10—热水热交换器

5.7.2　第二类吸收式热泵

第二类吸收式热泵的工作原理，是利用某物质（如溴化锂）吸收水蒸气时所产生的化学反应热。图 5-61 所示为单效第二类溴化锂吸收式热泵的流程。整个系统由蒸发器、吸收器、冷凝器、发生器、溶液热交换器、溶液泵、水泵、节流阀等组成。

第二类吸收式热泵的工作循环流程如下：外界的中温热源（一般为工业废热或余热）供给发生器热量，使发生器内的溴化锂稀溶液沸腾并产生水蒸气，溴化锂的质量分数变高，流出发生器的浓溶液用溶液泵升压，经溶液热交换器升温后进入吸收器，吸收来自蒸发器中所产生的水蒸气。在这一吸收过程中，放出溶解热和冷凝热，使溶液温度升高，并用来加热在吸收器管内流动的热水，使它的温度进一步提高到比加热热源更高的温度，供用户利用。浓溶液吸收了水蒸气后，溴化锂的质量分数减小，通过热交换器后温度下降，经节流阀降压后进入发生器，重新被外界热源加热，形成溴化锂溶液的循环回路。从发生器中产生的水蒸气进入冷凝器，

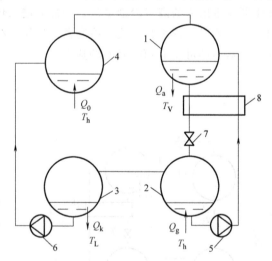

图 5-61　单效第二类溴化锂吸收式热泵流程
1—吸收器　2—发生器　3—冷凝器　4—蒸发器　5、6—泵　7—节流元件　8—溶液交换器

被外界冷却水冷却和冷凝，然后通过水泵进入蒸发器中，被外界加热热源（余热）加热至沸腾状态，产生的水蒸气进入吸收器，被溴化锂浓溶液吸收。整个循环周而复始地进行，从吸收器中不断地获得可以利用的高温热源。

可以在系统中装设一只闪蒸器，将从吸收器中获得的高温热水引入闪蒸器，压力降低发生闪蒸，可获得可供利用的蒸汽。例如我国在1990年试制的双筒型第二类溴化锂吸收式热泵（单效），以生产过程中产生的0.015MPa（表）乏汽为热源，同时供入发生器和蒸发器，在吸收器内制取126℃的热水，在闪蒸器内提供0.1MPa（表）的蒸汽，供工艺过程加热用。

　　从上述的工作过程可知，循环中蒸发压力高于冷凝压力，从冷凝器进入蒸发器的水需用水泵输送；发生器的压力低于吸收器的压力，发生器中的浓溶液送往吸收器时需通过溶液泵压送。

　　第二类溴化锂吸收式热泵的性能系数在0.4~0.6之间。由于第二类溴化锂吸收式热泵用的是60~100℃的废热，冷却水在10~40℃时，输出的热水或蒸汽的温度可在100~150℃，因此节能效果十分明显，如果热源温度低于60℃，冷却水温度又较高，单级第二类溴化锂吸收式热泵的温升将很小。为了获取更高的可用热源温度，可采用两级甚至多级的第二类溴化锂吸收式热泵。

　　第二类溴化锂吸收式热泵特别适合于有废热可以利用的场合，第二类溴化锂吸收式热泵不需要耗费高温热源便可回收工业废热达到节能，以其独特的优势在某些行业的节能工作中占据一定优势。从长远的角度来看，第二类溴化锂吸收式热泵作为节能的一个主要举措，有着广阔的应用前景。

思考题与习题

5-1　什么叫溶液，一种溶液是＿＿＿＿相。

5-2　溶剂有什么特征？

5-3　什么是质量分数和摩尔分数。

5-4　一个独立组分数可以有＿＿＿＿相，一相可以有＿＿＿＿独立组分数。

5-5　过冷氨水有＿＿＿＿个自由度。

5-6　水和酒精的干饱和蒸气有几个自由度？

5-7　写出理想溶液拉乌尔定律的数学表达式，并解释各字母的含义。

5-8　请画出等温两相溶液的p-$x(y)$图，其中p_b大于p_a。

5-9　T-$x(y)$图是由p-$x(y)$图上的等＿＿＿＿线和等＿＿＿＿线的交点在T-$x(y)$图上的表示。

5-10　在T-$x(y)$和p-$x(y)$图上，当$x(y)=1$或$x(y)=0$是表示什么物理意义？

5-11　当物质溶解时会产生什么现象？

5-12　如何能保证溶液处于可吸收状态？

5-13　如何能保证溶液处于可发生状态？

5-14　蒸馏的作用是什么？它提纯的是＿＿＿＿沸点的物质？

5-15　精馏的作用是＿＿＿＿的分离。

5-16　精馏和蒸馏都在＿＿＿＿区中进行。

5-17　画出h-w_a图，其中以物质a的质量分数为横坐标，且物质a的比焓大于物质b的比焓，为吸热反应。

5-18　在h-w_a图上，各种压力下饱和等温液体线＿＿＿＿，饱和等温蒸气线＿＿＿＿，其原因是液体＿＿＿＿，蒸气＿＿＿＿。

5-19　在氨的h-w图上有几个线族？

5-20　如果已知氨水液体的温度t小于其饱和温度t'，画出它在过冷区、两相区、过热区的等温线。

5-21 根据溴化锂沸点为 1265℃，而水的沸点为 100℃，用拉乌尔定律分析为什么溴化锂水溶液不需要精馏。

5-22 在同一压力下溴化锂水溶液的沸点随_____变化而变化。

5-23 溴化锂 $p\text{-}t$ 图的作用是什么？

5-24 两股同一种但不同参数的溶液相混合，符合_____规则。

5-25 列出两股两组分绝热混合的关系式（3 个）。

5-26 两组分饱和溶液节流后，参数 p、t、h、w 如何变化？

5-27 吸收剂和制冷剂有什么区别？

5-28 请指出对吸收剂最主要的两条要求。

5-29 吸收式制冷最少需要几种工质，多了行不行？

5-30 溴化锂对_____和_____腐蚀性较强。

5-31 为了减少溴化锂水溶液对钢铁材料的腐蚀性，应采取哪些措施？

5-32 一般溴化锂的质量分数小于_____，其目的是_____。

5-33 溴化锂水溶液的气相压力_____，主要原因是_____。

5-34 溴化锂水溶液能够吸收比它自身温度_____的水蒸气。

5-35 溴化锂水溶液的密度比水_____是因为_____。

5-36 溴化锂水溶液的比热容比水_____。

5-37 溴化锂水溶液的表面张力主要影响溶液的_____、_____和_____。

5-38 画出溴化锂理想吸收式制冷循环的原理图，并叙述其制冷原理。

5-39 溴化锂吸收式制冷循环都由哪些小循环组成？

5-40 溴化锂理想吸收式制冷循环的条件是什么？

5-41 溴化锂饱和溶液随溴化锂的质量分数的增加其_____增加。

5-42 在发生器中发生不足的原因是什么？

5-43 发生不足对制冷量有什么影响？

5-44 请分析发生不足对热力系数的影响。

5-45 请分析吸收不足的原因及后果。

5-46 在溴化锂吸收式制冷循环各部件传热面积的计算中，发生器、冷凝器、蒸发器和吸收器中都有哪两种流体在换热？各流体换热过程中都有什么特征？

5-47 传热系数都与哪些因素有关？

5-48 加热蒸汽温度变化是通过什么直接动力使制冷量变化的？

5-49 冷却水温度变化是通过什么直接动力使制冷量变化的？

5-50 不凝性气体是如何影响制冷量的？

5-51 不凝性气体来源有哪些渠道？

5-52 不凝性气体都存在溴化锂制冷机的哪些部位？为什么？

5-53 清除不凝性气体的方法有哪几种？

5-54 对溴化锂制冷机外部条件来说，如何提高制冷机的性能？

5-55 对溴化锂制冷机内部条件来说，如何提高制冷机的性能？

5-56 不凝性气体（包括空气）对溴化锂制冷机有什么影响？

5-57 在溴化锂溶液中添加辛醇有哪三种作用？

5-58 请叙述吸收器由于加入了能量增强剂之后，其吸收性能如何变化？

5-59 为什么减少冷剂蒸汽的流动阻力能提高制冷量？

5-60 如何减少冷剂蒸汽的流动阻力？

5-61 如何提高溴化锂热交换器的传热系数？

5-62 喷淋量的变化是如何影响溴化锂制冷机的吸收和蒸发的？

5-63 调节制冷量有几种方法？

5-64 在溴化锂制冷机中，设置熔晶管的作用是什么？

5-65 如何防止浓溶液结晶？

5-66 请描述溴化锂制冷机的防冻结控制过程？

5-67 屏蔽泵与一般水泵有什么异同？

5-68 请分析如果有部分溴化锂水溶液夹带进了冷凝器，会产生什么后果？

5-69 单效和双效溴化锂吸收式制冷机在结构上有什么区别？

5-70 什么情况下选双效溴化锂制冷机比较合理？

5-71 溴化锂制冷机按稀溶液的流向情况可分为_____和_____双效溴化锂制冷机？

5-72 请叙述串联式双效溴化锂吸收式制冷机冷剂水的流程。

5-73 在制冷量相同的串联式双效溴化锂吸收式制冷机中，如果吸收器稀溶液的出口状态和低压发生器浓溶液的出口状态与单效状态相同，串联式双效溴化锂吸收式制冷机中稀溶液的流量如何变化？

5-74 请分析低压发生器中的热源来自何方？有什么优点？

5-75 产生闪发蒸汽的原因是什么？

5-76 第一类吸收式热泵和第二类吸收式热泵的原理和区别分别是什么？

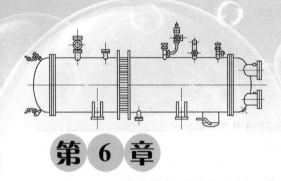

第 **6** 章

制冷系统热交换器

冷凝器与蒸发器是制冷系统中的重要换热设备，两者的流动和传热特性对整个制冷系统的性能指标有重大影响。本章和下一章主要讲述冷凝器和蒸发器的结构及设计计算方法，同时也介绍一些制冷系统中普遍使用的辅助换热设备。在这些换热设备中包含有导热、对流换热、相变传热等多种传热方式，为此本章先简单介绍换热设备中常用的基本传热学知识，之后再介绍各类冷凝器及蒸发器的结构和一些典型的设计计算方法。

6.1 热交换器的传热过程及其计算

在制冷系统中使用的换热设备，其形式主要是间壁式热交换器，即冷、热流体通过固体壁面进行热量交换的热交换器。本节的内容主要针对此类热交换器。

6.1.1 平壁传热过程

图 6-1 所示为一典型的平壁传热例子。厚度为 δ 的平壁，两侧分别是热流体（温度为 t_{f1}）和冷流体（温度为 t_{f2}），冷热流体通过厚度为 δ 的平壁实现热量交换。这样一个传热过程包括串联着的三个环节：

1）热流体与壁面高温侧的对流换热。

2）从壁面高温侧到壁面低温侧的固体壁导热。

3）壁面低温侧与冷流体的对流换热。

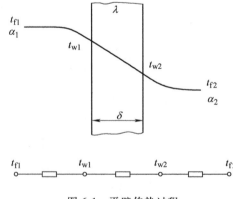

图 6-1 平壁传热过程

对于一个稳态传热过程，串联着的每个环节的热流量应当是相同的。假定平壁表面积为 A，则每一环节的热流量可分别表示为：

热流体与壁面高温侧
$$Q = \alpha_1 A (t_{f1} - t_{w1}) \tag{6-1}$$

固体壁导热
$$Q = \lambda A \frac{t_{w1} - t_{w2}}{\delta} \tag{6-2}$$

壁面低温侧与冷流体 $\qquad\qquad Q=\alpha_2 A\left(t_{w2}-t_{f2}\right)$ (6-3)

式中，Q 为热流量，表示单位时间内通过某一给定面积的热量（W）；α_1、α_2 分别为热流体与壁面高温侧和壁面低温侧与冷的流体之间的传热系数 $\left[W/(m^2\cdot K)\right]$，辐射传热的影响也可考虑在内；$\lambda$ 为壁面的热导率 $\left[W/(m\cdot K)\right]$；$A$ 为壁面表面积（m^2）；t_{f1}、t_{f2} 分别为热、冷的流体温度（℃）；t_{w1}、t_{w2} 分别为壁面高温侧与壁面低温侧的温度（℃）。

将上述三个方程经过简单的代数变换后，可得

$$Q=\frac{1}{\dfrac{1}{\alpha_1}+\dfrac{\delta}{\lambda}+\dfrac{1}{\alpha_2}}A\left(t_{f1}-t_{f2}\right)=KA\left(t_{f1}-t_{f2}\right)$$ (6-4)

其中 $\qquad\qquad K=\dfrac{1}{\dfrac{1}{\alpha_1}+\dfrac{\delta}{\lambda}+\dfrac{1}{\alpha_2}}$ 或 $\dfrac{1}{K}=\dfrac{1}{\alpha_1}+\dfrac{\delta}{\lambda}+\dfrac{1}{\alpha_2}$ (6-5)

式中，K 为传热系数 $\left[W/(m^2\cdot K)\right]$，它是换热设备的一个重要指标；$\dfrac{1}{K}$ 就是整个传热过程的热绝缘系数（过去习称热阻），常用 R 来表示；$\dfrac{1}{\alpha_1}$、$\dfrac{\delta}{\lambda}$、$\dfrac{1}{\alpha_2}$ 分别为热流体与壁面高温侧换热热绝缘系数、固体壁面导热热绝缘系数和冷流体与壁面低温侧换热热绝缘系数。

从式（6-4）中可以看到，传热系数越大，传热过程越剧烈。

式（6-4）写成热流密度形式为

$$q=K\left(t_{f1}-t_{f2}\right)$$ (6-6)

对于多层壁面组成的传热过程，传热过程总的热绝缘系数可以表示为

$$R=\frac{1}{K}=\frac{1}{\alpha_1}+\sum_{i=1}^{n}\frac{\delta_i}{\lambda_i}+\frac{1}{\alpha_2}\quad(i=1,2,3,\cdots,n)$$ (6-7)

6.1.2 圆管传热过程

图 6-2 所示为通过单层圆管的传热过程。厚度为 $\delta=(d_o-d_i)/2$ 的圆管，内外两侧分别是热流体 t_{f1} 和冷流体 t_{f2}，冷热流体通过厚度为 δ 的圆管实现热量交换。基于与平壁传热的同样道理，结合传热学中圆筒壁导热的计算公式，可以得到

$$Q=\frac{\pi L\left(t_{f1}-t_{f2}\right)}{\dfrac{1}{\alpha_1 d_i}+\dfrac{1}{2\lambda}\ln\dfrac{d_o}{d_i}+\dfrac{1}{\alpha_2 d_o}}$$ (6-8)

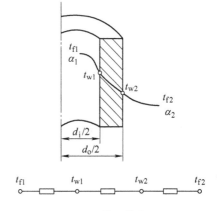

图 6-2 圆管的传热过程

式中，L 为圆管长度（m）；d_i、d_o 分别为圆管的内、外直径（m）；α_1、α_2 分别为圆管的内侧流体与内侧壁面之间、外侧流体与外侧壁面之间的表面传热系数 $\left[W/(m^2\cdot K)\right]$；$t_{f1}$、$t_{f2}$ 分别为圆管的内侧流体、外侧流体的温度（℃）。

由于圆管的内外侧表面积不同，所以基于内侧面和外侧面的传热系数也各不相同。在工程计算中多习惯以圆管外侧面为基准。那么，基于圆管外侧面的传热系数可以表达为

$$Q = K_o A_o (t_{f1} - t_{f2}) = K_o \pi d_o L (t_{f1} - t_{f2})\qquad(6-9)$$

比较以上两式，可以得到以圆管外侧面为基准的传热系数计算式

$$K_o = \cfrac{1}{\cfrac{1}{\alpha_1}\cfrac{d_o}{d_i} + \cfrac{d_o}{2\lambda}\ln\cfrac{d_o}{d_i} + \cfrac{1}{\alpha_2}}\qquad(6-10a)$$

或

$$K_o = \cfrac{1}{\cfrac{1}{\alpha_1}\cfrac{A_o}{A_i} + \cfrac{A_o}{2\pi\lambda L}\ln\cfrac{A_o}{A_i} + \cfrac{1}{\alpha_2}}\qquad(6-10b)$$

从热绝缘系数形式来看，有

$$\frac{1}{K_o A_o} = \frac{1}{\alpha_1 A_i} + \frac{1}{2\pi\lambda L}\ln\frac{A_o}{A_i} + \frac{1}{\alpha_2 A_o}\qquad(6-11)$$

式(6-11)等号左侧表示传热过程总热绝缘系数，右侧三项分别表示圆管内侧、圆管壁面、圆管外侧三个传热环节的热绝缘系数。与平壁传热过程的差异在于，由于圆管内外表面积不同，不能用单位面积表示热绝缘系数，而应当用总面积来表示热绝缘系数。

当圆管为薄壁管时，d_i 与 d_o 比较接近。若 $d_o/d_i \leqslant 2$，圆管壁的传热系数公式可以简化为

$$K_o = \cfrac{1}{\cfrac{1}{\alpha_1}\cfrac{d_o}{d_i} + \cfrac{\delta}{\lambda}\cfrac{d_o}{d_m} + \cfrac{1}{\alpha_2}}\qquad(6-12)$$

其中

$$d_m = \frac{d_i + d_o}{2}$$

式中，δ 为圆管壁厚(m)。

污垢对传热系数有一定的影响。热交换器在运行一段时间后，会在热交换器表面形成一些污垢。污垢的导热性能十分差，所以，在热交换器表面形成污垢后，使热交换器的实际换热量减小，削弱了热交换器的实际换热能力。因此，在热交换器设计中应当考虑污垢的影响。但是，热交换器表面上污垢的种类、成分及其性质与热交换器使用条件及工质本身特性等有关，很难得到理论分析结果。目前的设计数据多是来自实验，且实验条件不同时，数据会有较大的差异。

为了分析研究污垢的影响，引入污垢系数。γ_1、γ_2 分别代表圆管内侧面和外侧面或平壁两侧的污垢系数，这时传热系数计算公式为

圆管

$$K_o = \cfrac{1}{\left(\cfrac{1}{\alpha_1} + \gamma_1\right)\cfrac{d_o}{d_i} + \cfrac{\delta}{\lambda}\cfrac{d_o}{d_m} + \left(\cfrac{1}{\alpha_2} + \gamma_2\right)}\qquad(6-13)$$

平壁

$$K_o = \cfrac{1}{\cfrac{1}{\alpha_1} + \gamma_1 + \cfrac{\delta}{\lambda} + \cfrac{1}{\alpha_2} + \gamma_2}\qquad(6-14)$$

从公式中可以看出，γ_1、γ_2 实际就是污垢热绝缘系数，其值的确定，可以通过实验测定或从表6-1中查出。表6-1给出了一些单侧污垢系数的参考值，为了保证污垢对实际热交换器的换热量不产生过大影响，对热交换器定期清洗是很重要的。

表 6-1 常见制冷剂侧和载冷剂侧的污垢系数　　　[单位:$(m^2 \cdot K)/W$]

类别	污垢系数 γ	类别	污垢系数 γ
冷凝器氨侧	0.43×10^{-3}	有机蒸气	0.2×10^{-3}
蒸发器氨侧	0.6×10^{-3}	有机物	0.2×10^{-3}
氟利昂铜管侧	0.09×10^{-3}	制冷剂液	0.2×10^{-3}
冷却水侧	0.09×10^{-3}	盐水	0.4×10^{-3}
水蒸气侧(不含油)	0.1×10^{-3}	压缩空气	0.4×10^{-3}
制冷剂蒸气(含油)	0.4×10^{-3}	城市生活用水垢层	0.17×10^{-3}
强制通风空气冷却式冷凝器尘埃垢层	0.1×10^{-3}	处理过的冷水塔循环用水垢层	0.17×10^{-3}
井水、湖水垢层	0.17×10^{-3}	未经处理的工业循环用水垢层	0.43×10^{-3}

要直接由式(6-13)和式(6-14)计算出传热系数 K 往往是不可能的,因为式中的 α_1、α_2 与管壁温度 t_{w2} 有关,而在计算时 t_{w2} 又是未知数,因此一般采用迭代法或图解法、试凑法求取。

应用迭代法计算时,将管壁温度 t_{w2} 作为参变量,并把传热方程式分解成下面两个方程式进行计算。

$$\begin{cases} q=\dfrac{Q}{A_o}=\alpha_2\Delta t_o & (6\text{-}15) \\[2em] q=\dfrac{\Delta t_i}{\left(\dfrac{1}{\alpha_1}+\gamma_1\right)\dfrac{A_o}{A_i}+\dfrac{\delta}{\lambda}\dfrac{A_o}{A_m}+\gamma_2} & (6\text{-}16) \end{cases}$$

式中, q 是以外表面为基准的热流密度(W/m^2); Δt_o 是管外流体温度 t_{f2} 与管外污垢层外表面温度 t_{w2} 之对数平均温差; Δt_i 是 t_{w2} 与管内流体温度 t_{f1} 之对数平均温差。

用迭代法解这一组方程式,即可求得 q 及 t_{w2},进而求出传热系数的数值。

用图解法求解时,以 q 为纵坐标,温度 t 为横坐标。根据管外流体温度 t_{f2} 和管内外流体间的总对数平均温差 Δt_m 确定点 a 和点 b,如图 6-3 所示。从点 a 和点 b 出发,分别画出代表式(6-15)和式(6-16)的曲线。曲线的交点给出了要求的 q 及 t_{w2}。

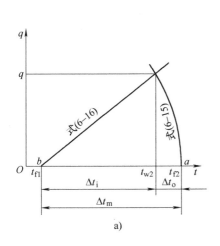

a)

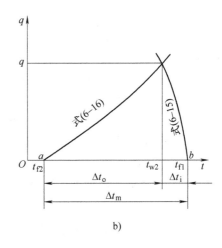

b)

图 6-3 热交换器的 $q\text{-}t$ 图

a)壳管式冷凝器 b)满液式蒸发器

试凑法的基本思路同样是将管壁温度 t_{w2} 作为参变量，在稳态传热情况下式（6-15）和式（6-16）的 q 相等，采用逐步逼近法联立求解两方程式，即假定一个 t_{w2}，分别计算出两式的 q，并将计算结果填入表 6-2 中。

当两式求出的误差不大于 5% 时，可认为符合要求；然后将试凑计算最终所得的热流密度与热交换器初步结构设计时假定的热流密度进行比较，若误差不大于 15% 且计算值大于假定值时，可认为原假定值及初步结构设计合理。最后即可由下式计算所需的管外传热面积（单位为 m^2）。

$$A_o = \frac{Q}{q}$$

一般情况下，经初步结构设计所布置的传热面积应有一定的富裕量，在满足上述要求前提下，所布置的传热面积较计算所需的传热面积大 10% 左右。

表 6-2　试凑计算表

序号	t_{w2}	式（6-15）的 q	式（6-16）的 q	序号	t_{w2}	式（6-15）的 q	式（6-16）的 q
1				...			
2				n			

不管用迭代法、图解法还是试凑法，都存在计算工作量大、步骤繁琐且误差大的缺陷，最快捷、精确的方法就是通过计算机编程，详见 6.3.2 节。

6.1.3　肋壁传热过程

由传热学知识知道，如果传热过程中壁面的某一侧对流换热热绝缘系数较大，为了强化换热，可采用增大该侧传热面积的方法，如敷设肋片、肋柱等，使其对流换热热绝缘系数降低。本节就一般意义的肋壁传热情况进行介绍。

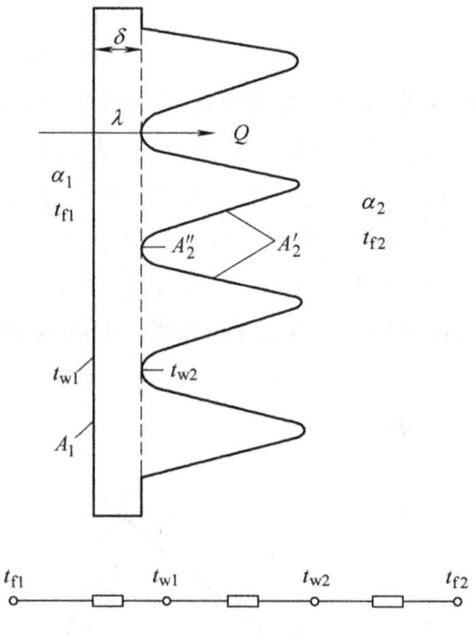

图 6-4 所示为一肋壁传热过程。假定，壁面未肋化侧的表面积为 A_1，表面温度为 t_{w1}；壁面肋化侧的总面积为 A_2，其由两部分组成，分别是肋基部分的壁面面积 A_2'' 和肋片的上下表面积 A_2'，肋基壁面温度为 t_{w2}。为分析肋化表面的传热过程，引入肋片效率 η_f，定义为

$$\eta_f = \frac{实际散热量}{整个肋片处于肋基温度下的散热量}$$

（6-17）

对于稳态传热过程，通过肋化表面的传热量为

图 6-4　肋壁传热过程

$$Q = \alpha_2 A_2''(t_{w2} - t_{f2}) + \alpha_2 A_2' \eta_f (t_{w2} - t_{f2})$$
$$= \alpha_2 A_2 \eta_o (t_{w2} - t_{f2})$$

（6-18）

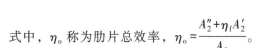

式中，η_o 称为肋片总效率，$\eta_o = \dfrac{A_2'' + \eta_f A_2'}{A_2}$。

通过肋壁的传热量可表示为

$$Q = \frac{(t_{f1} - t_{f2})}{\dfrac{1}{\alpha_1 A_1} + \dfrac{\delta}{\lambda A_1} + \dfrac{1}{\alpha_2 \eta_o A_2}} \tag{6-19}$$

这里应注意的是，即便肋化壁面的未肋化侧是平壁，壁面的内外两侧的面积也是不同的。因此，在计算中同样要考虑基准面的选取问题。对于平壁，如果以肋侧总表面积为基准，传热计算公式可表示为

$$Q = K_{ot} A_2 \Delta t \tag{6-20}$$

平壁：

$$K_{ot} = \frac{1}{\dfrac{1}{\alpha_1} \dfrac{A_2}{A_1} + \dfrac{\delta}{\lambda} \dfrac{A_2}{A_1} + \dfrac{1}{\alpha_2 \eta_o}} \tag{6-21}$$

式中，K_{ot} 为以肋侧总表面积为基准计算的传热系数。

如果表面有污垢，则引入污垢系数后，有

$$K_{ot} = \frac{1}{\left(\dfrac{1}{\alpha_1} + \gamma_1\right) \dfrac{A_2}{A_1} + \dfrac{\delta}{\lambda} \dfrac{A_2}{A_1} + \left(\dfrac{1}{\alpha_2} + \gamma_2\right) \dfrac{1}{\eta_o}} \tag{6-22}$$

为了与未加肋的平壁传热公式比较，可以写出以无肋化表面为基础的肋壁传热计算公式

$$K_{if} = \frac{1}{\dfrac{1}{\alpha_1} + \dfrac{\delta}{\lambda} + \dfrac{1}{\alpha_2 \eta_o} \dfrac{A_1}{A_2}} = \frac{1}{\dfrac{1}{\alpha_1} + \dfrac{\delta}{\lambda} + \dfrac{1}{\alpha_2 \eta_o \beta}} \tag{6-23}$$

式中，β 称为肋化系数，表示加肋后总表面积与未加肋时表面积之比，$\beta = A_2 / A_1$。β 往往大于 1，并且加肋后，也可以使 $\eta_o \beta$ 远大于 1，从而将加肋侧的表面传热系数由 α_2 提高到 $\alpha_2 \eta_o \beta$，使传热量 Q 加大，起到强化传热的作用。

对于肋化的圆管，为简单起见，只列出外表面肋化且 $d_b / d_i < 2$ 的情况下的传热计算公式，有

$$K_{ot} = \frac{1}{\left(\dfrac{1}{\alpha_1} + \gamma_1\right) \dfrac{A_2}{A_1} + \dfrac{\delta}{\lambda} \dfrac{A_2}{A_m} + \left(\dfrac{1}{\alpha_2} + \gamma_2\right) \eta_o} \tag{6-24}$$

其中

$$A_m = 0.5\pi L(d_i + d_b)$$

式中，L 为管长；d_i、d_b 分别为圆管内径与管外肋基直径。

以上分析了主要传热过程的传热系数计算方法，在传热各个串联环节中，固体壁面的导热换热量相对容易确定，而壁面与流体之间对流换热（在不考虑辐射换热影响时）的表面传热系数的确定比较复杂，以下主要介绍对流换热中表面传热系数的确定方法。

6.1.4 热交换器的介质传热系数及对数平均温差

1. 无相变对流换热时表面传热系数的确定

（1）管内强制对流换热　根据管内流体流动雷诺数的大小，可将管内流动分为层流、

过渡区和湍流流动三种情况，当制冷剂、载冷剂及冷却水在管内流动时，由于这些介质的黏度都比较小，所以，一般情况下，管内流动多为湍流。这里只推荐湍流的相关表面传热系数计算公式，对于过渡区和层流的计算公式，可参阅其他相关书籍。

管内发生湍流对流换热时，有

$$Nu = 0.023\,Re_f^{0.8}\,Pr_f^{0.4} \tag{6-25}$$

式中，$Nu = \dfrac{\alpha d_i}{\lambda}$ 为努塞尔数，λ 为流体的热导率 $[W/(m\cdot K)]$，α 为流体与管壁间的表面传热系数；$Re = \dfrac{u d_i}{\nu}$ 为雷诺数，u 为流体管内截面的平均流速（m/s）；$Pr = \dfrac{\nu}{a}$ 为普朗特数，a 为流体的热扩散率（m²/s）。式（6-25）的适用条件为：$Re_f = 10^4 \sim 1.2 \times 10^5$，$Pr_f = 0.7 \sim 2500$。

当流体与管壁的温差过大时，应当考虑由此而造成的管内流体流动速度的畸形分布，一般采用对物性修正的方法来修正努塞尔数，即

$$Nu = 0.023\,Re_f^{0.8}\,Pr_f^{0.4} \left(\frac{Pr_f}{Pr_w}\right)^{0.25} \tag{6-26}$$

以上两式，除 Pr_w 用 t_w（壁面温度）作为定性温度外，其余均使用管内流体平均温度 $t_f = 0.5(t_{fi} + t_{fo})$ 作为定性温度（其中 t_{fi}、t_{fo} 分别为管内流体的进口和出口温度），特征尺度为圆管内径 d_i。

对于螺旋盘管和螺旋形槽道，由于流体在弯管处流动时将产生二次环流，增加了流体扰动，强化了传热，此时，引入弯管修正系数 ε_R 对努塞尔数进行修正

气体
$$\varepsilon_R = 1 + 1.77\,\frac{d}{R} \tag{6-27a}$$

液体
$$\varepsilon_R = 1 + 10.3\left(\frac{d}{R}\right)^3 \tag{6-27b}$$

式中，R 为弯管的曲率半径（m）；d 为弯管的内径（m）。

如果使用非圆截面管道，则应将式（6-25）及式（6-26）中的特征尺度改为当量直径，即

$$d_{eq} = \frac{4A}{U} \tag{6-28}$$

式中，A 为通道的流通截面积（m²）；U 为流体润湿的流道周长（m），即湿周。

（2）流体横掠光管管束的对流换热　流体在外部横掠管束中的流动是制冷热交换器中的常见情况，这里只介绍流体强制流过管束的换热计算方法。对于光管管束，当流体流动方向与圆管中心线垂直时，有

空气：顺排管束
$$\alpha_o = 0.21\,\frac{\lambda}{d_o}Re_f^{0.65} \tag{6-29}$$

错排管束
$$\alpha_o = 0.37\,\frac{\lambda}{d^o}Re_f^{0.6} \tag{6-30}$$

液体：顺排管束
$$\alpha_o = 0.23\,\frac{\lambda}{d_o}Re_f^{0.65}Pr^{0.33} \tag{6-31}$$

错排管束
$$\alpha_o = 0.41\,\frac{\lambda}{d_o}Re_f^{0.6}Pr_f^{0.33} \tag{6-32}$$

式(6-29)~式(6-32)的适用范围：$Re_f = 200 \sim 200000$，对于管排数小于 10 的管束，平均表面传热系数可在上式的基础上再乘以一个小于 1 的管排修正系数 ε_n 得到。ε_n 的值见表 6-3。

计算时取管子外径 d_o 为特征尺寸，取流体的平均温度为定性温度，确定 Re_f 时，取通道最窄截面上的流速为 u。

表 6-3 管排修正系数 ε_n

总排数	1	2	3	4	5	6	7	8	9	10
顺排	0.64	0.80	0.87	0.90	0.92	0.94	0.96	0.98	0.99	1.0
错排	0.68	0.75	0.83	0.89	0.92	0.95	0.97	0.98	0.99	1.0

（3）流体纵横交替流过光管管束的对流换热　在制冷热交换器中，有时为了提高流体的流速，会在管壳式热交换器中加装多块折流板，比如在冷却流体的干式蒸发器里，沿壳体轴线方向装有折流板，以提高液体流过光管管束的流速。这样，流体就会交替地纵向和横向掠过光管管束，此时表面传热系数可通过以下公式先计算出努塞尔数，然后再求出表面传热系数。

壳体内侧镗削时 $\qquad\qquad Nu = 0.25\, Re_f^{0.6}\, Pr^{\frac{1}{3}}$ (6-33a)

壳体内侧不镗削时 $\qquad\qquad Nu = 0.22\, Re_f^{0.6}\, Pr^{\frac{1}{3}}$ (6-33b)

式中，定性温度为流体的平均温度，特征尺度为圆管的外径，特征速度是壳侧中心线附近管子之间横流截面上的流速与折流板缺口流速的算术平均值。

2. 有相变对流换热时表面传热系数的确定

相变换热是制冷热交换器中的重要过程。以下分别介绍凝结和沸腾换热的计算方法。

（1）凝结换热　当蒸气与低于其饱和温度的流体或壁面接触时，就会发生凝结，并释放出凝结热。

在制冷热交换器中所接触到的凝结过程，通常是壁面一侧与制冷介质蒸气接触，另一侧为冷却流体（如水、空气等）。在蒸气侧，由于冷凝流体湿润壁面的能力不同，可以得到两种不同的凝结形式：当凝结液的表面张力小于其对壁面的附着力，即可以湿润表面时，形成膜状凝结，反之，凝结液不湿润表面时为珠状凝结。珠状凝结的表面传热系数一般比膜状凝结大 10~20 倍，因此一些强化传热措施正是针对凝结换热这一特点来进行的。在制冷用冷凝器中，多为膜状凝结换热，故以下只介绍膜状凝结换热的表面传热系数计算方法。

1）蒸气在垂直竖壁上凝结时的换热。当纯净蒸气在竖壁高度为 L 的表面凝结时，若冷凝液膜处于层流状态，即

$$Re = \frac{d_e \rho u_L}{\mu} \leqslant 1600$$

努塞尔导出了冷凝液膜平均表面传热系数 $\alpha\,[\mathrm{W/(m^2 \cdot K)}]$ 为

$$\alpha = 0.943 \left[\frac{g r \rho^2 \lambda^3}{\mu L (t_s - t_w)} \right]^{0.25}$$ (6-34)

式中，g 为重力加速度，$g = 9.8\mathrm{m/s^2}$；r 为蒸气凝结热（J/kg）；ρ 为冷凝液密度（kg/m³）；λ 为冷凝液膜热导率 $[\mathrm{W/(m \cdot K)}]$；μ 为冷凝液动力黏度（Pa·s）；L 为竖壁高度（m）；t_s 为饱和温度（℃）；t_w 为壁面温度（℃）。

确定各物性参数的定性温度，除蒸气凝结热用饱和温度外，其余量均以 $t_m = 0.5(t_w + t_s)$

为定性温度，特征尺度为竖壁高度 L。

通过实验研究发现，蒸气在竖壁上凝结时，在竖壁高度的很小区域内，冷凝液的流速很低，液膜保持完全层流状态，随着与竖壁顶端距离的加大，液膜流速增大，由于液体表面张力的作用，冷凝液膜的表面略呈波状，但液膜流动仍处在层流区域内。由于液膜的波动，增大了换热强度，所以在实际竖壁冷凝过程中，平均冷凝表面传热系数要高出式（6-34）算出的值，为此将上式修正为

$$\alpha = 1.13 \left[\frac{g r \rho^2 \lambda^3}{\mu L (t_s - t_w)} \right]^{0.25} \tag{6-35}$$

这种冷凝液膜的波动情况在工程中普遍存在，称为波动效应。

当冷凝液膜为湍流流动时（$Re > 1600$），热量传递除了靠近壁面的极薄的层流底层仍以导热方式进行外，层流底层以外，以湍流传递为主，换热也得到了加强。对于竖壁上发生的液膜湍流流动，其凝结表面传热系数计算公式为

$$Nu = Ga^{0.33} \frac{Re}{58 Pr_s^{-0.5} \left(\dfrac{Pr_w}{Pr_s} \right)^{0.25} (Re^{0.75} - 253) + 9200} \tag{6-36}$$

式中，$Ga = \dfrac{g L^3}{\nu^2}$ 为伽利略数。除 Pr_w 用壁面温度 t_w 计算外，其余物性量的确定均以饱和温度 t_s 计算，物性量均是凝结液的，特征尺度为竖壁高度。

最后需指出的是，在竖壁上得出的结论同样适用于竖直圆管，条件是：只要管径远大于凝结液膜的厚度。在工程计算中，这一条件一般是可以得到满足的。

2）蒸气在水平光管和低肋管上冷凝时的换热。蒸气在水平光管外的凝结换热机理与在竖壁上的凝结是相似的。努塞尔应用图解积分法，求出水平光管外的平均表面传热系数为

$$\alpha = 0.725 \left[\frac{g r \rho^2 \lambda^3}{\mu d (t_s - t_w)} \right]^{0.25} \tag{6-37}$$

式（6-37）中的定性温度的取法与竖壁相同，特征尺度为光管外径。所有物性量均为凝结液膜值。式（6-37）与实验数据吻合良好，可直接应用于实际凝结过程。

当蒸气在低肋管上凝结时，由于水平肋片的形状及几何参数比较复杂，工程计算中常用的处理方法是：将肋片侧面的冷凝视为竖壁凝结，但要考虑肋片效率的影响，其余部分可按水平光管外侧凝结处理，最后将两者相加得到总的凝结表面传热系数，即

$$\alpha_f = \alpha_o \left[\frac{A_2''}{A_2} + 1.3 \frac{A_2' \eta_f^{0.75}}{A_2} \left(\frac{d_o}{H} \right)^{0.25} \right] \tag{6-38}$$

式中，α_f、α_o 分别为低肋管的总表面传热系数和水平光管的表面传热系数 [$\text{W}/(\text{m}^2 \cdot \text{K})$]；$A_2$、$A_2''$、$A_2'$ 分别为低肋管总表面积、肋基光管部分表面积、肋片表面积（m^2）；H 为环形肋片的当量高度（m），$H = \pi \dfrac{d_t^2 - d_o^2}{4 d_t}$，其中 d_t、d_o 分别为肋片外径和基管外径（m）；η_f 为肋片效率，对低肋片管，$\eta_f = 0.7 \sim 0.8$，对低螺纹纯铜管，$\eta_f = 1$。肋片效率的具体计算公式见式（6-48）及式（6-49）。

3）蒸气在水平光管束和低肋管束上凝结时的换热。蒸气在管束上凝结与在单根管上的

凝结是不同的。在管束凝结中，上排管子上的凝结液膜流到下排管子上，使下排管子的液膜加厚，造成下排管子的表面传热系数小于上排管子的传热系数。

管束的布置有顺排和错排两种，在总管数一定的条件下，错排管束中每一列的管数比顺排的少，所以凝结液在下部管子上的聚集量也比顺排的少；而且，由于错排管束中每列管子错开一定的距离，有利于蒸气的流动，所以，现在在壳管式冷凝器中以错排管束的应用居多。

根据努塞尔的膜层凝结理论，如果上一根管子上的凝结液完全滴落在下一根管子上，且管束中管壁的温度相等，则管束的平均表面传热系数为

$$\bar{\alpha} = \alpha_1 \varepsilon_n = \alpha_1 n_m^{-0.25} \tag{6-39}$$

式中，α_1 为第一排单根管子上的表面传热系数；ε_n 为管束修正系数；n_m 为管束的平均管排数，可以按总管数来计算，即

$$n_m = \left(\frac{N}{\sum\limits_{j=1}^{n} n_j^{\frac{3}{4}}} \right)^4 \tag{6-40}$$

式中，N 为总管数；n_j 为纵向每一列中的管子数。

在管束的实际凝结过程中，顶层管子上的凝结液滴落在下一排管子上时，并非完全聚集在下一排管子上，有一部分凝结液会飞溅到管束间，这时，管壁的实际凝结热绝缘系数要比凝结液完全滴落在下一排管子上时的热绝缘系数小。因此，实际管束修正系数为

$$\varepsilon_n = \left(\frac{1}{n_m} \right)^{\frac{1}{6}} \tag{6-41}$$

4）蒸气在水平管内的凝结换热。当蒸气在管外和壁面上形成膜状凝结换热时，无论对液膜还是蒸气而言，其流动均不受流动通道几何尺寸的限制；而当蒸气在管内凝结时，由于通道流通总截面积恒定不变，使蒸气和液膜流动均受到有限通道尺寸的限制，而且，沿流动方向上，随着蒸气的不断凝结，蒸气和凝结液膜在圆管横截面上所占的比例会不断地发生变化，且由于蒸气和凝结液两种流体本身密度、黏度等方面的差异，蒸气和凝结液的流动可能会出现分层流和环状流等两相流动的流型。管内两相流体相变传热是一个比较复杂的问题，就目前而言，对于管内凝结换热，不同的研究者所得的结果差距较大，尚未取得共识。

对于水平管内的凝结换热，若制冷剂为氟利昂，推荐使用以下计算公式，即

$$\alpha = 0.555 \left[\frac{gr\rho^2\lambda^3}{\mu d_i(t_s - t_w)} \right]^{0.25} \tag{6-42}$$

或

$$\alpha = 0.455 \left[\frac{gr\rho^2\lambda^3}{q\mu d_i} \right]^{0.33}$$

式中，特征尺度为圆管内径 d_i，其他参数的含义同式（6-34）。公式的适用范围为 $Re'' \leqslant 3.5 \times 10^4$，$Re''$ 按进口蒸气状态计算。

若制冷剂为 R717，α 的计算公式为

$$\alpha = 2116(t_s - t_w)^{-0.17} d_i^{-0.25} \tag{6-43}$$

或

$$\alpha = 86.88 q^{-0.2} d_i^{0.33}$$

当制冷剂在水平蛇形管内冷凝时，上述四个公式乘以 ε_c 后即可使用，有

$$\varepsilon_c = 0.25 q^{0.15}$$

（2）沸腾换热　沸腾换热是一种强化型换热，液体在相变中吸收大量的汽化热，而其主流温度却可以维持在饱和温度不变；同时，气泡在形成和脱离壁面时，在边界层里产生强烈的扰动，促使层流底层减薄或者被破坏掉，这样就造成紧贴壁面的薄层（热边界层）内产生较大的温度梯度，从而达到很高的表面传热系数。

对于沸腾换热，研究比较充分的工质是水。但是，对于水，至今仍难以用一种适用于各类工况的通用关系表达式。相对水的研究而言，对制冷工质沸腾换热的研究则比较缺乏。原因有两方面，一是制冷剂种类比较多，现在又有新的工质要替代目前大量使用的 R22 等；二是在制冷系统中，蒸发器的种类多种多样，这些都为研究工作带来很大的工作量。

1）制冷剂在大空间内的沸腾换热。制冷剂在大空间内的沸腾换热与水在大空间内的沸腾换热是相似的。根据 $(t_w - t_s)$ 的不同，大致可以将沸腾换热分为自由流动区域、核态沸腾区域和膜态沸腾区域。

在实际蒸发器中，若沸腾换热发生在水平光管管束外侧，则对自由流动区域，沸腾表面传热系数可表示为（$q < 2100 \text{W/m}^2$）

$$\alpha = C_o q^{-0.25} \tag{6-44}$$

式中，C_o 为系数，对 R717，$C_o = 103$。

对核态沸腾区域，沸腾表面传热系数可表示为（$q > 2100 \text{W/m}^2$）

$$\alpha = C_o q^a \tag{6-45}$$

式中，对 R717，$C_o = 4.4(1 + 0.007 t_o)$，$a = 0.7$，其中 t_o 为蒸发温度。

已有的研究发现，氟利昂工质在单根肋片管上沸腾时，若肋片间距与气泡脱离直径相差不多，汽化核心数将增加，气泡增大的速率降低，表面传热系数比光管上的沸腾表面传热系数高。同时还发现对低肋片管束，管排数对表面传热系数的影响要比光管束小。为简单起见，对氟利昂工质在低肋管束上的沸腾表面传热系数仍可直接应用光管管束的公式来计算。

2）制冷剂在管内强制对流沸腾换热。制冷剂液体在管内沸腾形成了蒸气与液体的混合物，随着汽化过程的进行，沿管长的截面含汽量逐渐增加。这时，换热强度不仅与汽化过程本身有关，而且也与两相流动的流动流型有关，不同的流型，换热情况是有差别的，所以管内的两相流动沸腾换热是一种十分复杂的对流换热过程。一般通过实验方法来确定平均表面传热系数。

对于立式管，发生管内沸腾时，制冷剂为 R717 时的表面传热系数计算公式为

$$\alpha = 4.57(1 + 0.03 t_o) q_i^{0.7} \tag{6-46}$$

式中，q_i 为按管内表面计算的热流密度（W/m^2）；t_o 为制冷剂的蒸发温度（℃）。

对于水平管内沸腾，当管径在 6~14mm 范围内，常用的氟利昂沸腾表面传热系数计算式为

$$\alpha = \varphi \frac{q_m^{0.2} q_i^{0.6}}{d_i^{0.2}} \tag{6-47}$$

式中，q_m 为每一根水平管内制冷剂的质量流量（kg/s）；φ 为与制冷剂种类和蒸发温度（蒸发压力）有关的系数，可查阅表6-4。

表6-4　公式（6-47）中 φ 的值

蒸发温度/℃	R22	R113	R142	蒸发温度/℃	R22	R113	R142
−30	0.993	—	0.606	10	1.940	0.418	0.940
−10	1.220	—	0.763	30	1.820	0.533	1.170

3. 肋片管式热交换器内的传热计算方法

在制冷系统中广泛使用的间壁式热交换器，由于在管壁两侧的工质传热特性不同，为了减少换热管某一侧的换热热绝缘系数，一般采用在管道上加肋片的方法。其中应用比较广泛的是肋片管（翅片管）。它是在圆管外侧加肋片，形式多种多样，但按照肋片与基管的连接方式，可大体分为：绕片管、套片管和轧片管三类。

（1）常用肋片管的表面结构形式与特点

1）绕片管。常用绕片管的形式如图 6-5 所示，通常是在圆管外表面按螺旋状绕一根金属带。金属带在绕制前，先在轧片机上将一侧轧成皱折，然后再用大型机床绕在管子外表面上。氨用绕片管通常采用 $\phi 25mm \times 2.5mm \sim \phi 38mm \times 3.0mm$ 无缝钢管制成，管外绕厚度约 1mm 的薄钢片，绕好后再镀锌，以减少接触热绝缘系数和防止腐蚀。氟利昂用绕片管，常用 $\phi 10 \sim \phi 18mm$ 的纯铜管制成，管外绕 0.2mm 的纯铜片，绕好后再搪锡。绕片管的优点是传热系数较高，缺点是肋侧阻力较大，同时由于皱折的存在，妨碍了肋片节距的进一步减小。绕片管主要用于氨制冷机，在氟利昂类制冷系统中，多用套片管代替。

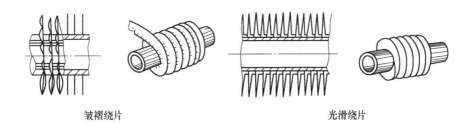

皱褶绕片　　　　　　　　　　　光滑绕片

图 6-5　绕片管形式

2）套片管。套片管广泛应用于氟利昂制冷机的空冷式冷凝器上，其结构形式如图 6-6 所示，即在整张的铝片或铜片上按一定规律冲压出用来穿换热管的圆孔，这样，铝片或铜片就形成换热管的肋片。其中冲压出来的圆孔有翻边，其作用是增大肋片与换热管的接触面积，并保持一定的肋片间距。

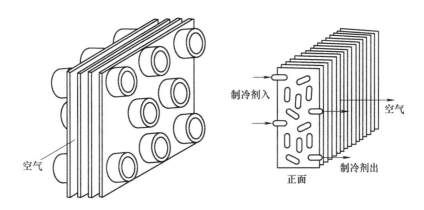

图 6-6　套片管形式

肋片可以是整张铝片或铜片，也可以由几块拼凑而成。目前普遍采用的是 $0.15 \sim 0.3mm$ 厚的铝片套装在 $\phi 9 \sim \phi 16mm$ 的纯铜管上，制成套片管。组装肋片的时候，为保证肋片与换热管之间的紧密接触，一般采用 10～20MPa 的油压或水压胀管，或用带钢珠的推杆压入管内，利用钢珠与圆管内径的过盈度来机械胀管，后者胀管均匀，接触热阻小，且可以省去管内清洗和干燥的麻烦，因而，近年来得到广泛的应用。

3）轧片管。轧片管是以纯铜管为坯料，在室温下滚轧螺旋外肋片，或者同时在管内和管外两侧滚轧出各种断面形状的肋片管。由于轧出的肋片高度比较小，一般在 1.0～2.0mm，故常称为低螺纹管。图 6-7 所示的是两种剖面的轧片管，一种为斜翅，另一种为直翅。这种轧片管的肋化系数一般比较小(通常在 3～4 之间)，主要适用于内外两侧热绝缘系数相差不大的情况。应用轧片管制成的热交换器，工艺简单，传热性能良好，又没有接触热绝缘系数，所以在制冷热交换器中应用比较广泛。在制冷系统中，轧片管主要用在氟利昂制冷装置的冷凝器中，当然也可应用于蒸发器或气液热交换器中。

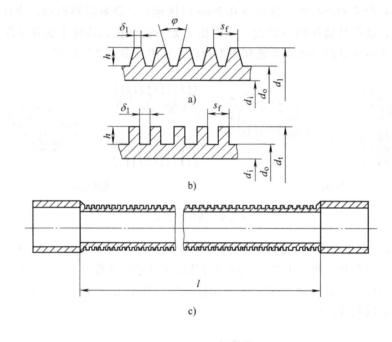

图 6-7　轧片管形式
a）斜翅　b）直翅　c）轧片管

（2）肋片管的肋片效率 η_f　进行肋片管束的传热计算时，需知道肋片效率。肋片管由于其本身形状的复杂性，组合时的几何尺寸变化对载热体的热交换影响很大，致使传热过程比较复杂。一般来说，可以把肋片管的传热面积分为两部分，一部分为肋片总的表面积之和 A_2，另一部分为未被肋片覆盖的管子表面积 A_b。这两部分表面积的传热特性显然是不同的，而且在肋片上，沿高度方向上的传热系数并不是恒定的，这些均使得肋片换热面的传热量计算十分困难。在工程计算中，通常假定流体沿整个换热面的传热系数相同，沿换热面温度的变化，用肋片效率来综合考虑，这样可以大大简化传热计算。以下介绍一些常用的肋片效率计算方法。

1）平直肋片。平直肋片的肋片效率的计算式为

$$\eta_f = \frac{\tanh(mh)}{mh} \tag{6-48}$$

式中，m 为肋片参数，$m = \sqrt{\dfrac{2\alpha}{\lambda\delta_f}}$，$\lambda$ 为肋片材料的热导率 $[W/(m \cdot K)]$；δ_f 为肋片厚度 (m)；h 为肋片的当量高度 (m)，$h = \dfrac{d_t - d_o}{2}\left(1 + 0.805\lg\dfrac{d_t}{d_o}\right)$；$d_t$ 为肋片外径 (m)；d_o 为肋片管外径 (m)。

2）环形肋片（等厚度圆肋片）。对于环形肋片，其肋片效率可以通过数学推导得到，但公式比较复杂。在工程应用中，一般采用施密特简化公式，即直接应用平直肋片的公式形式，并引入一个修正系数以考虑其结构与平直肋片的差异，有

$$\eta_f = \frac{\tanh(mh')}{mh'} \tag{6-49}$$

式中，m 为肋片参数，在用于蒸发器且处于湿工况时，$m = \sqrt{\dfrac{2\alpha\xi}{\lambda\delta_f}}$；$\xi$ 为析湿系数，详见式 (6-66)；h' 为肋片的当量高度，$h' = \dfrac{d_o}{2}\psi$，其中 ψ 为环行肋片修正系数，计算公式为

$$\psi = \left(\frac{r_t}{r_o} - 1\right)\left(1 + 0.35\ln\frac{r_t}{r_o}\right) \tag{6-50}$$

式中，r_t 为肋片外半径 (m)。

当 $\dfrac{r_t}{r_o} = 1 \sim 8$、$\eta_f = 0.5 \sim 1.0$ 时，用式 (6-49) 计算得出的结果与理论计算结果相差 1%，作为工程计算，式 (6-49) 的精度已足够了。

3）套片管肋片。在制冷系统中，套片管的使用是比较广泛的。针对某一换热管而言，它的肋片与相邻换热管的肋片连成一片，因此准确确定出此类肋片管的肋片效率是很困难的，一般采用近似求解法。

如果假定肋片上的传热系数为常数，对于任一换热管的肋片而言，总存在一个温度梯度为零的等势线。依照施密特的经验算法，可以人为地将整张套片管分割成为各个换热管的肋片，再在相同热流量的条件下，将其等效为一个半径为 r_{et} 的环形肋片，并将等效半径替换式 (6-48) 中的 r_t 即可得到套片管的肋片效率。

当管束为顺排布置时，单个换热管的肋片可以分割为长方形肋片（图 6-8a），则其等效半径的计算式为

对长方形肋片 $\qquad\qquad \dfrac{r_{et}}{r_o} = 1.28\varphi\left(\dfrac{a}{b} - 0.2\right)^{\frac{1}{2}} \tag{6-51}$

式中，$\varphi = b/d_o$，a 和 b 分别是长方形的长边与短边，$a = b$ 时则为正方形。

对六角形肋片 $\qquad\qquad \dfrac{r_{et}}{r_o} = 1.27\varphi\left(\dfrac{a}{b} - 0.3\right)^{\frac{1}{2}} \tag{6-52}$

式中，$\varphi = \dfrac{b}{d_o}$；a 和 b 分别是六角形的长对边距离与短对边距离。

长方形肋片及六角形肋片对应于管束的顺排与叉排，如图6-8a、b所示。

对错排管束，如果管束夹角为45°布置，则单个换热管温度为零的等势线的轮廓形状为正方形，可以直接应用式(6-51)计算等效半径。

对错排管束夹角为30°的布置，则单个换热管温度为零的等势线的轮廓形状为等边六角形(图6-8b)，相应的等效半径按式(6-52)计算。

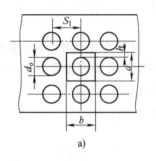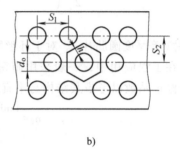

图 6-8　长方形肋片与六角形肋片

a) 长方形肋片　b) 六角形肋片

（3）流体横掠肋片管束的换热计算　在制冷换热设备中，最常见的是空气或制冷剂蒸气横掠肋片管束时的换热。这种换热情况远比流体横掠光管复杂得多。在这种换热现象中，肋片的形状、高度和肋片间距都对流动和换热有直接影响，很多研究者提出了各自不同的传热系数计算关联式。

一般而言，流体在流过肋片管束时，大体上分两种情况。一种情况是流过绕片管束或轧片管束，这时由于这两种管束的肋片间距和管间距都比较大，因此流动情况近似于光管管束，此时的表面传热系数计算式为

$$Nu = \frac{\alpha S_f}{\lambda} = C Re_f^n \left(\frac{d_o}{S_f}\right)^{-0.54} \left(\frac{h}{S_f}\right)^{-0.14} \tag{6-53}$$

其中

$$Re_f = \frac{u_{max} S_f}{\nu}$$

$$u_{max} = \frac{V}{A_{min}}$$

$$A_{min} = \left[1 - \frac{d_o}{S_1}\left(1 + 2\frac{h\delta_f}{S_f d_o}\right)\right] A_{fy}$$

式中，S_f为肋片间距(m)；h为肋片高度(m)；ν为流体运动黏度(m²/s)；A_{fy}为热交换器迎风面积(m²)；S_1为铜管水平方向间距(m)；δ_f为肋片厚度(m)。

公式中，定性温度为管束中流体的平均温度，特征速度为管束最窄截面处流体的流速，特征尺度为肋片管间距。C 和 n 的取值见表6-5。

式(6-53)的适用范围为

$$Re_f = (3 \sim 25) \times 10^3, \qquad \frac{d_o}{S_f} = 3 \sim 4.8$$

表 6-5 式(6-53)中 C 和 n 的取值

	顺 排		错 排		
	环形肋片	正方形肋片	环形肋片	正方形肋片	六角形肋片
C	0.104	0.096	0.223	0.205	0.205
n	0.72	0.72	0.65	0.65	0.65

另一种情况是流体流过整张套片管时的换热。在制冷系统中，这种套片管束的片间节距和管束间间距都比较小，所以流体在管束间隙内的流动近似于平板流动。为此，戈果林在大量实验基础上得出顺排管束布置时的计算准则方程式，即

$$Nu = \frac{\alpha d_{eq}}{\lambda} = CRe_f^n \left(\frac{L}{d_{eq}}\right)^m \tag{6-54}$$

式中，L 为沿气流方向肋片的总长度，特征尺度为当量直径 d_{eq}，计算式为

$$d_{eq} = \frac{4A}{U} = \frac{2(S_1 - d_o)(S_f - \delta_f)}{(S_1 - d_o) + (S_f - \delta_f)} \tag{6-55}$$

式中各项系数为

$$C = \varepsilon \left(1.36 - \frac{0.24Re_f}{1000}\right), \qquad n = 0.45 + 0.0066 \frac{L}{d_{eq}},$$

$$m = -0.28 + \frac{0.08Re_f}{1000}$$

$$\varepsilon = 0.518 - 0.02315 \frac{L}{d_{eq}} + 0.000425 \left(\frac{L}{d_{eq}}\right)^2 - 3 \times 10^{-6} \left(\frac{L}{d_{eq}}\right)^3$$

式(6-54)的适用范围为

$$Re_f = 500 \sim 10^4, \qquad \frac{S_f}{d_o} = 0.18 \sim 0.35, \qquad t_f = -40 \sim 40$$

$$\frac{L}{d_{eq}} = 4 \sim 50, \qquad \frac{S_1}{d_o} = 2 \sim 5$$

当管束布置为错排时，由于气流的扰动，强化了对流换热，故表面传热系数一般比顺排时的计算结果大 10%。

4. 对数平均温差

对于间壁式热交换器，冷、热流体通过固体壁面实现热交换，两者之间的温差是热交换器传热量计算的重要参数。由于热流体在流动过程中不断放热，温度沿流动方向逐渐下降；冷流体则在流动过程中不断吸热，温度沿流动方向逐渐上升，而且冷、热流体的温差在不同的流动位置是有差距的。因此，如果使用传热方程来计算整个换热面上的传热量，就必须使用整个传热面上的平均温差。

平均温差与热交换器的形式有关，对于简单的顺流式和逆流式热交换器，一般使用对数平均温差，而对于交叉流式和混合流式热交换器，一般按简单的逆流式热交换器来计算，并根据冷、热流体的进、出口温度查相应的图表加以修正。详细情况可以查阅相关的传热学书籍，这里只介绍简单的顺流式和逆流式热交换器的对数平均温差计算方法。

图 6-9 所示为顺流式和逆流式热交换器中冷、热流体的温度沿换热面的变化情况，推导时需假定：

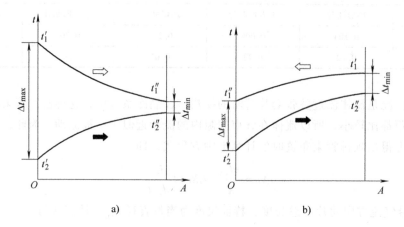

图 6-9　顺流和逆流时流体温度的变化

a）顺流传热　b）逆流传热

t_1'、t_1''—热流体的进、出口温度　t_2'、t_2''—冷流体的进、出口温度

1）冷、热流体的质量流量和比热容在整个换热面上都是常量。

2）热交换器无传热损失且在整个换热面上传热系数为常数。

3）换热面上沿流动方向的导热量可以忽略不计。

4）热交换器两侧冷、热流体均不能既有相变又有单相介质传热。

在以上假设条件下，可以推导得出对数平均温差的计算式（推导过程可参阅相关的传热学教材）为

$$\Delta t_{\mathrm{m}} = \frac{\Delta t_{\max} - \Delta t_{\min}}{\ln \dfrac{\Delta t_{\max}}{\Delta t_{\min}}} \qquad (6\text{-}56)$$

式中，$\Delta t_{\max}$、$\Delta t_{\min}$ 分别为热交换器冷、热流体中各自进出口温差的最大值和最小值。

图 6-9 中，t_1'、t_1'' 和 t_2'、t_2'' 分别是热流体和冷流体的进出口温度。在热交换器的各种流动形式中，简单的纯顺流和纯逆流是两种极端情况，它们的差别可以从图 6-9 中看出。理论上讲，如果热交换器的传热面积足够大，极端情况下，顺流时冷、热流体的温度相等，而对逆流式热交换器，极端情况是任一流体的出口温度将接近于另一流体的进口温度。可以推断，在传热面积、流体的物性及进出口温度相等的条件下，逆流式热交换器比顺流式热交换器的传热能力强。因此，热交换器的布置应当首选逆流式。但逆流式也有缺点，即冷、热流体的高温端均在热交换器的同一侧，使得热交换器两端的温差较大。

在制冷系统中，冷、热介质之间的温度变化常有以下特点：

1）放热介质温度不变，吸热介质温度变化。比如，冷凝器中制冷介质蒸气冷凝，发生相变传热，此时介质的温度不变，吸热介质（空气、水）等温度发生改变，如图 6-10a 所示。

2）吸热介质温度恒定，放热介质温度变化。比如，制冷介质在蒸发器中蒸发，呈气液两相状态，温度恒定不变；另一侧的被冷却介质温度发生变化，如图 6-10b 所示。此时，不存在顺流和逆流之分。

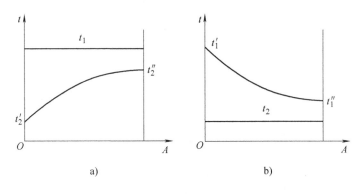

图 6-10 相变时流体温度的变化

a) 冷凝器 b) 蒸发器

根据理论分析，对于工程中常见的蛇形管束内的传热，只要管束的曲折次数超过 4 次，即可作为纯顺流或纯逆流来处理，如图 6-11 所示。

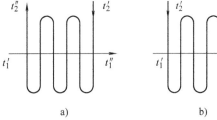

6.1.5 热交换器的流体动力计算

1. 热交换器内流体流动阻力计算

流体在热交换器内的流动阻力，包括管内、管外两部分。一般流体在流道内的流动阻力可以描述为

图 6-11 蛇形管热交换器作逆流和顺流处理

a) 作逆流处理 b) 作顺流处理

$$\Delta p = \sum \Delta p_f + \sum \Delta p_s + \sum \Delta p_a + \sum \Delta p_g \tag{6-57}$$

式中，Δp 为总压降（Pa）；Δp_f 为摩擦阻力压降（Pa）；Δp_s 为局部阻力压降为（Pa），主要指流道截面积突然发生变化时，或流道转向等引起的压力损失；Δp_a 为加速压降，是指在流道截面积不变时，由于流体本身的物性变化或体积变化等引起的压力损失，在单相流动中，该项一般可以忽略；Δp_g 为重位压降（Pa），表示流道高度变化由重力引起的压力变化，在热交换器中如果出现流体的进出口位置存在高度差时，需计算此项。

2. 典型情况下的流动阻力计算

以下主要介绍在制冷系统中常用的一些流道形式内的流动摩擦阻力的计算方法。其他流动阻力的计算公式，可查阅有关的流体力学书籍。

（1）流体在光管内的流动阻力 流体在光管内的流动摩擦阻力与流体的流动状态有关，一般形式为

$$\Delta p_f = \frac{1}{2} \xi \rho u^2 \frac{1}{d_i} \tag{6-58}$$

式中，ξ 为沿程阻力系数，它与流态有关。

在直光滑管内有

$$Re < 2300, \quad \xi = \frac{64}{Re}; \quad 2300 < Re < 10^5, \quad \xi = \frac{0.3164}{Re^{0.25}}$$

冷却水在冷凝器中的流动阻力可用下式计算,即

$$\Delta p = \frac{1}{2}\rho u^2\left[\xi N\frac{l}{d_{\mathrm{i}}}+1.5(N+1)\right] \qquad (6\text{-}59)$$

式中,u 为冷却水的管内流速(m/s);ρ 为冷却水的密度(kg/m³);l 为单根传热管长度(m);d_{i} 为管内径(m);N 为流程数;ξ 为沿程阻力系数,以管内计算,管外制冷剂侧阻力可不计算。

(2)流体流过光管管束时的流动阻力 流体横掠管束的流动是制冷系统中的常见流动,其阻力计算可以表示为

$$\Delta p_{\mathrm{f}} = 2N\xi\rho u^2 \qquad (6\text{-}60)$$

式中,N 为流体一次横掠的管排数;ξ 为局部阻力系数,取值与 Re 有关,即

$$Re<100,\qquad \xi=\frac{1.5d_{\mathrm{o}}}{Re(s-d_{\mathrm{o}})};\qquad Re>100,\qquad \xi=\frac{0.75d_{\mathrm{o}}^{0.2}}{[Re(s-d_{\mathrm{o}})]^{0.2}}$$

式中,u 为流速(m/s),其取值与流过的管束形式有关;s 为管间距 (m)。

(3)流体流过折流板缺口时的流动阻力 在管壳式热交换器中,流体在折流板缺口处的流动接近于纵掠管束的流动,其流动阻力的计算可以表示为

$$\Delta p_{\mathrm{f}} = 0.103\rho u^2 \qquad (6\text{-}61)$$

(4)气流横掠肋片管束的流动阻力

1)气流横掠轧片管和绕片管时的流动阻力。

$$\Delta p_{\mathrm{f}} = CN\rho u_{\max}^2\left(\frac{h_{\mathrm{f}}}{d_{\mathrm{o}}}\right)^{n_1}\left(\frac{S_{\mathrm{f}}}{d_{\mathrm{o}}}\right)^{n_2}Re^{n_3} \qquad (6\text{-}62)$$

式中,N 为沿气流方向的管排数;$u_{\max}$ 为最窄截面处风速(m/s)。

式(6-62)中的 C 和 n 的取值,见表6-6。

式(6-62)的适用范围为

$$\frac{S_1}{d_{\mathrm{o}}}、\frac{S_2}{d_{\mathrm{o}}}=1.6\sim3,\qquad \frac{S_{\mathrm{f}}-\delta_{\mathrm{f}}}{d_{\mathrm{o}}}=0.15\sim0.23,\qquad \frac{\delta_{\mathrm{f}}}{d_{\mathrm{o}}}=0.035\sim0.08,\qquad \frac{h_{\mathrm{f}}}{d_{\mathrm{o}}}=0.25\sim0.5$$

表6-6 式(6-62)中 C 和 n_1、n_2、n_3 的取值

	顺排管束				错排管束				
	C	n_1	n_2	n_3	C	n_1	n_2	n_3	Re 范围
$S_2/d_{\mathrm{o}}=2$	0.094	0.5	-0.58	0	1.35	0.45	-0.72	-0.24	$10^4\sim6\times10^4$
					0.098	0.45	-0.72	0	$6\times10^4\sim10^5$
管子紧密排列肋片相接	0.085	0.3	-0.58	0	0.99	0	-0.72	-0.24	$10^4\sim6\times10^4$
					0.085	0.2	-0.72	0	$6\times10^4\sim10^5$

2)气流横掠套片管束的流动阻力。当气流横掠顺排管束时,计算式为

$$\Delta p_{\mathrm{f}} = g\xi_{\delta}\left(\frac{L}{d_{\mathrm{eq}}}\right)(\rho u_{\max})^{1.7} \qquad (6\text{-}63)$$

式中,ξ_{δ} 为肋片表面粗糙度修正系数,对粗糙表面,$\xi_{\delta}=0.0113$,对光滑表面,$\xi_{\delta}=0.007$;

L 为沿气体流动方向的肋片总长(m)；d_{eq} 为当量直径(m)，见式(6-55)。

6.2 冷凝器的结构形式

冷凝器是制冷系统的主要热交换设备之一。制冷剂在冷凝器中的变化包括三个过程：即过热蒸气的冷却、饱和蒸气冷凝为饱和液体的冷凝以及当冷却介质的流量大和温度较低时饱和液体的过冷。其中主要是饱和蒸气的冷凝过程。制冷剂在冷凝器中放出的热量主要包括两部分，即在蒸发器中吸收的被冷却介质的热量，以及在压缩机中外加机械功转化的热量。

大型制冷装置有时还设有过冷器，用温度较低的水(一般用深井水)使制冷剂的液体进一步过冷，这样可使制冷系统的制冷量增加，经济性提高。

冷凝器可采用不同的冷却介质，通常根据其所采用的冷却介质和冷却方式的不同，将其分为三种形式。

6.2.1 空冷式冷凝器

空冷式冷凝器也称为风冷式冷凝器。在这种冷凝器中，制冷剂冷却和凝结放出的热量被空气带走。空冷式冷凝器的结构形式一般多为蛇管式，制冷剂的蒸气在管内冷凝，空气在管外流过。根据空气运动的方式不同，空气冷却式冷凝器分为强制通风式和自然对流式。

由于空气的对流传热系数很低，故在盘管外侧通常加肋片以增加空气侧的传热面积。这种冷凝器的传热系数比较小，冷凝温度较高，使冷凝压力升高，制冷机效率降低。空冷式冷凝器的最大优点是不需要冷却水，因此特别适用于缺水地区或者供水困难的场合。

空气冷却式冷凝器多用于小型氟利昂制冷装置中，如电冰箱、冷藏柜、窗式空调器，以及汽车及铁路车辆用空调、冷藏车等移动式制冷装置中。

1. 强制通风式空冷式冷凝器

图 6-12 所示为强制通风式空冷式冷凝器的整体结构示意图。蛇形管一般是用直径较小的铜管制成，每根蛇形管的总长度不宜过长，否则蛇形管的后部被液体充满，影响传热效果。为减少弯头数量及弯头与铜管之间的焊接工作量，铜管采用 U 形管。强制通风式空冷式冷凝器一般制成翅片管式，制冷剂在管内冷凝，空气在风机作用下横向流过翅片管。翅片管组依靠左右端板固定支撑，

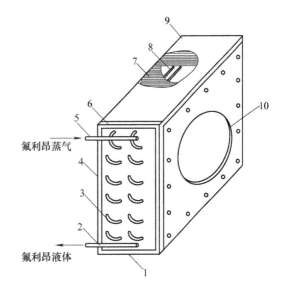

图 6-12 强制通风式空冷式冷凝器

1—下封板 2—出液集管 3—弯头
4—左端板 5—进气集管 6—上封板 7—翅片
8—传热管 9—装配螺钉 10—进风口面板

翅片多为铝片。为了提高空冷式冷凝器的传热效果，须避免或减少翅片与蛇形管管面之间的接触热阻，使翅片与管面保持良好接触。通常在蛇形管与翅片间采用机械胀管方法或液压胀管方法使两者保证良好的接触。

为了减少金属材料的消耗量及整机重量，一般避免使用厚壁铜管，尽量使用薄翅片。当冷凝器的容量较大时可以将其宽度增大，用两个风机，或者将冷凝器设计成并联工作的两组。蛇形管管束的排列通常采用叉排，可增加空气通过管束的扰动程度，提高传热系数。图6-13所示为翅片管翻边示意图。

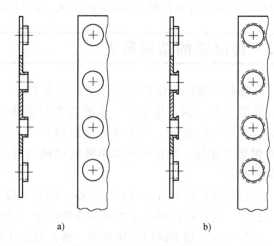

图6-13　翅片管翻边示意图

a）一次翻边　b）二次翻边

为减少金属材料消耗量及整机重量，一般避免使用厚壁铜管，尽量使用薄翅片。当冷凝器的容量较大时可以增加其宽度，用两个风机，或者将冷凝器设计成并联工作的两组。

蛇管管束的排列通常采用叉排，可增加空气通过管束的扰动程度，提高传热系数。图6-14所示为翅片管簇结构示意图。为了使冷凝器的结构紧凑，通常将其制成长方体形。

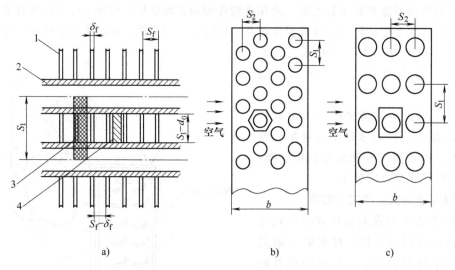

图6-14　翅片管簇结构示意图

a）微元截面　b）等边三角形叉排　c）正方形顺排

1—翅片　2—传热管　3—微元迎风面积　4—微元最窄面积

在汽车空调制冷系统中，广泛使用全铝制管带式冷凝器，如图6-15所示。这种冷凝器将铝制扁椭圆管弯制成蛇形，铝翅片弯曲成波形或锯齿形后钎焊而成。

2. 自然对流式空冷式冷凝器

自然对流式空冷式冷凝器，依靠空气受热后产生的自然对流，将制冷剂冷凝放出的热量带走。

该冷凝器根据结构分为丝管式和板管式，其结构如图6-16所示。

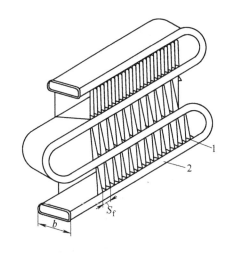

图6-15　管带式冷凝器结构
1—波形翅片　2—椭圆扁管

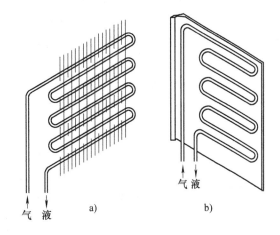

图6-16　丝管式冷凝器和板管式冷凝器
a）丝管式冷凝器　b）板管式冷凝器

丝管式冷凝器由两面焊有钢丝的蛇形管组成，钢丝与管子互相垂直，并点焊到管壁上。丝管式冷凝器的冷凝管采用复合钢管，为防锈和增强辐射传热，冷凝器外表面涂黑漆。为便于管路的布局，通常进气和出液端设计在同一侧。在安装时，可以将冷凝器向外倾斜一定角度以增强换热。

板管式冷凝器由蛇形管和整块金属板组成，将蛇形管焊贴在箱壁内侧，箱体金属板作为整体在冷凝器中起翅片作用。金属板有时还开有条缝使加热后的空气逸出，以增强传热管表面与空气间的传热温差。

在这两种冷凝器中，制冷剂均在管内自上而下逐渐冷凝，为便于制冷剂液体的顺利流出，蛇形管中每一水平方向的传热管宜向制冷剂的排出端向下倾斜一定角度。

6.2.2　水冷式冷凝器

水冷式冷凝器用水将制冷剂冷却和凝结放出的热量带走。其冷凝温度较空冷式冷凝器低，这对压缩机的制冷能力和运行的经济性都比较有利。冷却水可以用天然水、自来水或循环水。水冷式冷凝器中使用的冷却水，可以一次流过，也可以循环使用。由于水资源短缺，目前普遍采用循环水的形式。使用天然水冷却时冷凝器容易结垢，影响传热效果，而且耗水量大。所以大、中型冷凝器都推荐采用循环水冷却，以减少水耗，节约用水。使用循环水时，需设有冷却水塔等装置，使离开冷凝器的水得到冷却降温，以便重复循环使用。

常用的水冷式冷凝器有卧式壳管式冷凝器、立式壳管式冷凝器和套管式冷凝器等形式。水冷式冷凝器由于传热效率高，目前在国内工业制冷系统中得到了广泛应用。

1. 壳管式冷凝器

壳管式冷凝器由于结构简单、制造方便和承压能力强等优点，目前获得广泛的应用。其安装位置和形式可分为卧式和立式两大类。

（1）卧式壳管式冷凝器 卧式壳管式冷凝器水平安放，图 6-17 所示为氨卧式壳管式冷凝器整体结构图。卧式壳管式冷凝器的主体是用钢板焊制成的筒形外壳，两端焊有多孔管板，管板上焊有管束，外壳两端由端盖组成。冷却水在水泵作用下在管内多次往返流动。制冷剂蒸气从上部进入筒体，在管束外表面上凝结，凝液从筒底流出。在正常运行中筒壳的下部只存少量液体。但是，对于小型制冷机，为了简化设备，有时不另设储液器，而是将制冷剂的液体储存在冷凝器的下部，这时筒体下部不装管束，用于储存凝结的制冷剂液体。有时筒体下部也会设集液包，用于存储润滑油和机械杂质，集油包上设有放油管接头。

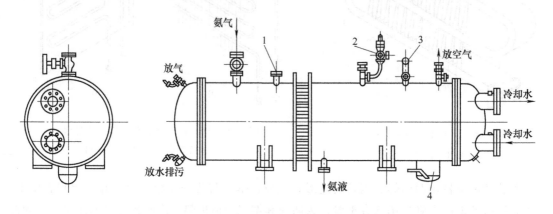

图 6-17 氨卧式壳管式冷凝器整体结构图
1—平衡管 2—安全阀 3—压力表 4—集油包

冷却水每向一端流动一次称为一个流程，国内生产的卧式壳管式冷凝器的流程数采用偶数，一般为 4~10 个。使进出水管安装在同一端盖上。冷却水从下面的进水口流入，从上面的出水口流出。其目的是保证在运行中冷凝器管子始终被水充满，起动时则有利于排出水中的空气。端盖用螺栓压紧在管板上。端盖和管板间用橡胶垫密封。端盖顶部有放气阀，可以排出空气。端盖下部有放水阀，用以排出其中的积水，以防止管子被腐蚀或被冻裂。冷凝器之所以制成多流程，是为了缩小流通断面，提高流速，增强水侧放热效果。但流程数过多使水侧阻力损失增大，水泵耗能增大。

另外，筒体的上部还设有安全阀、压力表、均压管和连接放空气的接头等。

氟利昂卧式壳管式冷凝器的结构与氨卧式壳管式冷凝器大体相同，只有在结构细节和金属材料的选用上有所差异，其整体结构如图 6-18 所示。

氟利昂卧式壳管式冷凝器可以应用无缝钢管，也可应用纯铜管。国外一般采用铜管。采用铜管的原因是：由于铜的热导率较钢大，使传热系数可提高 10% 左右，易于在管外用滚轧肋片，提高管外氟利昂冷凝液的传热系数。在相同的水速、水质条件下，铜管污垢热阻只有钢管的一半左右，大大提高了传热效果。由于采用铜管滚轧肋片，如图 6-7 所示，使冷凝器的重量降低，这对要求体积小、重量轻的军工、船用等场合使用是十分适宜的。

（2）立式壳管式冷凝器 立式壳管式冷凝器现在只用于中型及大型的氨制冷装置中，其构造如图 6-19 所示。

它与卧式壳管式冷凝器有类似的壳管结构，但在总体上又有很多不同之处，主要区别在

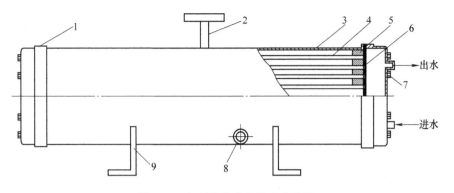

图 6-18 氟利昂卧式壳管式冷凝器

1—端盖 2—进气管 3—壳体 4—传热管 5—管板 6—密封橡胶

7—紧固螺钉 8—出液管口 9—支座

于壳体的安放位置和水的分配方式。立式壳管式冷凝器的壳体系垂直安放，而且两端没有端盖。在冷凝器的上端装有一个分配水箱，水从水箱中通过多孔筛板或每根冷却管顶部的水分配器进入冷却管内，在重力作用下沿管子内表面成膜层流下，使所有的传热面被冷却水覆盖，以便充分吸收制冷剂放出的热量，提高冷却效率，并使冷却水的流量相对减小。从管中流下的水或放走，或集于水池中，再通过水泵打入冷却塔中经冷却后循环使用。

制冷剂蒸气是从整体高度的大约 2/3 处（离底部距离）进入筒体与冷却管间的空隙中，在管子的外表面凝结成液体。液体沿壁流下，然后由底部导出。

如果冷却水量过小则不能形成连续水膜，使传热系数降低，并加快管壁的腐蚀和油污；但如果冷却水量过大，传热系数也不能成比例增加且不经济。

立式冷凝器可以露天安放，以节省机房面积；也可以安放在冷却塔下面，以简化水系统。

从冷凝器放热条件的特性看，立管要比水平管差些，而且冷却水在管内不能保证膜层流动，因此其传热系数较卧式冷凝器要低。立式壳管式冷凝器管内水流速低，易于结水垢，当露天安放时灰砂易于落入，需要经常清洗。立式壳管式冷凝器的传热强化研究目前还较少。

为了使冷凝器出液得到一定的过冷度和增强换热效果，目前通常采用逆流形式，即冷却水从底部进入，上部流出；制冷剂蒸气从上部进入，冷凝后的制冷剂液体从下部流出。

图 6-19 氨立式壳管式冷凝器结构图

1—放空气管 2—均压管

3—安全阀接管 4—配水箱

5—管板 6—进气管 7—无缝钢管

8—压力表接管 9—出液管

10—放油管

2. 套管式冷凝器

套管式冷凝器是由两根或几根不同直径的无缝钢管组成的，大管子内套小管子，小管子可以是一根，也可以是数根，其结构如图 6-20 所示。套管可以绕成螺旋形或弯成蛇管形。

当套管采用多芯管时，多芯套管内管端面一般为叉排，如图 6-21a 所示，在弯曲成盘管形状后，芯管中间部分常会挤在一起或变成上下重叠形式，如图 6-21b 所示。由于蒸气流速对凝结换热的影响远大于管排变化对凝结换热的影响，因此在进行换热计算时，可不必计算管排修正系数。

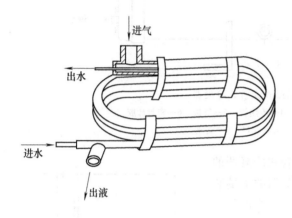

图 6-20　氟利昂套管式冷凝器图

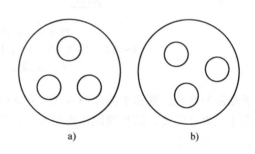

图 6-21　多芯套管式冷凝器成型前后管排变化
a）弯曲前　b）弯曲后

制冷剂的蒸气从上方进入套管的环腔，在内管外表面上冷凝，冷凝液体在外管底部流出。冷却水从下端流入内管，吸热后从上部流出，制冷剂与冷却水之间为逆流换热，其管子带有一定的斜度，以利于液体的流动。

在套管式冷凝器中，制冷剂同时受到内管冷却水和外管外的空气的冷却，传热效果较好，而且冷凝器的结构简单，便于制造。但该冷凝器的金属消耗量过大，当纵向管数较多时，下部的管子充有较多的液体，使传热面积不能充分利用。另外紧凑性差，清洗困难，并需大量连接弯头。因此，这种冷凝器在氨制冷装置中已很少采用。

对于氟利昂制冷系统，套管式冷凝器可应用于制冷量不很大时，也可以应用在制冷工质直接蒸发冷却高压液体时。此时工质在环形空间中蒸发，而高压氟利昂液体在内管内被冷却。为了提高传热效果，内管可用滚轧肋片管。

3. 螺旋板式冷凝器

这种冷凝器的结构形式如图 6-22 所示，由本体和接管组成。本体部分由两张平行的钢板卷制成具有两个螺旋通道的螺旋体。中心部分用

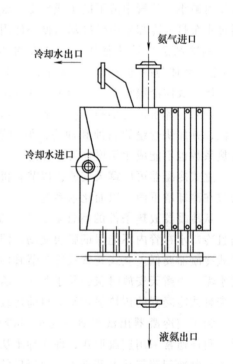

图 6-22　螺旋板式冷凝器

中央隔板将两个通道隔开。螺旋通道的上下端分别加上顶盖，最外一圈通道端部焊上冷却水进水管，冷却水出口管由中央引出。中央隔板隔开的另一侧焊上制冷剂蒸气进口管。凝结制冷剂液体由底端引出。

与壳管式冷凝器比较，螺旋板式冷凝器不但体积小、重量轻，而且传热系数高。它的主要缺点是不适用于高压，而且其内部不易清洗和检修，只能利用软化水或中等硬度的冷却水。

6.2.3 蒸发式冷凝器和淋水式冷凝器

蒸发式冷凝器和淋水式冷凝器兼具空冷式冷凝器和水冷式冷凝器的特点，既能使冷凝温度较风冷式冷凝器低，又能实现节约用水的特点。

1. 蒸发式冷凝器

蒸发式冷凝器的结构主要由换热盘管、水循环系统及风机三部分组成，其中换热盘管是一个蛇形管组，装在一个立式箱体内，箱体的底部为水盘。水盘内用浮球阀控制保持一定的水位。制冷工质的蒸气由蒸气集管分配给每一根蛇形管，冷凝液体则经液体集管流入储液器中。

蒸发式冷凝器是以水和空气为冷却介质，利用冷却水的蒸发潜热，带走制冷剂冷凝过程中所放出的热量。工作时冷却水由循环水泵送至冷凝盘管组的上部喷淋管子里，经喷嘴均匀地喷淋在盘管组外表面，在冷凝盘管表面形成一层均匀适中的水膜。盘管内高温制冷剂从盘管组上部集管进入，高温工质与盘管外喷淋水进行热交换，使管外壁形成水膜吸热蒸发汽化，而水膜蒸发成为水蒸气时，就以潜热的方式把部分热量连同水蒸气本身传给空气，并通过轴流风机产生的强制气流将其带走。强制气流在设备上部经过收水器后，饱和湿空气被排放到大气中，湿空气中的水滴被收水器拦截后滴落到下部的水箱内，与未蒸发的循环水、补充的新鲜水（由浮球阀自动补给蒸发掉的水分）混合供循环使用。

蒸发式冷凝器是利用管子外表面的水膜蒸发，通过传质带动传热冷却冷凝管内工质。理论上 1kg 水蒸发要吸收 680W 的热量。水受热后一部分变成蒸汽，其余的水沿蛇形管表面流下，在下降过程中，被高速气流吹托滞缓下降或被打碎形成更小水滴，漂飞上扬，有较多时间将热量传给气流带走。空气的作用主要是把水膜表面蒸发的水蒸气及时带走，以及创造水膜能够连续不断蒸发的有利条件。所以，足够的配风量和冷却水量，分布均匀的水膜等对提高冷凝效果很重要。换热盘管内制冷剂冷却和液化时放出的热最先传给水膜使水膜蒸发，而水膜蒸发成水蒸气时就以潜热的方式把这部分热量连同水蒸气本身传给空气。当然，当空气的温度低于水膜表面温度时，它也还可以起一定的冷却作用，但是即使空气温度高于水膜表面温度时（在南方的夏季常会遇到这种情况），只要空气能把水蒸气带走就仍能起冷却作用。流下的水汇集于水盘内，经水泵再送至喷嘴循环使用。为了减少水的吹散损失，在箱体的出风部位装有挡水板，它的作用是尽量把空气中夹带的水滴分离下来。

怎样的空气使水膜表面最容易蒸发呢？流过空气的相对湿度越小，则水膜越易蒸发（相对湿度小就是通俗说的空气干燥），而空气的湿球温度越低，则相对湿度也越小。所以，蒸发式冷凝器的冷凝能力受进口空气湿球温度的影响很大。湿球温度低，空气的流量可以小一些；反之，空气流量就应大一些。当然，在相同的大气条件下较高的风量使冷凝效果好，但是电耗也随之增大。不适当地增大风量还将加剧吹散损失，使冷却水的耗量也增加。迎面风速过大，使得空气与管外表面水膜蒸发水蒸气接触的时间越短，则又会降低空气与水膜的热湿交换程度，可以采用的最大风速还受到通过挡水板时不致带出水滴的限制。因此，从节能的角度考虑采用变频风机最合适不过。

图 6-23 所示为水预冷型蒸发式冷凝器的结构示意图，喷淋水经过蛇形换热盘管与管内制冷剂进行热交换后，温度升高。升温后的喷淋水经过蜂窝状的填料表面形成大面积流动水膜，并延长水在填料的停留时间，可使空气能迅速带走水分中的热量，提高冷却效果。此蒸发式冷凝器的操作原理和冷却塔基本相似，但它省去了冷却水在冷凝器中的显热传递阶段，使冷凝温度更接近空气的湿球温度，其冷凝温度比冷却塔/水冷式冷凝器系统低 3~5℃，可大大降低压缩机的功耗，其循环水用量减少，只有冷却塔的 1/3 左右。

水预冷型蒸发式冷凝器通过循环水预先冷却可将热交换盘管面积减少 5%~15%，但要增加预冷填料、风道等设施，使设备体积增大。

图 6-24 所示为逆流型蒸发式冷凝器的结构示意图，逆流型蒸发式冷凝器是将风机装在箱体的顶部，空气由箱体下侧的进风栅被吸入冷凝器中，箱体内保持负压，因而水的蒸发温度较低，使工质的冷凝温度也稍微降低，而且吸风方式使气流流动比较均匀。在流动换热过程中，由于风向与喷淋水流向相反，增加了水膜与空气的接触时间，这样更有利于水膜蒸发，从而强化了换热。采用逆流吸风式的缺点是带有水滴的空气流经风机，使风机的零件易于腐蚀，而且要求风机电动

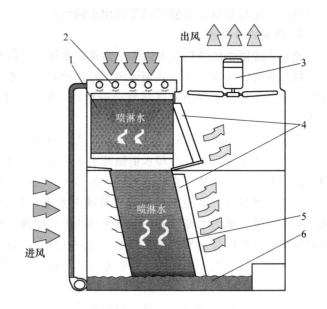

图 6-23　水预冷型蒸发式冷凝器
1—换热盘管　2—喷头　3—风机　4—脱水器
5—PVC 热交换层（填料）　6—水盘

机采用封闭型。逆流型蒸发式冷凝器与水预冷型蒸发式冷凝器相比，由于冷凝换热盘管还要肩负着对未汽化的滴落下来的水的冷却作用，换热盘管面积需要稍大一些。但由于减少了预冷填料、风道等设施，整个设备体积相对小巧一些，综合来看两者制造成本基本一致。

在石油、化工领域，因考虑到换热盘管入口温度较高，水经填料层预冷后的效果不明显，并且填料式存在风路堵塞、占地面积大等问题，所以一般选用逆流型蒸发式冷凝器。

图 6-25 所示为带翅片预冷器的蒸发式冷凝器结构示意图，该蒸发式冷凝器的显著特点是高温工质在进入盘管组件前，先通过翅片部件，利用从盘管和热交换器中排出的湿空气排入大气前对其进行大风量、大温差的冷却，使翅片管内的高温工质得到预冷后进入蒸发式冷凝器进行常规冷却和冷凝。

由于把蒸发式冷凝器排出的湿空气的能量再利用，使冷凝盘管的热负荷减小，且高温段被预冷却后大大减缓了冷凝管组的结垢现象，由此可节能 5%~20%；通过空气的再利用，减少了喷淋水的循环量，可将节水率提高 10%~30%；在冬季可实现无水干运行；若采用变

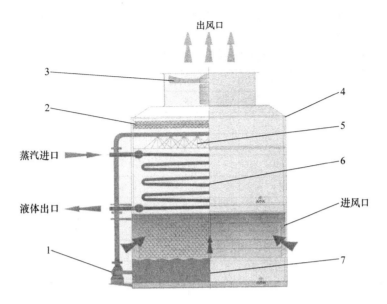

图 6-24　逆流型蒸发式冷凝器

1—循环水泵　2—收水器　3—风机　4—外护板
5—分水装置　6—冷凝盘管　7—循环水箱

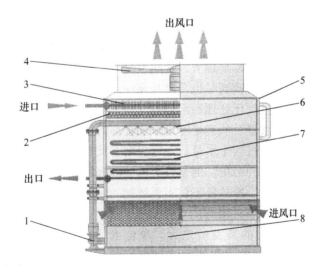

图 6-25　带翅片预冷器的蒸发式冷凝器

1—循环水泵　2—收水器　3—翅片预冷器　4—风机
5—外护板　6—分水装置　7—冷凝盘管　8—集水箱

频风机控制系统，可在保证设备最佳运行效果的条件下最大限度地调控风机运行能耗。

带翅片预冷器的蒸发式冷凝器的主体相当于蒸发式冷凝器与辅助的湿式空冷的优化组合，它具有前两种冷凝器的优点，并且利用一项动力完成了两项任务，从而达到综合节能、节水、节材、占地面积小、投入低的最佳效果。

蒸发式冷凝是效率最高的冷凝方式。以某制冷系统三种冷凝方式对系统耗能的影响进行综合分析，比较见表6-7，综合比较得出：蒸发式冷凝器、水冷式冷凝器、空冷式冷凝器的直接耗能系数分别为1、1.09、1.22。

表6-7 三种冷凝方式对系统耗能的影响比较

参　　　数	蒸发式冷凝器	水冷式冷凝器	空冷式冷凝器	备　　　注
介质温升/℃		5	9	
冷凝温度/℃	38	40	50	
蒸发温度/℃	5	5	5	
负荷系数	1.24	1.25	1.34	
送风量/(m³/s)	0.028		0.133	
风压/Pa	180	300	150	空气干球温度35℃
风机功率/W	14.2	13.2	33.3	空气湿球温度27℃
循环水量/(kg/s)	0.037	0.060		水温30℃
扬程 H/m	5	32		
水泵功率/W	3.6	13.4		
辅助总功率/W	17.8	26.6	33.3	
压缩机功率/W	239.5	252.5	292.5	
总功率/W	257.3	279.1	325.8	
能效比	3.89	3.58	3.07	

循环水由于不断在冷凝管表面蒸发及被空气吹散夹带出去而减少，因而需要经常补充新鲜水。同时水池内水的含盐量也越来越大，含盐量的增大将使结垢严重，故水池也需定期换水。此外，夏季当循环水的温度较高时也需要补充一部分水以降低循环水的温度。对于蒸发式冷凝器最好使用软水或经过软化处理的水。

对蒸发式冷凝器的循环水量，从理论上讲以能全部润湿冷凝管组表面并不致在表面张力的作用下撕破液膜为最佳，超过这个水量，一定程度上反而不利于传热。但是也有人认为较充裕的水量能减少蒸发水膜侧的污垢。但是较大的喷淋水量只能增加水泵的功耗，对换热效果影响甚微，再增加喷淋密度，换热量不仅不再增加，还略有下降趋势。

蒸发式冷凝器有如下一些突出特点：

（1）冷凝效果好　由于水的蒸发潜热大，单位水的吸热量大，在盘管内外，空气与制冷剂逆向流动，提高了传热效率，从而达到更好的冷凝效果。蒸发式冷凝器的冷凝温度比风冷式冷凝器的低8～11℃，比水冷式冷凝器的低3～5℃，可大大降低压缩机所耗能量。

（2）节水　蒸发式冷凝器充分利用水的汽化热，耗水量为一般水冷式冷凝器的5%～10%，因而它特别适合于缺水的地区。

（3）节能　采用蒸发式冷凝器的制冷系统，其冷凝温度可以设计得比风冷式或水冷式冷凝器更低一些，蒸发式冷凝器与冷却塔加管壳式冷凝器的系统比较，压缩机动力消耗可节约10%以上。动力消耗约为水冷式冷凝器的80%，风冷式冷凝器的1/3。

（4）安装、维护方便，占地面积小，运行费用低　蒸发式冷凝器结构紧凑，占地面积小，而且制造时更容易形成整体，这样给安装带来了极大的方便。蒸发式冷凝器一般装在厂房的屋顶上，因而可节省占地面积。蒸发式冷凝器本身起了冷却塔的作用，因此不像一般水冷式冷凝器还需配备冷却塔。

目前，蒸发式冷凝器在实际应用过程中也产生了一些问题：

（1）喷头堵塞 喷头堵塞导致冷凝管组没有被均匀润湿，使冷凝压力升高，需要经常清洗。把喷头改用类似淋水式冷凝器的重力配水器，采用特大型防堵式喷淋嘴，取代数量众多的喷水孔，运行表明这种配水既消除了喷头堵塞的缺点，又使用可靠，易清洗和保养，并能保证冷凝管组均匀地被润湿。

（2）管组结垢 由于蒸发式冷凝器结构紧凑，传热效率高，结垢对其传热性能影响相当大。根据当地的实际情况采取相应的水处理措施，如可配置先进的电子水除垢仪，可有效地起到防垢除垢、防锈防腐、杀菌灭藻的功效，使循环水变清。另外，还可通过控制循环水使用周期，以及通过排污来控制杂质的积聚。

（3）水量的合理分布问题 喷淋水的水量选择和均匀分布对蒸发式冷凝器换热效果有很大的影响，用单位冷凝负荷的冷却水用量来表示，美国标准是 $64kg/(h \cdot kW)$，国内一般取值是 $50 \sim 70kg/(h \cdot kW)$，空气夹带水滴太多，既造成冷凝器周围都是水，影响运行人员操作，同时也使水耗增加。造成的原因可能是因风量太大，水分离挡板结构不良，分离效果差，以及风机的吸力比较大。

（4）腐蚀问题 蒸发式冷凝器外壳由于常年处于水与空气的潮湿环境下，易于腐蚀，需要热浸锌处理，热浸锌质量要把好关，保证镀锌厚度，同时注意镀层均匀。

蒸发式冷凝器在发达国家得到广泛的应用。美国巴尔的摩公司 1968 年推出的 V-Line 系列蒸发式冷凝器，已成为美国制冷工业的标准。巴尔的摩公司设计生产的蒸发式冷凝器，结构上大多采用钢板制造的上、下两个箱体的组合，整体布局较为合理，有效地利用了二次蒸发技术，使冷凝传热效率及热容量大大提高。益美高公司成立于 1976 年，其 ATC/LRC 型蒸发式冷凝器相对于其他蒸发式冷凝器，其最大优势在于其获得专利的椭圆形盘管。这种盘管结合了密封式盘管组管子表面积大和间隔管式盘管组外空气、水流动特性增强两者的优点，由于这种特殊盘管设计，可减小通过机组的空气压降，同时最大限度地利用了盘管组的表面积，大大地增强了盘管的传热能力，用该盘管组的蒸发式冷凝器的热容量有了显著的提高。特殊形状的管子在空气流动方向进行错排，以获得较高的膜冷凝系数；所有管子朝着制冷剂流动方向倾斜，以利于冷凝后的液体排出。

椭圆管和圆管相比由于能增大外表面湿周，避免形成局部干点，目前已在国内生产厂家得到普遍应用，其作用机理如图 6-26 所示，这是提高外传热系数、节约喷淋水用量的有效途径之一。内传热系数的提高途径，应针对不同工质冷却，采取相应的强化传热结构，目前很多厂家已采用内螺旋管结构，取得了很好的效果。

2. 淋水式冷凝器

淋水式冷凝器的结构如图 6-27 所示。它是由无缝钢管组成的蛇形管组，氨气由下面的管子进入，冷凝后的氨液则由蛇形管的一端经排液总管流入储液器中。

冷却水是从配水箱流入水槽中，经水槽上面的锯齿形缝隙流到蛇形管组上，以水膜的形式往下沉最后落入水池，水蒸发带走热量，即水以显热和潜热的方式起到冷却作用。水池中吸热后的水通过水泵经冷却水塔冷却后循环使用。氨的冷凝主要依靠水膜的冷却作用，水膜表面和蒸发式冷凝器一样也要产生蒸发，但是由于水膜外的空气并不像蒸发式冷凝器那样在

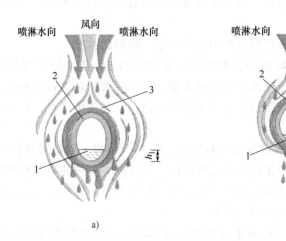

图 6-26 椭圆管和圆管的比较

a）椭圆管 b）圆管

1—制冷剂 2—换热盘管 3—喷淋水覆盖管表面 4—可能形成干点的区域

风机的作用下以比较高的速度流过，所以蒸发出来的水蒸气也不能迅速地被带走，这样就影响了进一步的蒸发。为了使蒸发出来的水蒸气易被周围自然对流的空气带走，在两组蛇形管之间应保持较大的距离使空气畅通，故这种冷凝器占地面积大，金属消耗量大，目前生产和使用较少。

　　淋水式冷凝器一般是露天布置，而且常装在冷却水塔的下面。为了避免太阳光直接照射，淋水式冷凝器的顶部一般设置通风的顶棚，在四周装设百叶窗。这种冷凝器构造比较简单，可以在施工现场加工制造，此外清洗水垢较容

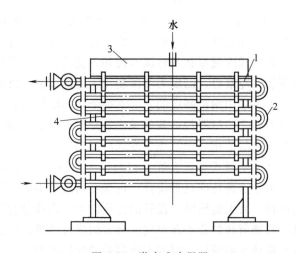

图 6-27 淋水式冷凝器

1—直管 2—U 形肘管 3—水槽 4—齿形檐板

易，对水质的要求低，分组检修时不必停止生产，适用于气温及湿度较低的地区，它的耗水量也不太大。缺点是金属消耗量大，占地面积大，受气候条件的影响显著。主要用于中型及大型氨制冷装置。

　　淋水式冷凝器通常是采用水平盘管的形式，目前，国内已在试制及小批量生产一种新型的螺旋管淋水式冷凝器。氨液在螺旋盘管内冷凝，冷却水在管外以水膜沿螺旋盘管外表面往下流动。螺旋管分三层，可以把冷凝液体及时地泄出，此外螺旋管有倾斜角，便于冷凝液体的排除。螺旋管比较紧凑，可以缩小占地面积。与同样传热面积的立式壳管式冷凝器相比水量可减少约 50%，在气候严寒季节甚至可以停水而由周围空气进行冷却。

　　各种冷凝器的特点比较见表 6-8。

表 6-8 各种冷凝器的特点比较

冷凝器类型		优　点	缺　点	备　注
水冷式冷凝器	立式壳管式	1. 可露天安装,节省机房面积 2. 对水质要求较低 3. 清洗方便 4. 泄漏易发现	1. 传热系数比卧式壳管式的低 2. 冷却水进出口温差小,耗水量大 3. 体积比卧式的大、耗材多 4. 室外布置,需设较高的操作平台	常用在大中型氨制冷装置中
	卧式壳管式	1. 结构紧凑,体积比立式壳管式的小 2. 传热系数比立式壳管式的大 3. 冷却水进出口温差大,耗水量少 4. 室内布置、操作比较方便	1. 对水质要求较高 2. 清洗不方便且必须停运时方可清洗 3. 冷却水流动阻力大 4. 泄漏不易发现	氨和氟利昂制冷装置均适用
	套管式	1. 传热系数较高 2. 结构简单,容易制造	1. 冷却水流动阻力大 2. 紧凑性差,清洗困难	小型氟利昂制冷装置适用
空冷式冷凝器		1. 不需要冷却水 2. 可放置室外,无需单独机房	1. 传热系数比水冷式的低 2. 传热管外有翅片,清洗不方便 3. 气温高时,冷凝压力较高	中小型氟利昂制冷装置及运输式制冷装置适用
蒸发式冷凝器		1. 耗水量少 2. 室外安装,节省机房面积 3. 冷凝温度比空冷式、水冷式的低,运行经济性好	1. 清洗、维修较麻烦 2. 对水质要求高	大中型氨制冷装置和中型氟利昂制冷装置适用
淋水式冷凝器		1. 制造方便,容易清洗 2. 室外安装,节省机房面积 3. 维修方便,泄漏易发现 4. 对水质要求低	1. 金属消耗量大 2. 室外安装,占地面积大 3. 传热效果比卧式壳管式的差	氨制冷装置常用,现已较少采用

6.3　冷凝器的设计计算

6.3.1　空冷式冷凝器的设计计算

空冷式冷凝器主要用在中小型的氟利昂制冷系统中,冷却介质为空气。由于空气侧的传热系数比较小,因此通常在空气侧的换热管壁上加装肋片。

在设计计算中,一般给定冷凝器的负荷(额定负荷)。先确定压缩机的形式、制冷剂的种类、额定运行工况,其中包括制冷剂蒸发温度 t_0、冷凝温度 t_k。制冷量 Q_0 设计的任务是:由已知条件确定冷凝器的形式、传热面积和结构,最后计算冷却介质在冷凝器中的流动阻力并选择风机。

1. 设计参数的选择

(1) 结构的选定　对于强制对流空冷式冷凝器,一般要选用带肋片管的蛇管式冷凝器。通常采用套片管,也可以采用其他形式的肋片。氟利昂在管内冷凝,空气在管外横掠管束。整台冷凝器一般采用 3～6 排的蛇形管并列而成,如图 6-12 所示。氟利昂气体从上面的分配集管进入每个蛇形管内，凝结成的液体沿蛇形管流下，再经过集液管流入储液器内。

（2）肋片管的几何参数　对于制冷量小于60kW的制冷机组，一般采用$\phi10mm$或$\phi12mm$、管间距为25mm、管壁厚为$0.5 \sim 1.0mm$的纯铜管组；对于制冷量大于60kW的机组，则选用$\phi16mm$、管间距为35mm、管壁厚为$1.0 \sim 1.5mm$的纯铜管组。肋片管组的排列方式可以是顺排或错排，推荐使用错排形式，错排管群多采用正三角形排列。肋片的间距为$2.0 \sim 3.5mm$，肋高为$7 \sim 12mm$，肋化系数大于等于13。

（3）管组的排数　在空冷式冷凝器中，进口处的空气与制冷剂的温差在$13 \sim 15℃$，出口处的温差在$3 \sim 5℃$。空气在流过管束时，不断地升温，对于后几排管子而言，实际出口温差会更小，所以管排数在3~6排即可。

（4）冷凝温度与进出口温差　冷凝温度取得高，则冷凝面积可以减小，但是压缩机排温及功率均增加，所以冷凝温度应根据技术经济比较来确定。根据经验，冷凝温度与进风温差控制在15℃左右是合理的，也就是在外界空气温度为$30 \sim 35℃$时，冷凝温度取$45 \sim 50℃$即可。空气进口温度取决于当地高温季节的平均气温，空气的进出口温差一般取在10℃左右。

（5）迎面风速　迎面风速的大小对冷凝器的换热大小有直接影响，迎面风速越高，冷凝器的传热效果越好，但是风机的消耗功率增大。因此，迎面风速应当根据技术经济比较来确定，按照一般的经验，迎面风速取$2.5 \sim 5m/s$最好。

（6）风机所需要的功率　风机产生的压头，除需要克服冷凝器管束中的流动阻力外，还要克服外部风道的流动阻力，所以所需的功率为

$$P = \frac{q_{mmax}(\Delta p_s + \Delta p_t)}{\eta \rho} \tag{6-64}$$

式中，q_{mmax}为空气质量流量（kg/s）；Δp_s为管束中的流动阻力（Pa）；Δp_t为外部流道中的流动阻力（Pa）；η为风机的效率；ρ为空气的密度（kg/m^3）。

2. 计算中应注意的问题

制冷剂蒸气在空冷式冷凝器中的流动是以直流通过的，因而按制冷剂的状态变化，有过热蒸气区、饱和区和过冷液体区三个区域。制冷剂在这三个区域里的物理性质和换热机理是完全不同的，传热系数也是不同的。研究发现，氟利昂蒸气在过热蒸气区的传热系数比饱和区的低，但传热温差又比饱和区大，结果是过热蒸气区和饱和区的热流密度一致。过冷液体区的热流密度要小一些，但过冷区的传热量占不到总传热量的10%，因此在计算空冷式冷凝器时，可以把整个区域都看成饱和区，这样设计工作可大为简化。

6.3.2　水冷式冷凝器的设计计算

1. 结构形式的确定

一种冷凝要求，可能有两种或两种以上的选择。一般是根据制冷剂的种类、使用环境、供水条件等综合考虑。通常对于大型制冷系统，可以采用立式壳管式冷凝器；中小型制冷系统，采用立式或卧式壳管式冷凝器，中等容量的氟利昂制冷机，可以采用卧式低螺纹管的壳式冷凝器；小型氟利昂制冷机可以采用套管式冷凝器。在冷却水供应比较紧张的地区，可

以考虑采用另一种类型蒸发式冷凝器。

不同类型的冷凝器，其耗水量不同，表6-9给出了常用冷凝器的耗水情况。

表 6-9 冷凝器单位面积用水量和冷却水进出口温差

冷凝器的形式	冷凝器单位面积用水量/（m³/m²·h）	冷却水进出口温差/℃
立式壳管式	1.0~1.7	2~3
卧式壳管式	0.5~0.9	4~6
淋激式	0.8~0.1	
蒸发式	0.15~0.2	

2. 冷却水速、温度等的确定

冷却水在管内的流动速度直接影响其在管内的流态，在管内不同的流态下，如层流和湍流，其换热强度是不同的。冷却水流速的提高有利于提高水侧的传热系数，但也使流动阻力增大，同时还会加快水对换热管的腐蚀作用。因为管子的腐蚀与管子材料、冷却介质的种类、流速以及冷凝器的年使用小时数有关。在氨制冷系统中，由于水对钢管的腐蚀作用比较大，冷却水流速一般取得比较低。

冷却水的进口温度，应当根据当地气象资料，选取高温季节的平均水温。冷却水的进口温度与冷凝温度的差值一般取 8~10℃，国外有取 12℃ 以上的。

冷却水温升的大小与冷却水的流量有关，流量越大，温升越小，使冷凝器的对数平均温度加大，对冷凝器换热有利，但冷却水的流量加大，会引起耗水量以及水泵功耗的增大，一般推荐在卧式冷凝器中，温升为 3~5℃，在立式氨冷凝器中，温升为 2~4℃。

3. 各类污垢热绝缘系数的确定

对于氨冷凝器，油污垢热绝缘系数在 0.34~0.6(m²·K)/W，在 R22 等氟利昂冷凝器中，由于润滑油溶于制冷剂，故管壁上一般无油垢。如果换热管为钢管，钢管两侧产生的铁锈热绝缘系数可以取为 0.17(m²·K)/W，水垢热绝缘系数则根据水质情况，由表6-1中查出。

4. 计算示例

例 6-1 试设计一台卧式壳管式冷凝器，制冷剂为 R22。在额定工况下，冷凝温度 $t_k = 40℃$，冷却水进口温度 $t_1' = 32℃$，冷凝器热负荷 $Q_k = 15kW$。

解

（1）冷却水体积流量与平均传热温差　在卧式冷凝器中，一般冷却水温升取 $\Delta t = 3~5℃$，这里取为 4℃，则冷却水出口温度 $t_1'' = t_1' + \Delta t = (32+4)℃ = 36℃$

冷却水体积流量

$$q_{Vs} = \frac{Q_k}{\rho c \Delta t} = \frac{15000}{1000 \times 4.186 \times 10^3 \times 4} \text{m}^3/\text{s} = 0.896 \times 10^{-3} \text{m}^3/\text{s}$$

平均传热温差

$$\Delta t_m = \frac{t_1'' - t_1'}{\ln \frac{t_k - t_1'}{t_k - t_1''}} = \frac{36-32}{\ln \frac{40-32}{40-36}}℃ = 5.8℃$$

（2）热交换器结构参数确定　选用 $\phi 12\text{mm} \times 1\text{mm}$ 的纯铜管，管束正三角形布置，管中心距为 25mm。

选取冷却水流速 $u=1.7\mathrm{m/s}$，则每一管程的管子数为

$$Z=\frac{4q_{Vs}}{\pi d_i^2 u}=\frac{4\times 0.898\times 10^{-3}}{\pi\times 0.01^2\times 1.7}=6.7，取为 Z=7 根。$$

则实际水流速为

$$u=\frac{4q_{Vs}}{\pi d_i^2 Z}=\frac{4\times 0.898\times 10^{-3}}{\pi\times 0.01^2\times 7}\mathrm{m/s}=1.63\mathrm{m/s}$$

假设热流密度 $q=6000\mathrm{W/m^2}$，则所需的传热面积 A_o 为

$$A_o=\frac{Q_k}{q}=\frac{15\times 10^3}{6000}\mathrm{m^2}=2.5\mathrm{m^2}$$

管程数与有效单管长的乘积为

$$NL_e=\frac{A_o}{\pi d_o Z}=\frac{2.5}{\pi\times 0.012\times 7}\mathrm{m}=9.47\mathrm{m}$$

对不同流程数 N 有不同的有效单管长 L_e 和壳体内径 D_i 与之组合，下表列出了一些组合的比较。

N	L_e/m	NZ	D_i/m	L_e/D_i
2	4.74	14	0.18	26.3
4	2.37	28	0.23	10.3
6	1.58	42	0.25	6.3
8	1.18	56	0.27	4.4

从表格的比较中可以看到流程数为 8 是比较合适的。

（3）表面传热系数和传热系数的确定

1）管内冷却水的表面传热系数。计算公式采用式（6-25），则

$$Nu=0.023Re_f^{0.8}Pr_f^{0.4}$$

其中定性温度为 $t_f=0.5(t_1'+t_1'')=0.5\times$
$(32+36)\mathrm{℃}=34\mathrm{℃}$，从水的物性表可知，其
运动黏度 $\nu=0.7466\times 10^{-6}\mathrm{m^2/s}$，$Pr=4.976$，
$\lambda=62.48\times 10^{-2}\mathrm{W/(m\cdot℃)}$，则

$$Re_f=\frac{ud_i}{\nu}=\frac{1.63\times 0.01}{0.7466\times 10^{-6}}=21832$$

于是可得

$$\alpha_i=0.023\times\frac{62.48\times 10^{-2}}{0.01}\times 21832^{0.8}\times$$

$$4.976^{0.4}\mathrm{W/(m^2\cdot℃)}$$

$$=8082\mathrm{W/(m^2\cdot℃)}$$

2）水平管平均管排数。流程数为
8，总管数为 56，将这些管子布置在 17
列内，各列的管子数分别为 1、2、3、
4、4、4、4、4、4、4、4、4、4、3、
2、1，如图 6-28 所示。

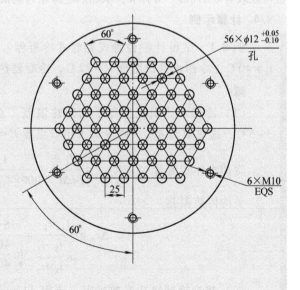

图 6-28 换热管布置图

按式(6-40)，有 $\quad n_m = \left(\dfrac{N}{\sum\limits_{j=1}^{n} n_j^{\frac{3}{4}}} \right)^4 = \dfrac{56^4}{(2 \times 1^{0.75} + 2 \times 2^{0.75} + 2 \times 3^{0.75} + 11 \times 4^{0.75})^4} = 3.47$

3）管外表面传热系数的计算。由式(6-37)和式(6-39)有

$$\alpha_o = 0.725 \left[\frac{gr\rho^2 \lambda^3}{\mu d (t_s - t_w) n_m^{\frac{2}{3}}} \right]^{0.25} = 0.725 \left[\frac{9.81 \times 166.88 \times 10^3 \times 1131.3^2 \times 0.079^3}{222 \times 10^{-6} \times 0.012 \times \Delta t_o \times 3.47^{\frac{2}{3}}} \right]^{\frac{1}{4}} = 2615 \Delta t_o^{-0.25}$$

4）管子外表面热流密度和传热系数的计算。

$$q = \alpha_o \Delta t_o = 2615 \Delta t_o^{0.75}$$

根据表(6-1)取管外热绝缘系数 $R_o = 0.9 \times 10^{-4} \text{m}^2 \cdot \text{℃}/\text{W}$，管内热绝缘系数 $R_i = 0.9 \times 10^{-4} \text{m}^2 \cdot \text{℃}/\text{W}$，则由式(6-16)得

$$q = \frac{\Delta t_i}{\left(\dfrac{1}{\alpha_i} + R_i \right) \dfrac{d_o}{d_i} + \dfrac{\delta}{\lambda} \dfrac{d_o}{d_m} + R_o} = \frac{\Delta t_i}{\left(\dfrac{1}{8082} + 0.9 \times 10^{-4} \right) \dfrac{12}{10} + \dfrac{0.001}{398} \times \dfrac{12}{11} + 0.9 \times 10^{-4}} = 2863 \Delta t_i$$

由于以上两式构成非线性方程组，求解可以采用图解法或迭代法求出。图解法是将以上两计算式表示在 q-Δt 坐标中，得到两条曲线，曲线交点所对应的横坐标值即为壁面温度 t_w，纵坐标值即为热流密度 q 值。可得 $q = 6015 \text{W}/\text{m}^2$，$t_w = 36.4\text{℃}$。与前面假设的 $6000 \text{W}/\text{m}^2$ 只差 0.25%，说明前面的假设合理。

传热系数 K_o 为

$$K_o = \frac{q}{\Delta t_m} = \frac{6015}{5.8} \text{W}/(\text{m}^2 \cdot \text{℃}) = 1037.1 \text{W}/(\text{m}^2 \cdot \text{℃})$$

（4）计算传热面积与管长　传热面积为

$$A_o = \frac{Q_k}{q} = \frac{15000}{6015} \text{m}^2 = 2.49 \text{m}^2$$

有效冷凝管长为

$$L_e = \frac{A_o}{\pi d_o N Z} = \frac{2.49}{\pi \times 0.012 \times 8 \times 7} \text{m} = 1.18 \text{m}$$

取冷凝器管板厚度为 50mm，则实际冷凝管长 $l = 1.28 \text{m}$。

（5）水侧流动阻力的确定　沿程阻力系数为

$$\xi_o = \frac{0.3164}{Re_f^{0.25}} = \frac{0.3164}{21832^{0.25}} = 0.026$$

冷却水的流动阻力 Δp 为

$$\Delta p = \frac{1}{2} \rho u^2 \left[\xi_o N \frac{l}{d_i} + 1.5(N+1) \right]$$

$$= \frac{1}{2} \times 1000 \times 1.63^2 \times \left[0.026 \times 8 \times \frac{1.28}{0.01} + 1.5 \times (8+1) \right]$$

$$= 5.3 \times 10^4 \text{Pa} = 0.053 \text{MPa}$$

通过计算机编程，采用 C 语言编制的源程序及说明如下

```
#  include" math. h"
main(    )
        {float   m＝34，  n＝40，  x；
        float   ya＝50，  yb＝40；  /＊给定一个初值,使循环得以执行＊/
        for( ;fabs(yb-ya)＞1;)
            {x＝m+n/2；
             yb＝2863＊(x-34)；
             ya＝2615＊pow(40-x,0.75)
        if((yb-ya)＞1)   n＝x；
        if((ya-yb)＞1)   m＝x；
        }
    if(fabs(yb-ya)＞1)          printf("fault")；
    else printf("t＝%f,q＝%f",x,ya)；
        }
```

变量说明：m 为水温；n 为冷凝温度；yb 为第二部分热流密度；ya 为第一部分热流密度；x 为壁面温度 t_w。

运行程序得出：$t_w = 36.4℃$，$q = 6846.7W/m^2$，最后计算冷凝器换热管实际管长为 1.14m，冷却水流动阻力 0.049MPa。

6.4　蒸发器的结构形式

蒸发器在制冷系统中是产生冷效应的低压热交换器，对外输出冷量。它依靠制冷剂液体的蒸发来吸收被冷却介质的热量，是制冷系统中的主要换热设备。本节主要介绍制冷系统中常用的蒸发器结构。

蒸发器的类型很多，按制冷剂在蒸发器内的充满程度及蒸发情况进行分类，主要有三种：干式蒸发器、再循环式蒸发器和满液式蒸发器。干式和再循环式蒸发器中，制冷剂在管内进行流动沸腾换热，而满液式蒸发器中，制冷剂在管间的大空间沸腾，可作为饱和池沸腾进行计算分析，这种分类方法对了解蒸发器的结构和其在系统中的组成特性比较方便。若按被冷却介质的特性来分类，蒸发器可分为冷却液体的和冷却空气的两大类，这种分类方法在设计计算时比较方便。

6.4.1　干式蒸发器

制冷剂在管内一次完全汽化的蒸发器称为干式蒸发器。干式蒸发器常用于冷库，直接对库房进行冷却，也用于间接式制冷系统，如空调制冷站、制冰系统等，先用制冷剂冷却载冷剂，再通过载冷剂传递冷量。干式蒸发器如图 6-29 所示，在这种蒸发器中，来自膨胀阀出口处的制冷剂从管子的一端进入蒸发器，吸热汽化，并在到达管子的另一端时全部

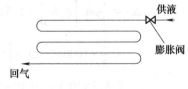

图 6-29　干式蒸发器

汽化。管外的被冷却介质通常是载冷剂或被冷空间的空气。在正常运转条件下，干式蒸发器中的液体体积为管内体积的 15%~20%。假定液体沿管子均匀分布，且润湿周长为圆周的 30%，则管内有效沸腾传热面积为管内表面的 30%。增加制冷剂的质量流量，可增加液体润湿面积，但蒸发器进、出口处的压差将因流动阻力的增大而增大，从而降低了传热系数。

在多管路组成的蒸发器中，为了充分利用每条管路的传热面积，应将制冷剂均匀地分配到各条管路中去，常见的方法如图 6-30 所示。图 6-30a 中的分液器为六通道分液器，每条通道有相同的流动阻力，制冷剂经分液器进入各条管路中。换热管常用肋片管，常见形式如图 6-30b、c 所示。管道的布置应使蒸发后的制冷剂与温度最高的气流接触，以保证蒸气进入压缩机吸气管道时略有过热。

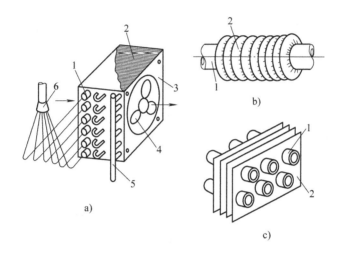

图 6-30 多管路干式蒸发器中制冷剂的分配及肋片管形式
a）蒸发器总图 b）绕片管 c）套片管
1—传热管 2—肋片 3—挡板 4—通风机 5—回气集管 6—分液器

干式蒸发器主要有用于冷却液体的干式壳管式蒸发器和板式热交换器，以及形式多样的冷却空气的蒸发器。

干式蒸发器与满液式蒸发器相比，有以下特点：

1）当使用与润滑油互溶的制冷剂 R11、R22 等时，只要管内制冷剂的流速大于 4m/s，就可以将润滑油带回压缩机。

2）充注的制冷剂量比较少，只为管内容积的 40% 左右，约为满液式蒸发器的 1/3~1/2 或更少。

3）对于载冷剂为水的蒸发器，蒸发温度在 0℃ 附近时，不致发生冻结事故，而且载冷剂在管外，冷量损失少。

4）可以使用热力膨胀阀供液，比使用浮球阀简单可靠。

干式蒸发器在结构上应注意的问题是：

1）在多流程干式蒸发器中，气液两相的制冷剂在端盖内转向时，会发生气液分层现象，从而影响了制冷剂在下一个流程各管子中的均匀分配。含气量越多，这种分配不均匀性也就越严重，甚至可能出现部分管子没有或只有少量液体而失去蒸发传热的作用。研究发现，端盖的型线对气流分层现象有影响，一般弧形的端盖型线有利于气液混合物的转向而减少转向引起的气液分层现象。

2）一般在折流板的外缘与壳体内壁之间有 1~3mm 的间隙，会引起水的泄漏，折流板的管孔与换热管之间也有 1mm 左右的间隙，而折流板外缘与壳体内壁之间的间隙会使水侧传热系数减小 20%~30%。为了减少泄漏，可以采取一些堵漏措施，如采用在折流板上贴橡皮，一般采取一定措施后，可以使实际热交换器的传热系数提高 5%~15%。

1. 干式壳管式蒸发器

这种蒸发器的换热管有两种形式：

1）采用 U 形管作为换热管。U 形管装在同一块管板上，形成两个管程。采用 U 形管可以消除管子的热胀冷缩应力。

2）采用直光管或纵向内肋管，用管板在两端固定。由于载冷剂侧强迫对流的表面传热系数较管内的高，一般强化传热采用内微肋管，而不采用外肋管。

U 形管干式蒸发器如图 6-31 所示，制冷剂在管内流动，载冷剂在管外流动。压缩机运转时制冷剂从左端盖进入，经一次（或多次）往返后汽化，产生的蒸气从右端盖引出。由于制冷剂在汽化过程中蒸气量逐渐增多，比体积不断增大，在多流程的蒸发器中每流程的管子数也依次增多，以适应比体积的增大。为了提高载冷剂的流速，并使载冷剂更好地与管外壁接触，在蒸发器壳体内装有折流板。图 6-32 所示为圆缺形折流板。

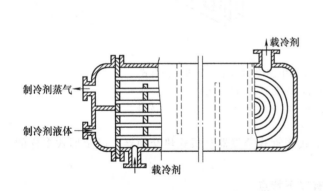

图 6-31　U 形管干式蒸发器

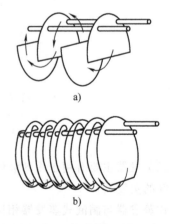

图 6-32　圆缺形折流板

a）短圆缺形板　b）长圆缺形板

折流板的数量取决于载冷剂流速的大小。折流板通常用拉杆固定，相邻两块折流板之间装有定距管，以保证折流板的间距。直管式干式蒸发器采用光滑管或具有纵向肋片的内肋片管。U 形管的开口端胀接在管板上，制冷剂液体从 U 形管的下部进入，制冷剂蒸气从上部引出。每一根 U 形管均可自由膨胀而不受别的管和壳体的约束。管束可以抽出便于检修和清洗，但中心部位的管子不易更换，且因最内层管子弯曲半径不能太小而限制了管板上排列的管子数。

U 形管干式蒸发器的管组可预先装配，而且可以抽出来清除管外的污垢。此外，还可消除由于材料的膨胀而引起的内应力。制冷剂在流动过程中始终沿同一管道流动，分配比较均匀，因而传热效果较好。其缺点是制造管组时要用不同的模具；不能使用纵向内肋片管，因为当管组的管子损坏时不易更换。

直管式干式蒸发器如图 6-33 所示。制冷剂在管内流动沸腾，载冷剂在管外流动。直管式干式蒸发器与 U 形管干式蒸发器的壳体、折流板以及载冷剂在壳侧的流动方式相同。

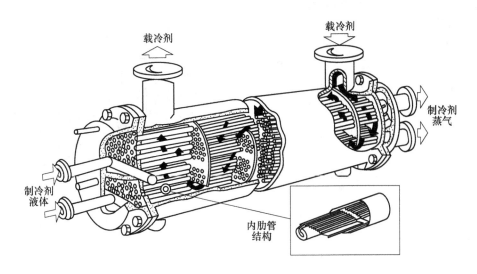

图 6-33 直管式干式蒸发器

用光管制成的直管式干式蒸发器其结构形式类似于卧式壳管式冷凝器。制冷剂从蒸发器端盖下侧入口进入壳体管内，经过壳体内的管后，流出成为蒸气。管程数目可以通过两侧端盖的型线进行适当的设计来调整。应当注意的是，由于制冷剂在管内蒸发，液体汽化后体积增大，沿流动方向的蒸气逐渐增多，各管程内换热管数目的分布应考虑制冷剂这种状态变化。载冷剂从制冷剂的出气端进入壳体，在折流板的引导下，多次横掠管束，被冷却后从另一端流出。

2. 板式热交换器

板式热交换器是近几十年来得到发展和广泛应用的新型高效、紧凑的热交换器，它由一系列互相平行、具有波纹表面的薄金属板相叠而成。在相同的金属消耗量下板式热交换器的传热面积较壳管式热交换器的大得多。由于流体在换热板之间的波纹形槽道中流动能产生剧烈扰动，因此传热系数大。对于液-液式板式热交换器，传热系数可高达 $2500 \sim 7000\text{W}/$（$\text{m}^2 \cdot \text{℃}$），比壳管式的高 $2 \sim 4$ 倍。当冷热流体逆流换热时，可以获得非常接近的温度。板式热交换器广泛应用于热能动力、食品、医药、制酒、饮料、合成纤维、冶金及化工等工业部门，并且随着板形和结构上的改进，它的应用领域正在进一步扩大。

板式热交换器有组装式和整体钎焊式两种。其中组装式由若干片压制成形的波纹状金属传热板片叠加而成，板四角开有角孔，如图 6-34 所示，相邻板片之间用特制的密封垫片隔开，使冷、热流体分别由一个角孔流入，间隔地在板间沿着由垫片和波纹所设定的流道流动，然后从另一对角线角孔流出，如图 6-35 所示。组装式板式热交换器具有拆装清洗方便的优点，但耐压能力有限。图 6-36 所示为整体钎焊式板式热交换器，此种板式热交换器的换热板片与组装式相同，板片端部整体钎焊，承压能力高，但清洗不便，使用时应注意保证流体的清洁。一般单个整体钎焊式热交换器的换热能力较组装式的小。

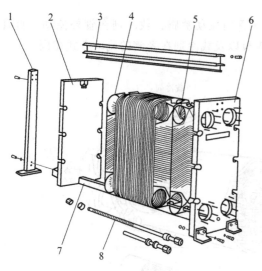

图 6-34　组装式板式热交换器的构造

1—前支柱　2—活动压紧板　3—上导杆　4—垫片

5—板片　6—固定压紧板　7—下导杆

8—压紧机螺柱、螺母

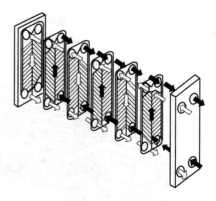

图 6-35　板式热交换器中的换热

  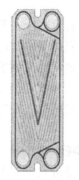 

图 6-36　整体钎焊式板式热交换器

　　传热板片是板式热交换器的核心元件，各传热板片按一定的顺序相叠即形成板片间的流道，冷、热流体在板片两侧各自的流道内流动，通过板片进行热交换，如图 6-35 所示。板片的表面呈波纹状，流体流向与波纹垂直，或呈一定的倾斜角。不同形式的板片直接影响到传热系数、流动阻力和耐压能力。板片的材料通常为不锈钢，国内有的厂家采用铝合金板片。板片波纹形状有人字形、水平波纹形、锯齿形等。目前，换热板片多采用人字形，如图 6-36 所示。组装式板式热交换器已有用在溴化锂吸收式冷水机组中作为冷凝器和蒸发器的报道，而整体钎焊式热交换器已被广泛用于小型水源热泵机组，作为蒸发器。

　　3. 冷却空气型干式蒸发器

　　常用冷却空气的蒸发器有表面式蒸发器和排管式蒸发器两类。

　　（1）表面式蒸发器　表面式蒸发器普遍应用于空气调节和冰箱、冷柜及冷藏库的冷风机。由于直接冷却空气，空气的传热系数比较低，所以在表面式蒸发器的换热管均采用肋片管。肋片管的一般形式，可以参阅前面的介绍。对于氟利昂肋片式蒸发器，肋片管一般由纯铜管外套铝片制成。铜管的外径为 9~16mm，铝片厚度为 0.15~0.3mm。肋片的尺寸和间距应根据使用情况和管子尺寸来确定，一般较小管径的管子使用较小的肋片，反之亦然。

由于空气中含有的水蒸气会在 0℃ 以下结冰，因此对在 0℃ 以上工作的蒸发器，肋片节距一般比较小(2~4.5mm)，并采用整张套片管，为便于翅片表面凝水，在细密的翅片间形成"水桥"，翅片表面采取亲水处理。如果蒸发器工作在 0℃ 以下，空气中的水蒸气可能会在肋片和管壁上结霜，影响空气的流通并减小空气侧的传热系数，因此，肋片管的间距较大，通常取 6~14mm，而且是几根管子套一张肋片，而不是采用整张肋片管。

根据被冷却的空气流动方式，表面式蒸发器有自然对流式和强制通风式两种。在自然对流式中，为了减少空气流过管组的阻力，一般采用更大的片距；而对于强制通风式(又称为冷风机)，肋片管一般采用套片管或绕片管，其广泛应用于冷库、空调机、除湿机和低温箱中。为提供必要的送风射程或机外余压，风机常采用离心式或贯流式。

在一些小型制冷装置中，如家用冰箱和一些冷冻设备，广泛使用一种板面式蒸发器。这也是一种表面式蒸发器。图 6-37a 所示的蒸发器是将纯铜管贴焊在薄钢板制成的方盒上，常用于直冷式冰箱的冷冻室，此类蒸发器常做成多层搁架式用于立式冷冻箱中，具有结构紧凑、冷冻效率高等优点。图 6-37b 是将板料模压成形，然后用成形的板模压而成，制冷剂在板间的通道中汽化。板面式蒸发器的制作成本比较低，且可以制成任意形状，适用于不同的空间要求。板面式蒸发器一般靠自然对流实现热交换。

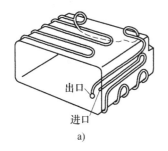
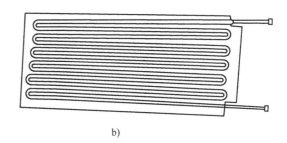

图 6-37　成形板模压的板面式蒸发器

还有一种板面式蒸发器是由管子和平板组成的，管子装在四边焊牢的金属板之间，制冷剂在管内汽化(图 6-38)，这种蒸发器在管子与金属板之间填充的是共晶盐，并抽真空，使金属板在外界大气作用下与管子外壁贴合紧密，达到良好的导热效果。填入的共晶盐用于蓄冷。这种装置一般用于冷藏车上。它可以水平装在冷藏车顶板的下面，也可以垂直安装在车内侧壁上，夜间在冷藏车停车期间，将蒸发器接到制冷系统中，使共晶盐储存冷量，以备冷藏车白天行驶时使用。它也可用作冷冻食品的陈列货架。

另外，吹胀式蒸发器目前在冰箱中使用较普遍，如图 6-39 所示。预先以铝-锌-铝三层金属板，按蒸发器所需尺寸裁剪好，平放在刻有管路通道的模具上，通过加压、加热并以氮气吹胀成形。一般冰箱的管板式蒸发器，其肋化系数在 3.5~4.5 之间，而吹胀式蒸发器的肋化系数在 4.5~6.0 之间。它们的表面传热系数依照经验数据取 11~14W/(m²·K) 之间(未结霜状态)。

(2) 排管式蒸发器　排管式蒸发器是指管外以自然对流的方式冷却空气的蒸发器。它主要适用于各种冰箱、低温实验箱和冷库。排管的形式多种多样，主要有盘管式排管、立管式墙排管、顶排管、搁架式排管以及无液柱作用和小液柱作用的低温排管。

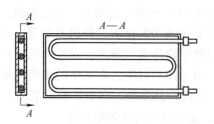

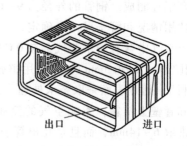

图 6-38　管子和板面形成的板面式蒸发器　　　图 6-39　铝复合板吹胀式蒸发器

1）盘管式排管（或称蛇管式排管）。该类排管可分为光管（图 6-40）和肋片管两种。光管一般采用 $\phi25mm\times2mm$、$\phi32mm\times2.5mm$、$\phi38mm\times2.2mm$ 无缝钢管或 $\phi16mm\times1mm$ 纯铜管弯制而成，管子中心间距为 110~220mm，管子根数为偶数，以便制冷剂在同一侧进入和引出。肋片管一般采用绕片管，它可以是单排或双排，这种冷却排管可以用氨或氟利昂作制冷剂，优点是结构简单，易于制作，适应性强，存液量少，仅为排管内总容积的 25%~40%；缺点是传热面积比较小，蒸发后的气体不易排出，使制冷剂的流动阻力增大。

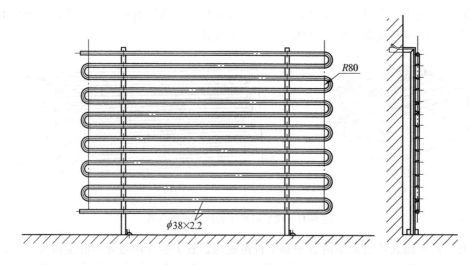

图 6-40　盘管式排管

2）立管式墙排管。这是氨制冷冷库中的一种常用墙排管，是集管式排管的主要形式之一（图 6-41），一般用多根高度为 2.5~3.5m、直径为 $\phi38mm\times2.2mm$ 或 $\phi57mm\times3.5mm$ 的无缝钢管直立组成。上下焊接在 $\phi76mm\times3.5mm$ 或 $\phi89mm\times3.5mm$ 无缝钢管制成的集管上。这种系统靠墙排放，氨液从下集管中进入，蒸发的蒸气从上集管中向上排出，其优点是，低压氨气容易排出，回油方便，传热效果好；缺点是管内的氨液存储量比较大，为管排容积的 60%~80%。当排管的高度较大时，由于氨液的液柱静压作用，使排管下部管中的氨液饱和蒸发温度显著提高，减小了排管的传热温差，致使传热效果减弱。这种现象随系统蒸发温度的降低表现得尤为突出，所以在较低蒸发温度（小于-33℃）的制冷系统中不宜采用。

3）顶排管。顶排管现在广泛使用两种。一种是蛇管式顶排管，可以由单排蛇形管组成或者由并列的几根（排）蛇形管组成，氟利昂制冷装置多采用这种形式。另一种是以氨为制

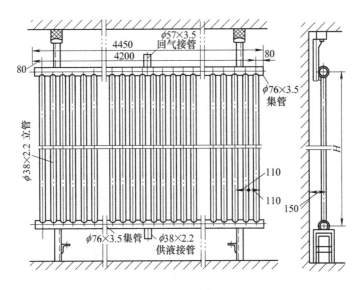

图 6-41 立管式墙排管

冷剂的集管式顶排管。光滑管集管式顶排管一般由 $\phi38mm\times2.5mm$ 或 $\phi57mm\times3.5mm$ 的无缝钢管制作,也可以根据需要制作成肋片管。它安装在库房顶部,可以制成单排、双排或四排。其优点是结霜比较均匀,制作安装也比较方便,排管的存氨液量也比较小,一般约为排管总容积的 50%,其中四排管式,因其传热条件比较差,传热系数小,现已不采用。

4)搁架式排管。小型冷藏库通常采用搁架式排管作为冻结设备,其结构如图 6-42 所

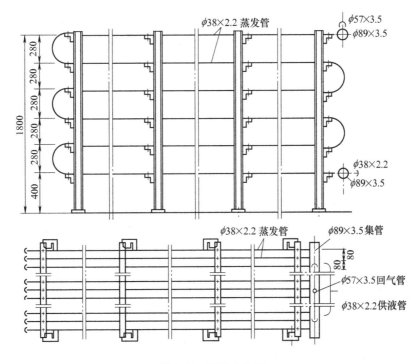

图 6-42 搁架式排管

示。它由数根平行的蛇形管组成，氨液从下部供入，氨气由上部引出，需要冷冻加工的物品直接放在搁架上。

与其他形式的冻结设备相比，搁架式排管具有容易制作、不需要维修等优点，但钢材消耗量大。

6.4.2 再循环式蒸发器

制冷剂在蒸发器管内经过几次循环才能完全汽化，该蒸发器称为再循环式蒸发器。再循环式蒸发器多用于大型的液泵供液和重力供液氨系统或低温环境试验装置，图 6-43 所示为这两种供液系统中再循环式蒸发器的工作情况。蒸发器的进口和出口都与气液分离器相连接形成制冷剂回路。传热管可用光管也可用蛇形肋片管组，制冷剂依靠重力作用或液泵输送到蒸发器管内循环吸热制冷。

由冷凝器经供液阀送往气液分离器的液体数量由液位控制器控制。在再循环式蒸发器的管子中，液体所占的管内空间约为蒸发器整个管内空间的50%，其传热面积可以得到较为充分的利用。

立管式和螺旋管式蒸发器是典型的再循环式蒸发器。这两种蒸发器的共同特点是：制冷剂在管内蒸发，整个蒸发器沉浸在载冷剂箱内（因此，又称为沉浸式蒸发器）。箱体一

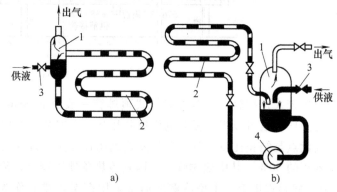

图 6-43　再循环式蒸发器的工作情况
a）重力供液系统　b）液泵供液系统
1—气液分离器　2—再循环式蒸发器　3—供液阀　4—液泵

般由钢板焊接而成，为了保证载冷剂以一定的速度循环，箱内都焊有纵向隔板和装有螺旋搅拌器。载冷剂的流速一般是 0.3~0.7m/s，以增强换热。另外，箱上部装有溢液口，底部装有泄液口，以备检修时放空用，箱外侧应包上隔热层，箱口应加盖。

这两种蒸发器只能用于开口系统，且载冷剂为非挥发性的物质，常用的是盐水和水等。如果用盐水，蒸发器管子受盐水腐蚀较大，盐水易吸潮而变稀。由于这两种蒸发器可以直接观察载冷剂的流动情况，所以，广泛应用于氨制冷系统的制冰和某些冷冻工艺中。

1. 立管式蒸发器

立管式蒸发器的结构如图 6-44 所示。每一蒸发管组由上、下两根水平集管和许多两端微弯的立管组成，中间焊一个比较大的立管，上集管的一端和气液分离器相连，分离后的蒸气进入集气管，然后再进入压缩机被压缩。分离后的液体回下集管，下集管的一端与集油器相连。液体制冷剂从中间的进液管进入，进液管下伸至下集管，以保证液体进入下集管，并较均匀地分配到各个立管中去，同时，制冷剂液体进入时产生的冲击力引起蒸发管内的液体扰动，促使传热增强。立管内制冷剂的流动情况如图 6-45 所示。

蒸发器管组可以一组或几组并列放在水箱或盐水箱内，用螺旋搅拌器使水或盐水在箱体内循环。水箱内有隔板，以保证循环路线和一定的水速。

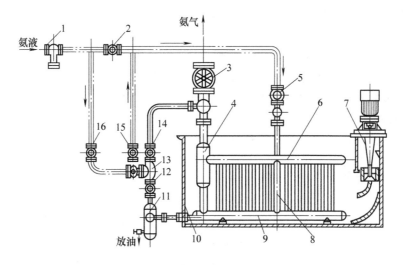

图 6-44 立管式蒸发器的结构

1—液体过滤器 2—节流阀 3、5、12、14、15、16—截止阀 4—气液分离器
6—上集管 7—搅拌器 8—立管 9—下集管 10—水箱 11—集油器 13—浮球阀

在上集管与下集管之间每相隔一定的距离用比蒸发管的直径更大一些的直管相连，这些直管是制冷剂液体的下降管。由于下降管中的液体与蒸发管中氨的气液混合物的密度不同，引起制冷剂液体在蒸发器内自然循环。

立管式蒸发器中制冷剂的热容量大，且不断混合，因而即使蒸发温度突然降低也不至于使其凝固，而造成蒸发管破裂。

立管式蒸发器的缺点是：蒸发管的数量较多，弯管的焊接工作量大；载冷剂与空气直接接触，用盐水时管子腐蚀严重，因此主要用于冷却淡水。

2. 螺旋管式蒸发器

螺旋管式蒸发器如图 6-46 所示。它是对立管式蒸发器的一种改进，不同的是：螺旋管式蒸发器在上下集管之

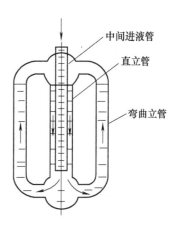

图 6-45 立管内制冷剂的
流动情况

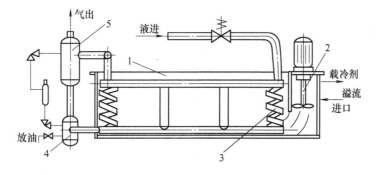

图 6-46 螺旋管式蒸发器

1—载冷剂容器 2—立式搅拌器 3—螺旋管式蒸发器 4—集油器 5—气液分离器

间焊接是两排螺旋管，而不是立管。一般是用两排双头螺旋管代替四排立管，这种结构使上下管的焊点大为减少，在集管距离相等的条件下，螺旋管的传热面积大，因此尺寸更紧凑，消耗的钢材少。它的传热系数与立管式的相近。

再循环式蒸发器依靠重力或泵强迫制冷剂在蒸发器中循环，制冷剂循环量是蒸发量的几倍。与干式蒸发器相比，再循环式蒸发器的主要优点是蒸发器的内壁能够完全湿润，因而沸腾换热强度较高，并且润滑油不易在蒸发器中积存。其主要缺点是体积大，需要的制冷剂多，在用泵输送液体的再循环式蒸发器中，需密封泵等设备，设备费用及运转费用较高。

6.4.3 满液式蒸发器

卧式满液式蒸发器的结构形式与卧式壳管式冷凝器相近，其结构如图6-47所示。壳体由钢板卷焊成圆柱形筒体，两端均焊有多孔管板，在两管板之间焊接或胀接有水平传热管，形成壳侧管束。如果管束过长，为防止管束弯曲变形，在壳体内一般装有几块支撑板。壳体两侧装有铸铁或钢件端盖，端盖内设有分隔板，用以分隔出管程，使管内流动的载冷剂可以在壳侧内往返几次流动，增强换热效果。经节流降压后的制冷剂从壳体下半部分进入壳侧，制冷剂液体可以充满壳侧，故称为满液式蒸发器。但实际上制冷剂并不充满壳体，而是让管束上部的1~3排换热管露出液面，以防止制冷剂液体被吸入压缩机。制冷剂液体在吸收了载冷剂（水或盐水）的热量后蒸发，产生的制冷剂蒸气从壳体上部的气液分离器中流出，分离出的液体回到蒸发器内，干蒸气则进入压缩机中。被冷却的载冷剂从端盖下端的管子进入，上端管子排出。为防止冷损失，蒸发器的外侧应包隔热层。

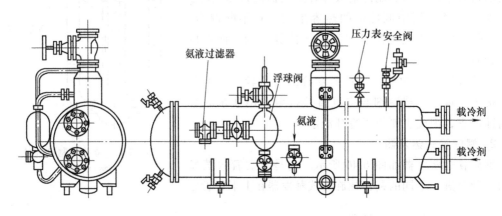

图6-47 卧式满液式蒸发器

氨卧式壳管式蒸发器充液高度为壳体内径的70%~80%，液面过高会使未汽化的液体随沸腾生成的气泡带出蒸发器，对压缩机产生液击。壳体底部应焊一个集油包，使氨液中的润滑油可以流出。换热管采用无缝钢管，壳体长径比在4~8之间。

氟利昂卧式壳管式蒸发器的液面高度仅为壳体内径的55%~65%，原因是：氟利昂与润滑油相互溶解，当氟利昂蒸发时，会产生起泡现象，而使壳侧实际液面上升。为减少氟利昂蒸气逸出时带出的液滴，在管束上部装有挡液板。为保证吸入压缩机的氟利昂蒸气有一定过热度，有时也会让载冷剂从蒸发器上部管子进入。换热管一般采用低螺纹铜管。

卧式满液式蒸发器的优点是：结构紧凑，传热系数比较高，可以适用于闭式盐水系统，减弱盐水对金属的腐蚀，同时也可以避免盐水吸入空气中的水蒸气而引起盐含量下降。

卧式满液式蒸发器的缺点是：

1）当载冷剂为盐水时，若盐含量降低或盐水泵意外停泵，盐水可能会在管中冻结而引起管子破裂。当载冷剂为淡水时，若壳体内的温度变化而降到0℃以下，管内水可能会冻结，引起管子胀裂。

2）当蒸发压力比较低时，液体在壳体内的静液柱使底部温度升高，传热温差减小；对于使用与润滑油互溶的氟利昂制冷剂时，难以回油。

3）制冷剂充注量大。

4）用于舰船时，由于船体的摆动造成液面波动，可能引起压缩机冲缸事故（俗称液击）。

6.5 蒸发器的设计计算

在制冷系统中蒸发器相比冷凝器而言显得更麻烦些，对系统的影响也更重要。蒸发器工作温度低而冷凝器工作温度高，蒸发器在同样的传热温差下因传热不可逆造成的有效能损失要比冷凝器更大；蒸发器处于系统的低压侧工作，蒸发器中制冷剂的流动阻力对制冷量与性能系数的影响也比冷凝器严重，而且蒸发温度越低时这个问题越严重。此外，与冷凝器不同的是蒸发器是"液入气出"，采用多路盘管并联时，进入的液体在每一管程中能否均匀分配是必须考虑的，如果分液不均匀则无法保证蒸发器全部传热面积的有效利用。还有，冷却空气的蒸发器由于空气经过时温度降低，在蒸发器表面会出现凝露和结霜，这也是它管外壁条件不同于冷凝器之处，所以在蒸发器设计和使用中必须精心考虑和正确处理这些问题。

6.5.1 冷却液体的蒸发器设计计算

1. 卧式壳管式蒸发器

这种蒸发器的结构比较简单，适用于封闭式循环。设计时应先给出制冷剂的种类、压缩机的形式、额定工况等，再求出蒸发器的结构和传热面积。

（1）结构形式的选择　这种蒸发器在制冷介质确定之后，结构基本上已定下来了。一般氨制冷剂选用钢管，氟利昂制冷剂选用低螺纹铜管或锯齿形肋片管。

（2）载冷剂相关参数的选择　在氨为制冷剂的蒸发器中，载冷剂常为盐水，由于盐水对钢管的腐蚀作用较强，选用的流速通常比较低，为0.5~1.5m/s；氟利昂蒸发器常用于冷却淡水，水在管内的流速一般选为2.0~2.5m/s。

（3）载冷剂的温降　载冷剂的温降一般是4~5℃，过大的温降，会造成载冷剂与制冷剂之间的传热温差减小，影响传热效果，而过小的温降又会使载冷剂的流量增大，相应增大了泵的功耗。

（4）流体流动阻力　管外侧制冷剂的流动阻力较小一般不予考虑，管内冷却水的流动阻力计算公式与卧式冷凝器内冷却水的流动阻力计算公式相同。

表6-10给出了氨和氟利昂卧式壳管式蒸发器的一些参数统计。

表 6-10　氨和氟利昂卧式壳管式蒸发器的参数范围

蒸发温度 /℃	载冷剂	氨			氟 利 昂		
		$\Delta t/℃$	$\Delta t_m/℃$	$u_L/(m/s)$	$\Delta t/℃$	$\Delta t_m/℃$	$u_L/(m/s)$
-15	氯化钙或乙二醇	2~4	5	1~2.5	4.5~5.5	6~8	1.0~2.5
-30	氯化钙或乙二醇	2~4	5	1~2.5		6~7	1.0~2.5
5	水				3.5~4.5	6~8	1.0~2.5

2. 干式壳管式蒸发器

干式壳管式蒸发器弥补了满液式蒸发器的一些缺点，它的制冷剂液体充注量比较小，而且载冷剂在管外，冷量损失小，可以减小冻结的危险，同时润滑油的带出比较方便，制冷系统中不需要储液器。一般在设计时给出额定工况下的制冷量。

（1）换热管形式　干式壳管式蒸发器的换热管可以选择小直径光管如 $\phi12mm\times1.0mm$、$\phi10mm\times1.0mm$ 的纯铜管或内肋片管。

（2）制冷剂侧的相关参数选择　在干式壳管式蒸发器内，若载冷剂的进口温度、流量和蒸发器出口制冷剂蒸气的压力恒定不变，则制冷剂在管内蒸发时，传热系数将随制冷剂侧流速的增大而加大，但相应增加了制冷剂侧的流动阻力，并使对数平均温差减小，因此存在一个最佳的制冷剂流速，可以使热流量达到最大，这一最佳值与换热管规格、流程数、管内外侧传热系数等因素有关，蒸发器的最佳设计方案，要经过多次计算和比较才可确定。

换热管流程数的选取与换热管的形式有关，对于以内肋管为换热管的蒸发器，制冷剂侧一般选用两流程，多用 U 形管，以避免流动转向而产生的气液分离现象。对于小直径光管，可以选用多流程，但必须考虑流动转向引起的气液分离现象。

（3）载冷剂侧的相关参数选择　在氟利昂水冷却器中，水侧的温降一般为 4~6℃。

为保证载冷剂在横掠管束时有一定的流速，在干式壳管式蒸发器中，一般沿壳体轴向布置一定数量的折流板。折流板的形式有弓形、环盘形等，应用比较普遍的是弓形（或称为圆缺形）。折流板数量选取原则是保证载冷剂横掠管束时流速大小在 0.5~1.5m/s 之间，弓形折流板的缺口尺寸对载冷剂侧的换热效果影响很大，缺口越小，流体横掠管束的管排数增多，换热效果增大，但是缺口处的流动阻力增大，使流体流动阻力增大，所以缺口的尺寸应综合考虑。

6.5.2　冷却空气的蒸发器设计计算

冷却空气的蒸发器主要有两种形式即光盘管结构和翅片管结构。光盘管结构多在空气自然对流时采用，翅片管结构常在空气强制对流时采用。

1. 表面式蒸发器

（1）空气在蒸发器中的状态变化　当空气流过表面式蒸发器时，空气等压冷却。若肋片表面温度高于空气的露点温度，空气中的水蒸气不会在肋片上凝结，空气与肋片之间只有显热交换，在这种情况下，空气流过蒸发器时的含湿量不变，这时的冷却称为等湿冷却或干式冷却。

当肋片的表面温度低于空气的露点，则空气中含有的水蒸气会在肋片表面凝结，成为凝结液。如果肋片表面温度低于 0℃，凝结水会凝固在肋片表面上，形成霜层，这时空气与肋片之间既有显热交换也有潜热交换，在这样的冷却过程中，空气温度及含湿量会同时下降，称为去湿冷却或湿式冷却。一般空气在表面式蒸发器上的冷却过程多为去湿冷却。

（2）空气与肋片表面之间换热量　在去湿冷却过程中，空气与肋片之间的全部传热量可以表示为显热传热量 Q_p 与潜热传热量 Q_j 之和，即

$$Q = Q_p + Q_j \tag{6-65}$$

定义 ξ 为全部传热量与显热传热量之比，称为析湿系数，即

$$\xi = \frac{Q}{Q_p} = 1 + \frac{Q_j}{Q_p} \tag{6-66}$$

由于肋片表面温度的影响，空气中的水分可能形成凝结水（称为析水工况）或结霜（称为结霜工况），以下分两种情况讨论析湿系数的计算方法。

1）析水工况。由温差引起的显热传热量为

$$Q_p = \alpha A(t_m - t_w) \tag{6-67}$$

式中，t_m 为湿空气进出口温度平均值。

潜热传递量为
$$Q_j = \alpha_m A \frac{d_m - d_w}{1000}(h_m - h_w) \tag{6-68}$$

其中
$$h_m = r_0 + c_p t_m \tag{6-69}$$

式中，α_m 为对流传质系数 $[(W \cdot kg)/(kJ \cdot m^2)]$；$d_m$ 为湿空气进出口平均含湿量（g/kg）（干空气）；d_w 为饱和湿空气在壁面温度 t_w 下的含湿量（g/kg）（干空气）；h_m 为水蒸气平均比焓（kJ/kg）；h_w 为壁面温度 t_w 下饱和水比焓（kJ/kg）；r_0 为水的汽化热，$r_0 = 2501.6$ kJ/kg；c_p 为水蒸气比定压热容，$c_p = 1.86$ kJ/(kg·℃)。

$$h_w = c_w t_w \tag{6-70}$$

式中，c_w 为水的比热容[4.19kJ/(kg·℃)]。

代入式（6-68）后有

$$Q_j = \alpha_m A \frac{d_m - d_w}{1000}(r_0 + t_m c_p - t_w c_w) \tag{6-71}$$

对流传质系数 α_m 与表面传热系数 α 之间的关系为

$$\alpha_m = \frac{\alpha}{c_{pm}} \tag{6-72}$$

式中，c_{pm} 为湿空气比定压热容[kJ/(kg·℃)]，计算方法为

$$c_{pm} = 1.0049 + 1.8842 \times \frac{d_m}{1000} \tag{6-73}$$

于是，析水工况的析湿系数为

$$\xi = \frac{Q_p + Q_j}{Q_p} = 1 + \frac{r_0 + t_m c_p - t_w c_w}{c_{pm}} \frac{(d_m - d_w)/1000}{t_m - t_w} \tag{6-74}$$

2）结霜工况的析湿系数。结霜工况的析湿系数与析水工况相类同，有

$$\xi = \frac{Q_p + Q_j}{Q_p} = 1 + \frac{r_0' + t_m c_p - t_w c_i}{c_{pm}} \frac{(d_m - d_w)/1000}{t_m - t_w} \tag{6-75}$$

式中，r_0' 为0℃时水蒸气转变为霜时放出的潜热，$r_0 = 2835$ kJ/kg；c_i 为霜的比热容，$c_i = 2.05$ kJ/(kg·℃)。

（3）蒸发器传热系数 K_{ot} 的计算　对于干式冷却，蒸发器中的传热过程与空冷式冷凝器

是一致的;对于湿式冷却,水蒸气的凝结,加入了潜热换热,对于提高传热系数是有利的。但是,管外的肋片结霜和析水等却使肋片的传热系数下降,而且,水膜和霜的存在,使空气的流动阻力增加,流量减少,导致传热系数下降,为此,考虑以上因素后,蒸发器的传热系数计算式可以表示为

$$K_{ot} = \cfrac{1}{\left(\cfrac{1}{\alpha_1}+\gamma_1\right)\cfrac{A_2}{A_1}+\cfrac{\delta}{\lambda}\cfrac{A_2}{A_m}+\left(\cfrac{\delta_u}{\lambda_u}+\gamma_2+\cfrac{1}{\zeta\alpha_2}\right)\cfrac{A_2}{A_2''+\eta_f A_2'}} \qquad (6-76)$$

式中,α_2 为干式冷却的空气侧传热系数;ζ 为考虑水膜或霜层对传热系数减小的修正系数,$0.8 \sim 0.9$;λ_u 为霜层或水膜的热导率;δ_u 为一个融霜周期中平均结霜厚度(或水膜厚度)。

δ_u 的计算式为

$$\delta_u = 0.5\frac{0.8 u_f \tau \times 3600}{\rho_u F_{of}} \qquad (6-77)$$

其中

$$\rho_u = 341 |t_\delta|^{-0.455} + 25 u_f \qquad (6-78)$$

式中,t_δ 为冷表面温度,可近似为壁面温度;u_f 为迎面风速。

(4)主要参数的选择　对于蒸发器结构,管径一般取 $\phi 10 \sim 20$mm,肋化系数为 $10 \sim 15$,肋高为 $10 \sim 12$mm,肋厚为 $0.2 \sim 0.4$mm,肋间距为 $3 \sim 4$mm,允许的结霜厚度可达 $6 \sim 8$mm,肋管排数一般取 $4 \sim 6$ 排,每一回路肋管长度不大于 12m。对于肋片材质的选用,当制冷剂为氟利昂时,肋管采用铜管,肋片采用铝或铜。迎面风速一般取 $1.5 \sim 3$m/s,空气在最窄处的流速为 $3 \sim 6$m/s。用于空气调节时,取热流密度 $q = 6000 \sim 12000$W/m²;用于冷库中时,取 $q = 1100 \sim 6000$W/m²。

2. 冷却排管

冷却排管的设计计算主要在于确定空气侧和制冷剂侧传热系数的大小。

(1)空气侧表面传热系数的计算　在冷却排管外表面与空气的换热中,自然对流换热的传热系数比较小,一般在 10W/(m²·℃)以下,所以,辐射换热量不能忽略。在计算空气侧的表面传热系数时,必须同时考虑对流和辐射。

$$\alpha_o = \alpha_{ac}\xi + \alpha_{cr}\psi \qquad (6-79)$$

式中,α_{ac}、α_{cr} 分别为自然对流换热的表面传热系数及辐射表面传热系数;ψ 为曝光系数。其中,自然对流换热的表面传热系数可以按自然对流准则方程建立,即

$$Nu = cGr_f^{0.25} \qquad (6-80)$$

式中,c 为系数。

准则方程的定型尺度为圆管外径,对肋片管,用肋片外径;对单根水平管有

$$\alpha_{ac} = 1.28 \left(\frac{t_w - t_f}{d_o}\right)^{0.25} \qquad (6-81)$$

对于多根水平管,表面传热系数由于空气的扰动而增大,因此,要在式(6-81)的基础上再乘以沿高度管排数的修正系数 A,见表 6-11。

表 6-11　沿高度管排数的修正系数 A

沿高度管排数	3	5	8	10
修正系数 A	1.1	1.25	1.6	2.0

对于贴壁的肋片管式冷却排管的表面传热系数，可按下式计算

$$\alpha_{ac} = 2.33 \left(t_w - t_f \right)^{\frac{1}{4}} \qquad (6-82)$$

空气侧的辐射表面传热系数 α_{ar} 的计算式为

$$\alpha_{ar} = C \frac{\left(\dfrac{t_a}{100} \right)^4 - \left(\dfrac{t_w}{100} \right)^4}{t_a - t_w} \qquad (6-83)$$

其中，对湿表面 $C = 5.8 \mathrm{W/(m^2 \cdot K^4)}$，对结霜表面 $C = 5.46 \mathrm{W/(m^2 \cdot K^4)}$。

排管的曝光系数 ψ 取决于结构参数，对单根光管，$\psi = 1$；对不同管间距的光排管，ψ 值见表 6-12。

表 6-12 曝光系数 ψ

排　　数	在不同管间距下光排管的曝光系数 ψ					
	1	2	3	4	5	6
单排	0.63	0.82	0.87	0.90	0.91	0.92
双排	0.31	0.52	0.63	0.70	0.74	0.77

（2）冷却排管传热系数的确定　由于空气侧的传热系数远小于管内制冷剂侧的传热系数，因此传热系数的计算可以简化为

$$K_0 = e \alpha_o \eta_s \qquad (6-84)$$

式中，e 为考虑管内热阻和管外结霜热阻的修正系数，根据实验 $e = 0.8 \sim 0.9$；η_s 为表面效率。

6.5.3　冷却空气的蒸发器设计计算示例

例 6-2　试设计一台冷却空气的表面式蒸发器。回风干球温度 $t_{f1} = 7℃$，湿球温度 $t_{s1} = 6℃$；送风干球温度 $t_{f2} = 4℃$，湿球温度 $t_{s2} = 3.6℃$；管内 R22 的蒸发温度 $t_o = -1℃$；蒸发负荷 $Q_o = 31000 \mathrm{W}$。工质质量流速 $g = 140 \mathrm{kg/(m^2 \cdot s)}$。

解

（1）选定蒸发器的结构参数　纯铜光管外径 $d_o = 9.52 \mathrm{mm}$，铜管厚度 $\delta_t = 0.35 \mathrm{mm}$；翅片选用铝套片，厚度 $\delta_f = 0.115 \mathrm{mm}$，翅片间距 $S_f = 1.8 \mathrm{mm}$；铜管排列方式为正三角形叉排；翅片形式为开窗片，翅片用亲水膜处理；铜管水平方向间距 $S_1 = 25.4 \mathrm{mm}$，铜管竖直方向间距 $S_2 = 22 \mathrm{mm}$。

（2）蒸发器尺寸参数　沿流动方向管排数 $N_C = 3$ 排，每排管数 $N_B = 52$。

（3）蒸发器的几何参数计算　翅片为平直套片，套片后的管外径

$$d_b = d_o + 2\delta_f = (9.52 + 2 \times 0.115) \mathrm{mm} = 9.75 \mathrm{mm}$$

铜管内径　　　　$d_i = d_o - 2\delta_t = (9.52 - 2 \times 0.35) \mathrm{mm} = 8.82 \mathrm{mm}$

当量直径

$$d_{eq} = \frac{4A}{U} = \frac{2(S_1 - d_b)(S_f - \delta_f)}{(S_1 - d_b) + (S_f - \delta_f)} = \frac{2 \times (25.4 - 9.75) \times (1.8 - 0.115)}{(25.4 - 9.75) + (1.8 - 0.115)} \mathrm{mm} = 3.04 \mathrm{mm}$$

单位长度翅片面积

$$A_2' = \frac{2\left(S_1 S_2 - \frac{\pi d_b^2}{4}\right)}{S_f \times 10^{-3}} = \frac{2 \times \left(0.0254 \times 0.022 - \frac{\pi \times 0.00975^2}{4}\right)}{1.8 \times 10^{-3}} \text{m}^2/\text{m} = 0.537 \text{m}^2/\text{m}$$

单位长度翅片间管外表面积

$$A_2'' = \frac{\pi d_b (S_f - \delta_f)}{S_f \times 10^{-3}} = \frac{\pi \times 9.75 \times 10^{-3} \times (1.8 - 0.115) \times 10^{-3}}{1.8 \times 10^{-3}} \text{m}^2/\text{m} = 0.0286 \text{m}^2/\text{m}$$

单位长度翅片管总面积 $\quad A_2 = A_2' + A_2'' = 0.566 \text{m}^2/\text{m}$

翅片管肋化系数

$$\beta = \frac{A_2}{A_1} = \frac{A_2}{\pi d_i} = \frac{0.566}{\pi \times 0.00882} = 20.44$$

（4）确定空气在蒸发器内的状态变化过程　根据给定的空气进出口温度由湿空气的焓湿图（图6-48）可得进风点：$h_1 = 20.74\text{kJ/kg}$，$d_1 = 5.5\text{g/kg}$；出风点：$h_2 = 16.01\text{kJ/kg}$，$d_2 = 4.8\text{g/kg}$。

在湿空气焓湿图上连接状态点1和2，并延长与饱和空气线（$\varphi = 100\%$）相交于饱和点4，如图6-48所示。该点的参数是 $h_4 = 11.65\text{kJ/kg}$，$d_4 = 4.2\text{g/kg}$，$t_4 = 1.2℃$。

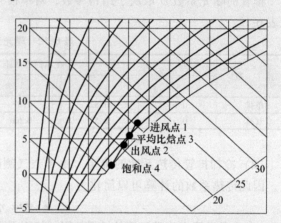

图6-48　进出风状态在焓湿图上的表示

在蒸发器中空气的平均比焓

$$h_3 = h_4 + \frac{h_1 - h_2}{\ln\left(\frac{h_1 - h_4}{h_2 - h_4}\right)}$$

$$= \left(11.65 + \frac{20.74 - 16.01}{\ln\dfrac{20.74 - 11.65}{16.01 - 11.65}}\right) \text{kJ/kg}$$

$$= 18.09 \text{kJ/kg}$$

在焓湿图上按过程线与平均比焓点 $h_3 = 18.09\text{kJ/kg}$ 线的交点读得 $d_3 = 5.1\text{g/kg}$，$t_3 = 5.3℃$。析湿系数可由下式确定，即

$$\xi = 1 + 2.46 \frac{d_3 - d_4}{t_3 - t_4} = 1 + 2.46 \times \frac{5.1 - 4.2}{5.3 - 1.2} = 1.54$$

（5）空气侧表面传热系数计算　假定迎面风速 $u_f = 2.1\text{m/s}$。

1）空气的物性。已知蒸发器空气入口干球温度为 $t_{f1} = 7℃$，空气出口干球温度为 $t_{f2} = 4℃$，可确定空气物性的平均温度为

$$t_m = \frac{t_{f1} + t_{f2}}{2} = 5.5℃$$

空气在 $t_m = 5.5℃$ 下的热物性为：$\nu_f = 13.75 \times 10^{-6}\,\text{m}^2/\text{s}$，$\lambda_f = 0.02477\,\text{W}/(\text{m}\cdot\text{K})$，$\rho_f = 1.268\,\text{kg/m}^3$，$c_{pa} = 1.005\,\text{kJ}/(\text{kg}\cdot℃)$。

2）最窄截面处空气流速。

$$u_{\max} = u_f \frac{S_1}{(S_1 - d_b)} \frac{S_f}{(S_f - \delta_f)}$$

$$= 2.1 \times \frac{25.4}{25.4 - 9.75} \times \frac{1.8}{1.8 - 0.115}\,\text{m/s} = 3.64\,\text{m/s}$$

3）空气侧表面传热系数。空气侧的雷诺数为

$$Re_f = \frac{u_{\max} d_{eq}}{\nu_f} = 3.64 \times \frac{3.04 \times 10^{-3}}{13.75 \times 10^{-6}} = 804.77$$

由式(6-54)推得空气侧表面传热系数

$$\alpha_o' = \frac{C\lambda_f Re_f^n}{d_{eq}} \left(\frac{L}{d_{eq}}\right)^m$$

因为

$$\varepsilon = 0.518 - 0.02315\left(\frac{L}{d_{eq}}\right) + 0.000425\left(\frac{L}{d_{eq}}\right)^2 - 3 \times 10^{-6}\left(\frac{L}{d_{eq}}\right)^3$$

$$= 0.518 - 0.02315\left(\frac{65.9}{3.04}\right) + 0.000425\left(\frac{65.9}{3.04}\right)^2 - 3 \times 10^{-6} \times \left(\frac{65.9}{3.04}\right)^3 = 0.1852$$

$$C = \varepsilon\left[1.36 - \frac{0.24 \times Re_f}{1000}\right] = 0.1852 \times \left[1.36 - \frac{0.24 \times 804.77}{1000}\right] = 0.216$$

$$n = 0.45 + 0.0066 \frac{L}{d_{eq}} = 0.5931, \qquad m = -0.28 + 0.08 \frac{Re_f}{1000} = -0.2155$$

则

$$\alpha_o' = \frac{C\lambda_f Re_f^n}{d_{eq}}\left(\frac{L}{d_{eq}}\right)^m = \frac{0.216 \times 0.02477 \times 804.77^{0.5931}}{3.04}\left[\frac{65.9}{3.04}\right]^{-0.2155}\,\text{W}/(\text{m}^2\cdot\text{K}) = 47.98\,\text{W}/(\text{m}^2\cdot\text{K})$$

铜管叉排的修正系数为 1.1，开窗片的修正系数为 1.3，（波纹片的修正系数有待实验验证，其换热性能可比平直套片高出 25%~40%，一般情况下可按比平直套片高出 30% 左右考虑具体值，即修正系数按 1.3 左右考虑）。则空气侧表面传热系数为

$$\alpha_o = \alpha_o' \times 1.1 \times 1.3 = 47.98 \times 1.1 \times 1.3\,\text{W}/(\text{m}^2\cdot\text{K}) = 68.61\,\text{W}/(\text{m}^2\cdot\text{K})$$

4）空气侧当量表面传热系数。对于叉排翅片管簇，有

$$\varphi = \frac{B}{d_b} = \frac{25.4}{9.75} = 2.6051$$

由式(6-52)计算等效半径

$$\frac{r_{et}}{r_b} = 1.27\varphi\sqrt{\frac{A}{B}} - 0.3 = 2.7681$$

式中，A、B 分别为六角形长对边距离与短对边的距离，正六角形时 $A = B$。

由式(6-49)$\eta_f = \dfrac{\tanh(mh')}{mh'}$ 计算翅片效率。

由式(6-50)计算翅片当量高度

$$h' = \frac{d_b}{2}\psi = \frac{d_b}{2}\left(\frac{r_{et}}{r_b}-1\right)\left(1+0.35\ln\frac{r_{et}}{r_b}\right)$$

$$= \frac{9.75\times10^{-3}}{2}\times(2.7681-1)(1+0.35\ln2.7681)\text{m} = 0.01169\text{m}$$

$$m = \sqrt{\frac{2\xi\alpha_o}{\lambda\delta}} = \sqrt{\frac{2\times1.54\times68.61}{237\times0.000115}}\text{m}^{-1} = 88.06\text{m}^{-1}$$

则翅片效率

$$\eta_f = \frac{\tanh(mh')}{mh'} = \frac{\tanh(88.06\times0.01169)}{88.06\times0.01169} = 0.802$$

表面效率

$$\eta_s = 1 - \frac{A_2'}{A_2}(1-\eta_f) = 1 - \frac{0.537}{0.566}\times(1-0.802) = 0.812$$

空气侧当量表面传热系数为 $\alpha_f = \xi\alpha_o\eta_s = 1.54\times68.62\times0.812\text{W}/(\text{m}^2\cdot\text{K}) = 85.81\text{W}/(\text{m}^2\cdot\text{K})$

(6) 冷媒侧表面传热系数计算   设 R22 进入蒸发器的干度 $x_1 = 0.16$，出口蒸发器时 $x_2 = 1.0$，汽化热 $r = 206\text{kJ/kg}$，则 R22 的总流量为

$$q_m = \frac{Q_0}{r(x_2-x_1)} = \frac{31}{206\times(1-0.16)}\text{kg/s} = 0.17915\text{kg/s}$$

R22 的总流通截面积

$$A = \frac{q_m}{g} = \frac{0.17915}{140}\text{m}^2 = 12.7964\times10^{-4}\text{m}^2$$

每根管子的有效流通截面积

$$A_i = \frac{\pi d_i^2}{4} = \frac{3.1416\times0.00882^2}{4}\text{m}^2 = 6.1067\times10^{-5}\text{m}^2$$

蒸发器的分路数

$$Z = \frac{A}{A_i} = 20.9, \quad \text{取} Z = 21$$

每一分路的 R22 流量

$$q_d = \frac{q_m}{Z} = 0.008524\text{kg/s}$$

R22 在管内蒸发时表面传热系数可参照式(6-47)并考虑到管内蒸发压力变化后的修正式为

$$\alpha_i = 2.7q^{0.6}\frac{q_m^{0.2}}{d_i^{0.2}}\left(\frac{p_o}{p_{cr}}\right)^{0.343} = 8.3766q_i^{0.6}$$

式中，p_{cr} 为制冷剂临界压力。

如果是内螺纹管，表面传热系数则需乘以系数 1.2。

由于 R22 与润滑油能相互溶解，可忽略管内侧污垢。取翅片侧污垢热绝缘系数为 $0.001(\text{m}^2\cdot\text{K})/\text{W}$，翅片与管壁间接触热绝缘系数之和为 $2.5\times10^{-3}(\text{m}^2\cdot\text{K})/\text{W}$。由式(6-24)，以肋侧总表面积为基准的传热系数为

$$K = \frac{1}{\left(\dfrac{1}{\alpha_i}+\gamma_i\right)\dfrac{A_2}{A_1}+\dfrac{\delta_c A_2}{\lambda_c A_m}+\left(\gamma_o+\dfrac{1}{\alpha_o}\right)\dfrac{1}{\eta_s}} = \frac{1}{0.014271+\dfrac{2.4425}{q_i^{0.6}}}$$

外表面的热流量

$$q_o = \frac{q_i}{\beta} = \frac{q_i}{20.44}$$

需要的传热面积为

$$A_F = \frac{Q_o}{q_o} = \frac{633640}{q_i}$$

则需要的总管路长为

$$l = \frac{1119295}{q_i}$$

R22 在管内蒸发的阻力为

$$\Delta p_o = \frac{5.986 \times 10^{-5} \times (q_i g)^{0.91} l}{Z d_i} = 1.012 \times 10^{-2} q_i^{-0.09}$$

不同制冷剂的最优流动阻力 Δp_o 可按表 6-13 取值。

表 6-13　不同制冷剂的最优流动阻力 Δp_o

制冷剂	蒸发温度/℃	管内径/mm	$q_i = 2500 \text{W/m}^2$		$q_i = 5000 \text{W/m}^2$		$q_i = 7500 \text{W/m}^2$		$q_i = 10000 \text{W/m}^2$	
			Δp_o/kPa	Δt_o/℃	Δp_o/kPa	Δt_o/℃	Δp_o/kPa	Δt_o/℃	Δp_o/kPa	Δt_o/℃
R22		7.0	10.333	0.57	13.521	0.74	15.997	0.88	18.017	0.99
		9.0	11.575	0.63	15.125	0.83	17.887	0.98	20.160	1.10
R134a	5	7.0	9.579	0.79	12.766	1.05	15.134	1.24	17.052	1.40
		9.0	10.713	0.88	14.291	1.18	16.905	1.39	19.072	1.57
R410a		7.0	10.856	0.36	14.463	0.48	17.109	0.57	19.285	0.64
		9.0	12.145	0.41	16.193	0.54	19.163	0.64	21.575	0.72

R22 在管内蒸发时蒸发温度的降低值

$$\Delta t_o = \left(\frac{\delta t_o}{\delta p_o} \right)_{t_o = -1℃} \Delta p_o$$

式中，$\left(\dfrac{\delta t_o}{\delta p_o} \right)_{t_o = -1℃}$ 为蒸发温度为 $-1℃$ 时蒸发温度随蒸发压力的变化率。

通过计算可得

$$\left(\frac{\delta t_o}{\delta p_o} \right)_{t_o = -1℃} = 0.0631 ℃/\text{Pa}$$

于是

$$\Delta t_o = 0.0631 \times \Delta P_o = 6.384 \times 10^{-4} q_i^{0.91} ℃$$

故实际传热温差为

$$\Delta t_m = \frac{(t_{f1} - t_{o1}) - (t_{f2} - t_{o2})}{\ln\left(\dfrac{t_{f1} - t_{o1}}{t_{f2} - t_{o2}} \right)} = \frac{(t_{f1} - t_{f2} - \Delta t_o)}{\ln\left(\dfrac{t_{f1} - t_o - \Delta t_o}{t_{f2} - t_o} \right)} = \frac{3 - 6.384 \times 10^{-4} q_i^{0.91}}{\ln\left(\dfrac{8 - 6.384 \times 10^{-4} q_i^{0.91}}{5} \right)}$$

又

$$q_i = \beta q_o = \beta K \Delta t_m = 20.44 \times \frac{1}{0.014271 + \dfrac{2.4425}{q_i^{0.6}}} \times \frac{3 - 6.384 \times 10^{-4} q_i^{0.91}}{\ln\left(\dfrac{8 - 6.384 \times 10^{-4} q_i^{0.91}}{5} \right)}$$

采用迭代法解上式可得

$$q_i = 3875.8 \text{W/m}^2$$

因此，外表面热流密度 $\qquad q_o = \dfrac{q_i}{\beta} = 189.4 \text{W/m}^2$

冷媒侧的表面传热系数 $\qquad \alpha_i = 1191.4 \text{W/(m}^2 \cdot \text{K)}$

传热系数 $\qquad K = 31.8 \text{W/(m}^2 \cdot \text{K)}$

工质压降 $\qquad \Delta p_o = 15.39 \text{kPa}$

蒸发温度下降值 $\qquad \Delta t_o = 0.97℃$

实际的传热温差为 $\qquad \Delta t_m = 5.96℃$

需要的传热面积为 $\qquad A_F = \dfrac{Q_o}{q_o} = 163.64 \text{m}^2$

实际所需要翅片管总长为 $\qquad l = 288.8 \text{m}$

（7）确定蒸发器的结构尺寸

蒸发器长 $\qquad l_A = \dfrac{l}{N_B N_C} = 1.851 \text{m}$

高 $\qquad l_B = N_B S_1 = 1.334 \text{m}$

宽 $\qquad l_C = N_C S_2 = 0.066 \text{m}$

风量为 $\qquad q_V = \dfrac{Q_o}{\rho_f c_{pa} (t_{f2} - t_{f1})} = 6.893 \text{m}^3/\text{s}$

迎风面积为 $\qquad A_y = l_A l_B = 2.469 \text{m}^2$

实际迎面风速为 $\qquad v_f = \dfrac{q_V}{A_y} = 2.12 \text{m/s}$

与原假设的风速相符，不再另作计算。

（8）阻力计算 空气侧阻力

$$\Delta p_f = 9.81 \gamma \left(\dfrac{L}{d_{eq}} \right) (\rho w_{max})^{1.7} = 24.7 \text{Pa}$$

式中，γ 为考虑翅片表面粗糙度的系数，对非亲水膜取 $\gamma = 0.0113$，对亲水膜取 $\gamma = 0.007$。

铝片数量 $\qquad N_F = \dfrac{l_A}{S_f} = \dfrac{1851}{1.8} = 1028$ 片

铝片质量 $\qquad m_F = (A_2'/2 + A_2'') \delta_f l \times 2.7 \times 10^3 = 26.56 \text{kg}$

铜管质量 $\qquad m_t = \dfrac{l \pi (d_0^2 - d_i^2)}{4 \times 8.89 \times 10^3} = 25.81 \text{kg}$

6.6 其他辅助热交换器

6.6.1 冷凝-蒸发器

冷凝-蒸发器只用于复叠式制冷机。在它的一侧进行一种制冷剂（一般是高温制冷剂）的蒸发，另一侧是另一种制冷剂（一般是低温制冷剂）的冷凝。复叠式制冷机的高温和低温部分是通过冷凝-蒸发器联系在一起的,所以它既是高温级循环的蒸发器,又是低温级循环的冷凝器。由于复叠式制冷机的应用不普遍,所以对冷凝-蒸发器的结构形式的分析和比较及其性能实验研究都不充分。其结构主要有:壳管式、绕管式和套管式三种。

1. 壳管式冷凝-蒸发器

它的结构与一般壳管式冷凝器是相同的,一般是高温级的制冷剂在管内蒸发,而低温级的制冷剂在壳侧冷凝,可以设计成立式,也可以设计成卧式。采用立式结构,传热效果较差,壳侧冷凝剂的充注量比较大,并不是一种推荐的设计形式。一般应当采用卧式结构,其与干式蒸发器的结构基本一致,这种冷凝-蒸发器的结构比较简单,传热效果比较好,且可以做成大型的。

2. 绕管式冷凝-蒸发器

图 6-49 所示的绕管式冷凝-蒸发器是将一根四根头的绕在一个中心体上的螺旋形盘管装在一个圆筒形壳体内组成的,用于氟利昂复叠式制冷机。高温级的制冷剂(如 R22 等)液体从上部经液体分配器进入盘管内,在管内蒸发汽化后从盘管下部引出蒸气。低温级制冷剂(如 R13)在管外冷凝。这种形式的冷凝-蒸发器结构和制造工艺比较复杂一些,但是可以做得稍大些,传热效果也比较好,制冷剂的充注量也不大,而且冷凝-蒸发器可以水平安放。

3. 套管式冷凝-蒸发器

它是由一根套管弯曲而成的。一般情况是高温级制冷剂在内管蒸发,低温级制冷剂在管腔内冷凝,这样可以得到比较好的传热效果。当然也有采用完全相反的布置方式。这种冷凝-蒸发器的结构比绕管式的简单,制造方便,但是外形尺寸比较大,而且在长套管内发生蒸发和冷凝,内腔和内管的流体流动阻力都会比较大,所以主要用于小型低温设备。

6.6.2　中间冷却器

中间冷却器用于双级压缩制冷系统。它的作用是使低压级排出的过热蒸气被冷却到与中间压力相应的饱和温度,以及使冷凝后的饱和液体被冷却到设计规定的过冷温度。为了达到这一目的,需要向中间冷却器供液,使之在中间压力下蒸发,吸收低压级排出的过热蒸气与高压饱和液体所需要移去的热量。

图 6-50 所示为一个氨制冷系统用中间冷却器的结构图。它用于中间完全冷却的两级压缩制冷循环。在中间冷却器中,保持一定高度的氨液,低压压缩机的排气经顶部管子直接通入氨液中,以保证低压排气能充分被洗涤冷却,被冷却后的气体再经上部侧面的接管去高压压缩机。用来冷却高压氨液的一组蛇形盘管装在中间冷却器的底部,沉浸在氨液中,从储氨器来的高压氨液被管外中间温度的氨液冷却,获得过冷,其进出口管一般经过下部封头伸出壳外。中间冷却器必需包隔热层。在设计中间冷却器时,一般取蒸气流速为 0.5m/s,盘管中的液体流速取为 0.4~0.5m/s。

中间冷却器的供液方式主要有两种:

1)从容器侧部壁面进液。

2)从中间冷却器的进气管以喷雾状与低压排气混合后一起进入容器。

氟利昂双级压缩制冷系统中使用的中间冷却器与氨制冷系统用中间冷却器有所不同。常用的 R22 的等熵指数为 1.18,其他氟利昂的等熵指数也都比较小,使低压级压缩机的排气

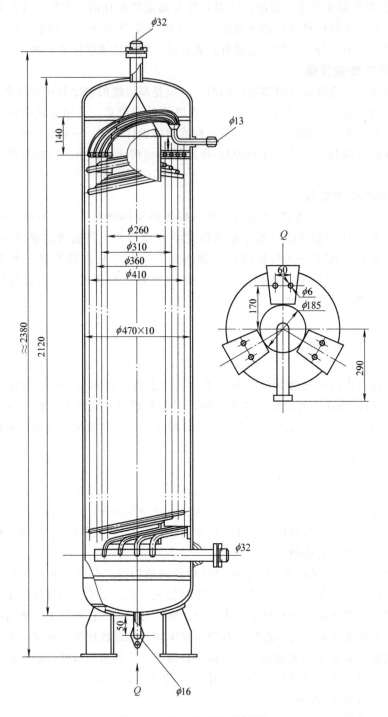

图 6-49　绕管式冷凝-蒸发器

温度比较低，所以常用不完全冷却方式，即低压排气只与中间冷却器管内处于中间温度的饱和气体混合，降低其过热度后，被高压级的压缩机吸入。与氨制冷系统用中间冷却器相比，由于低压级排气无须进入管内洗涤，所以没有进液管，结构相对简单。

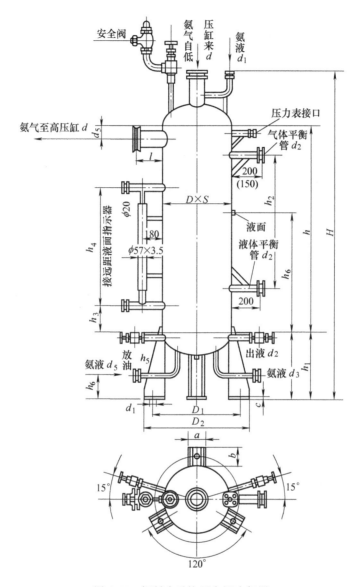

图 6-50　氨制冷系统用中间冷却器

6.6.3　气-液热交换器

气-液热交换器又称气-液回热器，制冷系统的回热器有气-液热交换器和气-气热交换器两种，它们只用于氟利昂制冷系统中。气-气热交换器很少用，结构也未定型，下面只介绍气-液热交换器。气-液热交换器一般安装在制冷系统的供液管路上，利用由蒸发器来的低压蒸气冷却节流机构前的制冷剂液体。

气-液热交换器的作用主要有：

1）对有些氟利昂制冷剂，通过气-液热交换器可提高制冷机的制冷系数。

2）使液体过冷，以免在节流机构前汽化，并提高压缩机吸气温度。

3）使低压蒸气中夹带的液体汽化，包括油滴中溶解的液体，既可回收热量，又可改善压缩机工作条件。

气-液热交换器一般采用壳盘管式结构，如图6-51所示。它的外壳用无缝钢管制成，换热管用钢管绕成螺线型，制冷剂液体在管内流动，蒸气在管外横掠管束。螺线管中心需装芯管，以防止制冷剂蒸气旁流。在设计时，制冷剂液体在管内的流速可取为 $0.1 \sim 0.75 \text{m/s}$，蒸气在最窄截面处的流速可取为 $8 \sim 10 \text{m/s}$。

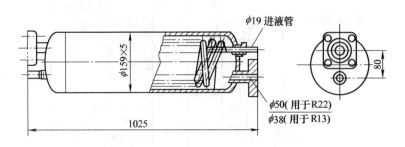

图6-51　气-液热交换器

对于制冷量为 $0.5 \sim 1.5 \text{W}$ 的小型制冷机，也有采用比较简单的双层套管结构形式。国外多采用结构紧凑的绕管式或套管式结构。小型制冷机中也有采用板翅式气-液热交换器的。

在家用冰箱中，常将节流机构的毛细管与压缩机的吸气管包扎在一起，或直接插入吸气管中同样起到回热作用。

思考题与习题

6-1　什么叫肋片效率？

6-2　冷凝器有几种主要形式？说明各自的优缺点及在使用中如何选择。

6-3　蒸发器有几种主要形式？说明各自的优缺点及在使用中如何选择。

6-4　什么是满液式蒸发器？什么是干式蒸发器？

6-5　怎样确定冷凝器的传热系数 K 值？

6-6　蒸发器的传热系数 K 值如何选取？

6-7　冷凝器冷凝效果降低的主要因素有哪些？

6-8　举例说明如何强化和弱化传热。

6-9　试设计一台冷却空气的蒸发器，已知回风干球温度 $t_{f1} = 17.5℃$，湿球温度 $t_{s1} = 14.6℃$；送风干球温度 $t_{f2} = 27℃$，湿球温度 $t_{s2} = 19.5℃$；管内R134a的蒸发温度 $t_0 = 5℃$；蒸发器热负荷 $Q_0 = 12000 \text{W}$。当地大气压为 101325Pa。

6-10　设计一台小型制冷系统用的卧式冷凝器，冷凝器热负荷 $Q_k = 5 \text{kW}$，冷凝温度 $t_k = 38℃$，制冷剂为R22。

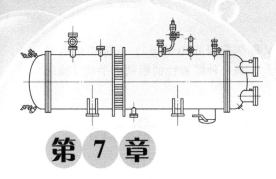

第 7 章

制冷系统辅助设备

在蒸气压缩式制冷系统中，除压缩机和冷凝器、蒸发器、节流机构等主要设备外，还包括一些辅助设备。为了实现连续制冷，保证制冷系统的正常运转，提高运行的经济性，保证操作的安全可靠，必须根据制冷剂的种类以及蒸发器的类型来设置节流减压机构及其他一些辅助设备并用管道将其连接，以构成一个完整的制冷系统。由于不是完成制冷循环的主要设备，因此在小型制冷系统中往往将一些辅助设备省去。在蒸气压缩式制冷系统中，压缩机是系统的核心设备，蒸发器、冷凝器起着与高低温热源换热的作用，而节流装置是连接着蒸发器与冷凝器的非常重要的设备，制冷剂液体的膨胀是通过节流装置来完成的。虽然把节流装置放在制冷系统辅助设备一章来讲解，但是应该说明的是节流装置作为压缩式制冷系统中四大主要部件之一的地位是改变不了的。本章将依次对制冷系统中的这些节流装置、润滑油的分离和收集设备、制冷剂的分离和储存设备、制冷剂的净化设备及其他辅助设备进行介绍。

7.1 节流装置

节流装置的主要作用是将制冷系统中冷凝器或储液器中在冷凝压力下的饱和液体（或过冷液体），节流降压至蒸发压力和蒸发温度，同时可以根据制冷负荷的变化调节进入蒸发器内制冷剂的流量大小。因此，节流装置是制冷系统中起着非常重要作用的部件之一。可以说，没有节流装置，制冷系统就会失去制冷作用。

随着科学技术的发展，节流装置从最初出现的手动粗调节逐渐发展到现在能够对制冷剂流量进行精确控制的电子调节。在利用节流装置对制冷系统进行流量控制和压力调节的过程中，如果节流装置向蒸发器的供液量与蒸发器负荷相比过大，部分液态制冷剂就会随同气态制冷剂一起进入压缩机，引起湿压缩或冲缸事故。相反若供液量与蒸发器负荷相比太少，则蒸发器部分传热面积未能充分发挥其效率，甚至会造成蒸发压力降低，而且使制冷系统的制冷量降低、制冷系数减小，压缩机的排气温度升高，严重情况下会导致压缩机润滑油汽化甚至炭化，将直接影响润滑油对压缩机的润滑作用。

不同制冷系统选用不同的节流装置，常见的有在氨制冷系统中常采用手动膨胀阀、浮球节流阀；溴化锂吸收式制冷系统中常采用 U 形管节流；而蒸气压缩式制冷系统中常采用毛细管、热力膨胀阀、电子膨胀阀等。

7.1.1 手动节流阀和浮球节流阀

制冷系统中最初使用的节流装置是手动节流阀(又称调节阀或膨胀阀),在需要进行制冷剂流量调节和制冷压力调节时,靠人工来实现。因此,是一种经验性的粗调。手动节流阀的结构如图7-1所示。

从图7-1可以看出,手动节流阀外形与普通截止阀相似。其结构主要由阀体、阀芯、阀杆、填料、填料压盖、手轮和螺栓等零件组成。手动节流阀与截止阀的不同之处,在于它的阀芯为针形或具有V形缺口的锥体,而且阀杆采用细牙螺纹,它主要靠调整阀孔的流通面积来改变向蒸发器的供液量。当人工转动手轮时,可以缓慢地增大或减小阀门的开启度,从而可以保证阀门具有良好的调节性能。

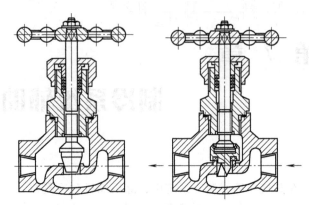

图7-1 手动节流阀的结构

通常手动节流阀开启度为1/8~1/4圈,一般不超过一圈,开启度过大就起不到节流(膨胀)作用。为了适应蒸发器负荷的变化,需要操作人员频繁地调节手动节流阀的开启大小,导致手动节流阀工况稳定性差,发生故障概率较大。因此,手动节流阀已经逐步被自动节流机构取代,只有氨制冷系统或试验装置中还在使用。为便于自动节流机构维修时使用,在氟利昂制冷系统中,也仍然用手动节流阀作为备用阀安装在旁通管路中。

浮球节流阀是一种能够自动调节具有自由液面蒸发器(如卧式壳管式蒸发器、直立管式或螺旋管式蒸发器)供液量的浮球调节阀,主要用于氨制冷装置中。通过浮球节流阀的调节作用,可以使蒸发器保持比较恒定的液面。另外浮球节流阀还具有节流并产生压力降的作用。按照制冷剂流通方式的不同,浮球节流阀可分为直通式和非直通式两种。图7-2示出了它们的结构示意图和非直通式浮球节流阀的连接管路系统。

浮球节流阀壳体外安装有液体连通管4及气体连接管5,分别连接被控制的蒸发器10的液体和蒸气,从而可以保持浮球节流阀壳体内的液面与蒸发器内的液面一致。当蒸发器内被调节液面上升时,壳体内的液面也随之上升,浮球3上升,阀针2便将节流孔减小,从而减小供入的制冷剂量;反之当液面下降时,浮球3降低,阀针2将节流孔开大,使供给的制冷剂量增加。当被调节制冷剂液面升高到一定高度时,节流孔被阀针堵死,于是便停止供给制冷剂。在非直通式浮球节流阀中,节流后的制冷剂液体由出液阀7直接引出,并通过一根单独管子送入蒸发器中,如图7-2b、c所示;而在直通式浮球节流阀中,制冷剂液体被节流后,先行流入浮球节流阀的壳体内,再经液体连接管进入蒸发器。浮球节流阀一般都设有过滤器(图7-2c),用来防止制冷剂液体中携带的污物堵塞阀口。设备运转过程中,要定期对过滤器进行检查和清洗。系统中装设手动节流阀旁路系统的作用就在于当浮球节流阀发生故障或清洗过滤器时,可使用手动节流阀来调节供液量。当压缩机停机后,系统中蒸发器内的制冷剂液体便停止蒸发,液体中的气泡消失,液位下降,浮球节流阀开大,大量制冷剂液体

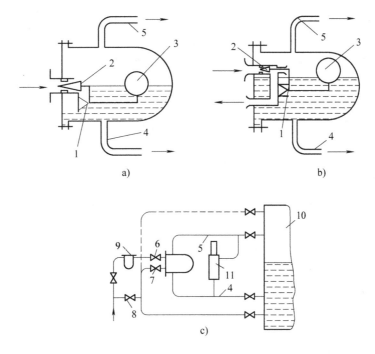

图 7-2 浮球节流阀工作原理图

a）直通式 b）非直通式 c）非直通式管路系统

1—支点 2—阀针 3—浮球 4—液体连通管 5—气体连接管 6—进液阀

7—出液阀 8—手动节流阀 9—过滤器 10—蒸发器 11—远距离液面指示器

就会进入蒸发器。因此，停机后应立即关闭浮球节流阀前的截止阀，以防止再次起动压缩机时，处于过高液位的制冷剂沸腾，导致压缩机发生液击事故。

非直通式浮球节流阀的连接管路系统如图 7-2c 所示，其结构如图 7-3 所示。制冷剂液体可由上面虚线表示的管子供入蒸发器，也可以由最下面的实线表示的管子供入蒸发器（图7-2c）。直通式浮球节流阀结构比较简单，但由于液体的冲击作用引起壳内液面波动很大，使浮球节流阀的工作不太稳，而且液体从阀体流入蒸发器是依靠静液柱的高度差，因此液体只能供到浮球节流阀的液面以下。非直通式浮球节流阀的构造及安装都比直通式的复杂一些，但工作比较稳定，而且可以供液到蒸发器的任何部位。目前非直通式浮球节流阀已经得到了较广泛的应用。

在浮球节流阀运行过程中，当蒸发器的热负荷大时则容易在蒸发器内形成气液混合物，其平均密度将显著减小，因而使蒸发器的液面高于浮球节流阀体内的液面。而浮球节流阀的液体连通管的垂直高度越长，则这一液位差就越大。因此，在安装浮球节流阀时，其液体连通管的垂直尺寸应尽量短，且位置应适当低些。

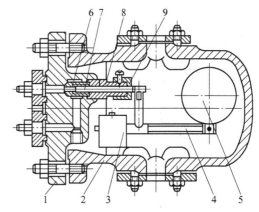

图 7-3 非直通式浮球节流阀

1—阀盖 2—壳体 3—平衡块 4—浮球连杆 5—浮球

6—阀座 7—阀杆 8—接管 9—帽盖

浮球节流阀一般按制冷量大小选取，在缺少资料时，可根据下式计算，即

$$Q_0 = 2.39\mu Aq_0\sqrt{\Delta p\rho} \tag{7-1}$$

式中，Q_0 为浮球节流阀的制冷能力（W）；μ 为流量系数，R717 的 $\mu = 0.35$，R12 的 $\mu = 0.6\sim$ 0.8；A 为浮球节流阀通道计算面积（m^2）；Δp 为浮球节流阀前后的计算压力差（Pa）；ρ 为浮球节流阀前液态制冷剂的密度（kg/m^3）。

选用的浮球节流阀通道面积应比计算得出的数值加大 30%～50%，以考虑变工况及超负荷情况下运行。

7.1.2　热力膨胀阀

热力膨胀阀（又称为感温式膨胀阀）一般安装在储液器和蒸发器之间，起节流降压和调节制冷剂流量的作用。它是根据蒸发器出口处制冷剂气体的压力变化和过热度变化来自动调节供给蒸发器制冷剂流量的节流元件。膨胀阀接在蒸发器的进口管道上，而其感温包则紧贴在蒸发器出口管道上。根据热力膨胀阀结构和蒸发压力引出点的不同，热力膨胀阀可以分为内平衡式与外平衡式两种，前者的蒸发压力取自节流后的阀体内部，后者的平衡压力是从蒸发器出口处通过一个"外平衡管"引出。

在氟利昂制冷装置中一般都用热力膨胀阀来调节制冷剂流量。它既是控制蒸发器供液量的调节阀，同时也是制冷装置的节流阀，所以热力膨胀阀实际上是一种热力调节阀。由于热力膨胀阀主要用于氟利昂制冷系统，所以基本上都是用黄铜制造阀体，阀芯用不锈钢制造，弹簧用弹簧钢制造。

内平衡式热力膨胀阀的结构如图 7-4 所示。

它由感温包、毛细管、阀座、波纹管、顶杆、阀针及调节螺钉等构成。图 7-5 所示为内平衡式热力膨胀阀与蒸发器的连接安装图。热力膨胀阀 2 接在蒸发器 1 的进液管上，感温包 4 敷设在蒸发器出口（出气管）上。感温包一般用 $\phi 12\sim\phi 22mm$ 的铜管制成，在感温包中，注有制冷剂的液体或其他液体、气体。通常情况下，感温包中充注的工质与系统中的制冷剂工质相同。

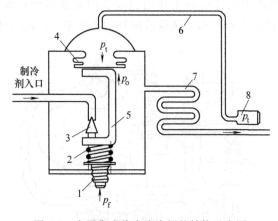

图 7-4　内平衡式热力膨胀阀的结构示意图

1—调节螺钉　2—弹簧　3—阀针　4—波纹管　5—顶杆
6—毛细管　7—蒸发器　8—感温包

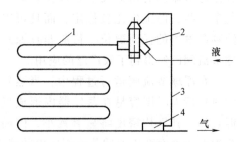

图 7-5　内平衡式热力膨胀阀与
蒸发器的连接安装图

1—蒸发器　2—热力膨胀阀
3—毛细管　4—感温包

热力膨胀阀的工作原理是建立在力的平衡基础上的。工作时，波纹管上部受感温包内工质的压力作用，下面受制冷剂压力与弹簧力的作用。波纹管在三个力的作用下，向上或向下鼓起，从而使阀孔关小或开大，以调节蒸发器的供液量。当进入蒸发器的制冷剂液体量小于蒸发器热负荷的需要时，则蒸发器出口处蒸气的过热度就增大，波纹管上方的压力大于下方的压力，这样就迫使波纹管向下鼓出，通过顶杆压缩弹簧，并使阀针下移，阀孔开大，供液量增大。反之当供液量大于蒸发器热负荷的需要时，则出口处蒸气的过热度减小，感温系统中的压力降低，波纹管上方的作用力小于下方的作用力时，使波纹管向上鼓起，这时弹簧伸长，顶杆上移并使阀孔关小，对蒸发器的供液量也就随之减少。

由上述可以知，当蒸发器出口蒸气的过热度减小时，阀孔的开度也减小，而当过热度减小到某一数值时，阀门便关闭，这时的过热度称为关闭过热度。关闭过热度也等于阀门开始开启时的过热度，所以也称为开启过热度或静装配过热度。关闭过热度是由于弹簧预紧力而产生的，它的数值与弹簧的预紧程度有关。弹簧的预紧程度可用调节螺钉来调整。当将弹簧调整到最松位置(此时弹簧不能有轴向松动)时的关闭过热度称为最小关闭过热度；当弹簧调整到最紧位置(弹簧不应压死)时的关闭过热度称为最大关闭过热度。热力膨胀阀在设计时，一般规定最小关闭过热度不大于2℃，最大关闭过热度不小于8℃。阀孔开始开启以后，阀的开度随出口蒸气的过热度的增加而增大。从阀开始开启到全开为止，蒸气过热度增加的数值，称为可变过热度或有效过热度。可变过热度的大小，与弹簧的强度及阀针的行程有关，一般在设计中取为5℃。关闭过热度与可变过热度之和，称为工作过热度，其数值为2~13℃，它随着阀针的位置及液体流量而变。上述热力膨胀阀的过热度是相对设计工况而言的(一般是按标准工况设计)。当热力膨胀阀在非设计工况下工作时，其过热度也就变了。

内平衡式热力膨胀阀适用于小型蒸发器。对于蛇形管较长或阻力较大的大型蒸发器多应用外平衡式热力膨胀阀。图7-6所示为一外平衡式热力膨胀阀的构造图。其构造与内平衡式热力膨胀阀基本相似，但其波纹管下方不与供入的制冷剂液体接触，而是有一个空腔，用一根平衡管与蒸发器出口处连接；另外，调节方式也有所不同。外平衡式热力膨胀阀的安装如图7-7所示。

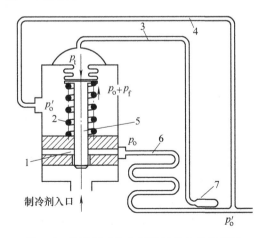

图7-6 外平衡式热力膨胀阀的结构示意图
1—阀孔 2—弹簧 3—毛细管 4—外平衡管
5—阀杆 6—蒸发器 7—感温包

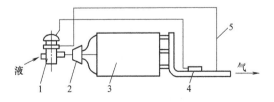

图7-7 外平衡式热力膨胀阀的安装图
1—热力膨胀阀 2—分液器 3—蒸发器
4—感温包 5—平衡管

外平衡式热力膨胀阀的特点是其调节特性基本上不受蒸发器中压力损失的影响，但由于它的结构比较复杂，因此一般只有从热力膨胀阀出口至蒸发器出口全部压力损失超过0.25×10^5Pa时才采用外平衡式热力膨胀阀。目前，国内一般中小型的氟利昂制冷系统，除了使用分液器的蒸发器外，蒸发器的压力损失都比较小，所以采用内平衡式热力膨胀阀较多。用分液器的蒸发器压力损失较大，故宜采用外平衡式热力膨胀阀。

热力膨胀阀安装得正确与否，也会影响制冷系统工作的好坏。制冷系统中的热力膨胀阀安装大致分为以下几种情况：

1）一台制冷压缩机和一组蒸发器，可设置一只热力膨胀阀。

2）一台制冷压缩机并联数组热负荷相同、蒸发面积及管径相同、蒸发温度也相同的蒸发器，可设置与蒸发器的组数相同的、规格型号一样的热力膨胀阀；也可用一只热力膨胀阀与供液体分配器（莲蓬头）组合而成。

3）一台制冷压缩机并联数组热负荷、蒸发温度不同的蒸发器，应按不同的蒸发温度及热负荷选用相匹配的热力膨胀阀，并在各热力膨胀阀前加电磁阀，同时在蒸发温度较高的蒸发器出口装设背压阀，在蒸发温度低的蒸发器出口安装止回阀。

安装前应检查热力膨胀阀是否完好，特别是感温机构部分。因为在感温机构内，充有氟利昂或其他工质，如有泄漏，则弹簧力使阀孔关闭，热力膨胀阀就无法工作。

热力膨胀阀和感温包安装时应注意下述事项：

1）热力膨胀阀应安装在蒸发器入口管道上，阀体应垂直安放，且位置要保证高于感温包位置的标高，使感温包压力有正常反应。特别注意阀体不宜倾斜放置，更不得颠倒放置。

2）由于热力膨胀阀是靠感温包感受到的温度进行工作的，阀体应尽量靠近蒸发器，减少节流后的冷损失。

3）感温包应安装在蒸发器出口的一段水平吸气管上，并应远离压缩机吸气口，保持距离1.5m以上。感温包要水平安放，以保证感温工质液体始终在感温包中。

4）阀体应牢固固定，不许有明显振动，保证稳定供液。

5）注意热力膨胀阀的进出口不能装反，阀前过滤网不要漏装，且热力膨胀阀安装应考虑今后调试和维修的活动空间。

6）内平衡式的感温包置于回气管过热5℃的地方；外平衡式感温包置于平衡管与回气管接口约100mm处的地方。

7）感温包与管壁应充分接触，接触面要干净，贴合要紧，外部应包保温材料，减少环境温度对感温包的影响，感温包与管壁接触时宜水平安放，感温包前不得有存液弯管。

8）感温包与吸气管接触的位置视管径而定。当回气管内径小于ϕ25mm时，感温包置于回气管的上方；当回气管内径大于ϕ25mm时，感温包置于回气管下斜侧45°的地方；回气管管径过大或进一步需要敏感的过热，可在回气管中加一盲管，盲管直接感受到回气管中下部的温度变化。在盲管内放一些传热用的冷冻机油，将感温包置于其中。

热力膨胀阀的调试主要依据制冷系统的低压端压力，即蒸发压力，调试时必须保证在制冷装置正常运转状态下进行。若蒸发器出口处没有测温度装置，可利用压缩机的吸气压力作为蒸发器内的饱和压力来校核过热度。由于忽略了吸气管的压力损失，使计算得到的过热度高于实际过热度。调整中如果感到过热度太小，即供液量太大，则可把调节螺钉按顺时针方向转动半圈或一圈（即增大弹簧力，减小阀开度），使制冷剂流量减小；反之，若感到过热度太大，即供液量不足，则可把调节螺钉朝反方向转动，使制冷剂流量增大。整个调节过程要细心，调节螺钉转动的圈数一次不宜过多（调节螺钉转动一圈过热度改变 $1 \sim 2 ℃$）。耐心地经过多次调整，直至满足要求为止。

对热力膨胀阀，除根据测量仪表进行调节外，还可按经验方法进行调节，即转动调节螺钉改变阀的开度，使蒸发器的回气管外刚能结霜或结露。对于蒸发温度低于 $0℃$ 的制冷装置，若挂霜后用手摸，有一种将手粘住的阴凉感觉，表明此时热力膨胀阀的开度适宜。对于蒸发温度在 $0℃$ 以上的空调用制冷装置，则可视结霜情况判断。

热力膨胀阀与其他节流阀一样，都是利用孔口节流，因此它的制冷量，可根据通过孔口的制冷剂流量和节流前后的焓差来计算。在选用制冷系统热力膨胀阀时，首先要保证在各种使用工况下热力膨胀阀的制冷量均应大于蒸发器的制冷量。同时，在选用时还应考虑下列因素：

1）根据蒸发器的阻力大小（即蒸发压力 p_0 损失多少）来确定采用内平衡式还是外平衡式。

当蒸发温度 $t_o = -15℃$，而蒸发压力损失 $\Delta p_o \geqslant 0.01 MPa$ 时，应采用外平衡式热力膨胀阀；当 $t_o = -30℃$，而蒸发压力损失 $\Delta p_o \geqslant 0.004 MPa$ 时，也选用外平衡式热力膨胀阀。总之，当蒸发压力损失较大时，应选用外平衡式热力膨胀阀，蒸发压力损失不大可选用内平衡式热力膨胀阀。

2）热力膨胀阀的名义容量（即制冷量）Q_f 应为蒸发器制冷量 Q_o 的 $1.2 \sim 1.3$ 倍。

3）根据制冷系统工作时的蒸发温度范围以及制冷系统中使用的制冷剂来选择相应型号的热力膨胀阀。

4）根据安装要求，例如管径、螺纹、空间位置和尺寸来选择相应的热力膨胀阀。

目前由于国内热力膨胀阀的性能资料不全，给选配工作带来一定的困难。所以，一般以现有各种制冷装置所配置的热力膨胀阀规格为参考，并结合要求配置热力膨胀阀的制冷装置的工况条件，把热力膨胀阀的制冷量配得比所需的制冷量略大一些。

表 7-1 中列出了一些现有的部分制冷装置热力膨胀阀的配置情况，可以供选配时参考。

表 7-1 部分制冷装置热力膨胀阀的配置情况

制冷装置名称	配用压缩机	制冷剂	制冷量/kW		配用热力膨胀阀	备 注
			标准工况	空调工况		
Q-2 立式冷风机	2FZ6.6	R12		9.88	RF5	
KD-10 冷风机	2F10	R12		32.56	RF9	
KD-20 冷风机	4F10	R12		65.12	2×RF9	
HK-F32A 船用空调	4FV7	R22		37.21	RF11	
KT-135 空调设备	JZ610	R12		156.98	2×RF12	
KT-180 空调设备	JZ810	R12		209.30	2×RF14	
KJZ-30 冷水机组	6FW12.5	R22		248.84	2×RF17	
N-3 盐水冷却设备	2F10	R12	10.47[1]		RF9	
N-4 盐水冷却设备	4F10	R12	20.93[1]		2×RF9	
N-5 盐水冷却设备	6FW10	R12	52.33[1]		3×RF11	
N-6 盐水冷却设备	8FS10	R12	69.77[1]		4×RF12	
A-2 冷藏库	2F6.3	R12	4.85		RF3	
N-3 冷藏库	2F10	R12	16.28		RF19	
船用冷藏	2F6.5	R12	4.65		高温 RF2 低温 RF3	一机二库
船用冷藏	3FW5	R22	6.98		高温库 RF3 低温库 RF3	一机二库
100A 冷藏	4F10	R22	42		2×RF9	

① 为盐水出水温度为 $-15℃$ 时的制冷量。

热力膨胀阀的主要故障是在阀口处堵塞、过滤网堵塞及机械事故等。常见故障及排除方法见表7-2。

表7-2 热力膨胀阀的常见故障及排除方法

故障或不正常现象	原　　因	排　除　方　法
制冷压缩机开机时，热力膨胀阀打不开	感温包内充注工质泄漏，或过滤器、阀孔被堵塞	修理或更换热力膨胀阀，清洗过滤器或阀件
制冷压缩机起动后，阀很快被堵塞（吸气压力降低），阀外加热后，阀又立即开启工作	系统内有水分，水分在阀孔处冻结，形成冰塞	加强系统干燥（在系统的液管上加设干燥器或更换干燥剂）
热力膨胀阀进口管上结霜	热力膨胀阀的过滤器堵塞	清洗过滤器
热力膨胀阀发出"咝咝"的响声	系统内制冷剂不足，液体无过冷度，液管损失过大，在阀前液管中产生气体	补充制冷剂，保证液体制冷剂有足够大的过冷度
热力膨胀阀供液一会儿多，一会儿少	选用了过大的热力膨胀阀，开启过热度调得过小，感温包位置或外平衡管位置不合适	调换容量合适的热力膨胀阀，调整开启过热度，选用合理的安装位置
热力膨胀阀关不上	热力膨胀阀损坏，感温包位置不正确，热力膨胀阀内传动杆太长	更换或修理热力膨胀阀；选择合理的安装位置；把传动杆稍微修短一些

以上几种故障都会造成低压（蒸发压力）降低，制冷量不足或根本不制冷等问题出现，这里应特别注意，不要仅误认为制冷剂不足或制冷剂漏光，其判断方法应参照高压表压力值。若低压表压力值太低或真空，而高压表压力值也过低，这往往是制冷剂不足或漏光造成的；当低压表压力值过低，而高压表压力值仍正常时，往往是上述热力膨胀阀的故障造成的。至于热力膨胀阀的感温剂漏光，可把密封腔体拆下来，用手指按波纹管，如果波纹管被按下去，则证明感温剂漏掉了。

除上述事故外，还有因热力膨胀阀本身就不是合格产品，或选型选错，或安装不对而造成的故障，也有因阀体长期工作，阀芯或阀孔密封线磨损等造成阀门关不严等故障，均应针对各自的问题而进行相应的处理。

7.1.3 电子膨胀阀

由上可知道热力膨胀阀主要是靠感温包的压力变化所产生的机械动作进行控制的。然而在较低温度场合下，热力膨胀阀感温包内的压力变化减小，从而使热力膨胀阀的动作压力变小。由于热力膨胀阀存在这个致命缺点，引起其控制性能不很稳定。同时，由于过热度大使冷冻能力降低。因此，出现了电子膨胀阀以弥补常规热力膨胀阀的缺点。

电子膨胀阀由阀主体、温度传感器和控制器三个部分组成，如图7-8所示。由传感器检测蒸发器出入口的工作介质（制冷剂）参数，通过电信号在控制器内算出过热度，使实际的过热度与在控制器内预先设定的过热度保持一致。因而，这种电子膨胀阀开启与闭合

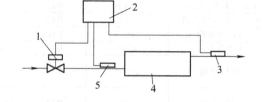

图7-8 电子膨胀阀组成原理示意图
1—调节器 2—控制器 3—传感器 S_2
4—蒸发器 5—传感器 S_1

动作是由电子控制实现的。其基本工作原理为：通过在蒸发器出入口管子上的制冷剂参数传感器(入口,传感器 S_1；出口,传感器 S_2)测出蒸发器 4 出入口的制冷剂参数(其中温度参数在控制器 2 内作为实际动作过热度)，使之与在控制器表盘上的过热度设定值相比较，同时控制器内部自动进行比较运算，当实际动作过热度大于或等于设定过热度时，从控制器输出信号至调节器 1，使调节器内压力连续地产生变化，控制电子阀进行无级开启和闭合动作，同时自动控制制冷剂在蒸发器内的流量。在电子膨胀阀的自动控制中，传感器 S_1 测出的制冷剂参数也是控制器控制因素中的组成部分，所以可以获得非常稳定的运转状态。为了适应精确、高速、大幅度调节负荷的需要，在新型节能空调器——变频式空调器制冷系统中，其节流装置采用了微处理器控制的速动型电子膨胀阀。在变频空调、模糊控制空调和多路系统空调等系统中，电子膨胀阀作为根据不同工况控制系统制冷剂流量的调节器件，均得到了日益广泛的应用。

常规的热力膨胀阀应用在制冷系统中往往存在以下不足之处：

1）信号的反馈有较大的滞后。蒸发器处的高温气体首先要加热感温包外壳，感温包外壳有较大的热惯性，导致反应滞后；感温包外壳对感温包内制冷剂的加热引起进一步的滞后；信号反馈的滞后容易导致被调节参数发生周期性振荡。

2）控制精度较低。感温包内的制冷剂通过波纹管将压力传给阀针。因波纹管的加工精度及安装均会影响它受压产生的变形及变形的灵敏度，因此难以达到较高的控制精度。

3）调节范围有限。因波纹管的变形量有限，故制冷剂流量调节范围小。在要求有大的流量调节范围时(例如在使用变频压缩机时)，热力膨胀阀无法满足要求。

电子膨胀阀的应用，克服了热力膨胀阀的上述缺点，并为制冷装置的智能化提供了条件。电子膨胀阀利用被调节参数产生的电信号，控制施加于电子膨胀阀上的电压或电流，进而控制阀针的运动，达到调节的目的。

与常规的热力膨胀阀相比电子膨胀阀的主要优点有：

1）电子膨胀阀可以控制阀的流量范围为 10%～100%，因而能适应较宽的负荷范围。对于冷冻装置、冷藏装置、冷冻汽车、冷冻运输船等极为适用。

2）电子膨胀阀适用于 10～－70℃ 的温度范围。因此，非常适用于像多种目的运输船，根据货物种类不同，可以采用不同的冷藏温度。

3）电子膨胀阀的过热度在冻结时一般为 5～10℃，在低温冷藏库时一般为 4～8℃。而热力膨胀阀过热度，在冻结时一般为 25～40℃，在低温冷藏库时一般为 15～30℃。因此，电子膨胀阀提高了压缩机的冷冻能力，充分发挥了蒸发器的作用。

4）传统的热力膨胀阀，不能自由地设定过热度。与此对比，电子膨胀阀可以设定一定范围的过热度(一般为 2～18℃)。对于一切冷冻、空调装置，在理想运行情况下，可以大大地实现节能降耗的作用。

5）传统的热力膨胀阀，为了防止压缩机的过负荷运转，要设定其最高运行压力，其压力是固定的。与此对比，电子膨胀阀在 0.3MPa 以上可以任意选择，所以不仅可以防止过负荷运转，而且可以防止冷冻设施超过电力负荷。

6）传统的热力膨胀阀，不能使过热度减少。与此相反，电子膨胀阀适应各式各样装置，可以保持最小的过热度，从而使蒸发温度和室温之间的温差减小。

7）传统的热力膨胀阀，是否进行着适当的控制无法显示出来。与此相反，电子膨胀阀可以通过指示灯来显示动作情况，从而进行监视，可以提高运行的可靠性。

8）传统的热力膨胀阀，必须根据周围环境温度的变化来调节合适的工作能力。与此对比，电子膨胀阀适应性极大，可以适合很宽的高压和低压的条件变化。因而，对于昼夜温度变化显著、热带和高纬度地区，或在南半球和北半球航行的船舶冷冻和空调装置极为适用。

电子膨胀阀按驱动方式有电磁式和电动式两类。而电动式又分直动型和减速型。

图7-9a所示为电磁式膨胀阀的结构图。在电磁线圈6断电的情况下，阀针2处在全开位置，因而阀门全部开启；当电磁线圈通电后，在电磁力的作用下，由磁性材料做成的柱塞5被吸引上升，与柱塞连成一体的针阀开度变小。阀针的位置取决于施加在电磁线圈上的控制电压（线圈电流），因此可以通过改变控制电压来调节膨胀阀的流量，其流量特性如图7-9b所示。

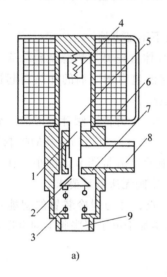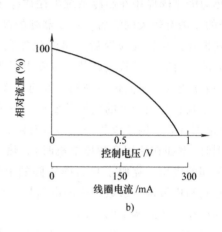

图7-9 电磁式膨胀阀

a）结构图 b）流量特性

1—阀杆 2—阀针 3—弹簧 4—柱塞弹簧 5—柱塞 6—电磁线圈 7—阀座 8—入口 9—出口

图7-10a所示为直动型电动式膨胀阀的结构图。电动机转子的转动，主要是依靠电磁线圈5间产生的磁力进行的，转矩由导向螺纹变换成阀针2做直线移动，从而改变阀口的流通面积。转子的旋转角度及阀针的位移量与输入脉冲数成正比。其流量特性如图7-10b所示。

图7-11所示为减速型电动式膨胀阀结构及其流量特性。其工作原理是：电动机通电后，高速旋转的转子1通过减速齿轮6减速，再带动阀针4做直线移动。由于齿轮的减速作用大大增加了输出转矩，使得较小的电磁力可以获得足够大的输出转矩，所以减速型电动式膨胀阀的容量范围大；减速型电动式膨胀阀的另一特点是电动机组合部分与阀体部分可以分离，这样，只要更换不同口径的阀体，就可以改变阀的容量。

图7-12所示为电子膨胀阀在制冷空调系统中的应用。处理器5输入的信号有蒸发器2的出口温度和出口压力及压缩机1的排气压力，蒸发器出口温度、出口压力决定了蒸发器的过热度，该过热度送入控制器6中，与设定值相比，经控制器PID调节后输出信号使电动机4正转或反转，从而实现对制冷系统中工质流量精密控制的目的。排气压力信号用于控制电

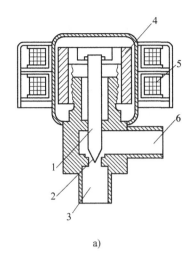
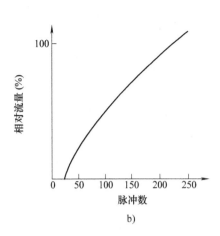

a)   b)

图 7-10   直动型电动式膨胀阀

a）结构图   b）流量特性

1—阀杆   2—阀针   3—入口   4—转子   5—电磁线圈   6—出口

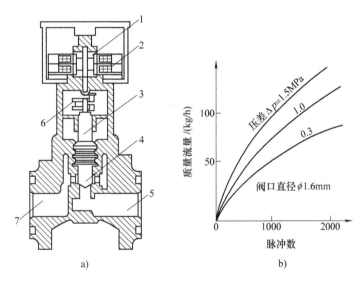

a)   b)

图 7-11   减速型电动式膨胀阀

a）结构图   b）流量特性

1—转子   2—线圈   3—阀杆   4—阀针   5—入口   6—减速齿轮   7—出口

子膨胀阀 3 的开度以防止高压超过规定范围，并能保持机组连续运转。

制冷空调系统同时使用变频压缩机及电子膨胀阀时，因变频压缩机的运转受到主计算机指令的控制，电子膨胀阀的开度也随之受该指令的控制。一般而言，阀的开度与变频的频率成一定比例，但由于制冷系统的蒸发器和冷凝器的传热面积已定，这就使阀的开度不应完全与频率成固定的比例。试验表明，在不同的频率下存在一个能效比最佳的流量，因而在膨胀阀开度的控制指令中，应包含压缩机频率和蒸发温度等诸因素。

电子膨胀阀的安装：

1）电子膨胀阀安装之前，应确保制冷系统内的压力已释放并保持在大气压力下。

2）一般不能使用非电子膨胀阀生产公司允许使用的制冷剂，否则可能导致改变电子膨胀阀的危险类别，从而改变产品所需的压力设备规范。

3）电子膨胀阀不能直接连接到电源上，应连接到驱动模块上，接线前应断开所有电源，接线完成前不要运行系统，应按照当地电气规范接线。

4）压缩机停机时，电子膨胀阀不应工作，系统处于真空状态时电子膨胀阀应处于工作状态。

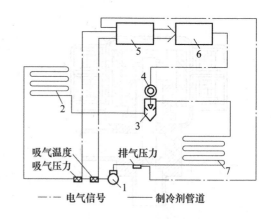

图7-12　电子膨胀阀在制冷空调系统中的应用
1—压缩机　2—蒸发器　3—电子膨胀阀　4—电动机
5—处理器　6—控制器　7—冷凝器

5）安装位置一般应保持水平或垂直位置安装，其安装位置应尽可能靠近分液头或蒸发器进口。

6）安装时应注意制冷剂流动方向必须与电子膨胀阀上所画箭头方向保持一致。

7）安装焊接时应注意，对于一般电子膨胀阀因阀的进出口延伸管为铜管，需注意铜管焊接时的温度。焊接时采用低温银焊条焊接，火焰方向应背离阀体，并使用湿布包裹或其他方法保护阀体。

8）在电子膨胀阀前应安装干燥过滤器，防止杂质进入。

9）在检查电子膨胀阀的工作情况前应首先检查制冷剂是否充足，以及是否具有足够的过冷度，确认在电子膨胀阀进口前没有闪发气体存在；一般应在电子膨胀阀前安装视液镜。

10）安装完毕后，应对电子膨胀阀进行检漏。根据要求，检漏设备需符合相关压力设备规范；一般应用系统最大工作压力作为检漏标准。

11）安装完毕试运过程中，如果发现电子膨胀阀有振动，应立即采取措施。如果属于电子膨胀阀本身的重量使管路连接部位过度承压，则必须为阀体加装适当的防振支架。

电子膨胀阀的故障判断和解决可以参考热力膨胀的方法。如果属于电子膨胀阀本身结构方面的损坏（如阀针不动作、线圈短路和开路），则需要断电拆卸维修，或者返回生产厂商维修。

7.1.4　毛细管

在小型的氟利昂制冷装置中（如电冰箱、窗式空调器、小型降湿机等），由于冷凝温度和蒸发温度变化不大，制冷量小，为了简化结构，一般都利用毛细管作为制冷系统中的节流降压机构。所谓毛细管，实际上就是一根直径很小而较长的管子（一般为铜管），因此它是一种最简单的节流机构。流体流经毛细管时要克服管子的阻力，就有一定的压力降，而且直径越小，管子越长，压力降也就越大，所以制冷剂液体流经毛细管时，也可起节流膨胀作用。而且当毛细管的内径和长度一定，以及两端保持一定的压力差时，通过毛细管的液体流量也是一定的。基于这样的原理，就可选择适当直径和长度的管子代替节流阀，实现节流降压和控制制冷剂流量的目的。目前使用的毛细管为内径一般在0.6~2.5mm之间的铜管，长度一般在 500~5000mm 之间。毛细管可以是一根或者是几根并联。使用几根毛细管时需要用分液器，而且要经过仔细地调控，使几根毛细管的工作状况大致一样（可由结霜情况来判断）。在毛细管前需要装设过滤器，以防毛细管被杂物堵塞。毛细管由于结构简单、加工容易、成本低廉、不易发生故障，而且在室温变化不大的条件下，基本上能够满足对节流的要求，因此使用十分普遍。其缺点是调节能力差，不能随制冷系统负荷的变化而调节流量，只能在额定工况下工作。

毛细管工作的机理是高压流体进入毛细管后，由于流道截面突然缩小，流体的流速大大增加，流体与管壁、流体与流体之间产生剧烈摩擦，导致压力不断降低。图 7-13 所示为毛细管节流降压的管路模型，流体在节流段有四段发生了流动状态的改变。

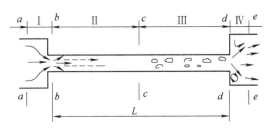

图 7-13　毛细管节流降压的管路模型

（1）突然收缩段 I　即从冷凝管 a—a 截面到毛细管入口端 b—b 截面，其产生的压降为 p_{L1}。

（2）等温降压段 II　即从 b—b 截面至 c—c 截面，在 c—c 截面处，毛细管内的液体压力和温度正处于饱和状态，c—c 截面距入口端 b—b 截面的距离与流体的过冷度及在毛细管内流速、毛细管管径大小及光滑度等因素有关，当过冷度为零度时，c—c 截面与 b—b 截面重合，此段压降只是单相液体流动产生的压降，记作 p_{L2}。

（3）两相流降温降压段 III　从 c—c 截面至 d—d 截面，即毛细管的末端。这一段是因为流体流动时，因摩擦流体压力降低，压力降低时引起管内的液体沸腾蒸发。由于毛细管看作是绝热的，所以流体蒸发的热量由流体降温来补充，导致液体温度降低；另一方面由于蒸发的气体使同等质量流量的管内流体体积膨胀，必然出现更高的流速，随之又引起单位长度上的更大压降，即压降梯度随管长的增加而加大。但是，当毛细管下游端速度达到声速 a 之后，流体仍然沿管子流动时还会产生压降，制冷剂也还会继续蒸发，流体的密度也在降低，那么要求流速还要增加。根据热力学中喷管流动理论，当喷管内流速达到声速之后，若要继续增加流速，则喷管的截面积必须逐渐放大，否则流速就不能增加。然而，毛细管的直径是不变化的，因此毛细管出口处的流速不能大于声速，这就是毛细管的"扼流现象"。

虽然毛细管出口端的流速被限定在声速之内，但它可以在低于声速下运行。另外，即使毛细管出口端的流速同样被设定在声速，但毛细管在出口端的干度不一样，其同样管径的毛细管的流量也是不相同的。制冷剂在毛细管出口处的干度则与毛细管的设计、制冷剂的过冷度等因素有关。两相流段的压降用 p_{L3} 表示。

（4）突放段 IV　节流毛细管末端连接到管径较粗的蒸发器进口管上，即图 7-13 中的 d—d 截面至 e—e 截面。该段的压力降记作 p_{L4}。

节流毛细管的总压降 p_L 可表示为

$$p_L = p_{L1} + p_{L2} + p_{L3} + p_{L4} \tag{7-2}$$

毛细管是一种制冷系统热负荷变化而流道截面不变的节流元件。对外界因素引起的流量变化具有一定的自补偿能力。假若由于热负荷的变化，引起毛细管进出口的压力差变化，当压力差增大时，会引起制冷剂流量增大，但由于制冷剂在毛细管内的流动阻力也同时增大，造成管内闪发气体量增多，从而抑制了流量过分增大。反之，当压力差减小时，毛细管就具有抑制流量过分减小的能力。这种抑制能力就可在环境温度升高，引起冷凝压力升高，或负荷降低，引起蒸发温度下降的场合，防止制冷剂流量的过分增加；相反，冷凝压力下降，或者蒸发压力增大时，能防止制冷剂流量过分减少。因此，采用毛细管的制冷装置，由于制冷剂流量几乎不随热负荷变化而变化，所以只能用在负荷变化不大的、蒸发温度大致恒定的场合。毛细管的结构虽然简单，但制冷剂在管内的节流过程却比较复杂。制冷剂在毛细管中的节流过程与节流阀中的节流过程有较大区别。在节流阀中，制冷剂在通过阀孔的瞬间即完成节流过程，而在毛细管中，节流过程是在毛细管总长的流动过程中完成的。

当制冷装置的设计运行工况和所需冷量确定后，毛细管的选配则根据设计工况(冷凝压力、蒸发压力)和质量流量来确定毛细管的内径 d 和管长 L。内径 d 可以参考已有的设备使用的毛细管的入口流速来初步选定。当毛细管内径选定之后，就可根据压力降计算毛细管的长度。目前选配毛细管常采用的方法有计算法、图解法和同类型产品比较法。

1. 计算法

根据压缩机的吸入蒸气量 q_{V_0}(亦即压缩机实际排气量 q_{V_s} 值)和测定毛细管蒸气流量来确定毛细管尺寸。

该方法的首要条件是先确定某一制冷工况下的压缩机吸入蒸气量 q_{V_0}，求出蒸气流量，选某一内径为 d 的毛细管后，再进行长度 L 的计算。

$$q_{V\text{st}} = 95 q_{V_0}^{1.13} \frac{p_o^{0.9}}{p_k} \tag{7-3}$$

式中，$q_{V\text{st}}$ 为所测量的蒸气流量(L/min)；q_{V_0} 为压缩机吸入蒸气量(即压缩机实际排气量 q_{V_s} 值)(L/min)；p_o 为(绝对)蒸发压力(MPa)；p_k 为(绝对)冷凝压力(MPa)。

结合式(7-3)，由下式可计算出毛细管内径或长度，计算时可选定一内径 d，然后再计算长度 L，即

$$q_{V\text{st}} = 2.5 \sqrt{p_e^2 - 1} L^{-0.5} d^{2.5} \tag{7-4}$$

式中，p_e 为测蒸气流量时的入口压力(MPa)；L 为毛细管长度(m)；d 为毛细管内径(mm)。

如果知道制冷剂实际循环量 q_m，则还可以用下式计算毛细管内径 d 或长度 L，即

$$q_m = 52920 \Delta p d^{2.5} L^{-0.5} \tag{7-5}$$

式中，q_m 为制冷剂循环量(kg/h)；Δp 为毛细管进出口间压差(N/cm²)，$\Delta p \approx p_k - p_o$；$L$ 为毛细管长度(cm)；d 为毛细管内径(cm)。

2. 图解法

在稳定工况下，对某种制冷剂按试验数据作出曲线图。实际应用时，根据已知条件，通过曲线图近似选择适用的毛细管。

图 7-14 所示为在一定工况下，由试验而得到的 R12、R22 毛细管初步选择曲线图。如果已知制冷剂种类、制冷量 Q_0、压缩机输气量 q_{Va} 等条件，从图中就可以很方便地确定适用的毛细管长度 L 和内径 d。如 R12 制冷装置，当 $Q_0 = 233\text{W}$、$q_{Va} = 7\text{m}^3/\text{h}$ 时，即可在图中找到 A、B、C 三个点，得到三种长度和内径的毛细管，其长度和内径分别为 0.86m、1.9m、3.35m 和 0.7mm、0.8mm、0.9mm。可以看出，三种规格中，毛细管内径越小，其长度越短；反之，则越长。实际应用时，可按装置的具体结构特点和要求，从三种规格中选取一种。

3. 同类产品比较法

即参考比较成熟的同类产品进行类比而选择所需的毛细管，根据制冷原理，在一定工况下，$Q_0 = q_m q_0$，对两台制冷机和工况相同而制冷量不同的制冷装置，则有

$$\frac{Q_{01}}{Q_{02}} \approx \frac{q_{m1}}{q_{m2}} \approx \frac{A_1}{A_2} \approx \frac{1}{\varphi} \quad (7\text{-}6)$$

或

$$A_2 = \frac{Q_{02}}{Q_{01}} A_1 = \frac{q_{m2}}{q_{m1}} A_1 \quad (7\text{-}7)$$

式中，Q_{01}、q_{m1}、A_1 和 Q_{02}、q_{m2}、A_2 分别为已知制冷装置和需选择毛细管的制冷装置的制冷量、制冷剂质量流量、毛细管截面积。

$$\varphi \approx \frac{A_2}{A_1} \approx \frac{Q_{02}}{Q_{01}} \approx \frac{q_{m2}}{q_{m1}} \quad (7\text{-}8)$$

式中，φ 为比例系数。

在已知 Q_{01}、q_{m1}、A_1 和 Q_{02}、q_{m2} 的条件下，即可按上两

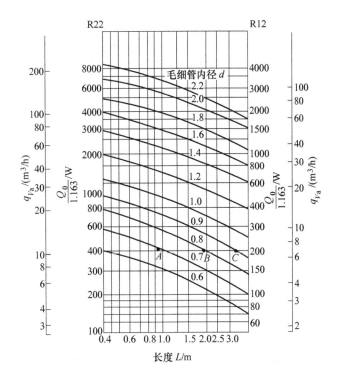

图 7-14　毛细管初步选择曲线参考图
$t_1 = 46.1℃$（进口温度）及 $p_0 \leqslant$ 临界压力

对 R12：$t_k = 51.5℃$，$p_k = 1.25\text{MPa}$（绝对），$q_0 = 119.1\text{kJ/kg}$

对 R22：$t_k = 54.5℃$，$p_k = 2.1\text{MPa}$（绝对），$q_0 = 157.6\text{kJ/kg}$

式选择所需的毛细管截面积 A_2。如已知某空调装置的制冷量 $Q_{01} = 3500\text{W}$，毛细管规格为 $\phi 3.2\text{mm} \times 0.8\text{mm} \times 500\text{mm} \times 2$（即外径×壁厚×长度，两根并联），所设计的另一台空调装置制冷量 $Q_{02} = 14000\text{W}$，则 $\varphi = Q_{02}/Q_{01} = 4$。因此，毛细管可近似取 $A_2 = 4A_1$，即 A_2 近似取 $\phi 3.2\text{mm} \times 0.8\text{mm} \times 500\text{mm} \times 8$，即 8 根相同规格的毛细管并联。

另外，在给定 Q_{01}、Q_{02} 及 A_1 的条件下，还可通过测定流量来选择 A_2，就是在相同的条件下，先测定 A_1 的质量流量 q_{m1}，再按 $\varphi = Q_{02}/Q_{01}$ 的比值，测定初选的毛细管 A_2 的流量，并使 $q_{m2} \approx \varphi q_{m1}$，进而得到所选择的毛细管。

采用上述方法选定的毛细管，往往仍要经过制冷系统的实际检验和修正，才能使所选毛细管是合理的。

毛细管除了在家用电冰箱中用单根外，在一般中小型空调装置中多为几根并联使用，因此必须采用良好的分液器，以保证制冷剂流量均匀分配。通常液体制冷剂是自上而下流入分液器和毛细管的，为防止细而长的毛细管通道被脏物堵塞，则应在毛细管前设置过滤器，同时制冷剂本身含水量应降至最低限度。制冷装置选用的毛细管都是按一定工况选择的，为使蒸发器得到准确的供液，则应使制冷装置在预定工况范围之内运转。在制冷循环系统内，为避免油污黏附于毛细管壁面，以致毛细管堵塞，则应重视冷冻润滑油的选择。在制冷装置中，细长的毛细管通常卷成螺旋形状，其卷曲直径要均匀，安装位置要恰当，以防止轧扁、折断。此外，为避免毛细管出口端喷流引起噪声，在毛细管外应采用异丁橡胶等材料包扎，

以起隔声防振的作用。

毛细管在安装时其一端与冷凝器相连，另一端与蒸发器相连。毛细管进出口在焊入管路前，必须将端部锉削呈45°斜口，以防止口部凹陷。毛细管可用穿入回气管或焊贴在回气管上进行过冷，并在回气管上盘绕几圈。当采用多根毛细管并联时，入口端要对齐平整，切勿错开，否则将使分液不均匀。

采用毛细管作为膨胀节流机构，主要有以下几个优点：

1）成本低。毛细管结构简单，金属材料消耗少，安装方便，降低制冷空调装置成本，工作性能可靠。

2）降低压缩机的起动力矩。在运转中，蒸发器中压力低，冷凝器中压力高。当停止运转后，毛细管一直连通着，制冷剂仍不断地从冷凝器流向蒸发器，直到蒸发器的压力和冷凝器的压力相平衡为止。当再次起动时，压缩机处在吸气压力和排气压力相等的条件下，所需要的起动力矩小，起动比较容易。

3）实际应用中，常将毛细管敷贴在压缩机的吸气管表面，或插在其中，这可对制冷系统起过冷作用，有利于提高毛细管流通能力，提高制冷空调装置的制冷量。

毛细管作为节流机构虽结构简单、制造方便、成本低和不易发生故障，且压缩机停止运行后，冷凝器和蒸发器的压力可以自动达到平衡，减轻了再次起动时电动机的负荷，但是，由于毛细管的内径和长度是根据一定的工况确定的，在两端的压力差保持不变的情况下，制冷剂流量不能调节。当蒸发器的负荷变化时，它就不能很好地适应。因此，毛细管作为节流机构也存在一些缺点：

1）不能调节制冷剂流量。由于毛细管是一根直径很细的连通管，因此，流过毛细管的流量无法调节，即制冷量不能调节。当制冷空调装置工作时，由于负荷的变化，使制冷量比额定工况下增加或减少。在这种情况下，由于不能很好地匹配，将使制冷装置运行效率降低。

2）增加功耗。由于起动过程是在蒸发压力和冷凝压力相等的条件下进行，在开始起动时，蒸发器的工作温度等于平衡压力所对应的饱和温度，当起动后，依靠压缩机将蒸发器中的制冷剂转移到冷凝器，蒸发压力及蒸发温度逐渐降低，冷凝压力及冷凝温度逐渐升高，一直到蒸发器达到规定的蒸发温度，才能吸取被冷却物的热量，在这一过程中消耗了能量而没有使被冷却物体温度降低。

3）毛细管通道截面在运转中不能调节，停机后不能关闭，因此，在制冷系统中不必使用储液器，但充入的制冷剂量要严格控制，即使在全部制冷剂液体流入蒸发器的情况下也不会引起压缩机液击。正是由于系统的充液量少，在高低压差较大的情况下难免有少量制冷剂蒸气未曾冷凝即流入蒸发器中，导致制冷系数的降低。

综上所述可知，只有在设计工况下运行时，采用毛细管节流的制冷系统中，蒸发器的传热效果才能得到充分发挥。如果蒸发压力下降，容易发生制冷剂液体进入压缩机的现象；如果蒸发压力上升，则又会使得蒸发器供液不足，影响系统制冷能力的充分发挥。由于毛细管中的流量与进出口压力关系很大，因而在无储液器时，要求充注制冷剂的量很准确。如所充的制冷剂量过多或过少，都不能使制冷装置正常工作。所以，毛细管仅适用于工况较稳定、负荷变化不大和采用封闭式压缩机的制冷系统中。

7.2　润滑油的分离和收集设备

　　应用活塞式压缩机、喷油螺杆式压缩机或其他用油润滑的回转式压缩机的制冷系统中，一般都要装设、使用油分离器。对于氨制冷装置，还要装设集油器。

　　压缩机的排气中一般都会携带有润滑油。润滑油随高压排气一起进入排气管，并有可能进入冷凝器和蒸发器内。对于氨制冷系统，润滑油进入冷凝器、蒸发器等热交换设备后，将会在传热表面上形成油污，降低热交换设备的传热系数，并使制冷剂的蒸发温度稍有提高。对于氟利昂制冷系统，由于润滑油在氟利昂中的溶解度大，虽然一般不会在传热表面形成油污，但是对蒸发温度的影响（使蒸发温度升高）却比较大。因此，在以氨或氟利为制冷剂的制冷系统中，一般都要用油分离器，将压缩机排气中的润滑油分离出来。氟利昂制冷系统利用自动回油装置，将其送回压缩机曲轴箱。氨制冷系统则定期地通过集油器排出。

7.2.1　润滑油分离器

　　油分离器是装在冷凝器与压缩机排出端之间的一种分离装置。它的作用是把制冷剂蒸气与混入的润滑油分开，从而可以防止过多的润滑油进入制冷系统中的各设备内而影响换热效果或阻塞通道，并能够及时地把润滑油送回压缩机，避免压缩机缺油。

　　压缩机排气管中制冷剂蒸气的流速为 $12 \sim 25 m/s$，而一般油分离器的直径比高压排气管的管径大 $3 \sim 5.5$ 倍，故进入油分离器后的蒸气流速，可降至 $0.8 \sim 1.0 m/s$，这样就可使压缩机排气中夹带的部分润滑油滴得到分离。根据试验测定，仅依靠降低压缩机排气的流速或改变润滑油流向来分离润滑油的油分离器，只能分离 $50 \sim 100 \mu m$ 或更大直径的油滴，其分离效果在 65% 以下。老式的干式油分离器即是属于这种形式，现在已被淘汰。

　　常用的油分离器按工作原理可以分为洗涤式、离心式、填料式及过滤式等几种结构形式。洗涤式只适用于氨制冷系统。离心式多应用于大型压缩机或螺杆压缩机制冷系统中，氟利昂制冷系统多采用过滤式或填料式。在国外还使用旋风式油分离器的。

1. 洗涤式油分离器

　　图 7-15 所示为洗涤式油分离器，适用于氨压缩机制冷系统中，所以有时也称洗涤式氨油分离器。它的主体是用钢板卷制焊接成的圆柱形筒体，上下分别焊有上下封头。进气管由上封头中心处伸入分离器内，该管的底端四周开有四个放射状的矩形出气口，以免高压蒸气冲

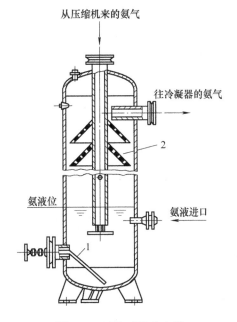

图 7-15　洗涤式油分离器
1—排油管　2—伞形分离罩

从压缩机来的氨气
往冷凝器的氨气
2
氨液位
氨液进口
1

击下封头。筒内进气管的中上部外，焊有多孔的伞形分离罩2。筒体侧面中下部焊有进氨液管的接头。下部侧面焊有排油管1的接头，在伞形分离罩的上部筒体上，焊有出气管的接头。筒内进气管中下部的平衡孔用于压缩机停止工作时，平衡分离器和压缩机排气管路之间的压力，特别是在压缩机发生事故时，能防止分离器的部分氨液窜到压缩机中去。这种油分离器在工作时，筒内必须保持一定高度的氨液。从压缩机来的氨油混合气体进入分离器中，由氨液进行洗涤、冷却，使部分油蒸气凝结并使油滴分离出来。分离出来的润滑油，因其密度比氨液大而逐渐沉积于下封头。筒内氨液在洗涤来自压缩机的排气时，发生热交换，使部分氨液汽化。汽化的氨气随同被洗涤的氨气，经过伞形分离罩由出气管排出。排气中夹带的氨液及油滴，则由伞形分离罩（挡液板）进行分离。这种油分离器的分油效果一般在 80%~85% 之间。

为了保证氨液的供应，克服管道中的阻力损失，油分离器内氨液液面应比冷凝器或储液器氨液出口位置低 120~200mm；另外为了使氨气能够充分地进行洗涤降温，氨液液面应比进气管底部高出 120~150mm。

2. 离心式油分离器

离心式油分离器的结构如图 7-16 所示。在离心式油分离器的内部焊有螺旋状导向叶片4，并在该油分离器内中间引出管的底部，装设有多孔挡液板2。压缩机的排气进入分离器后，沿导向叶片4呈螺旋状运动，运动过程中产生离心力。因为润滑油滴的密度要比制冷剂蒸气的密度大得多，所以它产生的离心力就大。这样，便将润滑油滴甩至壳体内壁，并沿内壁流聚在该油分离器底部，而蒸气则经多孔挡液板2，由顶部的管子引出。分离器底部的润滑油可定期排出，或者在排油管上装一浮球阀3，以便能自动回油到压缩机的曲轴箱中。有的离心式油分离器外部还设有水套，用水来冷却，其目的是提高分离油的效果。但是试验结果证明，加冷却水套对提高分油效率并不显著。

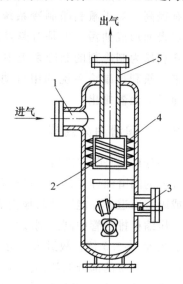

图 7-16　离心式油分离器
1—进气管　2—挡液板　3—浮球阀
4—导向叶片　5—引出管

离心式油分离器多用于大中型制冷压缩机。目前在 12.5 系列压缩机中，多配置这种油分离器。它装设在压缩机近旁，其冷却水套用水是重复利用来自压缩机气缸套冷却水的排水。

3. 填料式油分离器

填料式油分离器适用于大型及中型压缩机。图 7-17 所示为填料式氨油分离器的结构。在该油分离器中有一层填料4，填料可用不锈钢丝、陶瓷环或金属切屑等，其分离效果以不锈钢丝为最佳。氨气通过该油分离器中的填料层，把润滑油分离出来。填料式油分离器的分油是依靠降低气体的流速、改变其流向和填料层的过滤作用来实现的。填料式油分离器内要求的蒸气流速应在 0.5m/s 以下。填料式油分离器的分离效率较高，当用不锈钢丝或金属切屑作为填料时，可达 96%~98%，但是阻力也比较大。

4. 过滤式油分离器

图 7-18 所示为一种过滤式油分离器的结构。目前在氟利昂制冷系统中，常使用这种油

分离器。过滤式油分离器的壳体由 $\phi159$mm 无缝钢管加上、下封头焊接而成。在过滤式分离器内进气管 6 的下端设有过滤网 5。一般还装有浮球阀 2 的自动回油装置。它的分油是依靠气体降低流速、改变流向及几层金属丝网的过滤作用来实现的。这种油分离器的回油管和压缩机的曲轴箱连接。当过滤式油分离器内积聚的润滑油足够使浮球阀开启时，其中的润滑油就被压入压缩机的曲轴箱中。当油面逐渐下降到使浮球下落到一定位置时，则将浮球阀 2 关闭。正常运行时，由于浮球阀的断续工作，使得回油管时冷时热，回油时管子就热，停止回油时管子就冷。如果回油管一直冷或一直热，这说明浮球阀已经失灵，必须进行检修。检修时可使用手动回油阀 1 进行回油。

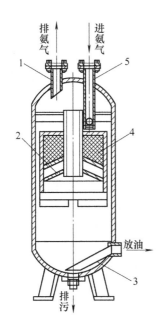

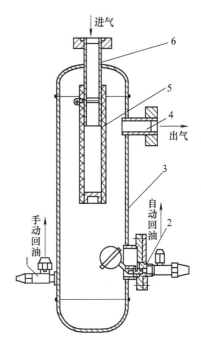

图 7-17 填料式氨油分离器　　　　　图 7-18 过滤式油分离器
1—出气管　2—挡板　3—放油管　　1—手动回油阀门　2—浮球阀　3—筒体
4—填料　5—进气管　　　　　　　　4—出气管　5—过滤网　6—进气管

油分离器的选择计算公式是按稳定连续流动原理来建立的。它的尺寸可根据筒壳直径来选择，即

$$D = \sqrt{\frac{4\lambda q_{V,\text{th}} v_2}{\pi w v_1}} \qquad (7\text{-}9)$$

式中，D 为油分离器筒身直径(m)；$q_{V,\text{th}}$ 为压缩机的理论输气量(m^3/s)；λ 为压缩机的输气系数；v_1 为压缩机吸入口蒸气的比体积(m^3/kg)；v_2 为压缩机排气口蒸气的比体积(m^3/kg)；w 为油分离器内气体的流速(m/s)，一般取 $w = 0.8 \sim 1.0 \text{m/s}$。

油分离器也可根据其进出气管的管径选择，其选择计算式仍可用式(7-9)。这时公式中的 D 即为油分离器气体的进口或出口管径，而 w 即表示制冷剂蒸气在管内的流速，一般取 $w = 10 \sim 25 \text{m/s}$。

7.2.2 集油器

集油器也称放油器，它只用于氨制冷系统中，它的功能是把制冷剂氨与润滑油分离开来，使制冷剂回收到系统内，并把润滑油从系统中放出来。集油器的构造如图7-19所示，它的壳体4是由钢板焊制成的立式圆柱形容器，其顶部设有回气阀6和回气管接头，用来回收氨气和降低壳内的压力。壳体上侧设有进油阀1和进油管接头，它与油分离器、冷凝器、储液器及蒸发器等设备的放油管相接，各设备中的润滑油由此进入储油器。它的下侧设有放油阀3，以便在氨回收后，将油从壳内放出。此外，为了便于操作管理，在壳体上还装有压力表5和玻璃液面指示器2。

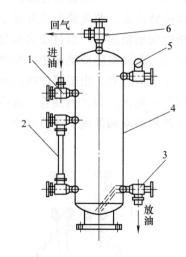

图 7-19　集油器

1—进油阀　2—液面指示器　3—放油阀
4—壳体　5—压力表　6—回气阀

在氨制冷系统中，由于油分离器不可能将压缩机排出的氨气中所携带的润滑油全部分离出来，所以，便有一部分润滑油被带入其他容器（冷凝器、储液器和蒸发器等）中。而且，因为氨和润滑油基本不相溶解，在冷凝器、储液器和蒸发器等容器中的润滑油会越积越多，所以就要把这些容器中的润滑油定期排出系统。如果从容器中直接放出，特别是从油分离器、冷凝器及储液器中，在压力较高的情况下放油，对操作人员是不安全的；其次，在这些容器中都有较多的氨液，直接放油难免会损失一些氨。所以，为了保证操作人员的安全和减少氨液损失，当系统中有关容器需要放油时，可将润滑油先排至集油器，再在集油器中按照一定的操作程序排出制冷系统。

一般地，放油时集油器的操作步骤为（以中间冷却器放油为例）：

1）先把中间冷却器的放油阀打开，使中间冷却器底部的沉积油（带有一定的氨）流到集油器的进油阀前。

2）在进油阀、集油器、放油阀均关闭的状态下，打开降压阀；让压缩机把集油器抽空至负压，可观察集油器上的压力表值。

3）关闭降压阀，打开进油阀，让油在中间冷却器与集油器的压力差作用下流入集油器，直至压力不再上升为止。若给高压设备放油，控制集油器压力不得超过 0.6MPa。

4）关闭进油阀，缓慢打开降压阀，让压缩机吸走集油器内因受热而汽化的氨制冷剂，直至压力表为负压。再重复3）、4）步骤，经过多次重复操作使中间冷却器中的油基本都转移至集油器内。

5）关闭中间冷却器放油阀。拿一个油桶放在集油器的放油阀下，打开该放油阀，让油缓慢流入油桶。此时，操作人员要注意安全，应戴好防护面具及手套，以防伤人。

集油器一般根据经验选用。我国目前生产的集油器主要有两种规格，一种壳体直径为159mm（小号），另一种壳体直径为325mm（大号）。按照经验：当制冷系统标准工况制冷量小于230kW 时，选用壳体直径为159mm 的集油器一台；当制冷系统标准工况制冷量在230～1163kW 时，可选用壳体直径为325mm 的集油器一台；当制冷系统标准制冷量大于1163kW 时，则可选用壳体直径为325mm 的集油器两台，以便使系统中的高压容器、中压容器与低压容器分开放油。

放油操作应注意的事项：

1）对蒸发器等低压容器放油，一定要停止该容器工作，静置 20min 以上，待压力上升较高时再进行放油。

2）高压容器禁止就地直接排放式放油，必须通过集油器放油，以保证安全。

3）放油前集油器应为空的状态。

4）集油器内的油位高低可通过液面指示器观察；也可在降压时，从集油器结霜位置来判断。

5）放油时，如有阻塞现象，或想加快氨与油的分离时，都不允许用开水淋浇集油器，以防爆炸。

6）开启降压阀要慢，不可把氨液带入制冷压缩机内。

7.3 制冷剂的分离和储存设备

7.3.1 储液器

储液器也称贮液桶。按其工作压力的不同，可分为高压储液器和低压储液器两种。它们的结构基本相同，都是用钢板焊制而成的圆柱形筒体，筒体上设有一些附件及管路接头。高压储液器一般与冷凝器安装在一起，用于储存由冷凝器来的高压液体，不致使制冷剂液体淹没冷凝器传热面，并适应工况变动而调节和稳定制冷剂的循环量。此外，它还起液封作用，以防止高压制冷剂气体窜入低压管路中。图 7-20 所示为高压储液器的外形图。筒体上设有进液管、出液管、平衡管、压力表、安全阀、放空气等管接头及液面指示器等。高压储液器上的平衡管接头 2 与冷凝器上的平衡管接头之间，应有气体平衡管连通（简称平衡管或均压管）。平衡管的作用主要是使高压储液器

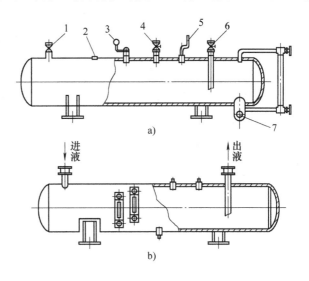

图 7-20 高压储液器

a）氨储液器 b）氟利昂储液器

1—进液管接头 2—平衡管接头 3—压力表阀 4—放空气管接头
5—安全阀 6—出液管接头 7—放油管接头

与冷凝器之间的压力保持平衡，以便冷凝器中的液体能在重力作用下流入储液器，而且高压储液器中的蒸气也可以通过平衡管返回冷凝器。

高压储液器的容量，是按整个制冷系统每小时制冷剂循环量的 1/3～1/2 来选取的，而且储存制冷剂的最大量不超过筒体容积 80%。因此，选择高压储液器的容积计算式（经验

式）为

$$V = \frac{\left(\frac{1}{2} \sim \frac{1}{3}\right) q_m v'_3}{0.7 \sim 0.8} \tag{7-10}$$

式中，q_m 为制冷系统的制冷剂循环总量（kg/h）；V 为高压储液器的容积（m^3）；v'_3 为冷凝温度下液体制冷剂的比体积（m^3/kg）。

对于只有一个蒸发器的小型制冷装置，特别是氟利昂制冷装置，高压储液器的容量趋向于选择得较小，或者不采用单独的高压储液器，仅在冷凝器下部储存少量液体。

低压储液器仅在大型氨制冷系统（如冷库用制冷装置）中使用。按用途的不同可分为低压储液器、循环储液器和排液桶几种。

低压储液器是用来收集压缩机总回气管路上氨液分离器所分离出来的低压氨液的容器。在不同蒸发温度的制冷系统中，应按各蒸发压力分别设置低压储液器。图 7-21 所示为一种低压储液器的外形图，它与高压储液器基本相同。低压储液器一般装设在压缩机总回气管路上的氨液分离器下部，进液管和平衡管分别与氨液分离器的出液管和平衡管相连接，以保持两者的压力平衡，并利用重力使氨液分离器中的氨液流入低压储液器。当需要从低压储液器排出氨液时，则从加压管送进高压氨气，使容器内的压力升高到一定值，将氨液排到其他低压设备中去。低压储液器在低温条件下工作，所以筒体外应敷设绝热材料。

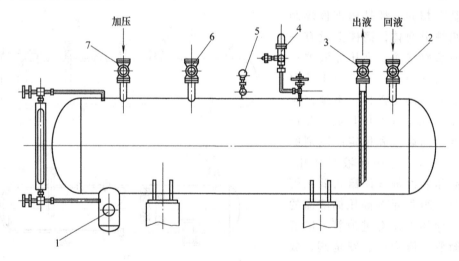

图 7-21　低压储液器

1—放油管接头　2—进液管接头　3—出液管接头　4—安全阀
5—压力表　6—平衡管接头　7—加压管接头

循环储液器装设在氨泵供液系统中，它取代重力供液系统中设在机房的氨液分离器和低压储液器。其功用是保证氨泵所需的低压氨液，同时也起着氨液分离器的作用。循环储液器一般可分为立式和卧式两种，它们的结构分别如图 7-22 和图 7-23 所示。

立式循环储液器的进气管与机房回气总管相连接，而出气管接在压缩机的吸气总管上，下部的出液管与氨泵进液口连接。氨液通过浮球阀进入立式循环储液器内，并自动保持合理的液面高度。卧式循环储液器在需要排出液体时，可通过加压管加压，将液体排出。

排液桶主要是用于冷却排管或冷风机热氨冲霜时储存由冷风机或冷却排管排出的氨液。所以排液桶的容量应当能够满足储存最大一间库房的冷风机或冷却排管的充氨量。排液桶的构造如图7-24所示，它与高压储液器、低压储液器的构造基本相同，仅筒体上的管路接头的用途不同，筒体上的减压管是从冷却设备排回氨液而用来降低容器内的压力，减压管接头与压缩机的吸气管连接。

7.3.2　气液分离器

为了使制冷系统安全稳定地工作，应防止制冷剂液体进入压缩机。在氟利昂制冷系统中可以利用气液热交换器，让液体和吸气进行热交换，使吸气过热；或者采用热力膨胀阀控制蒸发器排气有一定过热度，以保证压缩机的运行。在氨制冷系统中，由于不允许吸气过热度太大，因而在有些氨蒸发器上带有液体分离器（如水箱式蒸发器），以保证压缩机吸入干蒸气。有些蒸发器上没有液体分离装置，这样的系统

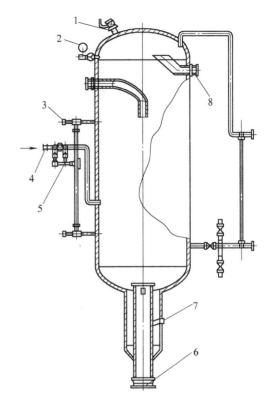

图7-22　立式循环储液器

1—安全阀　2—压力表　3—进气管接头　4—进液管接头
5—浮球阀　6—出液管接头　7—放油管接头　8—出气管接头

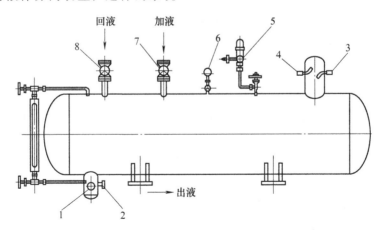

图7-23　卧式循环储液器

1—放油阀　2—出液管接头　3—出气管接头　4—进气管接头
5—安全阀　6—压力表　7—加压阀　8—回液阀

中则需增设气液分离器，以保证压缩机的干压缩。

气液分离器的结构有不同的形式，但是它们使气体和液体分离的原理基本相同，都是使

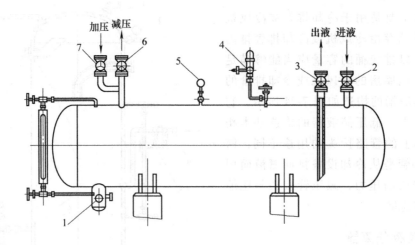

图 7-24 排液桶

1—放油阀 2—进液阀 3—出液阀 4—安全阀

5—压力表 6—减压阀 7—加压阀

制冷剂流动方向改变、流动速度降低，从而使密度较大的液滴从蒸气中分离出来。

气液分离器一般用于中型及大型氨制冷系统中，它的结构有立式及卧式两种。图 7-25 所示为一种立式气液分离器。这种气液分离器是个具有许多管接头的钢筒。来自蒸发器的蒸气由筒体中部的进气管进入气液分离器，由于流体通道截面积的突然扩大，蒸气流速降低，同时由于流向的改变，蒸气中夹带的液滴即被分离出来，落入下部的氨液中，而干饱和蒸气(包括节流产生的蒸气)则从上部的出气管被压缩机吸回。节流后的湿蒸气由筒体侧面下部的进液管进入气液分离器筒体，液体落入下部，经底部的出液管，靠自身重力返回蒸发器或进入低压储液器，而液体中的气体则与来自蒸发器的蒸气一起被压缩机吸走。当有多台蒸发器、压缩机并联时，气液分离器还起到分液汇气的作用。

一般气液分离器的筒身直径可按下式计算，即

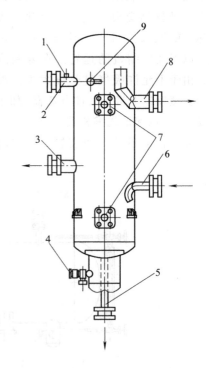

图 7-25 气液分离器

1—压力表接管 2—平衡管接头 3—进气管
4—放油阀 5—出液管 6—进液管 7—接液
位指示器 8—出气管 9—安全阀口

$$D = \sqrt{\frac{4q_{V,\text{th}}}{\pi w}} \qquad (7\text{-}11)$$

式中，D 为分离器的筒身直径(m)；$q_{V,\text{th}}$ 为压缩机的理论输气量(m^3/s)；w 为气液分离器内气体的流速，一般取 $w \leqslant 0.5\text{m/s}$。

筒身高度 $H = (3 \sim 4)D$ \qquad\qquad (7-12)

7.4 制冷剂的净化设备

7.4.1 空气分离器

空气分离器用于清除制冷系统中的空气及其他不凝结性气体，起净化制冷剂的作用，也称为不凝性气体分离器。制冷系统中不凝结性气体的来源可能有以下几种：

1）制冷系统中由于抽真空未达标，未能在系统安装时彻底抽除系统中的空气。

2）制冷系统低压部分设备长期处于负压状态工作，或高压部分设备由于制冷剂在管道中流速过快造成局部负压，从系统密封不严处吸入空气。

3）充注制冷剂时排空操作不规范，以及制冷剂本身纯度不够，含有较多的空气，在加液时也有可能带进去。

4）运行工况恶化，引起制冷剂和润滑油在高温下分解，形成不凝结性气体。

制冷系统中应尽量避免存在不凝结性气体。其危害性主要有以下几个方面：

（1）导致制冷量减少，压缩机耗功增加 不凝结性气体聚集在冷凝器或高压储液器中，占据了一定的体积，且具有一定的压力，使冷凝压力升高。根据道尔顿分压定律：一个容器内，气体总压力等于各气体分压力之和。所以在冷凝器中，总压力为不凝结性气体和制冷剂压力之和。冷凝器中不凝结性气体越多，其分压力也就越大，冷凝器总压力自然就升高，其导致的结果是系统制冷量下降，压缩机耗功量增加。

（2）降低热交换器传热效率 不凝结性气体的传热系数很低，其存在会导致在冷凝器表面形成气体层，起到了增加热阻的作用，从而降低了系统热交换器（主要是冷凝器）的传热效率。

（3）增加了系统腐蚀的可能性 空气的漏入带有部分水分，会腐蚀系统管道和设备。

（4）有爆炸和导致设备损坏的潜在危险 对于具有一定可燃度的制冷剂，或由于高温炭化生成的不凝结性气体，在排气温度较高的情况下，遇空气容易发生爆炸事故。

系统中是否存在不凝结性气体，可以通过经验和理论分析结合来判断。假如系统中混有空气，则冷凝压力为制冷剂气体的分压力（即冷凝温度对应的制冷剂的饱和蒸气压力）与空气分压力之和。通过比较相同温度下对应的饱和蒸气压力和冷凝器中实际压力，就可以判断系统中混入空气的多少。在温度不变的情况下，混入的空气越多，空气的分压力越高，实际的总压力也越高，而制冷剂气体的饱和蒸气压力是不变的。对于制冷剂为氨的制冷系统，在制冷量和吸气温度不变的情况下，可以检查冷凝温度和冷凝压力，在图 7-26 中找出对应的点，如果所作出的点在曲线

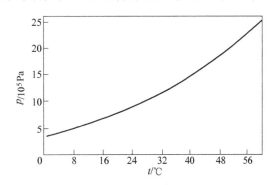

图 7-26　氨的饱和蒸气压力和温度曲线

的上方就说明有空气存在，点与曲线在垂直方向上的差值就是空气的分压力，点与曲线间的

距离越远说明混入的空气越多。空气不是导致冷凝器压力超高的唯一原因。冷凝器传热面积过小或换热管堵塞、锈蚀时，即使无空气积累也会引起冷凝压力超高。但是，引起冷凝器压力超高的各种原因中，空气积累是最重要的一种。所以，在制冷系统中存在不凝结性气体时，必须及时将其排出。

空气进入系统后，一般都储存在冷凝器和储液器中，因为在该设备内有液氨存在而形成液封，空气不会进入蒸发器中。假如低压系统因不严密而漏入空气，则空气也会与制冷剂蒸气一起被制冷机吸入送至冷凝器中。由于空气在制冷系统压力下不凝结，它的密度比氨气大，而又比氨液小。故空气存在于氨液与氨气的交界处。所以，一般应在冷凝器的中下部位设置立式氨冷凝器的不凝结性气体出口。而对于氟利昂制冷系统来说，空气比氟利昂气体轻，空气存于卧式冷凝器的上部，放空气时，可从制冷机排气多用孔道进行。

空气分离器的结构分为卧式和立式两种。卧式空气分离器常见的包括四重套管卧式空气分离器和螺旋冷却管式空气分离器，前者主要用于氨制冷系统，后者主要用于氟利昂制冷系统中。立式空气分离器又称立式盘管式空气分离器，一般用于氨制冷系统中。

四重套管卧式空气分离器（图 7-27）由四个同心套管焊制而成。高压液氨经节流阀节流降压后进入第一层管中并在第一层管和第三层管腔内蒸发，产生的蒸气从回气口引至压缩机的吸气管路上。从冷凝器或储液器引来的混合气进入最外层管腔，在流动过程中被内管及第三层管腔内蒸发的液氨冷却，混合气中的氨变成液体，积存一定数量的液体后打开节流阀，使之进入内管中蒸发。第二、四层管内的混合气中的空气分压力升高，并由第二层管上的放空阀排出。

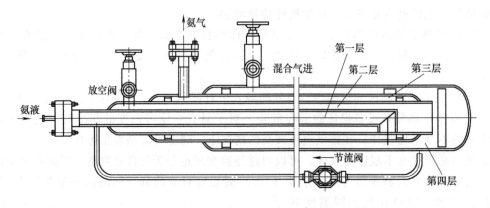

图 7-27 四重套管卧式空气分离器

螺旋冷却管式空气分离器是氟利昂系统中常用的一种空气分离器（图 7-28），它直接装在卧式冷凝器或储液器上。制冷剂液体由进液口进入，在螺旋盘管内蒸发吸收热量后，由回气口排出引入压缩机的吸气管中。混合气由混合气体入口进入，在盘管表面受到冷却，其中制冷剂蒸气凝结成液体，并由排液

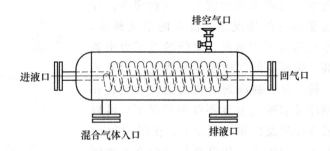

图 7-28 螺旋冷却管式空气分离器

口返回到冷凝器或储液器中。空气等不凝结性气体则由排空气口排出。

图 7-29 所示为手动立式盘管式空气分离器。壳体由无缝钢管制成，在两端加封的壳体中有一组冷却盘管，上端与回气管相接，下端与进液管相通，盘管由于液氨的蒸发起到一个小型蒸发器的作用。壳体的中部侧面和上部侧面分别焊接混合气体入口管接头和放空气管接头。混合气体进入壳体中即与盘管表面进行热交换，冷凝下来的制冷剂由壳体的下封头引出，经节流后与进液管接通。分离下来的不凝结性气体由上部的排空气口放至存水的容器中。壳体顶部中央设有温度计套管，中间插的温度计用来检测混合气体的冷却温度，以便于操作管理。可以通过观察温度计的读数来决定是否需要放空气，当温度较低且低于冷凝压力所对应的饱和温度较多时，说明需要放空气；反之当温度接近冷凝压力对应的饱和温度，说明应该停止放空气，或不需要放空气。整个空气分离器的外面要用保温材料保温。立式盘管式空气分离器与四重套管卧式空气分离器相比较，具有操作简单、可实现全自动控制操作的优点。

自动立式盘管式空气分离器如图 7-30 所示。当分离器内空气的温度达到设定值时，通过壳体顶部的温度控制器 3 控制放空电磁阀 5 打开，将含较多空气的混合气体排入氨水混合器 6 内与水混合，使混合气中的氨溶解于水中后排走。为防止壳体内压力过低而将水吸入，当壳体内压力低至某一设定值时，通过压力开关控制放空电磁阀关闭，整个放空过程结束。不同的系统中由于空气的比例不同，因此要达到设计的冷却温度也不同，可以通过调整温度控制器控制放空电磁阀开启时壳体内的温度，通常将温度调整为比系统蒸发温度高 5~20℃，蒸发温度越低，控制温度设定值比它高得越多。自动立式盘管式空气分离器的结构紧凑，体积小巧，安装和操作简单。操作人员只需按下开关即可自动完成整个放空过程，并且每次分离的空气较多而排放的氨较少，达到环保节能的功效。

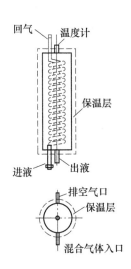

图 7-29　立式盘管式空气分离器

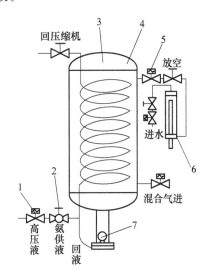

图 7-30　自动立式盘管式空气分离器

1、5—电磁阀　2—节流阀　3—温度控制器
4—压力开关　6—氨水混合器　7—浮球阀

空气分离器的选型不需要计算，一般可根据制冷装置的规模和使用要求进行选型。每个机房不论压缩机的台数多少，只需要装设一台空气分离器。空气分离器首选自动立式盘管式空气分离器。

目前，国内氨制冷系统中使用的空气分离器主要有两种规格，其筒体直径分别为108mm 和 219mm。配套设计时根据经验选择。一般当标准工况总的制冷量小于 1163kW 的制冷系统时，选用直径为 108mm 的空气分离器；而大于 1163kW 的制冷系统时，选用直径为 219mm 的空气分离器。

7.4.2 干燥过滤器

在制冷循环中必须预防水分和污物（油污、铁屑等）的侵入。水分的来源主要是新添加制冷剂和润滑油所含的微量水分，或由于检修系统时空气侵入而带进来的水分。如果系统中的水分未排除干净，则当制冷剂液体通过节流阀时，因压力及温度下降，水分就会凝固成冰，使通道阻塞，影响制冷装置的正常运转。又如管道、冷凝器和蒸发器，若事先没有彻底清洗，而有铁屑及杂质残存在系统中，就会堵塞通道并损坏运动部件。因此，在系统中必须安装过滤器和干燥器。在小型的氟利昂制冷系统中，通常将过滤器和干燥器组合在一起使用，称为干燥过滤器（图 7-31）。干燥过滤器的结构形式多样，有的在安装时有方向性要求，有的无方向性要求，使用时应予以注意。

电冰箱和空调机制冷系统中的干燥过滤器（图 7-32）为筒式，一般采用 $\phi16 \sim \phi18$mm 的铜管，装干燥剂后收口成形，直接与制冷系统的管路焊接。早期采用无水氯化钙、变色硅胶作为干燥剂，现在大多采用吸湿性强的"分子筛"。变色硅胶的特点为：使用前为蓝色，吸收一定的水分后变成红色。由于变色硅胶吸收水后不容易潮解，再生后又可继续使用。在这种干燥过滤器内，液体流速应在 $0.013 \sim 0.033$m/s 之间，因为流速过大，容易使硅胶颗粒粉碎而进入系统堵塞管路。无水氯化钙的特点为：吸水性能较强，适用于含水量较多的系统。由于它吸水后容易潮解，所以使用时间不宜过长，一般为 $6 \sim 8$h，最多不超过 24h。分子筛（Ca5A）的特点为：白色球状或条状物，经过再生处理获得活化，可重复使用上千次，但价格较高。

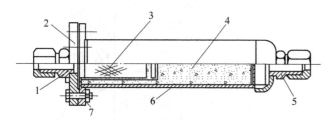 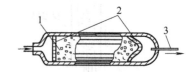

图 7-31 干燥过滤器

1—进液管接头 2—压盖 3—滤网 4—干燥剂
5—出液管接头 6—壳体 7—连接螺栓

图 7-32 电冰箱、空调机用干燥过滤器

1—分子筛 2—铜丝网 3—毛细管

空调、冰箱用干燥过滤器一般安装在冷凝器或储液器的出液管上。为了防止杂质堵塞阀孔或损坏运动部件，在自动阀门、制冷剂液泵和压缩机等设备前的管路中，常装设单独的过滤器。按照使用的制冷剂不同，过滤器可分为氨用和氟利昂用过滤器两种。按照流体相态不同，又有液体与气体过滤器之分。氨液过滤器、氨气过滤器和氟利昂液体过滤器的结构分别如图 7-33、图 7-34、图 7-31 所示。它们的壳体内部设有细孔钢丝滤网，网孔一般为 0.4mm。壳体的底部设有可拆端盖，以便清洗或更换滤网。安装时，过滤器的进出口法兰接头要与特定的管路相接，流体的流向要与壳体上标明的前头方向一致，不可装反。

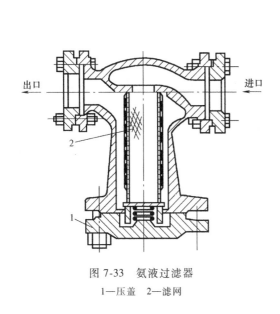

图 7-33 氨液过滤器

1—压盖 2—滤网

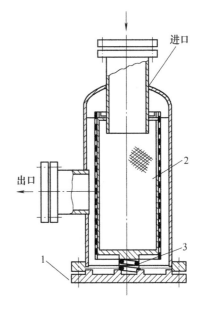

图 7-34 氨气过滤器

1—压盖 2—滤网 3—弹簧

7.5 制冷装置的其他辅助设备

7.5.1 氨泵

　　氨泵的作用是使来自低压循环储液器内的低温、低压氨液获得能量，然后强制将其送入到各冷间的蒸发器中。采用氨泵供液可以使蒸发器内制冷剂获得较大的流量和较快的流速，提高传热系数，增强蒸发器的传热效果，使蒸发器内不容易积存油污。

1. 氨泵的类型、结构、性能

　　常用的国产氨泵有三种，齿轮氨泵、离心氨泵和屏蔽氨泵。

　　（1）齿轮氨泵　齿轮氨泵是旋转泵的一种，它主要由泵壳、泵盖、主动轮、从动轮和电动机等组成。它是一种容积转子泵，在泵壳内壁和齿轮沟槽之间形成了若干个密封的工作容积。靠一对啮合转动的弧齿斜齿轮不断地吸液和排液，使氨液升压排出。

　　齿轮氨泵的性能特点是：

　　齿轮氨泵的输液量是均匀恒定的，所以它的流量不受压力变化的影响。因此，如果设计时对系统管道的压力损失估计不足，流量也能满足使用要求。齿轮氨泵受汽蚀作用影响较小，因此吸入端不需要很高的液柱静压。齿轮氨泵的排出压力较高，常用于高扬程、小流量的液体输送。由于装配间隙小，要求氨液纯净，不带杂质，否则容易损坏齿轮氨泵，为此，齿轮氨泵的进液管前必须设置氨液过滤器，以防止脏物进入泵内。工作时，齿轮氨泵的排出通道必须畅通，否则将损坏氨泵，故出液管必须与泵的入口或低压循环储液器相连接，当泵的输液量大于对蒸发器的供液量时，可起到自动泄氨以保护氨泵的作用。

（2）离心氨泵　离心氨泵是速度型泵的一种，也称为叶轮氨泵。主要由叶轮、泵壳、进水管和出水管组成。与离心水泵的工作原理一样，也是靠叶轮高速旋转产生的离心力，将氨液以一定的速度从叶轮中心甩出，再在蜗壳内减速，进一步升压后，由排液口排出，从而产生一定的出口压头。

离心氨泵的性能特点是：

离心氨泵的输液量随输出压头的变化而变化，系统的阻力增加，输液量相应降低，因此要求对系统阻力有准确的计算。离心氨泵的最大缺点就是极易受汽蚀作用的影响。所谓氨泵的汽蚀，是指当系统的"吸入压头"（低压循环储液器正常液位到氨泵吸入口中心线的垂直距离，也称静液柱，它是用来克服泵吸入管路的阻力损失的）低于氨泵所需要的"吸入压头"时，泵内液体就会大量蒸发，在叶轮处产生大量的气泡，这些气泡随叶轮一起高速旋转，当气泡破裂时，周围液体就以极大的速度冲向气泡占据的空间，从而产生很大的冲击力，造成叶轮振动，氨泵不进液或输出液体达不到规定的扬程，轴承得不到氨液润滑等一系列不良现象，甚至造成氨泵严重受损等。因此离心氨泵的吸入端应要求有足够的液柱静压才能保证供液不中断。离心氨泵的优点是结构简单、平均使用寿命长、流量和扬程选择范围较大、适用范围广。

（3）屏蔽氨泵　屏蔽氨泵又称为无填料氨泵，是离心氨泵的一种特殊结构形式。它是将泵的叶轮和电动机的转子装在一根轴上，泵和电动机安装在同一个密封壳体内。在电动机的定子和转子之间加设了一个不锈钢屏蔽套，将定子封闭起来，避免了氨液对定子绕组的腐蚀。屏蔽氨泵有立式与卧式两种，其构造基本相同。

屏蔽氨泵最大的缺点是电动机效率比普通电动机低50%左右。效率低的原因：一是，屏蔽套增大了转子与定子之间的间隙；二是，电动机转子在氨液中转动，它的外表面以及两个端面的摩擦损失较大，使电动机效率降低。

2. 氨泵的选择

氨泵的选择包括确定氨泵的流量、输出压头以及氨泵的吸入压头。

（1）氨泵的流量　氨泵供液系统采用低压氨液多倍循环方式，氨泵的流量可以由下式求出，即

$$q_{V_p} = nq_V = n\frac{3600Q_0v}{r} \tag{7-13}$$

式中，q_{V_p} 氨泵的流量（m^3/h）；n 为氨泵的循环倍数，一般取 $3\sim6$；q_V 为氨泵供液蒸发系统的氨液蒸发量（m^3/h）；Q_0 为系统所需的制冷量（kW）；v 为氨液比体积（m^3/kg）；r 为氨液汽化热（kJ/kg）。

氨泵供液系统中，氨泵的供液总量（按质量计）与蒸发器蒸发总量之比，称为氨液循环倍数。对氨液循环倍数 n 值的选择，主要考虑提高蒸发器的传热系数，减少制冷剂流动阻力，以及在供液分配不均匀时仍能保证蒸发器每一通路所需供液量。

氨液循环的循环倍数 n 与传热系数 K 之间存在着如下的关系：当循环倍数 n 从1增加至3.5时，传热系数 K 增加迅速；而 $n=4$ 左右时，传热系数 K 接近最高值；此后 $n>4$ 时，传热系数 K 增长不明显。这是因为，增加 n 值即提高蒸发管道内氨制冷剂的流速，氨蒸发时的传热系数就提高，但 n 值过大，将有过大的流量或过高的流速，使制冷剂在蒸发过程中产

生过大的压力降，导致传热温差减少，从而抵消了传热系数的增长。此外，泵动力消耗也随 n 值的增大而增大。因此，为了提高传热系数 K 值和选取合适的压力损失，取 $n = 3 \sim 4$ 比较经济合理。

考虑到系统的特点及供液可能不均匀等因素，一般地说，对负荷比较稳定，蒸发器组数较少，不易积油的蒸发器的下进上出式供液系统，氨液循环倍数 $n = 3 \sim 4$，如冷藏间采用空气自然对流的排管等；对负荷有波动，蒸发器组数较多，易积油的蒸发器的下进上出式供液系统，氨液循环倍数 $n = 5 \sim 6$，如冻结间采用空气强制对流的冷风机等；上进下出式供液系统，氨液循环倍数 $n = 7 \sim 8$。

（2）氨泵的吸入压头 任何形式的氨泵都没有吸入扬程，所以氨泵吸入口必须保持有足够的氨液柱高度，称为净正吸入压头（汽蚀余量，Net Positive Suction Head，NPSH）。

当低压循环储液器内的液体以位差产生的静压克服阻力流入氨泵时，如果作用于泵吸入口处的压力，低于氨液实际温度对应的饱和压力时，氨液即沸腾产生气泡，破坏了氨泵的正常工作，甚至损坏氨泵，这种现象称为氨泵的汽蚀现象。为了避免发生汽蚀，要求氨泵的吸入口处必须保持一定的液柱高度即"净正吸入压头"，以补偿氨液在泵入口处因加速和涡流而引起的压力损失，保持氨泵正常的工作。净正吸入压头是氨泵性能参数中一个重要的数据，一般由氨泵制造厂给出。

在制冷系统中，保证氨泵吸入口处的净正吸入压头，通常靠氨泵吸入端的液柱高度，即低压循环储液器内正常液面与泵中心线之间保持一定的高度差 H 来保证。高度差产生的液柱静压，除了要克服氨泵吸入管段沿程的阻力损失和局部阻力损失外，还应大于氨泵所要求的净正吸入压头，即

$$H - \frac{\Delta p}{\rho g} > \text{NPSH} \quad \text{或} \quad H - \frac{\Delta p}{\rho g} = 1.3\text{NPSH} \tag{7-14}$$

式中，NPSH 为氨泵净正吸入压头（m）；g 为重力加速度（m/s^2）；H 为低压循环储液器正常液位至泵中心线的高度差（m）；ρ 为蒸发压力下饱和氨液的密度（kg/m^3）；Δp 为氨泵吸入管段的全部阻力损失（Pa）；1.3 为安全系数。

推荐氨泵吸入端的液柱高度，即低压循环储液器设计液位线至氨泵中心的垂直高度 H 如下：

齿轮泵 $H = 1 \sim 1.5$m；

离心泵 蒸发温度为 -15℃时，$H = 1.5 \sim 2.0$m；

蒸发温度为 -28℃时，$H = 2.0 \sim 2.5$m；

蒸发温度为 -33℃时，$H = 2.5 \sim 3.0$m。

以上数据是建立在氨泵吸入管段内氨液的流速为 $0.4 \sim 0.5$m/s，以及尽量减少阀门、弯头等的局部阻力损失的基础上的。

（3）氨泵的输出压头 根据流体力学原理，氨泵的输出压头在其输液管道上的压力损失计算与系统的蒸发压力无关。但同一系统内连接不同的蒸发器时，该氨泵的压头应按蒸发压力较高的蒸发器计算。它必须克服以下几种压力损失：

1）氨泵出口至蒸发器进液口之间氨液管道上的全部压力损失，包括管道沿程的摩擦损失和阀门弯头等的局部阻力损失等。

2）由氨泵中心至最高层蒸发器进液口的液柱产生的压力差。

3）蒸发器调节阀前应保持$(0.735 \sim 0.981) \times 10^5 Pa$的压力，以调节各蒸发器的流量。在总输出压头求出后，还应增加10%的安全附加量。

泵输出压头的具体计算为

$$\frac{\Delta p}{\rho g} = \frac{\Delta p_1}{\rho g} + \Delta H + \frac{\Delta p_2}{\rho g} \tag{7-15}$$

$$\Delta p_1 = \lambda \frac{L_1 + L_2}{d_i} \frac{w^2}{2g} \rho \tag{7-16}$$

$$\Delta p_2 = 0.735 \sim 0.981 \times 10^5 Pa \tag{7-17}$$

式中，Δp为输液管道沿程总的压力损失（Pa）；Δp_1为沿程压力损失和局部压力损失（Pa）；ΔH为氨液高度导致的静压头（m）；λ为流动摩擦阻力系数，对于干饱和蒸气与过热蒸气，$\lambda = 0.025$，对于湿蒸汽和氨液 $\lambda = 0.035$；L_1为直线管道长度（m）；L_2为管件的当量长度（m），$L_2 = nAd_i$，A为当量长度系数，见表7-3；d_i为管道内径（m）；w为氨制冷剂在管道内的流速（m/s），通常出液管内氨液流速 $w = 0.8 \sim 1.0 m/s$；g为重力加速度（m/s^2）；ρ为蒸发压力下饱和制冷剂液体的密度（kg/m^3）。

表 7-3　各种管件的当量长度系数表

管　件	A	管　件	A
45°弯头	15	角阀全开	170
90°弯头	32	扩径 $d/D = 1/4$	30
180°弯头	75	扩径 $d/D = 1/2$	20
180°小型弯头	50	扩径 $d/D = 3/4$	17
三通 ├ →	60	缩径 $d/D = 1/4$	15
三通 ┳ ↓	90	缩径 $d/D = 1/2$	12
球阀全开	300	缩径 $d/D = 3/4$	7

7.5.2　紧急泄氨器

紧急泄氨器是氨制冷系统中为了应急而采用的一种安全设备。氨制冷剂本身的物理化学性质为：毒性较大，有一定的可燃性，安全分类为B2，氨蒸气无色，具有强烈的刺激性臭味。当氨液飞溅到皮肤上时会引起肿胀甚至冻伤。系统中氨分离的游离氢积累至一定程度遇空气会发生爆炸。在大中型冷库的氨制冷系统中，一般都有较多的充氨量。当制冷装置发生严重事故，如火灾或大量漏氨时，为确保设备和人身安全，使用紧急泄氨器来把液氨放掉，以防止事故进一步扩大。

紧急泄氨器有立式和卧式两种，其结构如图7-35、图7-36所示。进液管和制冷系统中的主要储液容器的主供液管路相连。紧急泄氨器进液管旁侧接进水管。壳体另一端接泄氨管接头，与下水道或其他安全场所相接。平时阀门常闭，遇到危险时，首先打开泄氨阀，再开进水阀，然后迅速打开进氨阀。

应该指出，虽然只有在发生意外事故的时候才起用紧急泄氨阀，但是，决不能因为该设备使用率低或有可能不使用而在系统中不予以设计安装。

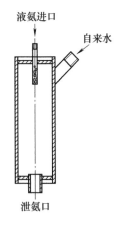

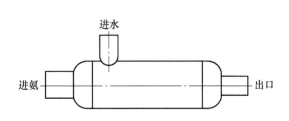

图 7-35 立式紧急泄氨器 　　　　图 7-36 卧式紧急泄氨器

7.5.3 易熔塞

GB 9237—2001《制冷和供热用机械制冷系统安全要求》中规定，内径大于 76mm，小于 152mm 的压力容器需装易熔塞。易熔塞也称为易熔合金塞(图7-37)，主要应用于氟利昂制冷设备系统或容积较小的压力容器上，是一种结构最简单的安全设备。其结构原理为：在易熔塞中铸有易熔的合金，这种合金的熔化温度一般在 75℃ 以下。当压力容器发生意外事故而使容器内的压力突然增加时，由于湿蒸汽存在着随压力增加而温度升高的依变关系，因此当温度升高到一定值时，易熔塞中浇注的易熔合金即熔化，容器中的制冷剂就排入大气，从而达到保护人身及设备安全的目的。易熔塞的易

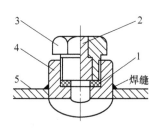

图 7-37 易熔塞
1—密封垫 2—易熔合金
3—旋塞 4—接头 5—壳体

熔合金熔化后，应重新浇注或更新，并经过与容器试漏后才可以投入使用。

7.5.4 安全阀

安全阀是用在有压力设备或容器上的起安全保护作用的设备。当压力容器或有压设备超过规定的压力时，为了防止设备损坏或压力容器超压爆炸等事故发生，装在压力容器或有压设备上的安全阀会在设备或容器规定的允许压力下自动打开泄压，从而起到了保护设备系统安全的作用。在制冷设备系统中，安全阀可装在制冷压缩机上，连通进、排气管。当压缩机排气压力超过允许值时安全阀开启，使高、低压两侧串通，从而可以保证压缩机安全工作。安全阀也常装在冷凝器、储液器等设备上，以避免容器内压力过高而发生事故。图 7-38 所示为微动式弹簧安全阀的结构示意图。当设备中的压力超过规定工作压力时，即顶开阀门，使制冷剂迅速排出系统。

制冷系统中，对于不同的制冷剂，安全阀的动作压力有所不同。对 R12 制冷装置，其动作压力约为 $15.7 \times 10^5 Pa$；对于 R22 和 R717 制冷装置，其动作压力约为 $17.7 \times 10^5 Pa$。安全阀一旦开启后，由于杂物卡住阀口或其他原因，往往不能回座而保持密闭，因此需要对安全阀进行检查或作必要的修理。

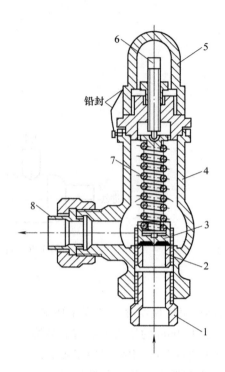

图 7-38 微动式弹簧安全阀的结构示意图

1—接头 2—阀座 3—阀芯 4—阀体
5—阀冒 6—调节杆 7—弹簧 8—管接头

压力容器以及制冷压缩机上安全阀的安装直径 D，可根据经验公式进行计算。式(7-18)为压力容器上安全阀直径计算公式，式(7-19)为制冷压缩机上安全阀直径的计算公式。

$$D_v = C_v \sqrt{Dl} \qquad (7\text{-}18)$$

$$D_c = C_c \sqrt{q_V} \qquad (7\text{-}19)$$

式中，C_v、C_c 为系数，其取值见表 7-4 安全阀的计算系数；D、l 分别为容器的直径和长度（m）；q_V 为压缩机的排气量（m^3/h）。

表 7-4 安全阀的计算系数

制 冷 剂	C_c	C_v	
		高压侧	低压侧
R13	2.8	5	5
R502	1.9	8	11
R22	1.6	8	11
R12	1.6	9	11
R500	1.5	8	11
R21	1.2	16	20
R717	0.9	8	11

7.5.5 视液镜

在氟利昂制冷系统中一般要装设视液镜。按照功用的不同，视液镜可以分为液流指示器和制冷剂含水量指示器。液流指示器用来显示管路中制冷剂液体或润滑油的流动情况。

制冷剂含水量指示器在指示液管中制冷剂流动情况的同时，还能指示出制冷剂中含水量的变化。图7-39所示为一种制冷剂含水量指示器的外形图。在液流指示器中，装有一个能指示含水量的纸质圆芯3，在圆芯上涂有金属盐指示剂，含水量不同时，其水化物能显示出不同的颜色。例如，涂有金属盐溴化钴（$CoBr_2$）时，它在不含结晶水时呈绿色，含水量增多、具有结晶水时开始变色，$CoBr_2 \cdot$

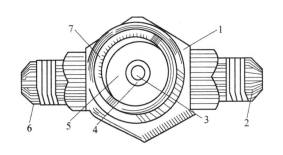

图 7-39 制冷剂含水量指示器
1—壳体 2、6—管接头 3—纸质圆芯
4—芯柱 5—观察镜 7—压环

H_2O 呈蓝色，$CoBr_2 \cdot 2H_2O$ 呈淡紫色，$CoBr_2 \cdot 6H_2O$ 则呈粉红色。采用溴化钴作为指示剂，不同的颜色表示每千克制冷剂的含水量毫克数（10^{-6}），其对应关系参考表7-5，溴化钴（$CoBr_2$）为指示剂时不同颜色表示的含水量（10^{-6}），适用温度为20～40℃。

表 7-5 溴化钴（$CoBr_2$）为指示剂时不同颜色表示的含水量（10^{-6}）

制 冷 剂	蓝 色	淡 紫 色	粉 红 色
R22	<60	60～240	>240
R12	<15	15～45	>45

各种含水量指示器产品采用的指示剂是不同的，因此变色情况也不一样，一般都在指示器上用比色带标明。观察时，可将纸芯的颜色与比色带的颜色相比较，从而知道系统中的含水量是否在许可范围内。

指示剂的反应是可逆的，即制冷剂不含水或水分极少时呈淡蓝色，随着制冷剂水分增多，逐渐变为淡红色、红色。反之，随着制冷剂含水量的减少，指示剂会逐渐复原为蓝色。制冷剂R12、R22、R502的含水量分别小于 15×10^{-6}、20×10^{-6}、45×10^{-6} 时已低于其腐蚀允许值。所以，若含水量小于上述值时，指示剂呈淡蓝色，表示制冷剂是干燥的。若指示剂呈淡红色时，就应密切注意，这种情况下，就需要更换或再生处理干燥剂。为了指示剂的反应迅速，在有气液热交换器的制冷系统中，含水量指示器应装在气液热交换器前及液体温度较高的管路上。

尚未装入管路的含水量指示器，由于空气中水蒸气的作用，总是显示水量过多时的颜色。装入管路后，如果制冷剂中含水量少于许可限度，指示器的颜色很快就会变为表示"干燥"的颜色。液流指示器也可在安装或维修制冷装置时，用作检验工具，临时安装在有关管路中。例如在试车时，从临时接在热力膨胀阀前的液流指示器中，示出液体流中夹有气泡，则表示液管的阻力压降太大。固定安装在液管上的液流指示器，可以用来观察制冷剂的状况。工作正常时，应能看到稳定流动的液流；制冷剂不足时，液流中会出现气泡。为了使指示器的指示不受其他因素的干扰，它应尽可能靠近储液器（或冷凝器），并且距离前面的阀件远一些。

思考题与习题

7-1 制冷系统中常用的辅助设备有哪些？

7-2 节流阀的作用是什么？简述常用节流装置的种类及使用场合。

7-3 简述热力膨胀阀的基本工作原理。

7-4 热力膨胀阀安装时应注意哪些事项？其常见故障有哪些？

7-5 简述电子膨胀阀的基本工作原理。与热力膨胀阀相比，电子膨胀阀有哪些优点？

7-6 简述毛细管的工作机理及其节流降压的管路模型。

7-7 选用毛细管作为节流装置时，应注意哪些事项？已知制冷剂为 R134a，$Q_0 = 348.9$ W，试选择毛细管。

7-8 制冷系统中，为什么要设置油分离器？常见的有哪几种结构？

7-9 简述集油器、储液器、气液分离器、干燥过滤器的作用和使用场合。

7-10 制冷系统中，为什么要装设空气分离器？其常见结构有哪些？

7-11 简述氨泵的结构和性能特点。

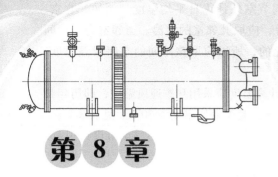

第 8 章

制冷空调系统设计与应用

人工制冷的应用范围非常广泛，在现代社会中，已涉及国民经济的各个部门以及人们的日常生活。制冷的一个重要任务，依然是食物保鲜和长期储存食物。随着社会进步和人们物质文化生活水平的提高，冰箱和房间空调器日趋普及，又发展应用了快速冻结、真空速冻干燥和热泵干燥技术，为食品工业带来了新的繁荣。在生产原材料（例如塑料）的工艺过程中，也正以越来越大的规模利用制冷技术。在农业方面，化肥生产需要应用制冷，良种保存、人工气候等都与制冷技术关系密切。制冰在今天也很有经济价值，除作为冷却食物的蓄冷物质，还可用于导出化学工业中常见的反应热，以及文化、体育事业中人造冰雕、室内冰球场等。冷水机组对开拓空调技术的应用范围具有重要意义。

本章主要介绍在普通制冷领域内的几个应用最广泛的领域，包括冷库和空气调节领域制冷技术的应用，以及一些新型的制冷空调技术。

8.1 制冷负荷的计算

制冷负荷计算是指冷却设备（蒸发器）负荷计算和机械（压缩机）负荷计算。正确进行制冷负荷计算才能进一步合理地选择蒸发器、压缩机及一系列制冷设备。制冷负荷计算是制冷工艺设计的基础。而制冷负荷计算的基础是库房（或用冷车间）的耗冷量计算。所谓库房耗冷量就是为保证库房内所需要的低温在单位时间内必须由库房内移出的热量。

8.1.1 制冷负荷的计算

1. 计算参数的确定

合理地确定计算参数是库房耗冷量计算的关键，关系到计算结果是否准确、所选机器设备的可靠性如何、是否满足设计要求、经济性如何，以及是否会造成一次投资及运行费用过高等。下面介绍几个主要计算参数的确定方法。

（1）室外计算参数的确定

1）室外计算温度。GB 50072—2010《冷库设计规范》明确规定了室外计算温度可选用历年平均不保证五天的日平均干球温度，即夏季空气调节室外计算日平均温度。例如，北京、天津地区 $t_{wp}=29℃$；计算邻室内墙和楼板传入热量时，应取其邻室的室温。当邻室为冷却间和冻结间时，因为其在冷却、冻结过程中室温是变化的，所以应取该冷间的空库保温温度，即冷却间应按 10℃，冻结间按 -10℃ 计算。

计算冷间通风换气耗冷量与开门耗冷量时，室外计算温度应采用夏季通风温度，即历年最热月 14 时的月平均温度的平均值。例如北京、天津地区，夏季通风温度为 30℃。见表 8-1。

2) 室外计算相对湿度。可按 GB 50019—2015《工业建筑采暖通风和空气调节设计规范》中规定的最热月月平均相对湿度，见表 8-1。

表 8-1 各主要城市部分气象资料

| 地 名 | 台 站 位 置 | | 室外计算温度/℃ | | 室外计算相对湿度（%） | | 极端最低温度/℃ | 极端最高温度/℃ |
	北 纬	东 经	夏季通风	夏季空气调节日平均	最热月月平均	夏季通风		
北 京	39°48′	116°19′	30	29	77	63	-27.4	40.6
上 海	31°10′	121°26′	32	30	83	67	-9.4	38.9
天 津	39°06′	117°10′	30	29	79	66	-22.9	39.7
哈尔滨	45°41′	126°37′	26	26	78	62	-38.1	36.4
沈 阳	41°46′	123°26′	28	28	78	64	-30.6	38.3
唐 山	39°38′	118°10′	29	28	79	64	-21	38.9
太 原	37°47′	112°33′	28	27	71	57	-25.5	39.4
西 安	34°18′	108°56′	31	31	71	57	-20.6	41.7
郑 州	34°13′	113°39′	32	31	75	44	-17.9	43.0
兰 州	36°03′	103°53′	27	26	60	42	-21.7	39.1
武 汉	30°38′	114°04′	33	32	79	62	-17.3	39.4
南 京	32°00′	118°48′	32	32	81	62	-14.0	40.7
厦 门	24°27′	118°04′	31	30	80	69	2.0	38.4
广 州	23°08′	113°19′	31	30	84	68	0.0	38.7
重 庆	29°31′	106°29′	32	32	74	57	-1.8	42.2
乌鲁木齐	43°54′	87°28′	29	30	38	31	-32	40.9
昆 明	25°01′	102°41′	23	23	83	64	-5.4	31.5

注：本表摘自商业部设计院编《冷库制冷设计手册》。

（2）室内计算参数 室内计算温度、相对湿度主要取决于冷间的性质和用途。可由食品冷藏工艺和生产工艺确定。例如储藏蛋类、果蔬冷库，库温 $t_n=\pm0℃$；冻结间库温 $t_n=-23℃$；肉制品加工间 $t_n=6\sim8℃$。冷间设计温度和相对湿度见表 8-2。

表 8-2 冷间设计温度和相对湿度

序号	冷间名称	室温/℃	相对湿度（%）	适用食品范围
1	冷却间	0		肉、蛋等
2	冻结间	-18~-23		肉、禽、兔、冰蛋、蔬菜、冰淇淋等
		-23~-30		鱼、虾等
3	冷却物冷藏间	0	85~95	冷却后的肉、禽
		-2~0	80~85	鲜蛋
		-1~+1	90~95	冰鲜鱼
		0~+2	85~90	苹果、鸭梨等
		-1~+1	90~95	白菜、蒜薹、葱头、菠菜、香菜、胡萝卜、甘蓝、芹菜等
		+2~+4	85~90	土豆、橘子、荔枝等
		+1~+8	85~90	柿子椒、菜豆、黄瓜、番茄、菠萝、柑等
		+11~+12	85~90	香蕉等
4	冻结物冷藏间	-15~-20	85~90	冻肉、禽、兔和副产品、冰蛋、冻蔬菜、冰淇淋、冰棒等
		-18~-23	90~95	冻鱼、虾等
5	储冰间	-4~-6		盐水制冰的冰块

2. 库房耗冷量计算

库房耗冷量通常由五部分组成：围护结构耗冷量 Q_1；货物耗冷量 Q_2；通风换气耗冷量 Q_3；电动机运转耗冷量 Q_4；操作耗冷量 Q_5。

（1）围护结构的耗冷量 Q_1 库房围护结构传热实际上是复杂的不稳定传热，受时间、地点、季节、气候、建筑热工特性等诸多因素的影响。为了方便设计、简化计算，$Q_1(\mathrm{W})$ 可按稳定平壁传热进行计算：

$$Q_1 = KAa(t_w - t_n) \tag{8-1}$$

式中，K 为围护结构的传热系数 $[\mathrm{W/(m^2 \cdot \text{℃})}]$；$A$ 为围护结构的传热面积 $(\mathrm{m^2})$；a 为围护结构两侧温差修正系数，见表 8-3；t_w 为库外计算温度（℃）；t_n 为库内计算温度（℃）。对于各种不同功能的冷间，库内温度见表 8-2。

表 8-3 围护结构两侧温差修正系数 a 值

围护结构部位		a
屋顶	库房与室外大气之间	1.20~1.30
	库房与不通风阁楼气层之间	1.20~1.30
	库房与通风阁楼气层之间	1.15~1.20
外墙	库房与室外大气之间	1.05~1.10
	库房与相邻常温房间大气之间	1.0
地坪	地坪隔热层下有加热装置	0.6
	地坪隔热层下有通风架空层	0.7
	地坪下部无加热装置	0.2

1）传热系数。围护结构的传热系数 $K[\mathrm{W/(m^2 \cdot \text{℃})}]$ 的计算式为

$$K = \frac{1}{1/\alpha_n + \sum \delta_i/\lambda_i + 1/\alpha_w} \tag{8-2}$$

式中，α_n、α_w 为围护结构内、外表面的表面传热系数 $[\mathrm{W/(m^2 \cdot \text{℃})}]$，见表 8-4；$\delta_i$ 为围护结构各构造层的厚度（m）；λ_i 为围护结构各构造层的热导率 $[\mathrm{W/(m \cdot \text{℃})}]$。

表 8-4 围护结构内、外表面的表面传热系数 α_n、α_w

围护结构部位及环境条件	$\alpha_n/[\mathrm{W/(m^2 \cdot \text{℃})}]$	$\alpha_w/[\mathrm{W/(m^2 \cdot \text{℃})}]$
无防风设施的屋面、外墙的外表面		23
顶棚上为阁楼或有房屋和外墙外部紧邻其他建筑物的外表面		12
外墙和顶棚的内表面、内墙和楼板的表面、地面的上表面		
1. 冻结间、冷却间设有强力鼓风装置时	29	
2. 冷却物冷藏间设有强力鼓风装置时	18	
3. 冻结物冷藏间设有鼓风的冷却设备时	12	
4. 冷间无机械鼓风装置时	8	
地面下方为通风架空层		8

2）传热面积。围护结构的传热面积按下述方法计算。

① 屋面、地面、外墙的长度、宽度应按图 8-1 中的 l_1、l_2、l_3、l_4 计算。

② 楼板和内墙的长度、宽度应按图 8-1 中的 l_5、l_6、l_7、l_8 计算。

③ 外墙和内墙的高度均取冷间的层高，其中外墙层高包括室内地坪隔热层和顶部隔热层高度。围护结构两侧温差修正系数 α 与围护结构形式和所处的位置、太阳辐射热、风速等有关。具体数值按表 8-3 选用。

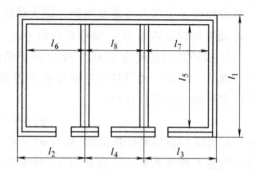

图 8-1　屋面、地面、外墙的长度、宽度示意图

（2）货物耗冷量 Q_2　在货物冷加工过程中，因货物温度高于库房温度，将导致货物放热。货物放热引起的耗冷量 $Q_2(W)$ 的计算公式为

$$Q_2 = Q_{2a} + Q_{2b} + Q_{2c} + Q_{2d}$$

$$= \frac{1}{3.6}\left[\frac{G(h_1-h_2)}{T} + GB\frac{(t_1-t_2)c_b}{T}\right] + \frac{G(q_1+q_2)}{2} + (G_n-G)q_2 \qquad (8-3)$$

式中，Q_{2a} 为食品单位时间的热量（W），如冻结水产品需加水时，应把水的热量计入；Q_{2b} 为包装材料和运载工具热量（W），食品不包装时该项为零；Q_{2c} 为食品冷却时的呼吸热量（W）；Q_{2d} 为食品冷藏时的呼吸热量（W），仅鲜活食品计算 Q_{2c} 和 Q_{2d}；1/3.6 为 1kJ/h 换算成 W 的系数；G 为冷间的每日进货量（kg）；h_1、h_2 为食品进入冷间初始温度和终止降温时的比焓值（kJ/kg）；T 为货物冷却时间（h），对冷藏间取 24h，对冷却间、冻结间取设计冷加工时间；B 为货物包装材料或运载工具重量系数；c_b 为包装材料或运载工具的比热容 [kJ/(kg·℃)]；t_1、t_2 分别为包装材料或运载工具进入库房时和终止降温时的温度（℃），t_2 一般为该库房的设计温度；G_n 为冷却物冷藏间的冷藏量（kg）；q_1、q_2 为食品冷却初始温度和终止温度时的单位呼吸热量（W/kg）。

（3）通风换气耗冷量 Q_3　对果蔬等有呼吸的鲜活食品，为保证其需要的新鲜空气，并定时排除产生的二氧化碳气体，需要通风换气。对有操作人员长期停留的冷间，如加工间、包装间等，为保证操作人员健康所需的新鲜空气，也要通风换气。因通风换气引起的耗冷量 $Q_3(W)$ 计算公式为

$$Q_3 = Q_{3a} + Q_{3b}$$

$$= \frac{1}{3.6}\left[\frac{(h_w-h_n)nV\rho_n}{24} + 30n_r\rho_n(h_w-h_n)\right] \qquad (8-4)$$

式中，Q_{3a} 为冷间换气耗冷量（W）；Q_{3b} 为操作人员所需新鲜空气耗冷量（W）；h_w、h_n 为室外、室内条件下空气的比焓值（kJ/kg）；n 为每日换气次数，$n = 2 \sim 3$；V 为冷间内净容积（m³）；ρ_n 为冷间内空气密度（kg/m³）；30 为每个操作人员每小时需要的新鲜空气量（m³/h）；24 为每日小时数；n_r 为操作人员数。

（4）电动机运转耗冷量 Q_4　电动机在冷间内运转时本身发出热量，所做的功也转变成热量，电动机运转引起的耗冷量 $Q_4(W)$ 计算公式为

$$Q_4 = 1000\sum P\zeta\rho \qquad (8-5)$$

式中，P 为电动机额定功率（kW）；ζ 为热转化系数，电动机在冷间内 $\zeta = 1$，在冷间外 $\zeta = 0.75$；ρ 为电动机运转时间系数，冷风机配用的电动机 $\rho = 1$，冷间内其他设备配用的电动机，按每昼夜操作 8h 计，$\rho = 8/24 = 0.33$。

（5）操作耗冷量 Q_5 操作耗冷量指冷间由于操作管理引起的耗冷量，包括照明耗冷量 Q_{5a}、开门耗冷量 Q_{5b} 和操作人员耗冷量 Q_{5c}。Q_5（W）的计算公式为

$$Q_5 = Q_{5a} + Q_{5b} + Q_{5c}$$

$$= q_d A + 0.2778 \frac{Vn(h_w - h_n)M\rho_n}{24} + \frac{3}{24} n_r q_r \tag{8-6}$$

式中，Q_{5a} 为照明耗冷量（W）；Q_{5b} 为开门耗冷量（W）；Q_{5c} 为操作人员耗冷量（W）；q_d 为单位时间每平方米地板照明热量（W/m²），对冷藏间，$q_d = 1.8 \sim 2.3$ W/m²，对加工间、包装间，$q_d = 5.8$ W/m²；A 为冷间地板面积（m²）；n 为每日开门换气次数，按图 8-2 确定；V 为冷间净容积（m³）；h_w、h_n 为冷间外、内空气的比焓值（kJ/kg）；M 为空气幕效率修正系数，设空气幕时 $M = 0.5$，不设空气幕时 $M = 1$；ρ_n 为冷间空气密度（kg/m³）；3/24 为每日操作时间系数，按每日操作 3h 计；n_r 为操作人员数，可按净容积每 250m³

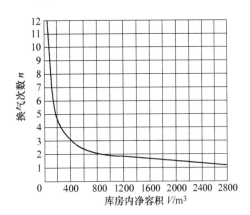

图 8-2 开门换气次数图

增加 1 人；q_r 为每个操作人员单位时间产生的热量（W），冷间内温度 $t_n \geqslant -5℃$ 时，$q_r = 280$（W），冷间内温度 $t_n < -5℃$ 时，$q_r = 410$（W）。冷却间和冻结间不计算 Q_5 这项耗冷量。

8.1.2 设备负荷与机械负荷计算

在库房耗冷量计算的基础上，可以进一步计算冷却设备负荷与机械负荷。

1. 设备负荷 Q_z

设备负荷就是冷间的蒸发器所担负的负荷。不同的冷间，为了满足其用冷需要，设置单独的蒸发器。所以，蒸发器负荷应该以冷间为单位，逐间计算。Q_z（W）的计算式为

$$Q_z = Q_1 + PQ_2 + Q_3 + Q_4 + Q_5 \tag{8-7}$$

式中，Q_1 为围护结构耗冷量（W）；P 为负荷系数，考虑食品放热的不均衡性，对冷却间、冻结间 $P = 1.3$，其他冷间 $P = 1$；Q_2 为货物耗冷量（W）；Q_3 为通风换气耗冷量（W）；Q_4 为电动机运转耗冷量（W）；Q_5 为操作耗冷量（W）。

以设备负荷的计算结果，逐间选配蒸发器。

2. 机械负荷 Q_J

机械负荷是某一蒸发温度系统的压缩机的制冷负荷。所以，机械负荷计算应该按不同的蒸发温度系统分别汇总。在同一个蒸发温度系统中，不同冷间的库房耗冷量并不同时出现最大值，所以汇总时，对库房耗冷量的各个分项要用不同的系数加以修正，使计算结果更符合实际需要，选出的压缩机更经济、合理。Q_J（W）的计算式为

$$Q_J = (n_1 \sum Q_1 + n_2 \sum Q_2 + n_3 \sum Q_3 + n_4 \sum Q_4 + n_5 \sum Q_5)R \tag{8-8}$$

式中，n_1 为围护结构传热量的季节修正系数，当生产旺季在夏季或无明显淡旺季时，$n_1 = 1$，当生产旺季不在夏季时，n_1 值与库温 t_n 的关系见表 8-5；n_2 为货物热量的机械负荷折减系数，见表 8-6；n_3 为同期换气系数，一般取 0.5～1.0（同时最大换气量与全库每日总换气量

的比值大时,取大值);n_4 为库房用的电动机同期运转系数。冷却间、冻结间中的冷风机,$n_4 = 1$,其他见表 8-7;n_5 为库房同期操作系数,见表 8-7;R 为制冷装置和管道等冷损耗补偿系数。一般直接冷却系统 $R = 1.07$,间接冷却系统 $R = 1.12$。

表 8-5　修正系数 n_1 值与库温 t_n 的关系

$t_n/℃$	5	0	-10
$n_1(\%)$	50	60	80

表 8-6　货物热量的机械负荷折减系数

冷却物冷藏间公称容积/m³	取 n_2 值	冻结物冷藏间公称容积/m³	取 n_2 值
10000 以下	0.6	7000 以下	0.5
10001~30000	0.45	7001~20000	0.65
30000 以上	0.3	20000 以上	0.8

注:冷加工间和其他冷间 $n_2 = 1$。

表 8-7　库房用电动机同期运转系数 n_4 及库房同期操作系数 n_5

同一蒸发温度冷间总间数	n_4、n_5	同一蒸发温度冷间总间数	n_4、n_5
1	1	≥5	0.4
2~4	0.5		

为了便于选配制冷压缩机和冷却设备等,应把设备负荷 Q_z 按库房、机械负荷 Q_j 按蒸发温度系统编制汇总表,供设计时使用。

8.1.3　制冷负荷的估算

在进行制冷工艺设计的初步设计时,常需要短时间内做出概算,以便报价;所需制冷负荷的估算数值见表 8-8、表 8-9。

表 8-8　肉类冷冻加工单位制冷负荷

序号	冷间温度/℃	肉类降温情况		冷冻加工时间[1]/h	单位制冷负荷/(W/t)	
		入库温度/℃	出库温度/℃		冷却设备负荷	机械负荷
一、冷 却 加 工						
1	-2	+35	+4	20	3000	2300
2	-7/-2[2]	+35	+4	11	5000	4000
3	-10	+35	+12	8	6200	5000
4	-10	+35	+10	3	13000	10000
二、冻 结 加 工						
1	-23	+4	-15	20	5300	4500
2	-23	+12	-15	12	8200	6900
3	-23[3]	+35	-15	20	7600	5800

(续)

序号	冷间温度/℃	肉类降温情况		冷冻加工时间[①]/h	单位制冷负荷/(W/t)	
		入库温度/℃	出库温度/℃		冷却设备负荷	机械负荷
二、冻 结 加 工						
4	−30	+4	−15	11	9400	7500
5	−30	+10	−18	16	6700	5400

注：1. 本表内冷却设备负荷，已包括货物耗冷量 Q_2 的负荷系数 P（即 $1.3Q_2$）的数值。

2. 本表内机械冷负荷，已包括管道等冷损耗补偿系数 7%。

① 冷冻加工时间不包括肉类进冷间、出冷间的搬运时间。

② 此处系指库房温度先为 −7℃，待肉类表面温度降到 ±0℃ 时，改用库房温度 −2℃ 继续降温。

③ 系一次冻结（即肉类不经过冷却，氨系统直接用低于 −23℃ 蒸发温度）。

表 8-9　冷藏间、制冰等单位制冷负荷

序号	冷 间 名 称	冷间温度/℃	单位制冷负荷/(W/t)	
			冷却设备负荷	机械负荷
一、冷藏间方面				
1	一般冷却物冷藏间	±0、−2	88	70
2	250t 以下冻结物冷藏间	−15、−18	82	70
3	500~1000t 冻结物冷藏间	−18	53	47
4	1000~3000t 单层库冻结物冷藏间	−18、−20	41~47	30~35
5	1500~3500t 多层库冻结物冷藏间	−18	41	30~35
6	4500~9000t 多层库冻结物冷藏间	−18	30~35	24
7	10000~20000t 多层库冻结物冷藏间	−18	28	21
二、制 冰 方 面				
1	盐水制冰方式			7000
2	桶式快速制冰	机械冷负荷		7800
3	储冰间			35

注：本表内机械负荷已包括管道等冷损耗补偿系数 7%。

8.2 水系统设计

8.2.1 冷冻水系统

在制冷空调系统中，随着季节的变化，需要向末端空气处理设备提供空气处理所需要的冷、热量来消除空调房间的热、湿负荷。根据提供冷、热水方式的不同，空调水系统分为双管系统、三管系统和四管系统。为了防止盘管结垢，影响传热效果，冬季热水的供水温度一般为 55~60℃，回水温度为 45~50℃，供、回水温差为 10℃。夏季冷媒水参数通常为：供水 7~10℃，回水 12~15℃，供、回水温差为 5℃。

1. 空调冷冻水系统的分类

（1）双管系统 双管系统是目前用得最多的系统，系统简单，初投资小，特别是在以夏季供冷为主要目的的南方地区。双管系统由一根供水管和一根回水管组成，如图 8-3a 所示，FCU 为风机盘管。

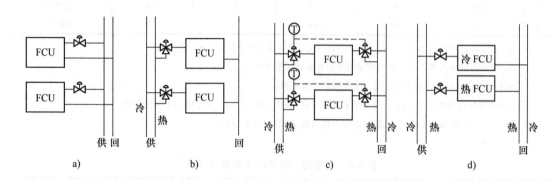

图 8-3 末端空气处理盘管的供水形式及接法
a）双管系统 b）三管系统 c）四管系统（冷、热管合用） d）四管系统（冷、热盘管分开设置）

（2）三管系统 三管系统如图 8-3b 所示。每个末端空气处理盘管设有冷、热两根供水管，回水共用一根回水管。三管系统适应负荷变化的能力强，可较好地进行全年的温、湿度调节，满足空调房间的要求。

（3）四管系统 四管系统是由独立使用的冷、热水供水管和冷、热水回水管组成。它有两种形式：图 8-3c 所示为冷、热盘管合用的四管系统，在盘管的供水支管和回水支管上分别装设电动三通阀。由室温控制装置，按需要向盘管供热水或冷水；图 8-3d 所示为冷盘管和热盘管分开设置的情况，在各自的供水支管上分别装设有电动二通阀调节进入盘管的水量。

（4）开式系统和闭式系统 开式系统如图 8-4 所示，其特点是回水集中回到建筑物底层或地下室的回水池，再用水泵把经过冷却或加热的水送往使用地点。开式系统的主要缺点是为了克服系统的静水压头，水泵的扬程高，运行耗电量大。由于系统中的水与大气相接，水质容易被污染，管路系统易产生污垢和腐蚀。

闭式系统如图 8-5 所示，闭式系统中的水在系统中密闭循环，不与大气相接触，只需要在水系统中的最高点设置膨胀水箱。由于水泵不需要克服提升水的静水压头，运行耗电量小。因此，在工程实际中得到广泛应用。

（5）同程式系统和异程式系统 根据水在供、回水干管中所流过路程的不同，水系统可分为同程式和异程式。

同程式系统如图 8-6 所示，其特点是冷冻水流过每个空调设备环路的管道长度相同。因此，系统水量的分配和调节方便，管路的阻力容易平衡。

图 8-4 开式系统示意图
1—风机盘管或新风机组 2—冷水机组 3—水泵 4—回水池

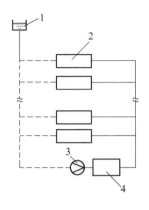

图 8-5　闭式系统示意图

1—膨胀水箱　2—风机盘管或新风

机组　3—水泵　4—冷水机组

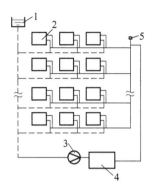

图 8-6　同程式系统示意图

1—膨胀水箱　2—风机盘管或新风机组

3—水泵　4—冷水机组　5—排气阀

　　异程式系统如图 8-7 所示，其特点是冷冻水流过每个空调设备环路的管道长度都不相同。它的管路系统简单，管道长度较短，初投资小。但所有盘管连接管上需设置流量调节阀平衡阻力。

2. 双管闭式空调冷冻水系统

　　双管闭式空调冷冻水系统根据循环水量，可分为定流量系统和变流量系统；根据循环水泵的组数可分为单级泵系统和双级泵系统，并有许多组合方式，其调节原理也有所不同。

　　（1）定流量系统和变流量系统　定流量系统中的循环水量保持定值，当空调负荷变化时，通过改变供、回水温度进行调节。定流量系统的特点是：系统简单，操作方便，不需要复杂的自动控制设备，但不能节省水泵的运行费用。

　　变流量系统中供、回水温度保持定值，当负荷变化时，通过供水量的变化来适应。通常在末端空气处理盘管的回水支管上安装电动二通阀，用室温调节器控制。变流量系统在部分负荷的情况下可节省运行能耗，但是变流量系统要求的自动控制程度高，初投资大，管路系统较复杂。

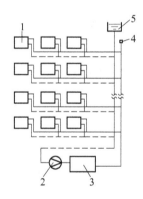

图 8-7　异程式系统示意图

1—风机盘管或新风机组

2—水泵　3—冷水机组

4—排气阀　5—膨胀水箱

　　一般情况下，整个冷冻水循环环路可分为冷源侧环路和负荷侧环路两个部分（图 8-8）。冷源侧环路是指从集水器经过冷水机组至分水器，再由分水器经旁通管路（定流量系统可不设旁通管）进入集水器，该环路负责冷冻水的制备。负荷侧环路是指从分水器经末端空气处理设备返回集水器的这段管路，该环路负责冷冻水的输送和分配。在空调水系统的运行中，冷源侧应当保持定流量，也就是说，冷水机组不能按照变流量运行。

　　（2）单级泵变流量水系统　在冷源侧和负荷侧合用一组循环水泵的系统称为单级泵系统。单级泵变流量水系统如图 8-8 所示。在负荷侧空调末端设备的回水支管上安装电动二通阀，按变流量运行。为了使冷源侧水量按照定水量运行，必须在冷源侧供、回水总管之间，或者在分水器和集水器之间设旁通管路，在该管路上设置由压差控制器控制的电动二通阀调节旁通的水量。

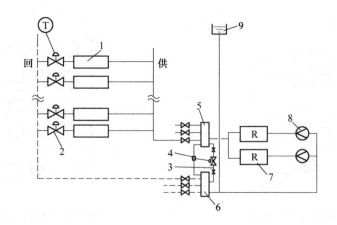

图 8-8　单级泵变流量水系统

1—风机盘管或新风机组　2—电动二通阀　3—旁通管　4—压差控制器

5—分水器　6—集水器　7—冷水机组　8—水泵　9—膨胀水箱

　　单级泵变流量水系统的特点是：系统简单，自控装置少，初投资省，管理方便，因而目前应用较多。但它不能调节水泵的流量，不能节省输送能耗。

　　（3）双级泵变流量水系统　在冷源侧和负荷侧分别设置循环水泵的系统称为双级泵水系统。双级泵水系统主要用于管路系统的阻力较大，停机时静水压头较大的场合，特别是高层建筑。图 8-9 所示为双级泵变流量水系统的示意图。该系统用旁通管将冷冻水系统划分为冷水制备和冷水输配两个部分，形成一次环路和二次环路。

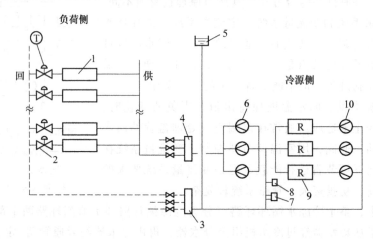

图 8-9　双级泵变流量水系统示意图

1—风机盘管或新风机组　2—电动二通阀　3—集水器　4—分水器　5—膨胀水箱

6—二次泵　7—流量计　8—流量开关　9—冷水机组　10——次泵

　　一次泵的配置，宜与冷水机组一一对应。在冷水机组的进口或出口的管道上，应设置电动蝶阀。二次泵的进水总管与出水总管之间，也设置旁通管，管上装有由压差控制器控制的电动二通阀。

　　二次环路按照变流量运行时，二次泵的配置不必与一次泵的配备相对应，它的台数可多于冷水机组数，以便适应负荷的变化。二次泵可以并联运行，向分区各用户供冷冻水，也可以根据各分区不同的压力损失，设计成独立环路的分区供水系统（图8-10），节省水泵的运行费用。二次泵的台数应大于或等于设计所划分的二次供水的环路数。

二次环路的变流量可采取以下两种方式来实现：一种是多台并联水泵分别投入运行方式，即台数调节；另一种是采用变速（变频调速）水泵调节转速方式。变速水泵的节能效果最好，但价格昂贵，维修比较复杂。

3. 空调冷冻水系统分区

空调冷冻水系统分区通常有两种方式：按照水系统管道和设备的承压能力分区和按照空调用户的负荷特性分区。

（1）按照水系统管道和设备的承压能力分区　高层建筑的冷冻水系统大都采用闭式系统，水系统的竖向分区范围取决于管道和设备的承压能力。通常的做法如下：

1）冷、热源设备布置在地下室。在竖向分为两个系统：低区系统采用普通型设备，高区系统采用加强型设备，如图8-11所示。

2）冷、热源布置在塔楼中部设备层或避难层内。竖向分成独立的两个系统，分段承受水静压力，如图8-12所示。

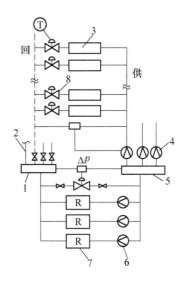

图8-10　二次泵的分区供水系统
1—集水器　2—膨胀管　3—风机盘管或新风机组　4—二次泵　5—分水器　6——次泵　7—冷水机组　8—电动二通阀

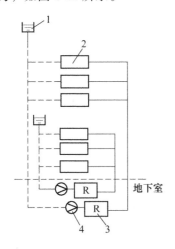

图8-11　冷、热源设备设置在地下室的系统
1—膨胀水箱　2—风机盘管或新风机组　3—冷水机组　4—水泵

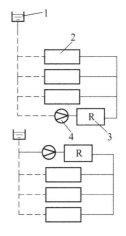

图8-12　冷、热源设备设置在设备层的系统
1—膨胀水箱　2—风机盘管或新风机组　3—冷水机组　4—水泵

3）高、低区合用冷、热源设备（图8-13）。低区采用冷水机组直接供冷，高区通过设置在设备层的板式热交换器间接供冷。板式热交换器作为高、低区水压的分界设备，分段承受水静压力。

4）高、低区的冷、热源设备分别设置在地下室和中部设备层内，竖向分成独立的两个系统，分段承受水静压力（图8-14）。高区的冷水机组可以是水冷机组，也可以是风冷机组。

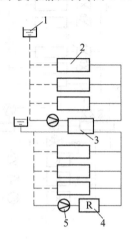

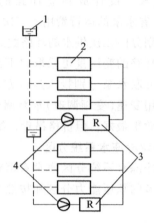

图 8-13　高、低区合用冷、

热源设备的系统

1—膨胀水箱　2—风机盘管或新风机组

3—热交换器　4—冷水机组　5—水泵

图 8-14　高、低区的冷、热源设备分别

设置于地下室和设备层内的系统

1—膨胀水箱　2—风机盘管或新风机组

3—冷水机组　4—水泵

（2）按照空调用户的负荷特性分区　现代建筑的规模越来越大，使用功能也越来越复杂，公共服务用房（餐厅、大宴会厅、酒吧、商店、休息厅、健身房、娱乐用房等）所占面积的比例很大。公共服务用房的空调系统大都具有间歇使用的特点。因此，在水系统分区时，应当考虑建筑物各区在使用功能和使用时间上的差异，把水系统按照上述特点进行分区。

此外，空调水系统还应当考虑按照建筑物朝向和内、外区的差别进行分区。

8.2.2　冷却水系统

在冷水机组中，为了把冷凝器中高温高压的气态制冷剂冷凝为高温高压的液态制冷剂，需要用温度较低的水、空气等物质带走制冷剂冷凝时放出的热量，对于制冷量较大的冷水机组，通常采用水作为冷却剂。用水作为冷却剂时，按照冷却水的供水方式分为直流式冷却水系统和循环式冷却水系统。

直流式冷却水系统的冷却水在经过冷凝器升温后，直接排入河道、下水道或用于小区的综合用水系统的管道。为了节约水资源，通常采用循环式冷却水系统。该系统是由冷却塔、冷却水箱（池）、冷却水泵和冷水机组冷凝器等设备及其连接管路组成的。在循环式冷却水系统中，只需补充少量的新鲜水即可。

冷却塔按通风方式不同分为自然通风冷却塔和机械通风冷却塔。民用建筑空调系统的冷水机组通常是采用机械通风冷却塔循环水系统。

1. 冷却塔

（1）冷却塔的类型　目前，工程上常见的冷却塔有逆流式、横流式、喷射式和蒸发式四种类型。

1）逆流式冷却塔　根据结构不同，可分为普通型、节能低噪声型和节能超低噪声型。图8-15所示为逆流式冷却塔的构造示意图。

2）横流式冷却塔。根据水量大小，设置多组风机。塔体的高度低，配水比较均匀。热交换效率不如逆流式。相对其他冷却塔，横流式噪声较低。

3）喷射式冷却塔。利用循环泵提供的扬程，让水以较高的速度从喷水口射出，从而引射一定量的空气进入塔内与雾化的水进行热交换，从而使水得到冷却。与其他类型冷却塔相比，噪声低，但设备尺寸偏大，造价较贵。

4）蒸发式冷却塔。蒸发式冷却塔也称闭式冷却塔。冷却水系统是全封闭系统，不与大气相接触，不易被污染。在室外气温较低时，利用制备好的冷却水作为冷水使用，直接送入空调系统中的末端设备，以减少冷水机组的运行时间。

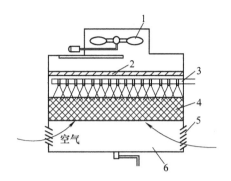

图 8-15 逆流式冷却塔的构造示意图
1—风机 2—挡水器 3—配水装置 4—填料层
5—百叶进风口 6—储水池

冷却塔宜采用相同的型号，其台数宜与冷水机组的台数相同，即"一塔对一机"的方式。不设置备用冷却塔。在多台冷水机组并联运行的系统里，冷却塔和冷却水泵宜与冷水机组一一对应，即"一机对一塔和一泵"。关于冷却塔的结构特点、性能特点及适用范围见表 8-10。

表 8-10　冷却塔的结构特点、性能特点及适用范围

类 型	形式	结 构 特 点	性 能 特 点	适用范围
逆流式（圆形、方形；抽风式、鼓风式）	普通型	1. 空气与水逆向流动，进出风口高差较大 2. 圆形塔比方形塔气流分布好，适合单独布置、整体吊装 3. 方形塔占地面积小，适合多台组合，可现场组装 4. 当循环水对风机的浸蚀性较强时可采用鼓风式	1. 逆流式冷效优于其他形式 2. 噪声较大 3. 空气阻力大 4. 检修空间小，维护困难 5. 喷嘴阻力大，水泵扬程大 6. 造价较低	工矿企业和对环境噪声要求不太高的场所
	低噪声阻燃型	1. 采用降低噪声的结构措施 2. 阻燃型在玻璃钢中掺加阻燃剂	1. 噪声值比普通型的低 4 ~ 8dB（A） 2. 空气阻力较大 3. 检修空间小，维护困难 4. 喷嘴阻力大，水泵扬程大 5. 阻燃型有自熄作用，造价比普通型的高 10% 左右	1. 对环境噪声有一定要求的场所 2. 对防火有一定要求的建筑
	超低噪声阻燃型	1. 在低噪声的基础上增加减噪措施 2. 阻燃型在玻璃钢中掺加阻燃剂	1. 噪声值比低噪声型低 3 ~ 5dB（A） 2. 空气阻力较大 3. 空间小，维护困难 4. 阻力大，水泵扬程大 5. 有自熄作用，造价比低噪声型高 30% 左右	对环境噪声有较严格要求的场所

（续）

类型	形式	结构特点	性能特点	适用范围
横流式（抽风式）	普通低噪声型	1. 空气沿水平方向流动，冷却水流垂直于空气流向 2. 与逆流式相比进出风口高差小，塔稍矮 3. 维修方便，占地面积较大 4. 长方形，可多台组装，运输方便	1. 冷效较逆流式的差，回流空气影响稍大 2. 有检修通道，检查、维护方便 3. 阻力小，水泵所需扬程小，能耗小 4. 风速低、阻力小、塔高矮、噪声低	建筑立面和布置有要求的场所
干式机械通风型	密闭式　蒸发型	1. 冷却水在密闭盘管进行冷却，循环水蒸发冷却对盘管间接换热 2. 质量大，占地面积大	1. 冷却水全封闭，不易被污染 2. 盘管水阻大，冷却水泵扬程大，电耗大，为逆流式的4~5.5倍	对冷却水质有要求的场所，如水环热泵

（2）冷却塔的设置位置　冷却塔的设置位置应通风良好，远离高温或有害气体，避免气流短路以及建筑物高温高湿排气或非洁净气体对冷却塔的影响。同时，也应避免所产生的飘逸水影响周围环境。防止产生冷却塔失火事故。

2. 冷却水系统的形式

（1）下水箱（池）式冷却水系统　制冷站为单层建筑，冷却塔设置在屋顶上。当冷却水水量较大时，为便于补水，制冷机房内应设置冷却水箱（池），如图8-16所示。这是开式冷却水系统。这种系统也适用于制冷站设在地下室，而冷却塔设在室外地面上或室外绿化地带的场合。

（2）上水箱式冷却水系统　制冷站设在地下室，冷却塔设在高层建筑主楼裙房的屋顶上（或者设在主楼的屋面上）。冷却水箱也设在屋面上冷却塔的近旁，如图8-17所示。

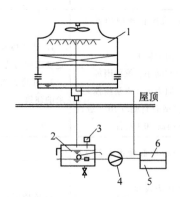

图8-16　在室内设冷却水箱（池）
的冷却水循环流程

1—冷却塔　2—冷却水箱（池）　3—加药装置
4—水泵　5—冷水机组　6—冷凝器

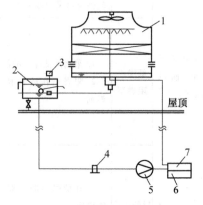

图8-17　在屋顶上设冷却水箱的
冷却水循环流程图

1—冷却塔　2—冷却水箱　3—加药装置　4—水过
滤器　5—冷却水泵　6—冷水机组　7—冷凝器

（3）多台冷却塔并联运行时的冷却水系统　对于大中型空调工程，当多台冷却塔并联运行时，应使各台冷却塔和冷却水泵之间管段的阻力大致达到平衡。如果没有注意并解决好阻力平衡问题，在实际工程中就会出现各台冷却塔水量分配不均匀，有的冷却塔在溢水而有的冷却塔在补水的情况。

为了解决上述问题，一是在冷却塔的进水支管和出水支管上都要设置电动两通阀，两组阀门要成对地动作，与冷却塔的起动和关闭进行电气联锁；二是在各台冷却塔的集水盘之间采用平衡管连接，而平衡管的管径与进水干管的管径相同；三是为使冷却塔的出水量均衡、集水盘水位一致，出水干管应采取比进水干管大两号的集合管，如图8-18所示。

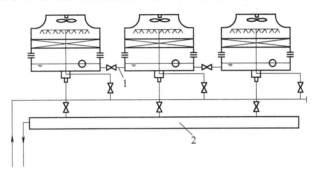

图8-18　多台冷却塔并联运行时的连接
1—平衡管　2—集合管

在多台冷却塔并联运行的系统中，集合管在一定程度上起到增加进入水泵的冷却水水容量的作用。

（4）冷却塔供冷系统　目前，常见的冷却塔供冷系统形式主要有：冷却塔直接供冷系统，如图8-19所示；冷却塔间接供冷系统，如图8-20所示。

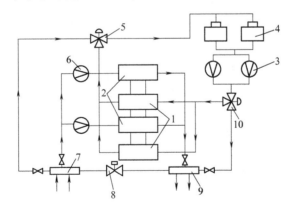

图8-19　冷却塔直接供冷系统
1—冷凝器　2—蒸发器　3—冷却水水泵　4—冷却塔　5、10—电动三通阀
6—冷水水泵　7—集水器　8—压差调节阀　9—分水器

冷却塔供冷系统适用于低湿球温度地区（在夏季或过渡季利用冷却塔制备的冷却水，供给空调系统使用，以节省部分能量）和现代办公楼的内区（全年要求供冷）。当室外空气的比焓值低于室内空气的设计比焓值，又无法利用加大新风量进行免费供冷时，可利用冷却塔供冷系统。

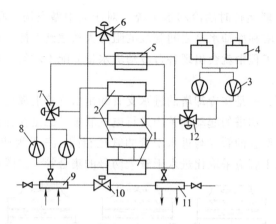

图 8-20　冷却塔间接供冷系统

1—冷凝器　2—蒸发器　3—冷却水水泵　4—冷却塔　5—热交换器　6、7、12—电动

三通阀　8—冷水水泵　9—集水器　10—压差调节阀　11—分水器

3. 冷却水系统设计中的注意事项

（1）冷却水泵的选择　冷却水泵宜按冷水机组台数，以"一机对一泵"的方式配置，不设备用泵。冷却水泵的流量，应按冷水机组的技术资料确定，并乘以 1.05～1.10 的安全系数。冷却水泵的扬程，应按照上水箱式冷却水系统或者下水箱式冷却水系统分别进行计算，然后再乘以 1.05～1.10 的安全系数即可。

（2）冷却水箱

1）冷却水箱的容量。一般冷却水箱的容积应不小于冷却塔 1h 循环水量的 1.2%。即如所选冷却水循环水量为 $260m^3/h$，则冷却水箱容积应不小于 $260m^3 \times 1.2\% = 3.12m^3$。

2）冷却水箱配管。冷却水箱的配管主要有冷却水进水管和出水管、溢水管和排污管及补水管。冷却水箱的配管形式如图 8-21 所示。

（3）冷却水补充水量　在开式机械通风冷却塔冷却水循环系统中，各种水量损失的总和即是系统必需的补水量。

1）蒸发损失。冷却水的蒸发损失与冷却水的温降有关。

2）飘逸损失。由于机械通风的冷却塔出口风速较大，会带走部分水量。

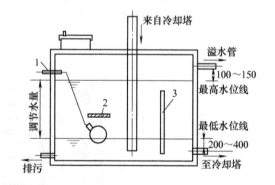

图 8-21　冷却水箱的配管形式

1—补水管　2—浮球挡板　3—挡板

3）排污损失。由于循环水中矿物成分、杂质等含量不断增加，为此需要对冷却水进行排污和补水，使系统内水的浓缩倍数不超过3～3.5。

4）其他损失。包括在正常情况下循环泵的轴封漏水，个别阀门、设备密封不严引起渗漏，以及当设备停止运转时，冷却水外溢损失等。

综上所述，一般采用低噪声的逆流式冷却塔，用于离心式冷水机组的补水率约为 1.53%，对溴化锂吸收式制冷机的补水率约为 2.08%。如果概略估算，制冷系统补水率为 2%～3%。

（4）冷却水的水质要求　循环冷却水系统对水质有一定的要求，既要阻止结垢，又要定期加药，并在冷却塔上配合一定量的溢流来控制 pH 值和藻类生长。

8.3　制冷机组和机房设计

8.3.1　制冷机组简介

制冷机组就是将制冷系统中的部分设备或全部设备配套组装在一起，成为一个整体。这种机组结构紧凑、使用灵活、管理方便、安装简单，其中有些机组只需连接水源和电源即可使用，为制冷空调工程设计和施工提供了便利条件。制冷机组有压缩-冷凝机组、冷（热）水机组和空气调节机组。下面介绍空调工程上常用的冷（热）水机组和空气调节机组。

1. 冷（热）水机组

冷（热）水机组是把整个制冷系统中的压缩机、冷凝器、蒸发器、节流阀等设备，以及电气控制设备组装在一起，为空调系统提供冷冻水（热水）的设备。

冷（热）水机组的类型众多，主要分为压缩式和吸收式两类。其中，压缩式冷（热）水机组又可分为活塞式、螺杆式、离心式等类型。

冷（热）水机组分单冷型冷水机组和热泵型冷热水机组两类。

（1）活塞式冷水机组　图 8-22 所示为活塞式冷水机组原理图。由图可知，活塞式冷水机组除装有压缩机 1、冷凝器 5、热力膨胀阀 8 和干式蒸发器 4 等四大件外，还有干燥过滤器 6、视镜 17、电磁阀 7 等辅助设备，以及高低压保护器 12、油压保护器 11、温度控制器 9、水流开关 15 和安全阀 16 等控制保护装置。

（2）螺杆式冷水机组　螺杆式冷水机组由螺杆式制冷压缩机、冷凝器、蒸发器、节流阀、油分离器、自控元件和仪表等组成的一个完整制冷系统，如图 8-23 所示。螺杆式制冷压缩机调节性能大大优于活塞式压缩机，在 50%～100% 负荷运行时，其功率消耗几乎与冷负荷成正比。

（3）离心式冷水机组　离心式冷水机组将离心式压缩机、冷凝器、蒸发器和节流装置等设备组成一个整体，图 8-24 所示为单级离心式冷水机组的系统示意图。离心式冷水机组采用可调导叶方式，或采用变频调速和可调导叶协调调节的方式进行容量调节。由于离心式压缩机的结构及其工作特性，决定其制冷量一般不小于 350kW。

（4）热泵型冷热水机组　在夏天需要供冷、

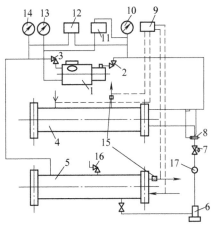

图 8-22　活塞式冷水机组原理图

1—压缩机　2—吸气阀　3—排气阀　4—蒸发器　5—冷凝器　6—干燥过滤器　7—电磁阀　8—热力膨胀阀　9—温度控制器　10—吸气压力表　11—油压保护器　12—高低压保护器　13—油压表　14—排气压力表　15—水流开关　16—安全阀　17—视镜

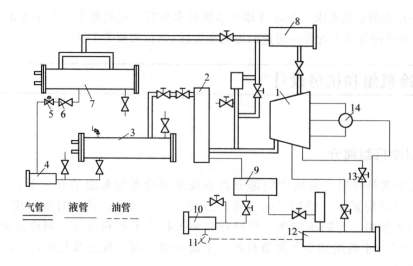

图 8-23　螺杆式冷水机组原理图

1—压缩机　2—油分离器　3—冷凝器　4—干燥过滤器　5—电磁阀　6—节流阀

7—蒸发器　8—吸气过滤器　9—油冷却器　10—油粗滤器　11—油泵

12—油精滤器　13—喷油阀　14—容量调节四通阀

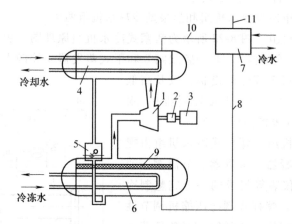

图 8-24　单级离心式冷水机组的系统示意图

1—压缩机　2—增速器　3—电动机　4—冷凝器　5—浮球式膨胀阀　6—蒸发器

7—制冷剂回收装置　8—制冷剂回收管　9—挡液板　10—抽气管　11—放空管

冬季需要供热的空调工程中，可以采用热泵型冷热水机组作为空调冷热源。

图 8-25 所示为半封闭螺杆式空气源热泵冷热水机组的系统原理图。冬季制热工况下机组运行一段时间后，室外风冷热交换器的表面会结霜，影响热交换器传热效果和系统制热效果；此时机组将根据设定的除霜条件自动转换成制冷工况进行除霜，经短时除霜后，机组再次转换为制热工况运行。

为使系统配置简化，系统中采用的半封闭螺杆式压缩机带有内装的油分离器和油过滤器，且自带喷油装置。该机组中采用喷液膨胀阀向压缩腔喷液，用于吸收压缩热和冷却润滑油，保证压缩机正常工作。热泵机组中安装了两个不同容量的热力膨胀阀（制冷热力膨胀阀和制热热力膨胀阀）以满足制冷和制热工况制冷剂流量不同的需求。由于热泵机组在不同的工况下运行，且具有冬季除霜工况，所以在压缩机吸气管道上必须设置气液分离器。

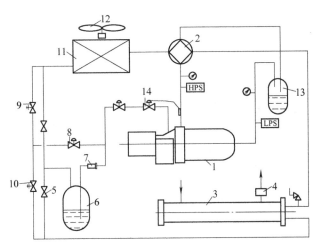

图 8-25　半封闭螺杆式空气源热泵冷热水机组的系统原理图

1—半封闭螺杆式压缩机　2—四通阀　3—水冷热交换器　4—水流开关　5—单向阀　6—储液器
7—干燥过滤器　8—电磁阀　9—制热热力膨胀阀　10—制冷热力膨胀阀　11—室外风冷
热交换器　12—风扇　13—气液分离器　14—喷液膨胀阀　HPS、LPS—控制器

2. 空气调节机组

空气调节机组是局部空调系统中使用的设备。它是由空气处理设备（冷却器、加热器、加湿器、过滤器等）、制冷设备（压缩机、冷凝器等）和风机等组成的一个整体，可直接对空气进行加热、冷却、加湿、除湿等处理，又称空调机或空调器。空调机组具有结构紧凑、占地面积小、安装和使用方便等特点，因此在中小型空调系统中得到了广泛应用。

（1）空气调节机组的类型　空气调节机组的种类很多，主要有房间空调器、多联式空调机组、单元式空调机组和冷冻除湿机组等。

1）按空调机组的外形分，可分为立柜式空调机组、窗式空调器和分体式空调机组。

2）按空调机组的用途分，可分为恒温恒湿空调机组、冷风机组、冷热风机组和特殊用途的空调机组。

特殊用途的空调机组是根据某些房间的特殊要求而设计的专用空调机组。如电子计算机房专用空调机组、净化空调机组、低温空调机组等。

3）按空调机组中制冷系统的工作情况分，可分为热泵式空调机组和非热泵式空调机组两大类。热泵式空调机组的制冷系统夏季实现制冷循环，冬季实现制热循环。而非热泵式空调机组仅在夏季对空气冷却、除湿，若冬季需加热功能，则另设电加热器。

（2）房间空调器　房间空调器根据结构形式可分为整体式和分体式；根据供热方式不同，可分单冷式和热泵式两种；根据压缩机容量调节方式的不同，可分为定速定容量系统、变频调速变容量系统和定速变容量系统。

1）窗式空调器。窗式空调器将所有的设备都安装在一个壳体内，可以开墙洞或直接安装在窗口上，图8-26所示为窗式空调器的示意图，机组上还设有与室外空气相通的进风门，可向室内补入一定量的新鲜空气。图8-27所示为热泵式空调器流程图，其工作原理与热泵式冷热水机组相同，它与单冷空调器相比，增加了一个四通换向阀。应用这种热泵式空调器供暖，比电热供暖节约电能2~3倍。

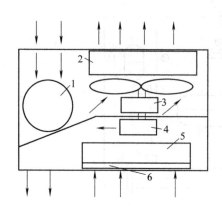

图8-26　窗式空调器的示意图
1—压缩机　2—冷凝器　3—电动机
4—风机　5—蒸发器　6—过滤器

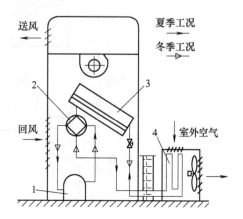

图8-27　热泵式空调器流程图
1—压缩机　2—四通换向阀　3—室内
热交换器　4—室外热交换器

2）分体式空调器。分体式空调器将压缩机、冷凝器和冷凝器风机等部件组装在室外机内，将蒸发器和蒸发器风机置于室内机，室外机和室内机用制冷剂管道连接。图8-28所示为最常用的分体式壁挂空调器的示意图。

3）变频空调器。变频空调器通过控制系统改变压缩机电动机供电频率来调节压缩机转速，使空调器的制冷（热）量随着房间空调负荷变化而变化。变频压缩机的运转范围在20~130Hz之间。

（3）多联式空调机组　多联式空调机组是由一台或多台室外机与多台室内机组成的，用制冷剂管道将制冷压缩机、室内外热交换器、节流机构和其他辅助设备连接而成的闭式管网系统。图8-29所示为典型多联式空调机组系统原理图。采用变频方式和电子膨胀阀控制制冷压缩机的制冷剂循环量和进入室内热交换器的制冷剂流量，适时地满足室内空调负荷的要求。通过四通换向阀，可以实现制冷和制热工况的转换。

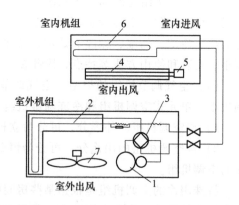

图8-28　分体式壁挂空调器的示意图
1—压缩机　2—室外热交换器　3—四通阀　4—风机
5—风机电动机　6—室内热交换器　7—室外风机

多联式空调机组具有节能、舒适、运行平稳等诸多优点，制冷剂液管和气管的管路占用空间小，且各房间可以独立调节，可满足不同房间的需求，但系统需要有良好的控制功能，而且制作工艺和施工要求严格，故初投资较高。

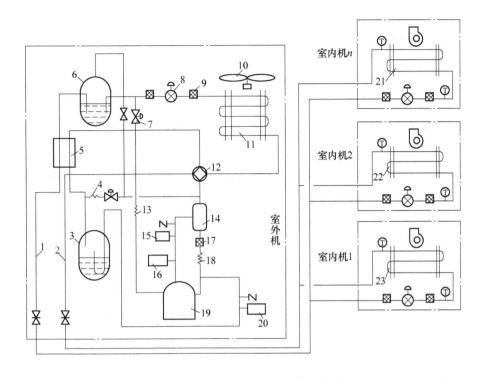

图 8-29 典型多联式空调机组系统原理图

1—液体管 2—气体管 3—气液分离器 4、13、18—毛细管 5—热交换器 6—高压储液器 7—电磁阀
8—电子膨胀阀 9、17—过滤器 10—风机 11—室外热交换器 12—四通阀 14—油分离器 15—高压
传感器 16—高压开关 19—压缩机 20—低压传感器 21、22、23—室内热交换器

（4）单元式空调机组　单元式空调机组的制冷量较大，通常在 7kW 以上。图 8-30 所示为恒温恒湿单元式空调机组的示意图。该空调机组中装有电加湿器和电加热器，可在全年内保证房间达到一定程度的恒温与恒湿要求。

（5）冷冻除湿机组　冷冻除湿机组是利用蒸气压缩式制冷机降低空气含湿量的设备，它的工作原理如图 8-31 所示。

（6）电子计算机房专用空调机组　电子计算机房专用空调机组是根据计算机房空调特点设计的，为适应计算机房负荷的高显热比的特点，空调机组的风量大、焓降小、除湿量小；空调机组中还设有中效过滤器，以满足计算机房空气清洁度的要求。图 8-32 所示为电子计算机房专用空调机组原理的示意图。

8.3.2 制冷机房设计

制冷机房（也称冷冻站）的工艺设计对于生产或使用者的安全和经济运行具有决定性作用。设计上考虑欠妥，不仅会给操作运行、维护管理方面造成困难，浪费能源，而且会导致事故的发生，造成严重损失，因此要求设计人员能够正确地运用有关设计规范、标准以及设计手册，以便做出技术上先进、经济上合理的工程设计。进行制冷机房的工艺设计时，首先应当掌握设计方面所必需的资料，对于某些设计资料可由有关专业为主进行收集，而对于温度的高低、冷负荷的大小、性质和任务，则应以制冷专业设计人员为主取得资料。取得资

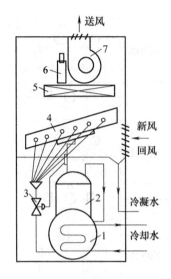

图 8-30　恒温恒湿单元式空调机组的示意图

1—冷凝器　2—压缩机　3—热力膨胀阀

4—蒸发器　5—电加热器　6—加湿器　7—风机

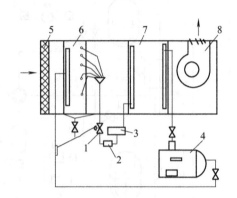

图 8-31　冷冻除湿机组的工作原理

1—膨胀阀　2—干燥过滤器　3—储液器　4—压缩机

5—过滤器　6—蒸发器　7—冷凝器　8—风机

料后，应认真地研究制冷工艺设计方案，这时就必须确定制冷机房的站房容量，选定制冷机组和选定合理的设备。其次便是对制冷设备进行合理的布置，组成良好的系统，设计成一个完好的制冷机房，并对机房在工厂总图上进行合理的布局，最后会同有关专业的设计人员完成制冷机房的设计任务。

1. 制冷机房设计的原始资料

原始资料是设计工作者的重要依据之一。如果占有的原始资料不全或有误，就会导致设计方案上的改变，会影响制冷设备选择的合理性。

（1）冷负荷资料　冷负荷资料是设计工作中的一项主要资料。冷负荷资料的来源有两种：一种是由其他专业所提供，例如，空气调节工程所用的制冷机房，应当由采暖通风专业提供；另一种是制冷工程设计人员以生产工艺负荷资料为依据计算出冷负荷资料。

（2）工厂发展规划资料　在某些工程建设中，常有工厂近期和远期的发展规划。设计制冷机房时，应当了解工

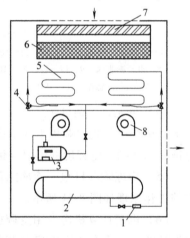

图 8-32　计算机房专用空调
机组原理的示意图

1—干燥器　2—冷凝器　3—压缩机

4—膨胀阀　5—蒸发器　6—高效

过滤器　7—低效过滤器　8—风机

厂近期和远期的发展规划，这是为了便于将来制冷机房的扩建和选择布置制冷设备。

（3）水质资料　水质资料系指确定使用的冷却水水源的水质资料，其主要指标有：水中含铁量、水的碳酸盐硬度和酸碱度（pH）值等。关于冷却水的水质要求，详见相关设计手册。

（4）气象资料　气象资料系指工厂建设地区的最高和最低温度、采暖计算温度、大气

相对湿度、土壤冻结深度、全年主导风向以及当地大气压力等。

（5）地质资料　地质资料系指工厂建设地区的大孔性土壤等级、土壤酸碱度、土壤耐压能力、地下水位、地震烈度等。

（6）设备资料

1）制冷压缩机或机组的主要性能、技术规格、技术参数、外形图、安装图及出厂价格等。

2）制冷辅助设备的性能、规格、外形图、安装图及出厂价格等。

（7）主要材料资料　主要材料系指建厂地区生产的绝热材料和管材等。设计人员应了解其主要技术性能、规格和出厂价格。

（8）各有关专业的设计图样　对于新建的制冷机房，在设计时需要各有关专业共同协作，且需在设计工作中互相提供必须的条件、图样和档案资料。对于设计改建或扩建的制冷站，往往比设计新的制冷站更为复杂，除了取得上述资料之外，还必须了解原有制冷设备的数量、使用年限、库存年限、产品名称、制造厂名、产品结构特点、产品技术性能、运行情况、曾发生的事故及处理情况、原有厂房改建或变动情况、厂区有关地带的综合管线变更情况、厂区道路变更情况、制冷机房原有的设计图样档案和有关专业的设计图样档案以及目前尚存在的问题等。

2. 设计步骤

制冷机房（也称冷冻站）的设计大体有以下几个步骤：

（1）确定制冷机房的总冷负荷　制冷机房的总冷负荷应包括用户实际所需的制冷量以及制冷系统本身和供冷系统的冷损失。用户实际所需的制冷量应由空调、冷冻或工艺有关方面提出，而冷损失一般可用附加值计算。对于直接供冷系统一般附加 5%～7%，对于间接供冷系统一般附加 7%～15%。此外，还应了解全年负荷的变化规律，以便合理配置制冷压缩机的台数与容量。

（2）确定制冷机组类型　根据用户使用要求、冷负荷及其全年变化、当地能源供应等情况，比较制冷机房一次投资和全年运行费用，确定制冷机组类型，包括制冷方式、制冷剂种类、冷凝器冷却方式等。制冷机的选型要注意：

1）温度范围。选择制冷机时，首先应该考虑到所设计的工程对制取温度的要求。制取温度的高低对制冷机的选型和系统组成有着极为重要的实际意义。

2）制冷量与单机制冷量。制冷量的大小将直接关系到工程设计的一次性投资、占地面积、能量消耗和运行经济效果，这是值得重视的。设计制冷站时，一般情况下不设单台制冷机，这主要是考虑到当一台制冷机发生故障或停机检修时，不至于停产。应结合生产情况，选定合理的机组台数。

3）能量消耗。能量消耗系指电耗与气耗。特别是当选用大型制冷机时，应当考虑到能量的综合利用，因为大型制冷机是一种消耗能量较大的设备，所以对于区域性供冷的大型制冷站，应当充分考虑到对电、热、冷的综合利用和平衡，特别要注意到对废气、废热的充分利用，以期达到最佳的经济效果。

4）环境保护。选用制冷机时，必须考虑到环境保护问题，以及生产、科研和生活等方面的要求。以下两个方面是值得重视的：

① 制冷机运行时均发生噪声。

② 有些制冷机所用制冷剂。

5）振动。制冷机运行时均产生振动，但是其频率与振幅大小因机种不同相差较大。

6）一次性投资。应该注意在相同制冷量的情况下，制冷机种类不同，其一次性投资也不相同。

7）运行管理费。由于各种制冷机的特点不同，所以其全年的运行管理费用也不相同。

8）冷却水的水质。冷却水的水质好坏，对热交换器的影响较大，其危及设备的作用是结垢与腐蚀，这不仅会使制冷机制冷量降低，而且严重时会导致热交换管堵塞与破损。

9）制冷机的种类及其适用范围。选择制冷机时，必须熟知各种制冷机的适用范围和适用场所。

10）优先选用制冷机组。当选定了制冷机的种类之后，应当优先考虑选用制冷机组，特别是优先选用专用的制冷机组，这样既可减少设计程序又可确保工程设计质量。

一般情况下，从单位制冷量消耗一次能源的角度看，电力驱动蒸气压缩式制冷机组比吸收式制冷机组能耗要低。但对于当地电力供应紧张，或有热源可以利用，特别有余热废热的场合，应优先选用吸收式制冷机组。

（3）确定制冷系统的设计工况　制冷系统的设计工况即冷凝温度和蒸发温度的确定。

冷凝温度根据冷凝器的冷却方式和冷却介质的温度确定。对于立式、卧式壳管冷凝器，冷凝温度一般比冷却水出口温度高 2~4℃；对于风冷式冷凝器，冷凝温度与空气进口温度差取 10~16℃；对于蒸发式冷凝器，其室外空气的设计湿球温度可按夏季室外平均每年不保证 50h 的湿球温度计算，蒸发式冷凝器的冷凝温度应比该设计湿球温度高 5~10℃。

蒸发温度则应根据用户使用温度确定，一般情况下，蒸发温度应比冷冻水供水温度低 2~3℃。直接蒸发式空气冷却器的蒸发温度则与用户所需空气温度有关，空气调节用的直接蒸发式空气冷却器的蒸发温度比送风温度低 6~8℃。至于冷藏库用冷排管的蒸发温度一般比库温低 5~10℃，库温越低，差值越小。

（4）确定制冷机组容量和台数　设计制冷机房时，一般选择 2~3 台同型号的制冷机组，台数不宜过多。除特殊要求外，一般不设置备用制冷机组。

（5）设计水系统　确定冷冻水和冷却水系统形式，选择冷冻水泵、冷却水泵和冷却塔的规格和台数，进行管路系统设计计算。

（6）布置制冷机房　设计到最后进行机房布置。

3. 制冷机房

小型制冷机房一般附设在主体建筑内，氟利昂制冷设备也可设在空调机房内。规模较大的制冷机房，特别是氨制冷机房，应单独修建。

（1）对制冷机房的要求　制冷机房宜布置在全区夏季主导风向的下风侧；在动力站区域内，一般应布置在乙炔站、锅炉房、煤气站、堆煤场等的上风侧，以保证制冷机房的清洁。制冷机房的位置应尽可能设在冷负荷中心处，力求缩短冷冻水和冷却水管网。当制冷机房为全区主要用电负荷时，还应考虑靠近变电站。

空调用制冷机房，主要包括主机房、水泵房和值班室等。冷冻冷藏用的制冷机房，规模小者可为单间房屋，不作分隔；规模较大者，按不同情况可分隔为主机间（用于布置制冷压缩机）、设备间（布置冷凝器、蒸发器和储液器等辅助设备）、水泵间（布置水箱、水泵)、变电间(耗电量大时应有专门变压器),以及值班控制室、维修储存室和生活间等。房高应不低于3.2~4.0m,设备间也不应低于2.5m。

制冷机房应采用二级耐火材料或不燃材料建造。机房最好为单层建筑,设有不相邻的两个出入口,机房门窗应向外开启。机房应预留能通过最大设备的出入口或安装洞。

(2)制冷机房的设备布置 制冷机房内的设备布置应保证操作和检修的方便,同时要尽可能使设备布置紧凑,以节省建筑面积。

制冷机组的主要通道宽度以及制冷机组与配电柜的距离应不小于1.5m,制冷机组与制冷机组或与其他设备之间的净距离不小于1.2m,制冷机组与墙壁之间以及与其上方管道或电缆桥架的净距离应不小于1.0m。

溴化锂吸收式制冷机宜布置在建筑物内,可安装在楼房的底层和各楼层,亦可露天布置。制冷机的两端必须留有检修时能抽出管束的间距,以便更换热交换器管件之用。两台制冷机之间应留有1.5~2.5m的净空间距,制冷机顶部距机房屋架下弦高度应留有大于1.5m的间距。

中、大型制冷压缩机应设在室内,并有减振基础。其他设备则可根据具体情况,设置在室内、室外或敞开式建筑内,但是,要注意某些设备(如冷凝器和储液器)之间必要的高度差。制冷压缩机及其他设备的位置应使连接管路短,流向通畅,并便于安装。

卧式壳管式冷凝器和蒸发器布置在室内时,应考虑有清洗和更换其内部传热管的位置。

水泵的布置应便于接管、操作和维修,水泵之间的通道一般不小于0.7m。

此外,设备和管路上的压力表、温度计等应设在便于观察的地方。

8.4 设计实例

8.4.1 小型冷藏库系统设计

1. 食品冷藏库的分类

按照食品冷藏库使用性质可分为三类:

(1)生产性冷藏库 主要建在货源较集中的产区,作为肉、禽、蛋、鱼虾、果蔬加工厂的冷冻车间使用。它的特点是冷冻加工的能力较大,有一定库容量,其建设规模应根据货源情况和商品调出计划确定。

(2)分配性冷藏库 一般是建在大中城市、水陆交通枢纽和人口较多的工矿区,作为市场供应需要、出口计划的完成和长期储备中转运输之用。其特点是冻结量小、冷藏量大,而且要考虑多种食品的储存。

(3)零售性冷藏库。一般是建在城市的大型副食商店内,供临时储存零售食品之用。其特点是库容量小,储存期短,库温则随使用要求不同而异。

2. 冷藏库容量的确定

冷藏库容量以储藏间的公称容积为计算标准,其储存吨位的计算式为

$$G = \frac{\sum V \rho \eta}{1000} \tag{8-9}$$

式中,G 为冷藏库储藏吨位(t);V 为冷藏库公称容积(m³);η 为冷藏库容积利用系数,

见表 8-11；ρ 为食品的计算密度（kg/m³），见表 8-12。

表 8-11　小冷藏库容积利用系数 η

公称容积/m³	501～1000	101～500	51～100	≤50
容积利用系数	0.41	0.35	0.30	0.25

表 8-12　食品的计算密度

序号	食品类别	密度/(kg/m³)	序号	食品类别	密度/(kg/m³)
1	冻猪白条肉	400	11	篓装鸭蛋	250
2	冻牛白条肉	330	12	箱装鲜蔬菜	230
3	块状冻剔骨肉或副产品	600	13	箱装鲜水果	350
4	块状冻鱼	470	14	箱装鲜豆类	280
5	盘冻鸡	350	15	箱装甜椒	170
6	盘冻鸭	450	16	箱装土豆	430
7	纸箱冻兔(带骨)	500	17	箱装西红柿	380
8	盘冻蛇	700	18	食品罐头	600
9	木箱装鲜鸡蛋	300	19	机制冰	750
10	篓装鲜鸡蛋	230	20	其他	按实际密度采用

注：1. 如储存单一品种货物，表内公称容积为全部冷藏间的容积，当储存数种货物时，按各自所占的容积分别查出容积利用系数。

　　2. 当同时储存猪肉、牛肉、羊肉、禽类、水产品等，其密度均按 400kg/m³ 计；当只储存羊腔时，密度按 250kg/m³ 计算；只储存牛、羊肉时，密度按 330kg/m³ 计算。

3. 制冷机械及设备的选择

冷藏库中用来制冷的机械和设备基本上可分为冷间内冷量分配设备（即蒸发器）和机房内制冷机械及设备。制冷机械和设备是根据机械负荷和设备负荷来选择的。设备负荷和机械负荷的计算分别见式（8-7）和式（8-8）。

（1）蒸发器的选择　食品冷加工、结冻的质量好坏与蒸发器的形式、蒸发温度的高低、室内温湿度、气流速度有密切关系，要根据冷藏食品的特性来选择蒸发器的类型。

蒸发器基本上可以分为空气冷却器（又叫冷风机）和冷却排管两种。前一种是强制库内空气循环达到降温的目的，后一种是利用库内空气自然对流的方法使之冷却，冷却排管又分为顶排管、墙排管及搁架式排管。冷却间、冻结间一般采用空气冷却器，以加快降温速度，缩短冷却及冻结时间。空气冷却器也用于保鲜食品的储藏和小冷藏库的结冻与低温储藏。缺点是食品干耗大，适合于有外包装的食品储藏。采用冷却排管的冷间，室内温度稳定，空气流动缓慢，食品干耗小，适合于结冻物的冷藏和小型多用冷藏库，但要注意冷却间内（$t_n \geq 0℃$）不宜采用顶排管，以免库内滴水，影响商品质量。

（2）制冷机械及设备的选择　制冷机械及设备中主要的是制冷压缩机，此外还有冷凝器、储液器及其他辅助设备。选择压缩机是根据某一蒸发温度的总机械负荷 $\sum Q_J$，参照压缩机的性能曲线或者通过热力计算去选定压缩机的容量及数量，要在蒸发温度及制冷量两方面都能满足总机械负荷计算的要求。为了适应储存不同货品时要求不同温度这一情况，压缩机的蒸发温度应能根据需要进行调节。

小型冷藏库为了简化设备，便于设计、安装及使用，较多采用整体型制冷机组，制冷剂为氨或氟利昂。选择时，只需与压缩机的冷量匹配，其他辅助设备及管路在制造厂已合理配置，使用非常方便。氟利昂制冷机组便于实现自动控制，在小型制冷装置中应用最多。

压缩机不管其蒸发温度如何，冷凝温度都是一致的，因而冷凝器不再是按照蒸发温度去选择，而是统一考虑。冷凝器的热负荷是通过循环的热力计算确定的，其传热面积通过传热计算确定。小型冷藏库通常只用一个冷凝器，大型冷藏库其冷凝器的数量也希望尽可能少一些。

高压储液器是为了储存高压液体制冷剂，并且当负荷变化时调节供需，同时起到液封的安全作用。为此，高压桶应具备一定的容积 V（m^3）：

$$V=\frac{\sum q_m v\varphi}{\beta\times 1000} \tag{8-10}$$

式中，$\sum q_m$ 为制冷剂每小时的总循环量（kg/h）；v 为冷凝压力下制冷剂液体的比体积（m^3/kg）；φ 为系数，500t 以下冷藏库为 1.2，500～1000t 冷藏库为 1.0，1000～5000t 冷藏库为 0.8，5000t 及其以上冷藏库为 0.5；β 为储液器内储液最大允许容量，大中型冷藏库取 0.8，小型冷藏库取 0.7。

其他辅助设备，均按与压缩机相配套的原则选择。

4. 冷藏库制冷系统设计计算实例

冷藏库容量的确定、冷负荷计算及机器设备选择方法前面已经叙述，下面举例说明冷藏库的设计计算方法。

例 8-1 欲建一座 100t 装配式冷藏库，储存肉类食品，其中 24h 冻结能力为 10～12t，试选择有关制冷设备。气象资料以郑州地区为准，水源为自来水，循环使用。

解 首先根据冷藏吨位按照式（8-9）确定冷藏库公称容积，根据冷藏库净高确定净面积，然后确定冷藏库的平面布置，进行冷负荷计算。具体步骤如下：

（1）设计条件

1）气象及水文条件。夏季室外计算温度为 31℃，相对湿度为 75%，露点温度为 26℃；采用自来水，循环使用。

2）生产能力。冷藏容量为 100t，24h 冻结能力为 10～12t。

3）制冷系统。采用重力供液直接蒸发制冷系统。冷藏间库温为-18℃，蒸发器选用双层光滑顶排管；冻结间库温为-23℃，选用落地式空气冷却器，内设吊轨。

4）冷藏库的平面布置如图 8-33 所示。

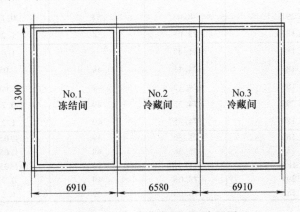

图 8-33 冷藏库的平面布置图

（2）设计计算

1）冷库围护结构传热系数计算。外墙、内墙、屋顶均取 $K = 0.186W/(m^2 \cdot ℃)$ ［注：内外墙及屋顶均采用 $\delta = 150mm$ 厚预制聚氨酯泡沫塑料夹心隔热板，热导率实测值 $\lambda = 0.02W/(m \cdot ℃)$，考虑生产过程和安装使用中客观因素的影响，计算值取 $\lambda = 0.0279W/(m \cdot ℃)$，$K = \lambda/\delta = 0.0279/0.15W/(m^2 \cdot ℃) = 0.186W/(m^2 \cdot ℃)$］；地坪取 $K = 0.291W/(m^2 \cdot ℃)$［200mm 厚软木隔热层，热导率不大于 $0.052W/(m \cdot ℃)$，考虑施工及外界因素的影响，热导率计算值取 $\lambda = 0.0582W/(m \cdot ℃)$，$K = \lambda/\delta = 0.0582/0.20W/(m^2 \cdot ℃) = 0.291W/(m^2 \cdot ℃)$］。

2）冷库耗冷量计算如下：

① 冷库围护结构传入热引起的耗冷量 Q_1。

a. 冷库围护结构的传热面积：

计 算 部 位		长度/m	高度/m	面积/m²
No. 1	南墙	6.91	3.67	25.36
	北墙	6.91	3.67	25.36
	西墙	11.30	3.67	41.47
	东墙	11.30	3.67	41.47
	地坪、屋顶	11.30	6.91	78.08
No. 2	西墙	11.30	3.67	41.47
	南墙	6.58	3.67	24.15
	北墙	6.58	3.67	24.15
	地坪、屋顶	11.30	6.58	74.35
No. 3	南墙	6.91	3.67	25.36
	北墙	6.91	3.67	25.36
	东墙	11.30	3.67	41.47
	地坪、屋顶	11.30	6.91	78.08

b. 冷库围护结构的耗冷量：

计算部位		传热系数/[W/(m²·℃)]	传热面积/m²	传热温差 Δt/℃	修正系数 a	Q_1/W
No. 1	南墙	0.186	25.36	54	1.05	267.5
	北墙	0.186	25.36	54	1.05	267.5
	西墙	0.186	41.47	54	1.05	437.4
	东墙	0.186	41.47	5	1.0	38.6
	地坪	0.291	78.08	54	0.7	858.9
	屋顶	0.186	78.08	54	1.2	941.1
No. 2	西墙	0.186	41.47	−5	1.0	−38.6
	南墙	0.186	24.15	49	1.05	231.1
	北墙	0.186	24.15	49	1.05	231.1
	地坪	0.291	74.35	49	0.7	742.1
	屋顶	0.186	74.35	49	1.2	813.2
No. 3	南墙	0.186	25.36	49	1.05	242.7
	北墙	0.186	25.36	49	1.05	242.7
	东墙	0.186	41.47	49	1.05	396.9
	地坪	0.291	78.08	49	0.7	779.3
	屋顶	0.186	78.08	49	1.2	854.0

计算结果列于下表：

库 房 名 称	No.1(冻结间)	No.2(低温冷藏间)	No.3(低温冷藏间)
Q_1/W	2811	1979	2515.6

② 货物耗冷量 Q_2

a. No.1。24h 冻结能力 10～12t，每次进货量 10～12t。进货温度 30℃，$h_1 = 318.4kJ/kg$；冻结终止温度 −15℃，$h_2 = 12.6kJ/kg$。冷却时间 24h。

耗冷量
$$Q_2 = Q_{2a} = \frac{1}{3.6} \times \frac{1.2 \times 10^4 \times (318.4 - 12.6)}{24} W$$
$$= 4.25 \times 10^4 W$$

b. No.2。24h 进货量按 6t 计算，进货温度 −15℃，$h_1 = 12.6kJ/kg$；冷藏温度 −18℃，$h_2 = 4.60kJ/kg$。冷却时间 24h。

耗冷量
$$Q_2 = Q_{2a} = \frac{1}{3.6} \times \frac{0.6 \times 10^4 \times (12.6 - 4.60)}{24} W$$
$$= 555.6W$$

c. No.3 的耗冷量与 No.2 的相同。
$$Q_2 = 555.6W$$

计算结果列于下表：

库 房 名 称	No.1(冻结间)	No.2(低温冷藏间)	No.3(低温冷藏间)
Q_2/W	4.25×10^4	555.6	555.6

③ 通风换气耗冷量 Q_3：冻结间、低温冷藏间均不计算通风换气耗冷量，即 $Q_3 = 0$。

④ 连续运转电动设备的耗冷量 Q_4

a. No.1。根据式 (8-5)，有
$$Q_4 = 1000 \sum P \zeta \rho$$

No.1 内设 KLJ-250 型空气冷却器三台，每台空气冷却器配置 1.5kW 轴流风机 2 台，电动机总功率为 $P = 1.5 \times 2 \times 3 kW = 9kW$；$\zeta = 1$，$\rho = 1$
$$Q_4 = 1000 \times 9 \times 1 \times 1 W = 9000W$$

b. No.2 和 No.3。采用光滑顶排管，故 $Q_4 = 0$。

⑤ 操作耗冷量 Q_5。

a. No.1。

照明耗冷量
$$Q_{5a} = q_d A = 1.8 \times 73.5 W$$
$$= 132.3W$$

开门耗冷量
$$Q_{5b} = 0.2778 \frac{Vn(h_w - h_n)M\rho_n}{24}$$

由图 8.2 得 $n = 4$，查空气的热力性质表得 $h_w = 85.7kJ/kg$，$h_n = -18.56kJ/kg$，$\rho_n = 1.422kg/m^3$，则

$$Q_{5b} = 0.2778 \times \frac{269.74 \times 4 \times (85.7 + 18.56) \times 0.5 \times 1.422}{24} W$$

$$= 925.8W$$

操作人员耗冷量。冻结间内不计操作热，故 $Q_{5c}=0$。

耗冷量的总和
$$Q_5 = Q_{5a}+Q_{5b}$$
$$= (132.3+925.8)\text{W}$$
$$= 1058.1\text{W}$$

b. No.2 和 No.3。

照明耗冷量
$$Q_{5a} = q_d A = 1.8\times70.74\text{W}$$
$$= 127.4\text{W}$$
$$Q'_{5a} = 1.8\times73.5\text{W} = 132.3\text{W}$$

开门耗冷量　$V=259.6\text{m}^3$，$V'=269.74\text{m}^3$，$h_w=85.7\text{kJ/kg}$
$$h_n = -16.06\text{kJ/kg}，\rho_n = 1.384\text{kg/m}^3$$
$$Q_{5b} = 0.2778\times\frac{259.6\times4\times(85.7+16.06)\times0.5\times1.384}{24}\text{W}$$
$$= 847.0\text{W}$$
$$Q'_{5b} = 0.2778\times\frac{269.74\times4\times(85.7+16.06)\times0.5\times1.384}{24}\text{W}$$
$$= 880.0\text{W}$$

操作人员耗冷量（操作人员按4人计算）　$n_r=4$，$q_r=410\text{W/人}$
$$Q'_{5c} = Q_{5c} = \frac{3}{24}\times4\times410\text{W} = 205\text{W}$$

耗冷量的总和
$$Q_5 = Q_{5a}+Q_{5b}+Q_{5c}$$
$$= 127.4+847.0+205 = 1179.4\text{W}$$
$$Q'_5 = 132.3+880.0+205 = 1217.3\text{W}$$

计算结果列于下表：

库 房 名 称	No.1(冻结间)	No.2(低温冷藏间)	No.3(低温冷藏间)
Q_4/W	9000	0	0
Q_5/W	1058.1	1179.4	1217.3

⑥ 确定设备负荷和制冷机器负荷

a. 冷间蒸发器所担负的设备负荷（冷藏间 $P=1$，冻结间 $P=1.3$）。
$$Q_z = Q_1+PQ_2+Q_3+Q_4+Q_5$$

对于 No.1，有
$$Q_z = (2811+1.3\times4.25\times10^4+0+9000+1058.1)\text{W} = 68.12\text{kW}$$

对于 No.2，有
$$Q_z = (1979+1\times555.6+0+0+1179.4)\text{W} \approx 3.72\text{kW}$$

对于 No.3，有
$$Q_z = (2515.6+1\times555.6+0+0+1217.8)\text{W} \approx 4.29\text{kW}$$

各冷间蒸发器的设备负荷列于下表

库 房 名 称	No.1 冻结间	No.2 低温冷藏间	No.3 低温冷藏间
Q_z/kW	68.12	3.72	4.29

b. 机械负荷。
$$Q_J = (n_1 \sum Q_1 + n_2 \sum Q_2 + n_3 \sum Q_3 + n_4 \sum Q_4 + n_5 \sum Q_5)R$$

对于直接冷却系统，$R = 1.07$。为了节约资金，简化系统和设计，以及方便系统操作，冻结及低温冷藏间均采用$-33℃$蒸发温度系统（当冻结和冷藏量都很大时可将冻结间采用$-33℃$蒸发温度系统，冷藏间采用$-28℃$蒸发温度系统）。

$n_1 = 1$，由表8-6得$n_2 = 1.0$，由表8-7得$n_4 = 0.5$，$n_5 = 0.5$，则

$$Q_J = (1 \times 7305.6 + 1.0 \times 43611.2 + 0 + 0.5 \times 9000 + 0.5 \times 3454.8) \times 1.07 W$$
$$= 61.14 \times 10^3 W$$
$$= 61.1 kW$$

（3）制冷压缩机及辅助设备的选择计算

1）确定制冷工况。

蒸发温度t_o：$-33℃$，相应压力$p_o = 0.102MPa$。

冷凝温度t_k：冷却水进水温度$t_{w1} = 26℃ + 4℃ = 30℃$，冷却水出水温度$t_{w2} = 30℃ + 2℃ = 32℃$，冷凝温度与冷却水出水温度之差$\Delta t = 5℃$，则$t_k = 32℃ + 5℃ = 37℃$，相应压力$p_k = 1.424MPa$。

2）初选制冷压缩机。根据机械负荷初选S4A-12.5单机双级制冷压缩机二台，二台压缩机的高压级理论排气量$q_{V_{pg}} = 2 \times 70.75 m^3/h = 141.5 m^3/h$，低压级理论排气量$q_{V_{pd}} = 2 \times 212.25 m^3/h = 424.5 m^3/h$。

3）复核压缩机的产冷量并计算制冷剂循环量。

① 确定中间温度和中间压力。根据$t_k = 37℃$，$t_o = -33℃$，由诺模图求出中间压力$t_m = -3.8℃$，对应的中间压力为$p_m = 0.37MPa$（也可按制冷系数最大原则，先选几个不同的中间温度，进行热力计算，然后求出制冷系数，并画出$\varepsilon - t_m$曲线，由曲线查出制冷系数最大时的中间温度，这样得出的结果更为精确）。

② 以中间温度$t_m = -3.8℃$，供液过冷温度比中间温度高5℃（即过冷度为5℃），高压级吸气温度近似取中间温度，低压级吸气温度取$-25℃$（即过热度为8℃），作$p-h$图，查出各状态点的参数为

$h_1 = 1418.5 kJ/kg$

$h_2 = 1448 kJ/kg$ $v_2 = 1.16 m^3/kg$

$h_3 = 1630 kJ/kg$

$h_4 = 1457.5 kJ/kg$ $v_4 = 0.33 m^3/kg$

$h_5 = 1660 kJ/kg$ $h_6 = 375 kJ/kg$

$h_7 = h_8 = 228 kJ/kg$

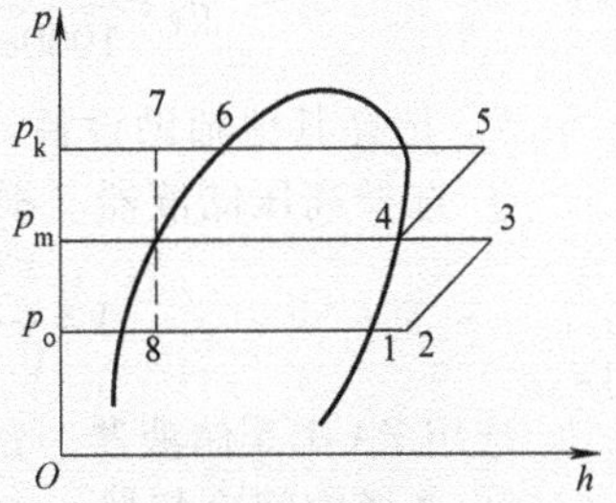

图 8-34 压焓图

③ 由《制冷工程设计手册》或由压缩机制造厂提供的数据查得，高、低压级压缩机的输气系数为$\lambda_g = 0.726$，$\lambda_d = 0.718$。则两台压缩机的制冷量为

$$Q_o = q_{V_{pd}} \lambda_d q_V = q_{V_{pd}} \lambda_d \frac{h_1 - h_8}{v_2}$$
$$= 424.5 \times 0.718 \times \frac{1418.5 - 220}{1.16} \times \frac{1}{3.6} W$$
$$= 87.47 kW > 61.1 kW$$

可以满足要求。在冻结初期或冻结量不饱满的情况下，只开一台压缩机即可，另一台作为备用，也可以根据制造厂提供的制冷压缩机特性曲线直接查得其制冷量。

低压级压缩时氨循环量

$$q_{md} = \frac{q_{V_{pd}}\lambda_d}{v_2} = \frac{424.5 \times 0.718}{1.16} \text{kg/h} = 262.75 \text{kg/h}$$

高压级压缩时氨循环量

$$q_{mg} = \frac{q_{V_{pg}}\lambda_g}{v_4} = \frac{141.5 \times 0.726}{0.33} \text{kg/h} = 311.3 \text{kg/h}$$

4）冷凝器选择计算。

① 冷凝器的热负荷。

$$Q_k = q_{mg}(h_5 - h_6) \times \frac{1}{3.6}$$

$$= 311.3 \times (1660 - 375) \times \frac{1}{3.6} \text{W} = 111.1 \text{kW}$$

② 传热温差。

$$\Delta t_m = \frac{t_{w2} - t_{w1}}{2.3 \lg \dfrac{t_k - t_{w1}}{t_k - t_{w2}}} \text{°C} = \frac{32 - 30}{2.3 \lg \dfrac{37 - 30}{37 - 32}} = 5.95 \text{°C}$$

③ 冷凝器传热面积。立式壳管式冷凝器的 K 值范围为 $700 \sim 810 \text{W/(m}^2 \cdot \text{°C)}$，取 $K = 700 \text{W/(m}^2 \cdot \text{°C)}$，则

$$A_k = \frac{Q_k}{K \Delta t_m} = \frac{111.1}{0.7 \times 5.95} \text{m}^2 = 26.7 \text{m}^2$$

选用 LN-50 型立式壳管式冷凝器一台，传热面积为 50m^2。

④ 冷却水量。

$$q_V = \frac{Q_k}{1000 c_w \Delta t_s} = \frac{111.1}{1000 \times 4.19 \times 2} \times 3600 \text{m}^3/\text{h} \approx 47.7 \text{m}^3/\text{h}$$

5）选择其他辅助设备。

① 选择高压储液器。根据式（8-10）得

$$V = \frac{\sum q_{mg} v \varphi}{0.7 \times 1000} = \frac{311.3 \times 1.71 \times 1.2}{0.7 \times 1000} \text{m}^3 = 0.92 \text{m}^3$$

选用 ZA-1.5 储液器一台，容积为 1.5m^3。

② 选择中间冷却器。中间负荷为

$$Q_m = q_{md} [(h_3 - h_4) + (h_6 - h_7)]$$

$$= 262.75 \times [(1630 - 1457.5) + (375 - 220)] \times \frac{1}{3.6} \text{W}$$

$$= 23.9 \text{kW}$$

中间冷却器的蛇形盘管流量 $\quad q_m' = \dfrac{Q_m}{h_4 - h_6} = \dfrac{23.23}{1457.5 - 375} \times 3600 \text{kg/h} = 77.25 \text{kg/h}$

中间冷却器的总流量 $\quad q_m = q_{md} + q_m' = (262.75 + 77.25) \text{kg/h} \approx 340.0 \text{kg/h}$

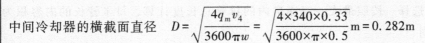

中间冷却器的横截面直径　$D = \sqrt{\dfrac{4q_m v_4}{3600\pi w}} = \sqrt{\dfrac{4 \times 340 \times 0.33}{3600 \times \pi \times 0.5}}\,\text{m} = 0.282\text{m}$

氨液过冷器负荷　$Q_{gl} = q_{md}(h_6 - h_7) = 262.75 \times (375 - 220) \times \dfrac{1}{3.6}\,\text{W} \approx 12.0\text{kW}$

过冷对数平均温差　$\Delta t_{zj} = \dfrac{t_k - t_{gl}}{2.3\lg \dfrac{t_k - t_m}{t_{gl} - t_m}} = \dfrac{37 - 1.2}{2.3 \times \lg \dfrac{37 + 3.8}{1.2 + 3.8}}\,\text{℃} = 17.1\text{℃}$

中间冷却器蛇形盘管的过冷面积

$$A_{gl} = \dfrac{Q_{gl}}{K \Delta t_{zj}} = \dfrac{12.0}{0.581 \times 17.1}\,\text{m}^2 = 1.20\text{m}^2$$

查表得 $K = 0.581$，选用 ZL-1.5 型中间冷却器（直径 $D = 400\text{mm}$，过冷面积 $A_{gl} = 1.4\text{m}^2$）一台。

③ 选择油氨分离器。油氨分离器的直径为

$$D = \sqrt{\dfrac{4V_{pg}\lambda_g}{3600 w \pi}} = \sqrt{\dfrac{4 \times 141.5 \times 0.726}{3600 \times 0.5 \times 3.14}}\,\text{m} = 0.27\text{m}$$

选用 GYF-400 型干式油氨分离器（$D = 400\text{mm}$）一台。

④ 集油器的选择。标准制冷量在 $200 \sim 1200\text{kW}$ 时，采用桶身直径为 325mm 的集油器 $1 \sim 2$ 台；所以选用 JY-200 型集油器（桶身直径 $D = 219\text{mm}$）一台。

⑤ 空气分离器的选择。总标准制冷量在 1200kW 时采用冷却面积为 0.45m^2 的空气分离器一台，所以选用 WKF-32 型空气分离器（冷却面积 0.6m^2）一台。

⑥ 氨液分离器的选择。

$$D = 0.0266\sqrt{q_{md} v_2} = 0.0266 \times \sqrt{262.75 \times 1.16}\,\text{m} = 0.464\text{m} = 464\text{mm}$$

选用 AF-600 型氨液分离器（$D = 600\text{mm}$）一台。

⑦ 冻结间蒸发器选择。

$$A = \dfrac{Q_z}{K \Delta t} = \dfrac{68.12}{11.6 \times 10^{-3} \times 10}\,\text{m}^2 = 587\text{m}^2$$

式中，Δt 为冷间空气温度与蒸发温度之差（℃）；K 为空气冷却器传热系数 $[\text{W}/(\text{m}^2 \cdot \text{℃})]$，由《实用制冷工程设计手册》表 10-60 查得。

原选 KLJ-250 空气冷却器三台，每台冷却面积为 250m^2，三台共计 750m^2，满足要求。

⑧ 冷藏间蒸发器选择。采用双层光滑顶排管（无缝钢管规格为 $\phi38\text{mm} \times 2.5\text{mm}$），最大一间冷藏间冷却面积为

$$A_{max} = \dfrac{Q_{max}}{K \Delta t} = \dfrac{4.29}{6.98 \times 10^{-3} \times 10}\,\text{m}^2 = 61.5\text{m}^2$$

式中；Δt 为库房空气温度与蒸发温度之差，一般取 10℃；K 为双层光滑顶排管传热系数 $[\text{W}/(\text{m}^2 \cdot \text{℃})]$，由《实用制冷工程设计手册》表 10-56 查得。

选用顶排管冷却面积为 71.5m^2（每米管长的外表面积为 $0.119\text{m}^2/\text{m}$），则管路总长 $L_{max} = (71.5/0.119)\text{m} = 601\text{m}$。

⑨ 排液桶的选择。按照最大一间库房内的排管总长度计算，每米管长的内容积为 $0.00085\text{m}^3/\text{m}$，则

$$V_\text{p} = \frac{L_\text{max} \times 0.00085 \times 0.5}{0.7} = 0.4\text{m}^3$$

选择 ZA-1.0 型排液桶一台（$V = 1.0\text{m}^3$）。

制冷设备汇总如下：

序　号	设备名称	型　号	规　格	数　量	单　位
1	制冷压缩机	S4-12.5		2	台
2	油氨分离器	GYF-400	$D = 400(\text{mm})$	1	台
3	立式壳管式冷凝器	LN-50	$A = 50(\text{m}^2)$	1	台
4	高压储液器	ZA-1.5	$V = 1.5(\text{m}^3)$	1	台
5	排液桶	ZA-1.0	$V = 1.0(\text{m}^3)$	1	台
6	中间冷却器	ZL-1.5	$A_\text{gl} = 1.4\text{m}^2$	1	台
7	氨液分离器	AF-600	$D = 600(\text{mm})$	1	台
8	集油器	JY-200	$D = 219(\text{mm})$	1	台
9	空气分离器	WKF-32	$A = 0.6(\text{m}^2)$	1	台
10	空气冷却器	KLJ-250	$A = 250(\text{m}^2)$	3	台
11	顶排管		$A = 71.5(\text{m}^2)$	2	组

图 8-35 所示为按例 8-1 所选择的制冷设备的氨制冷系统原理图。

冻结食品应合理考虑冷藏期限、储藏温度及储藏期中食品干耗这三者的关系（可参见有关资料）。同时要考虑到低温冷藏温度，能否采用单级压缩机运转条件来满足要求。低温冷藏间要求库温稳定，干耗小，宜采用盘管式；小型冻结室宜采用搁架式，或带吹风式的搁架。采用冷风机方式时，具有冷却速度快、除霜可自动化等优点，是一种较好的方式。

较小型的冷藏库多采用氟利昂直接膨胀式供液制冷系统，在设计氟利昂制冷系统时应尽量做到回气均匀、回油均匀和供液均匀，使制冷装置正常运转。氟利昂压缩机上除了应有高低压控制器等自动保护装置外，还应加装油压差控制器。

在设计小型冷藏库时要注意以下几点：

① 正常情况下，应设两台以上制冷机，以便可有两个蒸发温度运行；当一台检修时，冷库仍能部分供冷。

② 如果只有一台制冷机，负担两个库温差异较大的系统时，在回气管上应设置蒸发压力调节阀，以保持回气压力彼此接近。

③ 冻结间和低温冷藏间可以按一个蒸发温度设计，室温和蒸发温度之差 Δt 可以取 10℃，而实际结冻过程的蒸发温度不是定值，开始时，Δt 较大，到后期才接近设计值，无结冻任务时，冻结间可作为低温冷藏间用。

④ 带吹风式的搁架蒸发器，通常用于包装的食品、盘装鱼虾、猪内脏等食品的冻结，其效果较好。当盘装厚度为 10~15cm，经 12~24h 便可达到低温冷藏的要求，对小型冷库是一种可取的结冻方式。

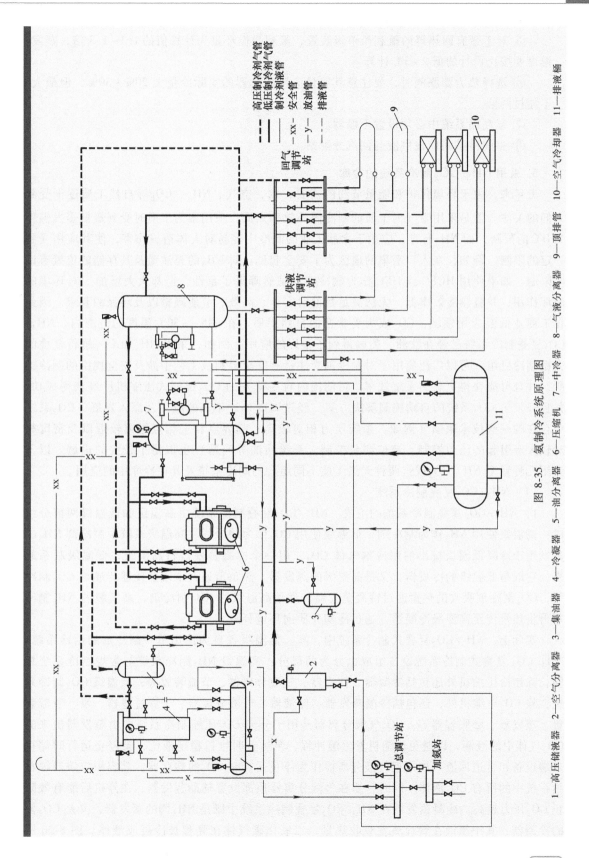

图 8-35 氨制冷系统原理图

1—高压储液器 2—空气分离器 3—集油器 4—冷凝器 5—油分离器 6—压缩机 7—中冷器 8—气液分离器 9—顶排管 10—空气冷却器 11—排液桶

⑤ 对于带有回热器的氟利昂单级装置，氟利昂循环量为计算值的 1.1~1.3 倍，蒸发温度要按比设计的低 2~3℃计算。

⑥ 选择热力膨胀阀时，要注意其容量应比蒸发器的实际冷量大 20%~30%，但最大不超过两倍。

⑦ 氟利昂系统中必须设置干燥器。

⑧ 多间冷藏间应设供液与回汽分配站。

5. 采用 NH_3/CO_2 制冷系统的冷库

近年来，由于环境保护和能量节约的需要，水、空气、NH_3、CO_2 等自然工质逐渐受到人们的关注。但是采用空气为工质的制冷循环效率太低，采用水为工质时受到最低蒸发温度为 0℃ 的限制，而 NH_3 有毒，应用于食品工业的制冷中容易对人体造成伤害，使其应用受到一定的限制。例如，在人口密集的地区为了安全起见，对 NH_3 的充注量及其存储的位置有诸多限制。如果使用 HCFC 或 HFC 作为制冷剂，虽然降低了毒性，但却大大增加了对环境的破坏作用，并且制冷效率低，无法满足目前对安全、高效、节能减排以及环保的要求。因此在工商业低温应用领域，CO_2 成为受欢迎的自然工质。在 -35~-50℃ 温度的范围内，NH_3/CO_2 复叠制冷系统已经在欧洲、美国得到了很好的应用。例如，采用 NH_3 和 CO_2 进行复叠的大型制冷机组，可以广泛应用于对制冷剂充注量有安全限制或工艺中涉及安全规定的制冷场所，并且可能获得更高的系统效率。目前国内自主研发的 CO_2 螺杆式压缩机已经获得成功，并且开发了 CO_2 系统的自动控制解决方案。经过国内外近年来的应用及深入发展，CO_2 系统中存在的一些技术瓶颈（例如，系统压力相对较高、临界点和三相点距离较近以及密度相对较大等引起的压力控制、液位测量控制、系统回油等问题）也取得了较大的进展。以下介绍几种新型 NH_3/CO_2 或这两种天然工质不同组合的制冷系统及其在冷库中的应用。

（1）NH_3/CO_2 复叠制冷系统

1）NH_3/CO_2 复叠制冷系统的组成。NH_3/CO_2 复叠制冷系统由高温级和低温级两部分组成：高温级使用 NH_3 作为制冷剂，低温级使用 CO_2 作为制冷剂。高温级系统中制冷剂 NH_3 的蒸发用于冷凝低温级排出的制冷剂气体 CO_2，用一个冷凝蒸发器将高温级、低温级联系起来，它既是低温级的冷凝器，又是高温级的蒸发器。热负荷通过末端蒸发器传递给 CO_2 制冷剂，CO_2 制冷剂吸收的热量通过冷凝蒸发器传递给高温级的 NH_3 制冷剂，高温级的 NH_3 制冷剂再将热量传至高温级冷凝器，通过冷却介质向环境释放。

实际上，NH_3/CO_2 复叠式制冷系统中，高、低温级各自为使用单一制冷剂的制冷系统。NH_3/CO_2 复叠式制冷系统设备组成也分为两部分：高温级 NH_3 制冷系统与常规制冷系统相同，除制冷压缩机外还包括冷凝器、储液器、气液分离器、节流装置等；低温级 CO_2 制冷系统，除 CO_2 压缩机外，还包括冷凝蒸发器、储液器、气液分离器、干燥过滤器、泵、节流装置、蒸发器、膨胀容器等。CO_2 气液分离器是用于分离 CO_2 压缩制冷系统中由蒸发器出来的 CO_2 气体中的液滴，以避免压缩机发生湿冲程，泵运行时维持稳定液位，泵停止运行时储存末端设备和管道回液。如果把气液分离器作为停止运行时 CO_2 的储存器，其容积应该能够承纳系统中的所有 CO_2 液体。同时，要在气液分离器顶部设置辅助蒸发器，在停机后能有效防止 CO_2 压力超高。冷凝蒸发器在 NH_3/CO_2 复叠制冷系统中既是 NH_3 侧的蒸发器，又是 CO_2 侧的冷凝器，其中氨液在管程蒸发吸收热量，二氧化碳气体在壳程被冷凝成液体。图 8-36 所

示为 NH_3/CO_2 复叠制冷系统原理简图。

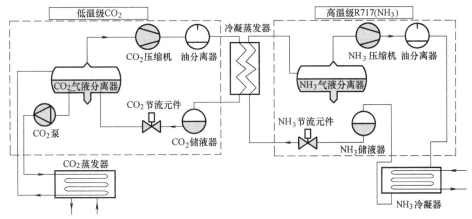

图 8-36 NH_3/CO_2 复叠制冷系统原理简图

2）NH_3/CO_2 复叠制冷系统的特点。

NH_3/CO_2 复叠制冷系统的优点有：

① 安全。NH_3 工质充注量少且被限制在制冷机房范围内，约是常规氨系统充注量的 10%；CO_2 工质在人员密集区使用，即使发生泄漏对人体也无危害；用于制冷系统的 CO_2（99.9%）几乎对所有材料无腐蚀。

② 节能。在低温领域，如蒸发温度 $-42℃$/冷凝温度 $+35℃$，NH_3/CO_2 复叠制冷系统比常规氨双级系统的 COP 高 8%~12%，比氟双级系统的 COP 高 12%~15%，温度越低，节能越明显。

③ 环保。NH_3/CO_2 为天然工质，是全球制冷行业倡导的自然工质之一。

NH_3/CO_2 复叠制冷系统的缺点有：

① 工作压力相对较高，特别是在热气除霜的情况下。

② 需要对低温系统停止运行时的压力进行有效控制。

③ 需要维护两种制冷剂的制冷系统。

3）冷冻冷藏业采用 CO_2 制冷技术需考虑的几个问题

① CO_2 制冷压缩机的适用条件。由于 CO_2 的物理特性使得 CO_2 制冷压缩机的适用条件与氨制冷压缩机不同，选择 CO_2 制冷压缩机时应保证其运行工况满足压缩机的使用条件。某公司生产的 LG 系列 CO_2 螺杆式压缩机的适用条件见表 8-13。

表 8-13 CO_2 螺杆式压缩机的适用条件

项目	单位	LG 系列 CO_2 螺杆式压缩机
制冷剂		R744
排气压力	MPa	≤4.0
对应饱和温度	℃	5
吸气压力	MPa	0.45~1.58
对应饱和温度	℃	-55~-25
油压	MPa	高于排气压力 0.1~0.3
油温	℃	30~65
冷却水进口温度	℃	15.5~33
冷却水流量偏差		±10%
电源		3N 50Hz 380V

② 系统设计压力。在 NH_3/CO_2 复叠式制冷系统中，高温级系统与常规 NH_3 制冷系统相同，高压侧设计压力为 2.0MPa，低压侧设计压力为 1.5MPa。由于 CO_2 制冷系统的运行压力大大高于传统的制冷系统，一般运行时低温侧压力为 0.5～1.2MPa，高温侧压力为 1.8～2.5MPa，这给系统和零部件的设计带来许多特殊要求，尤其是系统停机升温后压力会更高，因此，低温级 CO_2 制冷系统的设计压力为 5.0MPa。

③ 设备与管系的材质。按管道设计压力对 CO_2 系统进行分类，管道属于中压管道，管道材料必须依据管道的使用条件（设计压力、设计温度、流体类别）来选用，管件应选择与管道材质相同，公称压力在 5.0MPa 以上的产品。通常，如果 CO_2 系统设计蒸发温度高于 -40℃ 时，管道可选择材质为 16Mn 的低合金钢无缝钢管（质量标准满足 GB/T 8163《输送流体用无缝钢管》的要求）；如果 CO_2 系统设计蒸发温度低于 -40℃ 时，管道可选择材质为 06Cr18Ni9 的高合金钢无缝钢管（质量标准满足 GB/T 12771《输送流体用不锈钢无缝钢管》的要求）。CO_2 系统设备应由具有相应资质的设备制造商设计和制造，采购订货时应该提供实际使用条件。阀门（包括控制阀门）应选用适合低温条件使用、公称压力在 5.0MPa 以上的产品。

④ 系统供液方式。NH_3/CO_2 复叠式制冷系统低温级的供液方式有直接膨胀供液、重力供液和液泵供液三种。直接膨胀供液分液均匀性差，但易回油，中小系统采用较多。重力供液和液泵供液充注量及膨胀容器会有所增加，优点是供液分配均匀，易控制。选择供液方式应注意：低温制冷剂液体分配的均匀性；防止低温机回液现象的发生；低温级冷冻油是否凝固，是否会堵塞微通道，是否能够返回压缩机吸气；制冷剂的充注量及膨胀容器的大小。

⑤ 停机时 CO_2 的储存。CO_2 低温系统在停机后由于温度的升高，系统压力也会升高，所以，CO_2 低温系统设计中必须考虑停机后 CO_2 液体的储存问题。通常，有两种方式，即设置膨胀容器和设置辅助制冷系统。

a. 设置膨胀容器。膨胀容器内的低温制冷剂分为两部分：在运行中存在的制冷剂气体；停机后由于温度升高制冷剂膨胀而进入容器的气体。膨胀容器的容积可按下式计算：

$$V_h = (G_x v_h - V_x)\frac{v_x}{v_x - v_h}$$

式中，V_h 为膨胀容器的容积（m^3）；V_x 为低温系统除膨胀容器外的总容积（m^3）；G_x 为低温系统 CO_2 的充注量（kg）；v_x 为环境温度、吸气压力下制冷剂气体的比体积（m^3/kg）；v_h 为环境温度、平衡压力下制冷剂气体的比体积（m^3/kg）。

b. 设置辅助制冷系统。CO_2 系统在停机后系统压力随温度升高而升高，设定辅助制冷系统维持 CO_2 系统处于低温状态即可避免系统压力的升高，由于系统的外表面积计算的复杂性，实际工程设计中，以系统制冷量的 5%～7% 作为辅助设备的冷负荷。

（2）NH_3/CO_2 载冷剂制冷系统

1）NH_3/CO_2 载冷剂制冷系统的组成。CO_2 作为载冷剂用于主制冷循环的二次回路，与常规的载冷剂系统大的区别在于 CO_2 是相变载冷，CO_2 通过自身的物态变化完成冷量的输送过程，因此其在传递同等冷量的前提下，所需要的循环量很小，远小于常规的载冷剂系统，而且 CO_2 作为载冷剂不存在系统管路腐蚀的问题，解决了传统载冷剂系统在运行可靠性方面的大隐患。和 NH_3/CO_2 复叠制冷系统相比，NH_3/CO_2 载冷剂系统更紧凑、充氨量更少、系统运行更加安全、初次投资省。当 CO_2 蒸发温度低于 -30℃ 时，其运行费用略高于 NH_3/CO_2

复叠制冷系统，但当 CO_2 蒸发温度高于 $-30℃$ 时，从运行效率和一次投资费用两方面而言均宜采用 CO_2 载冷剂系统。图 8-37 所示为 CO_2 载冷剂制冷系统原理简图。

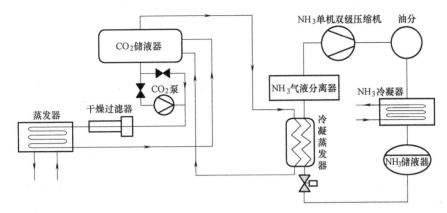

图 8-37　CO_2 载冷剂制冷系统原理简图

2）CO_2 作为载冷剂和其他载冷剂的比较。表 8-14 列出了 CO_2 和其他载冷剂的比较，由表 8-14 可知 CO_2 作为载冷剂的特点是：黏度低、换热 COP 高、比热容大、流量小。

表 8-14　CO_2 作为载冷剂和其他载冷剂比较

载冷剂	氯化钙盐水	甲酸	CO_2
黏度/mPa·s	21.1	9.38	0.166
密度/(kg/m³)	1,313	1,375	1,066
比热容/[kJ/(kg·K)]	2.636	2.615	299.292
流量/(m³/h)	48.2	46.4	1.6
泵电机功率/kW	11	7.5	1.1
管径/mm	125	125	23/32

3）NH_3/CO_2 载冷剂系统性能试验。试验项目：①测试 CO_2 作载冷剂循环时不同工况下冷凝蒸发器和储液器之间的压差；②测试 CO_2 作载冷剂循环时不同工况下冷凝蒸发器的传热系数 K，并与复叠循环时的传热系数进行比较；③测试 CO_2 作载冷剂循环时冷凝蒸发器带液冷凝的系统运行情况；④测试 CO_2 泵正常运行时允许的最大吸入管路压差。

试验结论如下：

①和同样配置条件下的复叠工况相比，CO_2 载冷剂系统中的冷凝蒸发器的传热系数约为复叠系统的 1/2。

②为保证 CO_2 泵的正常运行，CO_2 泵的进口管路的压力降对应的温度降不允许超过 0.8℃。

③冷凝蒸发器的进气侧为两相流时，其传热系数略小于进气侧为饱和气体时的传热系数，但偏差都在 5% 以内。

④在投资性价比合理的条件下，CO_2 载冷剂系统的运行压力限定在蒸发温度 5℃，所以 CO_2 载冷剂系统设计压力不支持蒸发温度高于 5℃ 时的运行。在 $-30℃$ 以下，CO_2 载冷剂系统的效率低于 NH_3/CO_2 复叠制冷系统性能，且性能降低幅度远大于复叠系统投资增加幅度，所以在 $-30℃$ 以下，不建议使用 CO_2 载冷剂系统。

（3）采用 NH_3/CO_2 复叠制冷系统冷库项目实例　该项目主要为某公司设计，其用途是为水果及食品罐头的生产和材料储存提供制冷。该项目位于市区，要求兼顾安全可靠及节能高效。根据项目需求，制冷系统控制采用智能化、自动化的解决方案，随负荷及外部条件的变化自动调节和运行，无需人工操作，达到机房无人值守的目标。CO_2 压缩机能量增减根据蒸发器的蒸发压力自动调节，高温级压缩机的增减根据低温级的冷凝温度自动调节，具体设计指标见表 8-15。

表 8-15　某公司制冷系统设计参数

蒸发温度/冷凝温度/℃	-40/+35
制冷量/kW	220
蒸发温度范围/℃	-30 ~ -50（可调）
高温级冷凝器负荷/kW	345

系统采用 NH_3/CO_2 复叠制冷，由高温级和低温级两部分组成。高温级使用 NH_3 作为制冷剂，由 1 台 LG16BM（NH_3）压缩机组运行；低温级使用 CO_2 作为制冷剂，由 1 台 LG12R（CO_2）压缩机组运行。

在系统的设计中，为了满足业主各方面的需求，除了压缩机这一核心部件外还面临着诸多关键问题。例如系统的压力如何进行控制、系统中高密度的 CO_2 如何进行稳定优化的供液、高容积制冷量的 CO_2 制冷剂如何进行有效的温度控制以及系统的热气融霜等，这些自动控制子系统都是目前 CO_2 制冷应用中较为缺乏经验并亟须得到有效解决的要点。

1）压力控制。由于 NH_3/CO_2 存在压力较高的特性，这就对系统的承压能力提出了具体要求。系统的 CO_2 侧正常制冷运行（不进行热气融霜）时的运行压力在 30bar（1bar = 10^5Pa）以内，但是考虑到进行热气融霜的要求，则需要大约 10℃ 左右的热气，这时系统对应的工作压力将达到 45bar。考虑到安全阀的工作特性，需要为系统留出 10% 的开启压力，系统的最大工作压力将达到 50bar。因此整个系统的设计压力选为 50bar。为了满足系统的设计要求，整个系统的控制阀门全部采用了最大工作压力为 52bar 的产品。

考虑到如此高的运行压力，阀门的选取尽量采用模块化设计的阀组，如 ICF 系列组合阀、ICV 系列模块式工业控制阀以及 SVL 系列模块化截止阀及管路元件，这样既可有效确保系统的工作压力，减少积液带来的膨胀风险，还可以在系统维护和服务的过程中大大简化工作的复杂程度。另外，为了确保系统压力平稳运行，在压力设计上采用了三道防线进行防护：首先，引入辅助制冷系统用于确保停机时系统能够保持在一定的压力范围内；其次，在相应的循环桶上设置电磁阀，当容器压力超过辅助制冷机组设定值时，开启电磁阀排出部分制冷剂；最后，通过安全阀进行泄压保护。

2）液位控制。液位控制在工业制冷系统中是非常重要的一个子系统，通过液位控制可以使系统的供液保持稳定，对系统的有效运行及效率等都具有很大的影响。由于 CO_2 制冷剂的介电常数较低且循环桶中的工况较为复杂，传统的电容式液位传感器因其在测量上固有的诸多限制而导致在测量 CO_2 液位时由于油的混合以及液位的波动而存在相当大的误差。在这里采用了具有导向雷达（TDR）技术的新型液位传感器 AKS4100U 系列产品，大大提高了测量的准确度，为系统的液位控制提供了基础。系统根据液位传感器的液位信号控制电动阀的开度，使得整个系统的制冷量调节范围大大增加，设置更加灵活紧凑，便于远程监控。

3）热气融霜。采用 CO_2 热气进行融霜，由于制冷用的 CO_2 压缩机提供的热气不足以进行融霜，因此需要安装额外的融霜压缩机用以提供热气（这一压缩机仅在融霜过程中运行）。虽然增加了一个辅助压缩机，但这比电融霜的方式要节能得多。这是因为，进行融霜的热气直接取自 CO_2 制冷压缩机的排气，对应的压力已经接近 30bar，再把压力提升到 45bar，对应的压缩比还不到 2，这时融霜压缩机的能效比很高。图 8-38 所示为 CO_2 热气融霜的系统简图。NH_3/CO_2 复叠制冷系统工质热气融霜流程为了确保融霜压缩机的稳定运行，需要在融霜压缩机前设置 CVC/ICS 系列吸气压力调节阀以控制合适的除霜压缩机吸气压力。

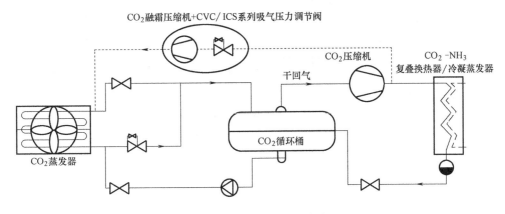

图 8-38　CO_2 热气融霜的系统简图

融霜的过程和热氨融霜方式在原理上是相同的。需要注意的是，CO_2 系统由于压力较高，系统内存在的压差也较大，因此必须特别注意系统发生液击的问题。采用电动阀进行控制以确保热气的供应管和融霜结束时回气管上压力平衡。同样地，采用模块化设计的组合阀产品，有利于减少焊点以及积液的发生，既提高了安装效率、减小了安装空间，进一步确保了系统安全，也为运行过程中的维护和服务提供了快捷、良好的操作性能。

由于具有先进的压缩机设计以及合理的控制策略，结合合理的阀件解决方案，目前该 NH_3/CO_2 复叠制冷系统已经平稳高效运行。运行数据显示，该项目在确保系统安全的前提下，十分有效地保证了终端客户的食品加工安全。虽然系统的初始成本由于经验欠缺等因素还相对较高，但是通过一系列的设计优化和正确的控制策略应用，系统的效率始终保持在较高的水平，这降低了系统能耗和人力成本，为客户带来了经济效益和环境效益。可以预见，在不久的将来，随着 CO_2 制冷剂的应用进一步成熟，NH_3/CO_2 复叠制冷系统将获得越来越多的应用。

（4）采用地埋管冷凝器的 CO_2 制冷系统冷库项目实例　武汉某物流公司投资建造一低温立体冷藏库，冷藏库占地面积约为 5000m²，装卸货间（附属楼）占地面积约为 1000m²，冷藏库设计温度为 $-18 \sim -25$℃，包括两个 14000t 的冷库，每间冷库外形尺寸为 83.5m× 29.5m×33m，每间冷库配置一套 CO_2 制冷系统，采用满液式压差供液方式。制冷机组是由 CO_2 跨临界压缩机组成的并联制冷机组，采用带肋片顶排管式蒸发器，植入式地源冷凝器。

经计算，每间冷库的设备负荷为 200kW，配置四台 CO_2 跨临界压缩机 HGX46/345-4S CO_2T，在 $-26/25$℃工况下，库温 -22℃，单台压缩机制冷量 45.8kW，排热量 71kW。顶排管面积 9700m²，共配置 72 口植入式地源冷凝器。

图 8-39 所示为 CO_2 植入式地源冷凝制冷系统原理图。

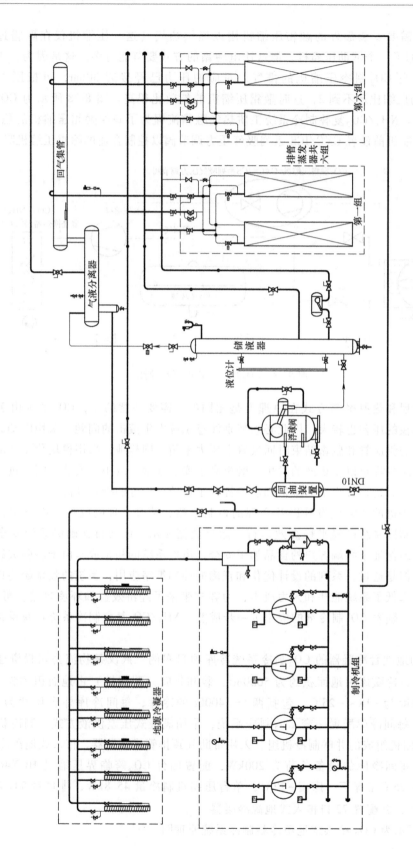

图 8-39 CO_2 植入式地源冷凝制冷系统原理图

该制冷系统末端蒸发器采用带肋片顶排管式蒸发器,冷凝器采用植入式地源冷凝器,整个制冷系统只有压缩机耗电,压缩机效率即为系统效率,系统运行效率高,节能省电;系统运行稳定,波动范围小。

植入式地源冷凝器是将 CO_2 冷凝器直接植入到地下,将冷凝器的热量传导给地源,利用地下恒温的特点,维持冷凝器恒定的冷凝温度。由于 CO_2 临界温度低,采用植入式地源冷凝器解决了二氧化碳不能液化的问题,使得系统运行在亚临界区域内,大大提高了效率。该冷凝方式与风冷、蒸发冷相比,冷凝温度较低,无污染。

(5)采用 NH_3 制冷/环保载冷剂供冷系统冷库项目实例 氨制冷由于其单位制冷量大,在大型冷库中广泛应用,但由于氨充注量大,氨液分布在机房和各用冷间,在使用中存在安全隐患。为了减少氨充注量,让氨仅在机房运行,采用载冷剂供冷方式。该制冷系统采用间接制冷方式,即整个制冷系统由一台整体机组完成,通过机组上的蒸发器由环保制冷剂(氨)把食品级载冷剂降到用冷间(冻结间、冷藏间、高温库等)需要的温度,通过低温循环泵送至冷库排管及冷风机,把库房热量带出来,达到降温的目的。载冷剂经过吸热后回到主机被再次降温。取回的热量通过制冷主机冷凝器,经冷却水循环泵送至室外冷却塔散放到空气,其原理如图 8-40 所示。该制冷系统可在一台计算机上实现自动控制,制冷系统和载冷系统互为连锁,实现自动开停机、库温自动控制、故障报警等功能。

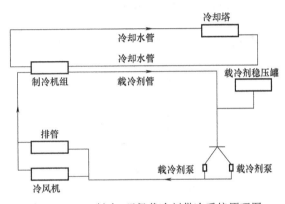

图 8-40 NH_3 制冷/环保载冷剂供冷系统原理图

1)该制冷系统安全环保方面的优势:

① 机组以外系统无压力容器,无需安检局检查。

② 系统管道不属于压力管道,无需质量技术监督局检查。

③ 系统运行制冷剂属于环保制冷剂,载冷剂属于食品级,符合环保要求。

④ 制冷机房没有消防安全距离要求,无需消防部门检查。

⑤ 政府部门无需为冷库企业因为涉氨制定应急预案,节省大量人力物力。

2)该制冷系统节能经济方面的优势。间接制冷系统经过二次换热必然造成能量损耗,专业计算损耗在 5% 左右。但实际运行时载冷剂系统运行费用比氨系统低 10%,比氟利昂系统节约 30%。具体原因如下:

① 新型系统冷冻油不进入低温系统,因此冷风机、排管等蒸发器不会产生油膜。油膜厚度达到 0.1mm 时,冷量交换效果会降低 10%。因此氨、氟制冷系统会随着时间的延长运行效率越来越低。

② 大型制冷系统冷凝器采用水冷却会不可避免地产生水垢,影响冷却效果,造成冷凝压力越来越高,降低制冷效果,增加能耗。该系统采用闭式冷却塔载冷剂冷却冷凝器,不会产生水垢。

③ 蒸发器内制冷剂直接蒸发温差大,结霜快,霜层厚度达到 10mm 时,冷量交换效果

会降低30%。载冷系统温差小，结霜慢，冷量交换效率高。

④ 对冷藏库而言，采用顶排管蒸发器，制冷系统停止运行后制冷剂迅速蒸发，制冷结束，库温随之升高。该系统制冷主机停止运行后，蒸发器内存有大量的低温载冷剂，有一定蓄冷能力，库温回升慢。

⑤ 该系统自带热回收，可以把冷凝器冷凝废热回收利用30%。废热的用处是：a. 在不耗能的情况下用于系统冲霜；b. 可以为生产或生活提供最高65℃的热水，尤其对于屠宰行业，辅助少量电加热可以解决生产需要的各种温度的热水，既降低运行成本，又达到节能减排效果；c. 大型冷库可以利用回收的热给地坪加热，既达到防冻效果又节电、安全。

⑥ 冷风机不用冲霜水管，水盘防冻技术无需电加热。

⑦ 系统运行可实现自控或半自控，大大节省人力成本。

⑧ 机房占用面积约为常规氨制冷系统的1/6，降低了建筑成本。

3）常规氨制冷系统改成载冷剂系统的应用案例。

案例1 大连某集团公司是国家级农业产业化龙头企业，该企业肉鸡屠宰生产线班宰16万只鸡，冻结能力400t/日，系统氨液存量达到150t。该公司原有8000t低温冷库，改造以前开启两台8ASJ170机组（每台机组功率为132kW）给冷库降温。经过清洗顶排管冷冻油，换成新型载冷剂制冷技术后，开启一台功率为176kW的机组已能满足要求，由于制冷主机停机后大量低温载冷剂在库房内蓄冷，库温回升慢，较原氨系统开机时间减少一小时，大大节省了冷库的运行费用。该公司生产每小时用30t热水，原锅炉每天燃煤15t，采用热回收技术，利用制冷机组冷凝回收的废热提供生产用热水，停用燃煤锅炉，年节煤5000t，达到了节能减排的效果。

案例2 浙江某公司新建5000t低温冷库和公司原有1500t氨系统低温冷库能耗对比，由于属于生产性冷库，周转快，生产线下来的-15℃成品不断入库，在库内降到-20℃即出库发货。统计24h运行时间耗电量：1500t氨冷库耗电2800kW·h，5000t新制冷系统耗电5800kW·h。

案例3 甘肃某食品公司35000t低温冷库改造成新型制冷系统后，操作人员由原来的14人减为现在的4人，年节省人工60万元。利用回收的热给2000m² 办公楼供暖，年节省采暖费20万元。

6. 气调性冷藏库

目前在保存鲜活的农作物产品，如水果、蔬菜或优良种子时，往往采用气调性冷藏库，在此简单介绍气调性冷藏库的特征。

气调储藏是调节气体成分储藏的简称，英文为Controlled Atmosphere Storage，简称CA储藏或称CA库，这是人为改变储藏环境中气体成分的储藏方法。机械冷藏同气调储藏相结合就是气调冷藏库，它是同时控制储藏环境的温度、湿度、气体组成各个环境因素来储藏物品的方法。调节气调库内气体成分主要是降低空气中的氧气含量和适当增加二氧化碳含量，使之有一定的指标，并控制在较小的变动范围之内，气调库设计参考数据见表8-16。

表 8-16　气调库设计参考数据

内　　容		特　　征	备　　注
温度、湿度		$t = -1 \sim +10℃$（$\Delta t < \pm 0.5℃$）$\phi = 80\% \sim 95\%$	
温湿度检测		自动控制，自动显示，自动记录	
气密性		压差 $\leq 100Pa$（库内压力由 $200Pa$ 降至 $100Pa$ 时间不小于 $10min$）	每 24h 换气次数 $1/50$ 次
空气成分[①]	φ_{O_2}	$2\% \sim 5\%$，首次降氧时间，单间 $960m^3$ 时间应小于 $120h$	
	φ_{CO_2}	$1\% \sim 5\%$	

[①] 对室内气体成分的要求，不同品种果蔬是不相同的，必须根据试验确定。

（1）简单介绍三种气调控制方法

1）普通（CA）储藏法。果蔬置于密封冷藏间中，利用果蔬自身的呼吸作用，使储藏环境中 O_2 成分逐渐减少，CO_2 成分不断增加，来控制和调节储藏室中空气成分的组成，这称为普通储藏法，这种方法改善储藏空气成分的速度较慢。

2）机械气调储藏法。利用机械来控制和调节空气成分组成，称为机械气调储藏法，如图 8-41 所示。这种方法主要是利用气体调节装置，减少 O_2 和增加 CO_2 气体，以及控制乙烯气体含量。此方法降氧速度快，操作调节比较简便；使用设备较多，成本较高，消耗能源。

3）普通储藏法与机械气调混合法。混合法是先利用机械来快速降氧，将空气的成分达到最佳状态，而后改用普通储藏法储藏，这样既克服了普通储藏法降氧速度慢的缺点，又克服了机械法成本较高的缺点。

（2）气调冷藏库的特征　一座完整的气调冷藏库必须具备以下条件：

1）库体四周有隔热、隔汽、隔潮材料。

2）要求具有一定的气密性，并在库内气压变化时，库体能承受一定的压力。为此，储藏间必须经过特别的建造和试验，确定漏气量符合标准规定。

3）有制冷装置，使果蔬在储藏时能达到所要求的储藏温度。

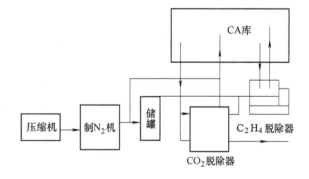

图 8-41　机械气调储藏法示意图

4）库房内空气必须循环。

5）有调节气体成分的装置，并在一定时间内能达到要求的数值。

气体成分的调节靠气体发生器完成，并在一定时间内达到要求的数值。一座完整的 CA 库，除了要求制冷系统和气密性等因素之外，还需要如下装置：CO_2 脱除机（也称洗涤器）、降 O_2 机、湿度调节器、压力调节器（也称气压袋）和气体分析器等。

（3）气调储藏特点

1）延长果蔬储藏期，比一般冷藏库长 $0.5 \sim 1$ 倍。

2）可保持果蔬原有品质和风味。

3）可抑制果蔬病害的发生。

4）储藏期中干耗（失重）最小。

5）气调库气密性。气调库应具有一定的气密性，但并非要求绝对密封。从技术上讲，库内储藏果蔬消耗的 O_2 多于漏入的 O_2，就可认为气密性良好。

8.4.2　户式中央空调

近年来我国城镇楼宇建设速度很快，大面积多居室的单元房、复式住宅、别墅群、高档商住楼大量建造。人们对装潢质量和品位日益提高，同时对空调舒适性及空气品质的要求也日益提高。由于装潢资金投入的增加，用电支出相对比例下降等因素，促使介于传统中央空调和家用空调器之间的户式中央空调应运而生，已形成当前空调业发展的一种新潮流。我国户式中央空调近年来普及速度增长迅速。户式中央空调在中国普及率已达到 5%～8%。

1. 户式中央空调概述

我国幅员辽阔，要根据不同地区、不同气候特征选择适合的空调形式。我国户式中央空调需求是多样化、多层次的，针对我国实际情况积极开发适应中国国情的户式中央空调系统意义重大。户式中央空调的发展应充分考虑如下因素：

1）户式中央空调需求的多样化、多层次。如何根据不同的气候特征选择合适的空调形式，如何针对不同层次的用户设计不同形式的户式中央空调，是发展户式中央空调时应当首先考虑的问题。

2）户式中央空调的能耗。从能源的角度来看，我国人均能源拥有量不高，能源供应相对较为紧张，就要求我国户式中央空调的发展必须要注重节能性，一方面要注重提高机组本身的能效比，另一方面应当注重能源的综合利用。这就对变流量技术、蓄能技术、能源综合利用技术等提出了更高的要求。

3）户式中央空调的环境。从环境的角度来看，目前我国环境污染的问题较为突出，一方面要求所开发的户式中央空调必须具有环保的特点，把对环境的影响尽量减小到最小；另一方面要充分考虑到环境污染对空调系统本身的性能带来的影响，进行相应的设计。

4）户式中央空调的发展离不开技术的支持与掌握。要研究和开发适应我国国情的户式中央空调系统，首先必须掌握一些关键技术。这些关键技术主要包括：压缩机变容技术、降噪技术、变流量技术（变制冷剂流量、水量和风量）、先进的除霜技术、蓄冷/热技术、低温下供暖技术、外观设计技术、防冻技术等。

2. 户式中央空调系统的分类与组成

（1）户式中央空调系统的分类　根据向空调房间输送的介质不同以及空调所用冷、热源的不同，可将户式中央空调系统大致分为以下六种类型。

1）风管式空调系统。风管式空调系统是以空气为输送介质，其原理与全空气式空调类似。它利用冷热源机组集中产生的冷热量，将室内的回风（或回风与新风的混合）集中进行处理，如冷却或加热，再送入室内。

2）冷热水空调系统。冷热水空调系统输送介质通常为水。通过室外主机产生出空调冷热水，由管路系统输送到室内的各末端装置，在末端装置内冷热水与室内空气进行热量交换，产生冷热风，从而消除房间空调负荷。它是一种集中产生冷热量，但分散处理各房间负荷的空调系统形式。系统的室内末端装置通常为风机盘管。

3）多联机系统。多联机系统是一种分体式空气源热泵。它以制冷剂为输送介质，属空气-空气热泵。室外机由制冷压缩机、室外空气侧热交换器和其他制冷附件组成。室内机由风机和室内空气侧热交换器组成。一台室外机通过制冷剂管路向若干个室内机输送制冷剂。分别采用变频调节直流电动机转速调节技术或数码脉冲控制技术，实现对制冷压缩机的变容量和系统制冷剂循环量的连续控制，并结合采用电子膨胀阀，实现进入室内热交换器制冷剂流量的精确控制，从而适时地满足室内供冷、供暖要求。多联机系统一般可由 1 台室外机和 4~16 台室内机组成。

4）水环式热泵空调系统。水环式热泵是一种空气-水热泵空调装置。水环式热泵空调系统主要由水环热泵空调机组、散热设备、辅助供热热源和循环水泵等组成。散热设备有开式冷却塔/热交换器或闭式冷却塔。比较常用的水环热泵空调系统的散热设备为开式冷却塔/热交换器。

5）地源热泵空调系统。利用地球表面浅层地热资源，间接利用太阳能。冬季通过热泵将土壤或地下水中低品位热能提高为高品位热能对建筑供暖，同时储存冷量以备夏用；夏季通过热泵将建筑物内的热量转移到土壤或地下水，对建筑进行降温，同时储存热量以备冬用。

6）户式燃气空调系统。户式燃气空调系统由室外机（户式直燃型溴化锂吸收式冷热水机组）、室内机及室内外机之间连接管道和控制线路组成。户式燃气空调系统的室外机由一台小型直燃型溴化锂吸收式冷热水机组和配套的冷却水塔组成。

（2）户式中央空调系统的组成　按其在室内吊顶内的管道输送冷、热量的介质分类，大致可分为三种基本类型，其组成有几十种之多，常用的可见表 8-17。

表 8-17　常用户式中央空调系统的组成

序号	输送介质	户式中央空调系统的组成		备注
		室外机类型	室内机类型	
1	空气（用风管输送）	空气源热泵型机组	整体式柜（箱）机	寒冷地区需辅助加热
		空气源热泵型机组	直接蒸发式室内机（空调箱）	
		水环（地源）热泵型机组	整体式柜（箱）机	冬季冷却水系统需补充热量（地源热泵机组除外）
		水环（地源）热泵型机组	直接蒸发式室内机（空调箱）	
		水环整体式单冷风管机		仅适用于南方地区
		水环单冷机组	直接蒸发式室内机（空调箱）	
2	水（用钢管或PVC管等输送）	空气源（或地源、水环）冷热水机组	集中空调箱	寒冷地区需辅助加热（地源热泵机组除外）
			各种形式的风机盘管	
		空气源（或地源、水环）冷水机组+热水炉（或其他热源）	集中空调箱	非采暖地区一般不用另加热源
			各种形式的风机盘管	
		直燃型溴化锂冷热水机组	集中空调箱	
			各种形式的风机盘管	
3	制冷剂（铜管输送）	压缩机台数控制空气源热泵型机组	多台各种形式的直接蒸发式室内机	又称一托多分体空调机
		压缩机台数+变频控制空气源热泵型机组		又称变频多联式分体空调机
		压缩机台数及旁通控制空气源热泵型机组		又称变制冷剂分体空调机
		压缩机台数+数码控制空气源热泵型机组		又称数码控制分体空调机

3. 户式中央空调系统设计实例

工程名称：某市高知住宅小区

（1）工程概况 总建筑面积（1~7号楼含地下室）：73444.59m²，其中2号楼建筑面积10457.57m²，含地下室950.97m²，本工程实例为5房2厅3卫的复式B户型（图8-42~图8-44）。

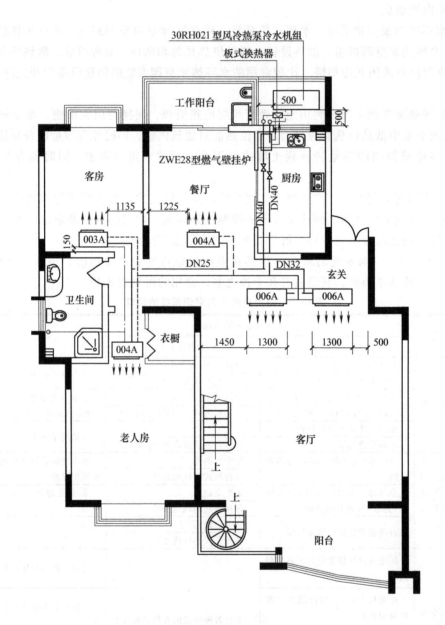

图 8-42 B户型空调系统平面图（复式底层）

（2）空调负荷 住宅空调系统一般为间歇使用，而且一户住宅内各房间空调不会同时开启，所以该住宅空调系统按间歇运行计算负荷，并合理考虑房间的同时使用情况。负荷计算方法查阅《空气调节设计手册》。空调面积负荷指标为：夏季 100W/m^2；冬季 110W/m^2。满足该地区空调负荷推荐指标：夏季 95~110W/m^2，冬季 90~130W/m^2。

（3）空调系统设计　该户式空调系统以风冷热泵冷水机组为冷源，通过板式热交换器供给空调系统冷水，燃气壁挂锅炉为冬季热源，同时提供生活用热水。户内为高静压风机盘管水系统，管道顶部设置自动排气阀，结构紧凑简单，调节灵活。该空调系统为水管式户式中央空调系统，具有能和冬季燃气炉结合使用、调节控制方便、运行费用低等优点。

根据负荷和运行分析，选用冷热源设备为开利公司的 30RH021 型风冷热泵冷水机组，每户一台；ZWE28 型燃气壁挂炉，每户一台。

空调系统平面图如图 8-42 和图 8-43 所示，空调系统图如图 8-44 所示。

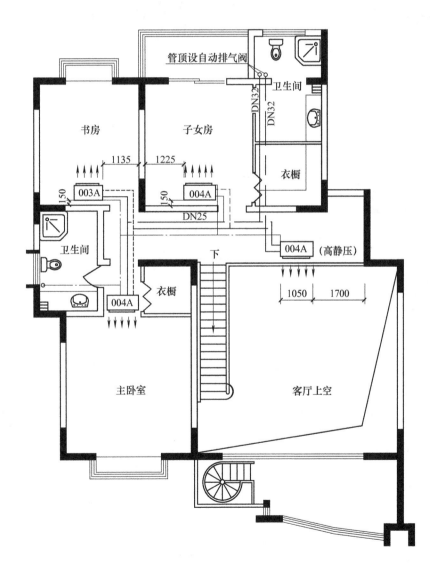

图 8-43　B 户型空调系统平面图（复式顶层）

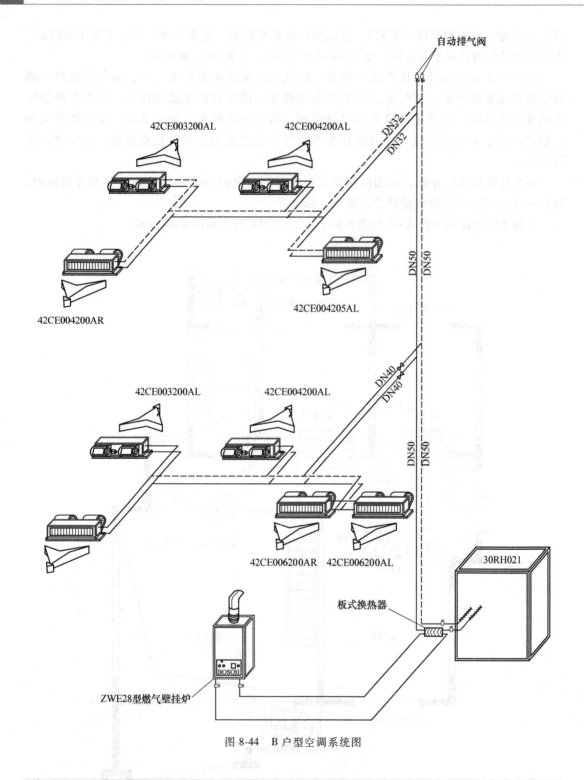

图 8-44 B 户型空调系统图

思考题与习题

8-1 什么是开式和闭式水系统？各有什么优缺点？

8-2 空调冷冻水系统的形式有几种？各有什么优缺点？

8-3 何谓双管制、三管制、四管制系统？各用在什么场合？

8-4 什么是定流量和变流量双管水系统？各有什么优缺点？适用于什么场合？

8-5 什么是单级泵和双级泵双管水系统？各有什么优缺点？适用于什么场合？

8-6 空调水系统的分区应当考虑哪些主要因素？为什么？

8-7 机械循环冷却水系统的形式有几种？各有什么优缺点？

8-8 冷却塔、冷却水泵的布置应当注意什么问题？

8-9 简述分体式空调机的工作原理。

8-10 简述电子计算机房专用空调机组的特点。

8-11 简述冷冻除湿机的原理。

8-12 何谓冷水机组？主要类型有哪些？

8-13 压缩式冷水机组主要有几种？各有什么特点？

8-14 螺杆式冷水机组有何特点？适用于什么场合？

8-15 离心式冷水机组有何特点？适用于什么场合？

8-16 选择冷水机组的原则有哪些？

8-17 简述热泵的工作原理。

8-18 热泵系统的组成主要包括哪几部分？

8-19 按热源种类分类，热泵可分为几种？

8-20 简述空气热源热泵的特点。

8-21 简述水热源热泵的特点。

8-22 土壤热源热泵与空气热源热泵相比有何特点？

8-23 简述太阳能热泵的特点。

8-24 按热泵驱动力的形式分类，热泵可分为几种？

8-25 燃气机驱动的空气-空气热泵如何实现为住宅供冷、供暖、供应热水？

8-26 简述双管束冷凝器的热泵系统的工作原理。

8-27 水源热泵空调系统的特点有哪些？

8-28 什么是空调蓄冷系统？简述空调蓄冷系统的特点。

8-29 根据蓄冷介质的不同，蓄冷系统可分几种，各有什么特点？

8-30 何谓部分蓄冰系统？何谓全部蓄冰系统？分析各适用于什么场合？

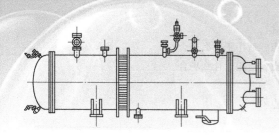

附　　录

附录A　NH₃(R717) 饱和液体及蒸气的热力性质

温度/℃	压力/MPa	比体积		比焓/(kJ/kg)		比熵/[kJ/(kg·K)]	
t	p	$v_1/(dm^3/kg)$	$v_g/(m^3/kg)$	h_1	h_g	s_1	s_g
−70	0.0109	1.3783	9.00587	−110.78	1356.08	−0.3102	6.9103
−65	0.0156	1.3893	6.44881	−89.15	1365.07	−0.2050	6.7814
−60	0.0219	1.4006	4.70212	−67.44	1373.91	−0.1020	6.6601
−55	0.0302	1.4122	3.48621	−45.65	1382.57	−0.0010	6.5459
−50	0.0408	1.4242	2.62482	−23.77	1391.02	0.0981	6.4382
−45	0.0545	1.4364	2.00458	−1.80	1399.25	0.1953	6.3363
−40	0.0717	1.4491	1.55117	20.25	1407.25	0.2909	6.2398
−35	0.0931	1.4621	1.21501	42.40	1414.99	0.3847	6.1483
−30	0.1195	1.4755	0.96249	64.64	1422.46	0.4770	6.0613
−25	0.1515	1.4893	0.77046	86.98	1429.64	0.5677	5.9784
−20	0.1901	1.5036	0.62274	109.40	1436.51	0.6570	5.8994
−15	0.2362	1.5184	0.50789	131.91	1443.07	0.7448	5.8238
−10	0.2908	1.5336	0.41769	154.52	1449.29	0.8312	5.7514
−5	0.3548	1.5495	0.34618	177.21	1455.16	0.9162	5.6820
0	0.4294	1.5659	0.28898	200.00	1460.66	1.0000	5.6153
5	0.5158	1.5830	0.24284	222.89	1465.79	1.0825	5.5510
10	0.6150	1.6008	0.20533	245.87	1470.52	1.1639	5.4890
15	0.7285	1.6193	0.17462	268.97	1474.85	1.2441	5.4290
20	0.8574	1.6386	0.14929	292.19	1478.74	1.3232	5.3708
25	1.0031	1.6588	0.12826	315.54	1482.19	1.4014	5.3144
30	1.1669	1.6800	0.11069	339.04	1485.16	1.4787	5.2594
35	1.3504	1.7023	0.09593	362.58	1487.65	1.5547	5.2058
40	1.5549	1.7257	0.08345	386.43	1489.61	1.6303	5.1532

（续）

温度/℃	压力/MPa	比体积		比焓/(kJ/kg)		比熵/[kJ/(kg·K)]	
t	p	v_1/(dm³/kg)	v_g/(m³/kg)	h_1	h_g	s_1	s_g
45	1.7820	1.7505	0.07284	410.49	1491.02	1.7053	5.1016
50	2.0331	1.7767	0.06378	434.82	1491.84	1.7798	5.0508
55	2.3100	1.8046	0.05600	459.45	1492.02	1.8539	5.0006
60	2.6143	1.8343	0.04929	484.43	1491.52	1.9278	4.9508
65	2.9476	1.8661	0.04348	509.83	1490.27	2.0016	4.9011
70	3.3117	1.9003	0.03841	535.71	1488.20	2.0756	4.8513
75	3.7084	1.9374	0.03398	562.17	1485.21	2.1500	4.8012
80	4.1397	1.9778	0.03009	589.32	1481.19	2.2250	4.7505
85	4.6076	2.0222	0.02665	617.29	1476.00	2.3010	4.6986
90	5.1141	2.0713	0.02359	646.26	1469.45	2.3785	4.6453
95	5.6616	2.1265	0.02087	676.46	1461.28	2.4579	4.5897
100	6.2524	2.1892	0.01842	708.18	1451.16	2.5401	4.5312
105	6.8891	2.2619	0.01621	741.86	1438.60	2.6259	4.4684
110	7.5748	2.3484	0.01418	778.14	1422.84	2.7171	4.3997
115	8.3128	2.4549	0.01229	818.04	1402.66	2.8159	4.3221
120	9.1071	2.5942	0.01050	863.44	1375.74	2.9270	4.2301

附录 B CO₂（R744）饱和液体及蒸气的热力性质

温度/℃	压力/MPa	比体积		比焓/(kJ/kg)		比熵/[kJ/(kg·K)]	
t	p	v_1/(dm³/kg)	v_g/(m³/kg)	h_1	h_g	s_1	s_g
-46	0.8018	0.8768	0.04771	100.46	433.72	0.6121	2.0792
-44	0.8663	0.8828	0.04424	104.68	434.25	0.6303	2.0686
-42	0.9346	0.8889	0.04108	108.88	434.74	0.6483	2.0581
-40	1.0067	0.8952	0.03819	113.07	435.19	0.6661	2.0477
-38	1.0828	0.9017	0.03553	117.24	435.59	0.6836	2.0374
-36	1.1631	0.9083	0.03310	121.36	435.95	0.7007	2.0273
-34	1.2477	0.9151	0.03086	125.51	436.26	0.7179	2.0172
-32	1.3367	0.9221	0.02880	129.66	436.51	0.7348	2.0073
-30	1.4303	0.9293	0.02690	133.83	436.71	0.7516	1.9973
-28	1.5286	0.9368	0.02514	138.00	436.86	0.7684	1.9875
-26	1.6318	0.9444	0.02352	142.20	436.95	0.7850	1.9776
-24	1.7400	0.9524	0.02201	146.42	436.97	0.8016	1.9678
-22	1.8533	0.9606	0.02061	150.67	436.94	0.8182	1.9580
-20	1.9720	0.9691	0.01932	154.95	436.83	0.8347	1.9482
-18	2.0961	0.9778	0.01811	159.26	436.65	0.8512	1.9384
-16	2.2259	0.9870	0.01699	163.61	436.40	0.8677	1.9285

（续）

温度/℃	压力/MPa	比体积		比焓/（kJ/kg）		比熵/[kJ/（kg·K）]	
t	p	v_1/（dm³/kg）	v_g/（m³/kg）	h_1	h_g	s_1	s_g
-14	2.3614	0.9965	0.01594	167.99	436.07	0.8841	1.9186
-12	2.5028	1.0064	0.01496	172.40	435.66	0.9005	1.9086
-10	2.6504	1.0167	0.01405	176.86	435.16	0.9170	1.8985
-8	2.8042	1.0275	0.01319	181.37	434.56	0.9335	1.8883
-6	2.9644	1.0389	0.01239	185.93	433.86	0.9500	1.8780
-4	3.1313	1.0508	0.01163	190.55	433.04	0.9665	1.8675
-2	3.3050	1.0633	0.01093	195.23	432.11	0.9832	1.8568
0	3.4857	1.0766	0.01026	200.00	431.05	1.0000	1.8459
2	3.6735	1.0908	0.00963	204.86	429.85	1.0170	1.8347
4	3.8688	1.1058	0.00904	209.82	428.49	1.0342	1.8232
6	4.0716	1.1220	0.00847	214.89	426.96	1.0516	1.8113
8	4.2823	1.1393	0.00794	220.11	425.24	1.0694	1.7990
10	4.5010	1.1582	0.00743	225.47	423.30	1.0875	1.7861
12	4.7279	1.1788	0.00695	231.03	421.09	1.1061	1.7726
14	4.9634	1.2015	0.00648	236.74	418.62	1.1251	1.7585
16	5.2077	1.2269	0.00604	242.70	415.79	1.1447	1.7434
18	5.4611	1.2555	0.00561	248.94	412.54	1.1652	1.7271
20	5.7242	1.2886	0.00519	255.53	408.76	1.1866	1.7093
22	5.9973	1.3277	0.00478	262.59	404.30	1.2093	1.6895
24	6.2812	1.3755	0.00436	270.32	398.86	1.2342	1.6667
26	6.5766	1.4374	0.00394	279.14	391.97	1.2623	1.6395
28	6.8846	1.5259	0.00348	290.02	382.42	1.2971	1.6039
30	7.2065	1.6895	0.00289	306.21	366.06	1.3489	1.5464

附录 C 丙烷（R290）饱和液体及蒸气的热力性质

温度/℃	压力/MPa	比体积		比焓/（kJ/kg）		比熵/[kJ/（kg·K）]	
t	p	v_1/（dm³/kg）	v_g/（m³/kg）	h_1	h_g	s_1	s_g
-100	0.00285	1.5905	11.41997	-26.42	457.33	-0.0253	2.7686
-95	0.00432	1.6030	7.75315	-14.70	463.25	0.0415	2.7243
-90	0.00636	1.6158	5.39981	-3.47	469.17	0.1036	2.6842
-85	0.00916	1.6289	3.84780	7.45	475.10	0.1624	2.6479
-80	0.01290	1.6422	2.79903	18.23	481.03	0.2189	2.6150
-75	0.01780	1.6559	2.07457	28.95	486.97	0.2737	2.5852
-70	0.02414	1.6698	1.56405	39.71	492.91	0.3273	2.5581
-65	0.03218	1.6841	1.19767	50.54	498.84	0.3799	2.5336
-60	0.04226	1.6987	0.93029	61.47	504.77	0.4317	2.5114

（续）

温度/℃	压力/MPa	比体积		比焓/(kJ/kg)		比熵/[kJ/(kg·K)]	
t	p	$v_1/(dm^3/kg)$	$v_g/(m^3/kg)$	h_1	h_g	s_1	s_g
−55	0.05470	1.7137	0.73211	72.51	510.68	0.4827	2.4913
−50	0.06988	1.7290	0.58311	83.64	516.57	0.5331	2.4732
−45	0.08821	1.7448	0.46958	94.88	522.45	0.5827	2.4568
−40	0.11009	1.7610	0.38201	106.20	528.29	0.6316	2.4420
−35	0.13597	1.7776	0.31366	117.59	534.10	0.6798	2.4288
−30	0.16632	1.7948	0.25975	129.07	539.88	0.7273	2.4168
−25	0.20163	1.8124	0.21679	140.62	545.61	0.7740	2.4061
−20	0.24241	1.8307	0.18224	152.26	551.30	0.8202	2.3965
−15	0.28918	1.8495	0.15420	164.00	556.92	0.8658	2.3878
−10	0.34250	1.8691	0.13127	175.85	562.48	0.9109	2.3801
−5	0.40292	1.8894	0.11236	187.85	567.97	0.9556	2.3732
0	0.47102	1.9106	0.09666	200.00	573.38	1.0000	2.3669
5	0.54739	1.9327	0.08353	212.33	578.70	1.0442	2.3614
10	0.63263	1.9559	0.07250	224.83	583.92	1.0881	2.3564
15	0.72737	1.9803	0.06316	237.57	589.02	1.1321	2.3518
20	0.83222	2.0062	0.05520	250.55	593.99	1.1760	2.3476
25	0.94783	2.0337	0.04839	263.77	598.82	1.2200	2.3437
30	1.07486	2.0631	0.04253	277.23	603.47	1.2639	2.3401
35	1.21399	2.0949	0.03746	290.96	607.94	1.3078	2.3365
40	1.36595	2.1295	0.03305	304.96	612.17	1.3519	2.3329
45	1.53149	2.1675	0.02920	319.27	616.15	1.3961	2.3292
50	1.71141	2.2097	0.02581	333.94	619.80	1.4406	2.3252
55	1.90656	2.2574	0.02282	349.03	623.07	1.4856	2.3207
60	2.11787	2.3122	0.02016	364.68	625.87	1.5315	2.3155
65	2.34625	2.3766	0.01777	381.07	628.07	1.5787	2.3092
70	2.59267	2.4542	0.01562	398.45	629.50	1.6280	2.3013
75	2.85801	2.5516	0.01366	417.22	629.91	1.6803	2.2913
80	3.14300	2.6800	0.01185	437.90	628.89	1.7372	2.2780
85	3.44806	2.8636	0.01014	461.49	625.68	1.8012	2.2596
90	3.77310	3.1667	0.00845	490.06	618.60	1.8776	2.2316

附录 D　丁烷（R600）饱和液体及蒸气的热力性质

温度/℃	压力/MPa	比体积		比焓/(kJ/kg)		比熵/[kJ/(kg·K)]	
t	p	$v_1/(dm^3/kg)$	$v_g/(m^3/kg)$	h_1	h_g	s_1	s_g
−90	0.0004180	1.4778	62.65927	−20.27	460.15	0.0166	2.6397
−85	0.0006778	1.4876	39.67911	−6.06	466.37	0.0932	2.6041

（续）

温度/℃	压力/MPa	比体积		比焓/(kJ/kg)		比熵/[kJ/(kg·K)]	
t	p	$v_1/(dm^3/kg)$	$v_g/(m^3/kg)$	h_1	h_g	s_1	s_g
−80	0.0010644	1.4975	25.92542	7.58	472.67	0.1647	2.5726
−75	0.0016238	1.5076	17.42422	20.69	479.05	0.2317	2.5449
−70	0.0024132	1.5178	12.01149	33.42	485.51	0.2952	2.5206
−65	0.0035021	1.5281	8.47247	45.87	492.04	0.3557	2.4992
−60	0.0049736	1.5386	6.10209	58.10	498.65	0.4138	2.4806
−55	0.0069249	1.5492	4.47920	70.17	505.32	0.4697	2.4644
−50	0.0094683	1.5600	3.34553	82.14	512.05	0.5239	2.4505
−45	0.0127314	1.5709	2.53886	94.03	518.84	0.5766	2.4386
−40	0.0168573	1.5820	1.95503	105.86	525.69	0.6279	2.4286
−35	0.0220049	1.5933	1.52580	117.66	532.59	0.6779	2.4202
−30	0.0283488	1.6048	1.20561	129.44	539.53	0.7268	2.4134
−25	0.0360788	1.6165	0.96351	141.20	546.51	0.7747	2.4080
−20	0.0453999	1.6283	0.77816	152.96	553.53	0.8215	2.4039
−15	0.0565319	1.6405	0.63457	164.71	560.59	0.8674	2.4009
−10	0.0697090	1.6528	0.52213	176.47	567.67	0.9124	2.3991
−5	0.0851798	1.6654	0.43317	188.23	574.78	0.9566	2.3982
0	0.1032063	1.6783	0.36212	200.00	581.91	1.0000	2.3982
5	0.1240641	1.6915	0.30486	211.80	589.05	1.0427	2.3990
10	0.1480419	1.7050	0.25833	223.62	596.20	1.0847	2.4005
15	0.1754410	1.7189	0.22023	235.49	603.36	1.1261	2.4027
20	0.2065747	1.7331	0.18879	247.42	610.52	1.1669	2.4055
25	0.2417681	1.7478	0.16267	259.42	617.68	1.2073	2.4089
30	0.2813574	1.7629	0.14084	271.51	624.83	1.2473	2.4127
35	0.3256895	1.7785	0.12247	283.70	631.96	1.2869	2.4170
40	0.3751214	1.7946	0.10692	296.01	639.07	1.3262	2.4217
45	0.4300199	1.8114	0.09370	308.44	646.15	1.3653	2.4268
50	0.4907617	1.8289	0.08240	321.02	653.20	1.4042	2.4321
55	0.5577333	1.8471	0.07269	333.75	660.21	1.4429	2.4377
60	0.6313322	1.8662	0.06431	346.60	667.17	1.4813	2.4436
65	0.7119678	1.8862	0.05704	359.65	674.06	1.5198	2.4496
70	0.8000637	1.9074	0.05071	372.86	680.88	1.5581	2.4557
75	0.8960602	1.9298	0.04517	386.26	687.61	1.5963	2.4619
80	1.0004180	1.9538	0.04030	399.83	694.23	1.6344	2.4681
85	1.1136240	1.9794	0.03601	413.60	700.74	1.6725	2.4742
90	1.2361910	2.0071	0.03221	427.58	707.09	1.7106	2.4803
95	1.3686720	2.0372	0.02883	441.78	713.27	1.7487	2.4861
100	1.5116540	2.0703	0.02581	456.27	719.23	1.7870	2.4917

附录 E 丁烷（R600a）饱和液体及蒸气的热力性质

温度/℃	压力/MPa	比体积		比焓/(kJ/kg)		比熵/[kJ/(kg·K)]	
t	p	$v_1/(dm^3/kg)$	$v_g/(m^3/kg)$	h_1	h_g	s_1	s_g
-90	0.00093	1.4867	28.05459	-0.81	441.20	0.1065	2.5199
-85	0.00146	1.4977	18.44838	11.60	447.04	0.1734	2.4877
-80	0.00221	1.5089	12.47725	23.57	452.95	0.2361	2.4592
-75	0.00327	1.5202	8.65444	35.20	458.92	0.2956	2.4340
-70	0.00471	1.5316	6.14134	46.58	464.96	0.3523	2.4118
-65	0.00666	1.5432	4.44902	57.75	471.07	0.4066	2.3923
-60	0.00922	1.5549	3.28418	68.77	477.25	0.4589	2.3753
-55	0.01255	1.5669	2.46620	79.68	483.49	0.5095	2.3605
-50	0.01679	1.5790	1.88115	90.53	489.79	0.5586	2.3478
-45	0.02213	1.5914	1.45559	101.33	496.16	0.6064	2.3370
-40	0.02876	1.6039	1.14119	112.12	502.58	0.6532	2.3279
-35	0.03690	1.6168	0.90555	122.91	509.06	0.6989	2.3204
-30	0.04678	1.6299	0.72659	133.73	515.59	0.7438	2.3143
-25	0.05865	1.6434	0.58897	144.60	522.16	0.7880	2.3095
-20	0.07277	1.6572	0.48194	155.52	528.78	0.8315	2.3059
-15	0.08944	1.6714	0.39779	166.51	535.44	0.8743	2.3035
-10	0.10896	1.6860	0.33098	177.57	542.13	0.9167	2.3020
-5	0.13162	1.7011	0.27743	188.74	548.85	0.9585	2.3015
0	0.15777	1.7168	0.23414	200.00	555.60	1.0000	2.3019
5	0.18775	1.7330	0.19886	211.38	562.37	1.0411	2.3030
10	0.22191	1.7498	0.16988	222.88	569.16	1.0819	2.3048
15	0.26061	1.7674	0.14590	234.52	575.95	1.1224	2.3073
20	0.30424	1.7858	0.12594	246.31	582.75	1.1627	2.3103
25	0.35319	1.8052	0.10920	258.26	589.54	1.2028	2.3139
30	0.40784	1.8255	0.09509	270.38	596.33	1.2428	2.3180
35	0.46862	1.8470	0.08312	282.68	603.09	1.2826	2.3224
40	0.53593	1.8698	0.07291	295.18	609.83	1.3225	2.3272
45	0.61020	1.8942	0.06417	307.86	616.53	1.3622	2.3324
50	0.69187	1.9202	0.05663	320.80	623.17	1.4021	2.3378
55	0.78138	1.9483	0.05011	333.98	629.76	1.4420	2.3434
60	0.87918	1.9786	0.04444	347.42	636.27	1.4821	2.3491
65	0.98573	2.0116	0.03949	361.15	642.69	1.5224	2.3549
70	1.10150	2.0477	0.03514	375.20	648.99	1.5629	2.3608
75	1.22696	2.0876	0.03132	389.60	655.15	1.6038	2.3666
80	1.36258	2.1319	0.02794	404.39	661.14	1.6452	2.3722
85	1.50885	2.1817	0.02493	419.64	666.92	1.6872	2.3776
90	1.66623	2.2383	0.02225	435.41	672.46	1.7299	2.3827
95	1.83517	2.3033	0.01985	451.79	677.69	1.7737	2.3873
100	2.01610	2.3792	0.01768	468.88	682.54	1.8187	2.3912

附录 F　R123 饱和液体及蒸气的热力性质

温度/℃	压力/MPa	比体积		比焓/(kJ/kg)		比熵/[kJ/(kg·K)]	
t	p	$v_1/(dm^3/kg)$	$v_g/(m^3/kg)$	h_1	h_g	s_1	s_g
-30	0.0070	0.6283	1.86911	175.42	361.99	0.9046	1.6720
-25	0.0093	0.6327	1.43055	179.33	364.92	0.9205	1.6684
-20	0.0123	0.6372	1.10784	183.32	367.86	0.9365	1.6654
-15	0.0160	0.6418	0.86745	187.40	370.80	0.9524	1.6628
-10	0.0205	0.6465	0.68632	191.57	373.76	0.9684	1.6607
-5	0.0261	0.6513	0.54834	195.84	376.73	0.9844	1.6590
0	0.0329	0.6563	0.44214	200.20	379.72	1.0005	1.6578
5	0.0411	0.6614	0.35961	204.66	382.72	1.0167	1.6569
10	0.0508	0.6667	0.29486	209.22	385.74	1.0329	1.6563
15	0.0623	0.6721	0.24363	213.87	388.77	1.0492	1.6562
20	0.0759	0.6777	0.20275	218.63	391.82	1.0655	1.6563
25	0.0916	0.6835	0.16987	223.49	394.88	1.0819	1.6568
30	0.1099	0.6894	0.14322	228.44	397.94	1.0984	1.6575
35	0.1310	0.6956	0.12148	233.48	401.00	1.1148	1.6584
40	0.1550	0.7019	0.10361	238.61	404.06	1.1313	1.6596
45	0.1824	0.7085	0.08883	243.83	407.12	1.1477	1.6610
50	0.2134	0.7154	0.07653	249.12	410.17	1.1641	1.6625
55	0.2482	0.7224	0.06624	254.48	413.20	1.1805	1.6642
60	0.2873	0.7298	0.05758	259.91	416.21	1.1969	1.6660
65	0.3309	0.7375	0.05024	265.40	419.19	1.2131	1.6679
70	0.3793	0.7455	0.04401	270.94	422.14	1.2293	1.6699
75	0.4328	0.7538	0.03868	276.54	425.06	1.2454	1.6720
80	0.4919	0.7625	0.03410	282.17	427.93	1.2613	1.6740
85	0.5567	0.7717	0.03016	287.85	430.75	1.2771	1.6761
90	0.6278	0.7813	0.02674	293.53	433.52	1.2927	1.6782
95	0.7053	0.7914	0.02377	299.27	436.22	1.3083	1.6803
100	0.7898	0.8020	0.02117	305.03	438.85	1.3236	1.6822
105	0.8815	0.8133	0.01889	310.81	441.40	1.3388	1.6842
110	0.9810	0.8253	0.01689	316.62	443.87	1.3539	1.6860
115	1.0885	0.8381	0.01512	322.46	446.24	1.3688	1.6877
120	1.2045	0.8518	0.01354	328.33	448.50	1.3835	1.6892
125	1.3294	0.8666	0.01215	334.24	450.64	1.3982	1.6906
130	1.4638	0.8827	0.01089	340.20	452.64	1.4128	1.6917
135	1.6082	0.9002	0.00977	346.24	454.49	1.4274	1.6926
140	1.7630	0.9195	0.00876	352.37	456.15	1.4420	1.6932
145	1.9289	0.9410	0.00784	358.63	457.61	1.4566	1.6934
150	2.1064	0.9653	0.00700	365.06	458.81	1.4715	1.6931
155	2.2963	0.9933	0.00623	371.73	459.69	1.4868	1.6922
160	2.4992	1.0264	0.00551	378.70	460.17	1.5025	1.6906

附录 G R134a 饱和液体及蒸气的热力性质

温度/℃	压力/MPa	比体积		比焓/(kJ/kg)		比熵/[kJ/(kg·K)]	
t	p	$v_1/(dm^3/kg)$	$v_g/(m^3/kg)$	h_1	h_g	s_1	s_g
−90	0.00168	0.6440	8.88679	96.14	341.57	0.5442	1.8842
−85	0.00259	0.6494	5.89337	101.10	344.61	0.5709	1.8652
−80	0.00391	0.6549	4.00491	106.14	347.69	0.5974	1.8479
−75	0.00576	0.6606	2.78327	111.28	350.80	0.6236	1.8324
−70	0.00831	0.6665	1.97450	116.52	353.92	0.6497	1.8183
−65	0.01176	0.6725	1.42751	121.85	357.06	0.6756	1.8056
−60	0.01632	0.6787	1.05020	127.27	360.22	0.7014	1.7942
−55	0.02226	0.6851	0.78511	132.80	363.38	0.7270	1.7839
−50	0.02990	0.6917	0.59570	138.42	366.54	0.7524	1.7747
−45	0.03956	0.6985	0.45820	144.15	369.70	0.7778	1.7664
−40	0.05164	0.7055	0.35692	149.97	372.85	0.8030	1.7589
−35	0.06655	0.7127	0.28128	155.89	375.99	0.8281	1.7523
−30	0.08474	0.7202	0.22408	161.91	379.11	0.8530	1.7463
−25	0.10671	0.7280	0.18030	168.03	382.21	0.8778	1.7410
−20	0.13299	0.7361	0.14641	174.24	385.28	0.9025	1.7362
−15	0.16413	0.7445	0.11991	180.54	388.32	0.9271	1.7320
−10	0.20073	0.7533	0.09898	186.93	391.32	0.9515	1.7282
−5	0.24341	0.7625	0.08230	193.42	394.28	0.9758	1.7249
0	0.29282	0.7721	0.06889	200.00	397.20	1.0000	1.7220
5	0.34963	0.7821	0.05801	206.67	400.07	1.0240	1.7194
10	0.41455	0.7927	0.04913	213.44	402.89	1.0480	1.7170
15	0.48829	0.8039	0.04183	220.30	405.64	1.0718	1.7150
20	0.57160	0.8157	0.03577	227.23	408.33	1.0954	1.7132
25	0.66526	0.8283	0.03072	234.29	410.94	1.1190	1.7115
30	0.77006	0.8416	0.02648	241.46	413.47	1.1426	1.7100
35	0.88682	0.8560	0.02290	248.75	415.90	1.1661	1.7085
40	1.01640	0.8714	0.01986	256.16	418.21	1.1896	1.7071
45	1.15969	0.8882	0.01726	263.71	420.40	1.2131	1.7056
50	1.31762	0.9064	0.01502	271.42	422.44	1.2367	1.7041
55	1.49116	0.9265	0.01309	279.30	424.31	1.2604	1.7023
60	1.68134	0.9488	0.01141	287.39	425.96	1.2843	1.7003
65	1.88929	0.9739	0.00993	295.71	427.34	1.3085	1.6978
70	2.11620	1.0027	0.00864	304.31	428.40	1.3331	1.6947
75	2.36340	1.0363	0.00748	313.27	429.03	1.3583	1.6908
80	2.63241	1.0766	0.00645	322.69	429.09	1.3844	1.6857
85	2.92502	1.1271	0.00550	332.71	428.33	1.4116	1.6786
90	3.24347	1.1948	0.00462	343.66	426.29	1.4410	1.6685
95	3.59101	1.2983	0.00375	356.30	421.83	1.4744	1.6524
100	3.97424	1.5443	0.00268	374.70	409.10	1.5225	1.6147

附录 H R22 饱和液体及蒸气的热力性质

温度/℃	压力/MPa	比体积		比焓/(kJ/kg)		比熵/[kJ/(kg·K)]	
t	p	$v_1/(dm^3/kg)$	$v_g/(m^3/kg)$	h_1	h_g	s_1	s_g
−100	0.002075	0.6366	8.00939	96.03	359.53	0.5316	2.0534
−95	0.003232	0.6418	5.28543	100.74	361.96	0.5584	2.0247
−90	0.004899	0.6470	3.58123	105.48	364.41	0.5846	1.9984
−85	0.007242	0.6525	2.48562	110.24	366.86	0.6103	1.9742
−80	0.010461	0.6580	1.76347	115.05	369.32	0.6355	1.9519
−75	0.014796	0.6638	1.27648	119.90	371.78	0.6603	1.9314
−70	0.020524	0.6697	0.94109	124.79	374.24	0.6846	1.9125
−65	0.027966	0.6758	0.70558	129.74	376.69	0.7087	1.8951
−60	0.037482	0.6821	0.53724	134.75	379.12	0.7324	1.8789
−55	0.049475	0.6885	0.41489	139.81	381.54	0.7559	1.8640
−50	0.064389	0.6952	0.32461	144.94	383.93	0.7791	1.8501
−45	0.082706	0.7022	0.25703	150.14	386.29	0.8021	1.8372
−40	0.104950	0.7093	0.20578	155.40	388.62	0.8248	1.8251
−35	0.131677	0.7168	0.16642	160.73	390.91	0.8474	1.8139
−30	0.163479	0.7245	0.13586	166.13	393.15	0.8697	1.8034
−25	0.200978	0.7325	0.11187	171.60	395.34	0.8918	1.7935
−20	0.244826	0.7409	0.09286	177.13	397.48	0.9138	1.7842
−15	0.295699	0.7496	0.07763	182.74	399.55	0.9356	1.7755
−10	0.354299	0.7587	0.06535	188.42	401.56	0.9572	1.7672
−5	0.421348	0.7683	0.05534	194.17	403.51	0.9787	1.7593
0	0.497588	0.7783	0.04714	200.00	405.37	1.0000	1.7519
5	0.583779	0.7889	0.04036	205.90	407.15	1.0212	1.7447
10	0.680700	0.8000	0.03472	211.88	408.84	1.0422	1.7378
15	0.789146	0.8118	0.02999	217.92	410.44	1.0631	1.7312
20	0.909932	0.8243	0.02601	224.07	411.93	1.0839	1.7247
25	1.043893	0.8376	0.02263	230.31	413.30	1.1046	1.7183
30	1.191883	0.8519	0.01974	236.65	414.54	1.1253	1.7121
35	1.354786	0.8673	0.01727	243.10	415.64	1.1459	1.7058
40	1.533515	0.8839	0.01514	249.67	416.57	1.1666	1.6995
45	1.729024	0.9020	0.01329	256.38	417.32	1.1873	1.6931
50	1.942314	0.9219	0.01167	263.25	417.85	1.2081	1.6865
55	2.174447	0.9440	0.01025	270.31	418.13	1.2291	1.6796
60	2.426567	0.9687	0.00900	277.58	418.10	1.2504	1.6722
65	2.699921	0.9970	0.00789	285.13	417.70	1.2721	1.6641
70	2.995895	1.0298	0.00689	293.03	416.82	1.2944	1.6551
75	3.316068	1.0691	0.00598	301.40	415.31	1.3176	1.6448
80	3.662288	1.1181	0.00515	310.42	412.91	1.3422	1.6325
85	4.036810	1.1832	0.00436	320.50	409.11	1.3694	1.6168
90	4.442531	1.2823	0.00357	332.60	402.67	1.4015	1.5945

附录 I　R407C 饱和液体及蒸气的热力性质

温度/℃	压力/MPa	比体积		比焓/(kJ/kg)		比熵/[kJ/(kg·K)]	
t	p	$v_1/(\text{dm}^3/\text{kg})$	$v_g/(\text{m}^3/\text{kg})$	h_1	h_g	s_1	s_g
-90	0.0030	0.645	5.81818	77.54	356.64	0.4864	2.0103
-85	0.0047	0.6521	3.88957	83.20	359.78	0.5160	1.9859
-80	0.0070	0.6594	2.66681	88.92	362.95	0.5451	1.9638
-75	0.0102	0.6668	1.87107	94.68	366.15	0.5738	1.9438
-70	0.0145	0.6745	1.34069	100.51	369.36	0.6022	1.9256
-65	0.0203	0.6823	0.97929	106.39	372.60	0.6302	1.9091
-60	0.0279	0.6904	0.72800	112.34	375.84	0.6579	1.8942
-55	0.0377	0.6987	0.54997	118.37	379.10	0.6854	1.8806
-50	0.0502	0.7073	0.42164	124.46	382.35	0.7126	1.8683
-45	0.0657	0.7161	0.32764	130.62	385.61	0.7395	1.8571
-40	0.0850	0.7252	0.25776	136.87	388.85	0.7663	1.8470
-35	0.1085	0.7346	0.20509	143.21	392.08	0.7928	1.8378
-30	0.1369	0.7443	0.16488	149.63	395.28	0.8192	1.8295
-25	0.1709	0.7544	0.13381	156.44	398.45	0.8466	1.8219
-20	0.2113	0.7648	0.10954	162.63	401.58	0.8710	1.8149
-15	0.2587	0.7757	0.09038	169.36	404.67	0.8970	1.8086
-10	0.3140	0.7869	0.07511	176.23	407.69	0.9231	1.8027
-5	0.3782	0.7986	0.06283	183.22	410.66	0.9491	1.7973
0	0.4520	0.8109	0.05286	190.25	413.54	0.9748	1.7922
5	0.5365	0.8237	0.04471	197.53	416.33	1.0008	1.7875
10	0.6327	0.8371	0.03799	204.99	419.03	1.0271	1.7830
15	0.7415	0.8512	0.03242	212.63	421.60	1.0534	1.7786
20	0.8642	0.8661	0.02776	220.46	424.04	1.0799	1.7743
25	1.0018	0.8818	0.02385	228.51	426.32	1.1066	1.7701
30	1.1557	0.8986	0.02053	236.80	428.43	1.1337	1.7658
35	1.3270	0.9165	0.01771	245.36	430.33	1.1611	1.7613
40	1.5171	0.9358	0.01530	254.23	431.98	1.1889	1.7566
45	1.7275	0.9568	0.01322	263.44	433.36	1.2174	1.7515
50	1.9597	0.9798	0.01142	273.07	434.40	1.2466	1.7458
55	2.2153	1.0054	0.00985	283.18	435.04	1.2767	1.7395
60	2.4959	1.0343	0.00847	293.88	435.17	1.3080	1.7321
65	2.8035	1.0680	0.00725	305.33	434.66	1.3409	1.7234
70	3.1400	1.1087	0.00617	317.77	433.29	1.3761	1.7128
75	3.5074	1.1610	0.00518	331.64	430.73	1.4147	1.6994
80	3.9080	1.2375	0.00428	347.84	426.33	1.4592	1.6814

附录 J R410A 饱和液体及蒸气的热力性质

温度/℃	压力/MPa	比体积		比焓/(kJ/kg)		比熵/[kJ/(kg·K)]	
t	p	$v_1/(dm^3/kg)$	$v_g/(m^3/kg)$	h_1	h_g	s_1	s_g
−54	0.0929	0.7196	0.26272	125.01	395.85	0.6976	1.9335
−51	0.1079	0.7242	0.22840	128.83	397.68	0.7149	1.9250
−48	0.1248	0.7289	0.19938	132.68	399.49	0.7320	1.9170
−45	0.1438	0.7339	0.17470	136.56	401.28	0.7491	1.9094
−42	0.1649	0.7390	0.15363	140.47	403.06	0.7661	1.9020
−39	0.1884	0.7443	0.13556	144.42	404.81	0.7830	1.8950
−36	0.2144	0.7499	0.11999	148.41	406.54	0.7998	1.8883
−33	0.2432	0.7556	0.10653	152.43	408.25	0.8166	1.8818
−30	0.2749	0.7617	0.09485	156.49	409.93	0.8333	1.8756
−27	0.3097	0.7680	0.08468	160.60	411.59	0.8500	1.8696
−24	0.3478	0.7745	0.07579	164.74	413.21	0.8666	1.8639
−21	0.3894	0.7814	0.06799	168.94	414.79	0.8832	1.8583
−18	0.4348	0.7886	0.06113	173.18	416.34	0.8998	1.8528
−15	0.4842	0.7962	0.05508	177.47	417.85	0.9164	1.8476
−12	0.5378	0.8041	0.04972	181.81	419.32	0.9330	1.8424
−9	0.5957	0.8125	0.04497	186.21	420.73	0.9495	1.8374
−6	0.6584	0.8212	0.04074	190.67	422.10	0.9661	1.8324
−3	0.7259	0.8305	0.03696	195.19	423.42	0.9828	1.8276
0	0.7986	0.8403	0.03358	199.77	424.67	0.9994	1.8228
3	0.8768	0.8506	0.03055	204.43	425.87	1.0161	1.8180
6	0.9606	0.8616	0.02783	209.15	427.00	1.0329	1.8133
9	1.0504	0.8733	0.02537	213.96	428.05	1.0498	1.8085
12	1.1464	0.8857	0.02316	218.87	429.03	1.0668	1.8038
15	1.2489	0.8990	0.02115	223.85	429.92	1.0838	1.7990
18	1.3582	0.9131	0.01933	228.92	430.72	1.1010	1.7941
21	1.4747	0.9284	0.01767	234.10	431.42	1.1183	1.7891
24	1.5985	0.9448	0.01617	239.39	432.01	1.1359	1.7841
27	1.7301	0.9625	0.01479	244.81	432.48	1.1536	1.7788
30	1.8698	0.9817	0.01353	250.36	432.82	1.1715	1.7734
33	2.0179	1.0027	0.01238	256.05	433.02	1.1897	1.7678
36	2.1747	1.0256	0.01132	261.91	433.05	1.2083	1.7618
39	2.3406	1.0509	0.01034	267.96	432.90	1.2272	1.7556
42	2.5161	1.0790	0.00944	274.21	432.54	1.2465	1.7489
45	2.7014	1.1104	0.00860	280.70	431.94	1.2664	1.7418
48	2.8970	1.1458	0.00782	287.47	431.07	1.2869	1.7340
51	3.1033	1.1863	0.00710	294.57	429.88	1.3081	1.7255
54	3.3207	1.2333	0.00642	302.06	428.29	1.3303	1.7161
57	3.5497	1.2888	0.00578	310.04	426.20	1.3537	1.7056
60	3.7908	1.3561	0.00518	318.64	423.48	1.3787	1.6934

附录 K NH₃（R717）的压焓图

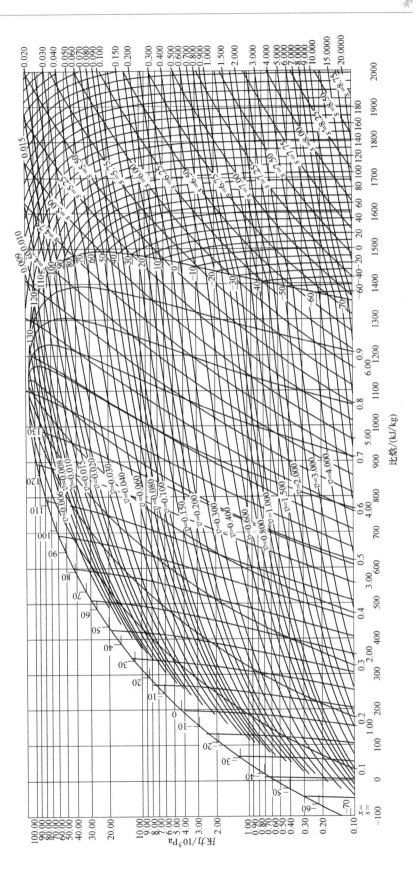

附录 L CO₂（R744）的压焓图

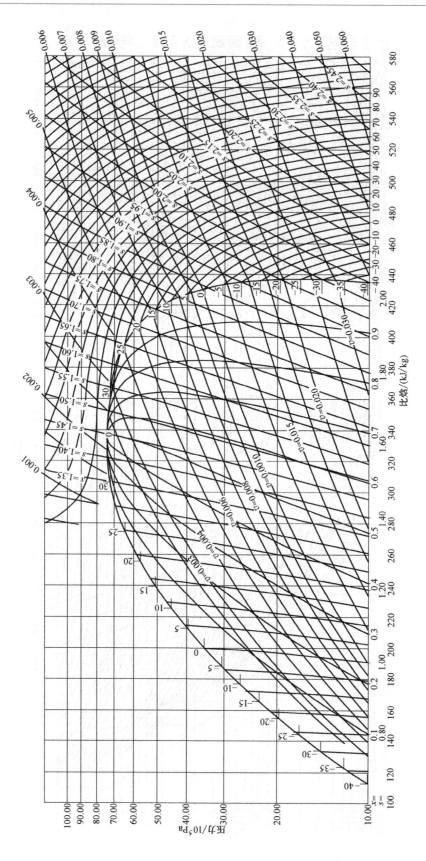

附录 M 丙烷（R290）的压焓图

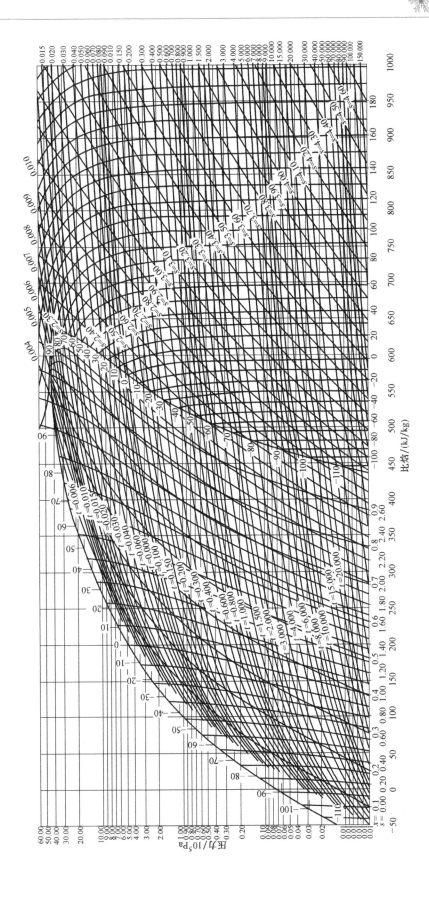

附录 N　丁烷（R600）的压焓图

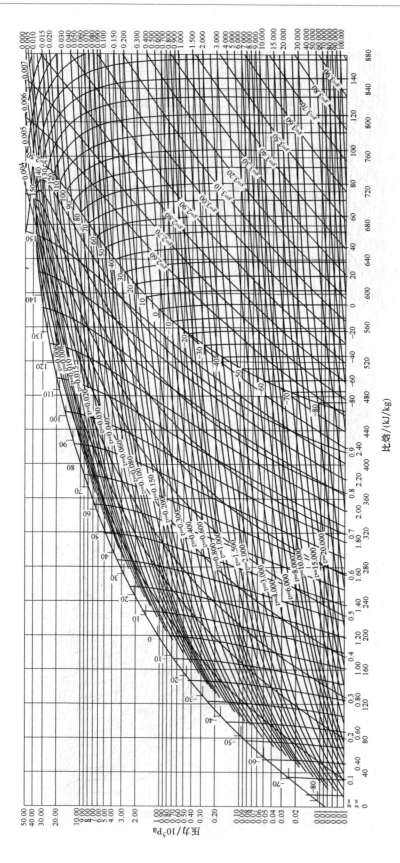

比焓/（kJ/kg）

压力/10^5Pa

附录 O R600a 的压焓图

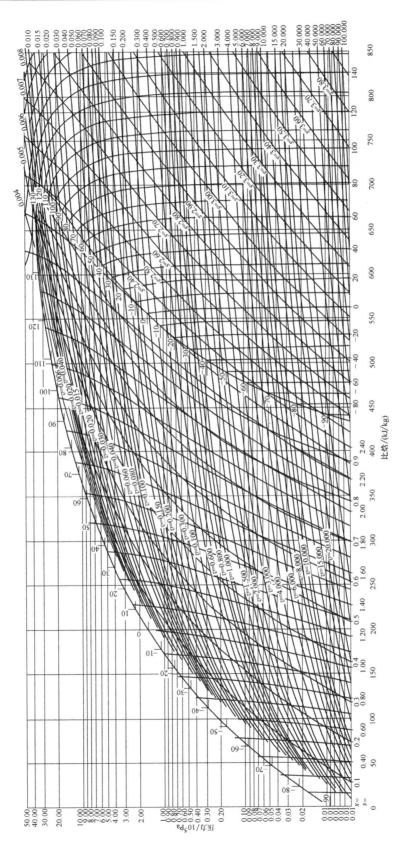

比焓/(kJ/kg)

附录 P R123 的压焓图

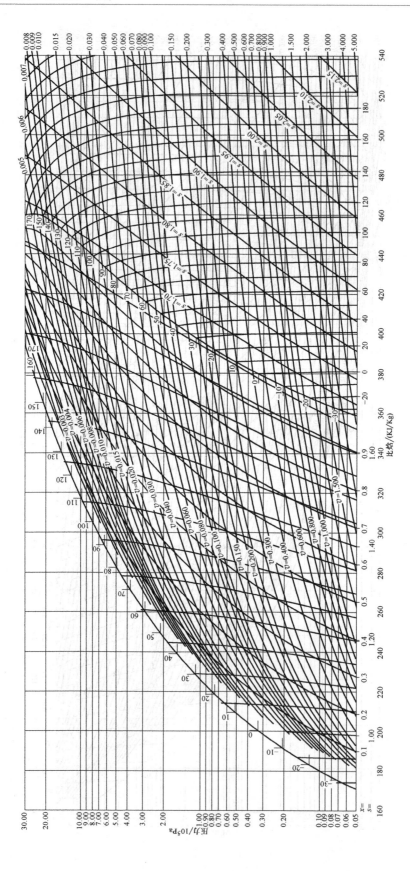

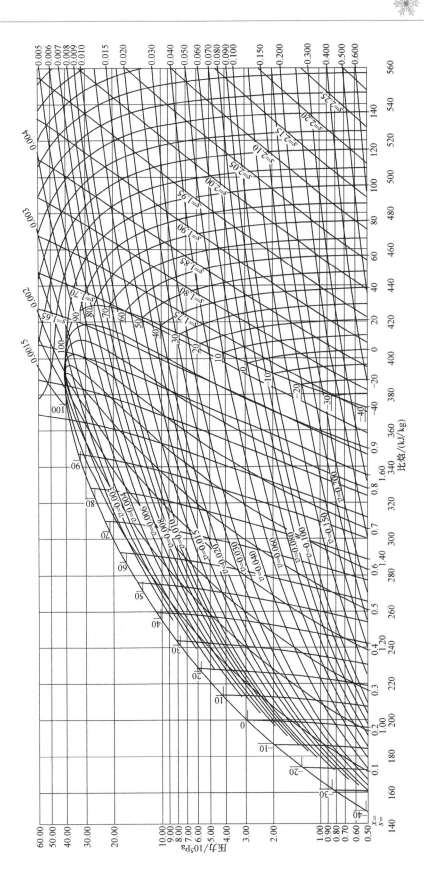

附录 Q R134a 的压焓图

附录 R R22 的压焓图

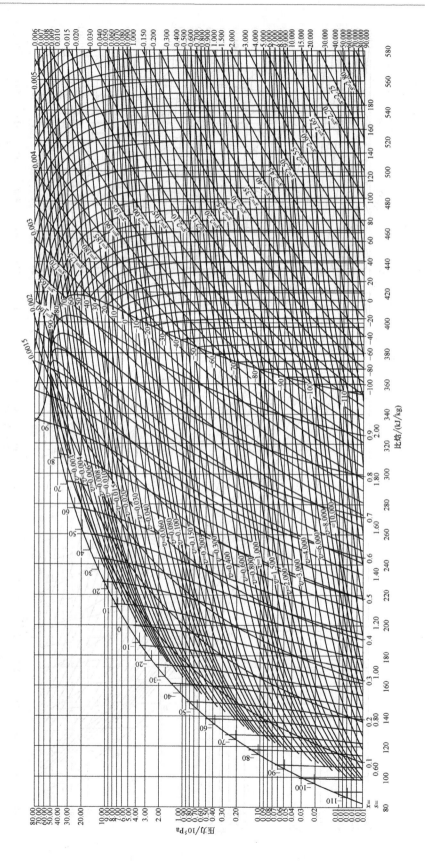

附录 S R407C 的压焓图

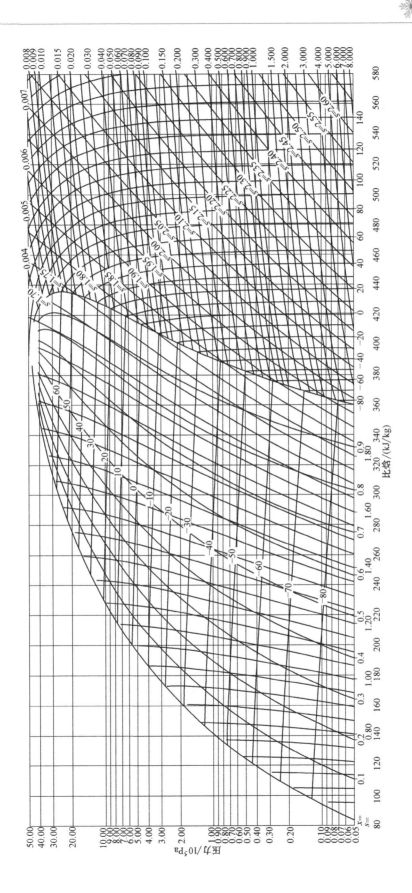

比焓/(kJ/kg)

压力/10⁵Pa

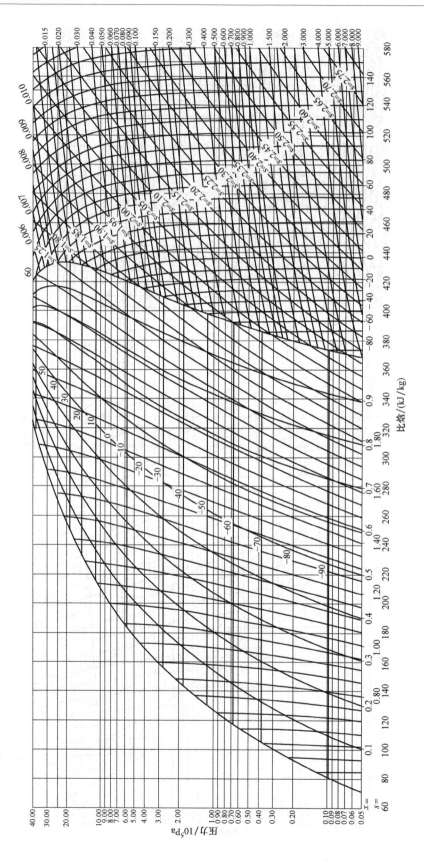

附录 T　R410A 的压焓图

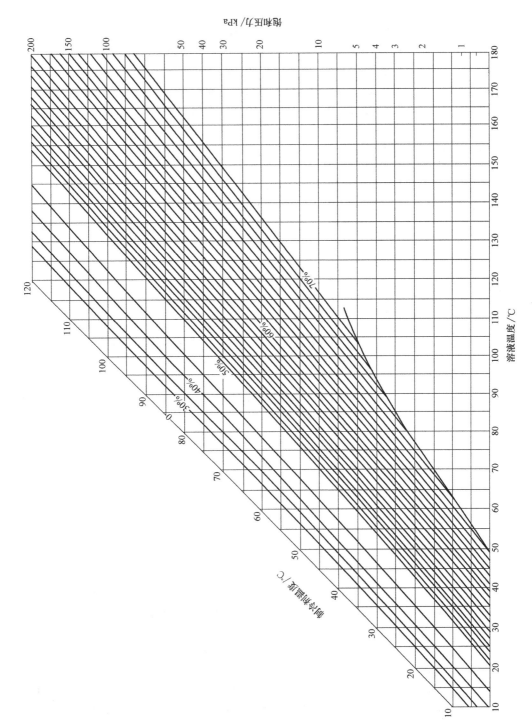

附录 U 溴化锂水溶液的 p-t 图

参 考 文 献

[1] 金滔. 热声驱动器及其驱动的脉管制冷研究 [D]. 杭州：浙江大学，2001.

[2] 李兆慈，等. 热声制冷技术的研究状况 [J]. 深冷技术，2001 (1)：7-9.

[3] 陈光明，陈国帮. 制冷与低温原理 [M]. 北京：机械工业出版社，2005.

[4] 尉迟斌，卢士勋，周祖毅. 实用制冷与空调工程手册 [M]. 2 版. 北京：机械工业出版社，2011.

[5] 方贵银. 制冷空调设备维修手册 [M]. 北京：中国电力出版社，2005.

[6] 郑贤德. 制冷原理与装置 [M]. 北京：机械工业出版社，2002.

[7] 徐达. 工程热力学 [M]. 北京：中国电力出版社. 1999.

[8] 王如竹，等. 制冷原理与技术 [M]. 北京：科学出版社，2003.

[9] 吴业正. 制冷原理及设备 [M]. 西安：西安交通大学出版社，2004.

[10] 卜啸华. 制冷与空调技术问答 [M]. 北京：冶金工业出版社，2001.

[11] 陈维刚. 制冷工程与设备——原理、结构、操作、维修 [M]. 上海：上海交通大学出版社，2002.

[12] 藩宗羿. 制冷技术 [M]. 北京：机械工业出版社，1997.

[13] 曹德胜. 制冷空调系统的安全运行、维护管理及节能环保 [M]. 北京：中国电力出版社，2003.

[14] 陈汝东. 制冷技术与应用 [M]. 上海：同济大学出版社，2006.

[15] 朱明善，史琳，王鑫. 国际上限用 HCFC 类制冷剂的态势与我国对策的建议 [J]. 制冷与空调，2001，1 (6)：1-7.

[16] 郑晓斌. 制冷剂 CFCS、HCFC 的限制使用及其对策 [J]. 能源与环境，2004 (1)：32-34.

[17] 朱明善，史琳. ODS 替代制冷剂的发展态势和我国的对策建议 [J]. 中国环保产业，2005 (2)：16-18.

[18] 周启谨. 丙烷/异丁烷混合工质在小型蒸气压缩制冷系统中的应用研究 [J]. 流体机械，1996 (2)：56-58.

[19] 王怀信，张宇，郑臣明，等. 三氟碘甲烷作为冰箱制冷剂的理论循环分析 [J]. 制冷学报，2005 (1)：33-37.

[20] 张于峰，王建栓，张舸，等. 一种 R12 替代物的性能分析与实验研究 [J]. 工程热物理学报，2002，23 (5)：535-538.

[21] 何茂刚，刘志刚，赵小明. 新型环保制冷剂氟化醚类物质的热力学分析 [J]. 工程热物理学报，2001，22 (2)：145-147.

[22] 王鑫，史琳，朱明善. 日本氢氟醚类制冷剂发泡剂和清洗剂的研究发展 [J]. 化工进展，2003，22 (12)：1274-1277.

[23] 何茂刚，李惠珍，李铁辰. 三氟甲醚作为冰箱制冷剂的理论分析 [J]. 制冷，2002，37 (1)：10-14.

[24] 何国庚，邓承武，饶学华. 新型混合物制冷剂替代 R12 的性能研究 [J]. 低温工程，2005 (2)：28-31.

[25] 宣永梅，陈光明. HFC-161 混合物替代 HCFC-22 的变工况性能分析 [J]. 西安工程科技学院学报，2006，20 (4)：427-432.

[26] 吕金虎，宋垚臻. 替代制冷剂的研究与应用现状 [J]. 制冷，2006，25 (1)：29-34.

[27] 张超，王坤. 制冷空调系统替代工质的发展现状及方向 [J]. 低温与超导，2005，33 (4)：69-72.

[28] 田国庆. 制冷原理 [M]. 北京：机械工业出版社，2002.

[29] 李晓东. 制冷原理与设备 [M]. 北京：机械工业出版社，2007.

[30] 雷霞. 制冷原理 [M]. 北京：机械工业出版社，2003.

[31] 韩宝琦. 制冷空调原理及应用 [M]. 2版. 北京：机械工业出版社，2003.

[32] 尉迟斌. 实用制冷与空调工程手册 [M]. 3版. 北京：机械工业出版社，2005.

[33] 王如竹. 最新制冷空调技术 [M]. 北京：科学出版社，2002.

[34] 袁秀玲. 制冷与空调装置 [M]. 西安：西安交通大学出版社，2001.

[35] 张祉佑. 制冷原理与设备 [M]. 北京，机械工业出版社，1987.

[36] 李松寿，徐世琼，朱富强，等. 制冷原理与设备 [M]. 上海：上海科学技术出版社，1988.

[37] 戚长政. 制冷原理及设备 [M]. 北京：中国轻工业出版社，1999.

[38] 张术学. CO_2/NH_3 复叠制冷浅析 [J]. 制冷与空调，2006（1）：59-62.

[39] 查世彤，马一太，王景刚，等. CO_2-NH_3 低温复叠式制冷循环的热力学分析与比较 [J]. 制冷学报，2002（2）：15-18.

[40] 蒋能照，张华. 家用中央空调实用技术 [M]. 北京：机械工业出版社，2002.

[41] 杨世铭，陶文铨. 传热学 [M]. 3版. 北京：高等教育出版社，1998.

[42] 吴业正. 小型制冷装置设计指导 [M]. 北京：机械工业出版社，1998.

[43] 蒋翔，朱冬生. 蒸发式冷凝器发展和应用 [J]. 制冷，2002（6）.

[44] 余江海. 蒸发式冷凝器的应用现状及存在问题探讨 [J]，制冷技术，2001（2）.

[45] 戚长政. 制冷原理及设备 [M]. 北京：中国轻工业出版社，1999.

[46] 陈长青，沈裕浩. 低温热交换器 [M]. 北京：机械工业出版社，1993.

[47] 徐得胜，邬振耀. 制冷空调原理与设备 [M]. 上海：上海交通大学出版社，1996.

[48] 朱聘冠. 热交换器原理及计算 [M]. 北京：清华大学出版社，1987.

[49] 林宗虎. 强化传热及其工程应用 [M]. 北京：机械工业出版社，1987.

[50] 顾维藻，神家锐，马重芳，等. 强化传热 [M]. 北京：科学出版社，1990.

[51] 余建祖. 热交换器原理与设计 [M]. 北京：北京航空航天大学出版社，2006.

[52] 闫全英，刘迎云. 热质交换原理与设备 [M]. 北京：机械工业出版社，2003.

[53] 制冷工程设计手册编写组. 制冷工程设计手册 [M]. 北京：中国建筑工业出版社，1978.

[54] 郭庆堂. 实用制冷工程设计手册 [M]. 北京：中国建筑工业出版社，1994.

[55] 岳孝方，陈汝东. 制冷技术与应用 [M]. 上海：同济大学出版社，1992.

[56] 陆亚俊，马最良，姚杨. 空调工程中的制冷技术 [M]. 哈尔滨：哈尔滨工程大学出版社，1997.

[57] 李晓燕，闫泽生. 制冷空调节能技术 [M]. 北京：中国建筑工业出版社，2004.

[58] 彦启森，石文星，田长青. 空气调节用制冷技术 [M]. 3版. 北京：中国建筑工业出版社，2004.

[59] 黄翔. 空调工程 [M]. 北京：机械工业出版社，2006.

[60] 陆亚俊，马最良. 制冷技术与应用 [M]. 北京：中国建筑工业出版社，1992.

[61] 陈沛霖，岳孝方. 空调与制冷技术手册 [M]. 上海：同济大学出版社，1990.

[62] 陆耀庆. 实用供热空调设计手册 [M]. 北京：中国建筑工业出版社，2001.

[63] 魏兵. 溴化锂吸收式制冷机的应用分析 [J]. 节能技术，2002（3）：30-32.

[64] 赖艳华. 热电冷三联供的效益分析 [J]. 动力工程，1999（4）：305-308.

[65] 张万坤. 天然气热电冷联产系统及其在国内外的应用现状 [J]. 流体机械，2002，30（12）：50-53.

[66] 戴永庆. 燃气空调技术及应用 [M]. 北京：机械工业出版社，2005.

[67] 陈焰华. 家用中央空调系统设计与实例 [M]. 北京：机械工业出版社，2003.

[68] 寿炜炜，姚国琦. 户式中央空调系统设计与工程实例 [M]. 北京：机械工业出版社，2005.

[69] M A Hammad, M A Alsaad. The use of hydrocarbon mixtures as refrigerants in domestic refrigerators [J]. Applied Thermal Engineering, 1999 (19): 1181-1189.

[70] Dongsoo Jung, Chongbo Kim, Kihong Song. Testing of propane/isobutene mixture in domestic refrigerators [J]. Int J of Refrig, 2000 (23): 517-527.

［71］ DONALO B，BARBARA H M. Fluoroethers and other next generation fluids ［J］. Int J of Refrig，1998，
21（7）：567-576.

［72］ MAIDMENT G G，ZHAO X，RIFFAT S B. Combined cooling and heating using a gas engine in a supermar-
ket ［J］. Applied Energy，2001，68：321-335.

［73］ BASSOLS J. Trigeneration in the food industry ［J］. Applied Thermal Engineering，2002，22：595-602.

［74］ WHITMAN WC，JOHNSON WM. Refrigeration and air conditioning technology ［M］. NewYork：Delmar
publisher inc，2008.